高等学校自动化/仪器类专业规划教材

传感器原理及其应用

第二版

杨 帆 主编 吴晗平 田 斌 副主编

化学工业出版社

·北京·

内容简介

本书主要针对应用型人才培养及实际工程应用编写，各章节按照工作原理分类。共分为11章，第1章讲述传感器基础知识；第2章讲述传感器特性；第3～11章分别讲述电位器式、应变式、电容式、压电式、磁电式、热电式、光电式、化学与生物传感器及智能化、网络化传感器技术，各章节主要阐述各类传感器的原理、特性及应用设计。

本书编写从最简单的零阶传感器入手，由浅入深，循序渐进，各章节开头给出知识要点，然后根据要点给出知识结构，让读者对本章内容有一个全面了解；章节结尾给出了总结，便于读者归纳本章内容；最后给出习题，加深理解与掌握。各章节内容安排上侧重基本原理与应用设计，利于读者理解的加深与应用能力的提高。

本书可作为高等学校测控技术与仪器、自动化等相关专业学生的教材和参考书，也可供有关工程技术人员参考。

图书在版编目（CIP）数据

传感器原理及其应用/杨帆主编. —2版. —北京：化学工业出版社，2021.6（2023.2重印）
高等学校自动化/仪器类专业规划教材
ISBN 978-7-122-38950-3

Ⅰ.①传… Ⅱ.①杨… Ⅲ.①传感器-高等学校-教材 Ⅳ.①TP212

中国版本图书馆CIP数据核字（2021）第066465号

责任编辑：郝英华 唐旭华　　装帧设计：关 飞
责任校对：李 爽

出版发行：化学工业出版社（北京市东城区青年湖南街13号 邮政编码100011）
印　　装：天津盛通数码科技有限公司
787mm×1092mm 1/16 印张17½ 字数446千字 2023年2月北京第2版第2次印刷

购书咨询：010-64518888　　售后服务：010-64518899
网　　址：http：//www.cip.com.cn
凡购买本书，如有缺损质量问题，本社销售中心负责调换。

定　　价：59.00元

第二版前言

传感技术作为信息技术的源头，正以传感器为核心逐渐外延，与物理学、测量学、电子学、光学、机械学、材料学、计算机科学等多学科密切相关，并相互渗透、相互结合形成了一门新技术密集型工程技术学科。

本书是作者在多年讲述传感器原理课程及课程设计基础上，与课程组老师结合教学和科研成果共同编写而成，虽不可能穷尽所有传感器及传感器技术应用，但传感器选择时力求同类信号检测的传感器不重复。目前传感器多以一阶、二阶特性为主，而本书加入了零阶电位器式传感器的讲解，使知识体系更完善，而且遵循由浅入深的学习过程。

本书的内容编排着重讲清原理，并与具体科研应用相结合，让读者对所学传感器原理及应用技术不感到茫然。即将主线“知识结构—传感器原理—例证—应用与设计”贯穿全书。

第 1 章介绍传感器基础知识，所讲述的主要内容是传感器的基本概念、分类、传感器技术的作用、地位及发展趋势，让初学者对传感器有个概括性的了解。第 2 章介绍传感器特性，讲解衡量传感器好坏的五个静态指标、动态特性数学模型表示，并进行了频率响应、冲激响应等动态特性分析，讲述了传感器静态特性和动态特性标定的一般方法及标定实例。第 3 章介绍电位器式传感器，讲解零阶电位器式传感器原理、线性电位器及非线性电位器的空载和负载特性，给出了电位器式传感器应用设计实例。第 4 章介绍应变式传感器，讲解电阻应变效应、应变计的主要特性、测量电路、电阻应变仪和各类应变式传感器的应用，最后给出了电子秤的应用设计。第 5 章介绍电容式传感器，讲述了可变电容器概念、电容式传感器的工作原理、测量电路及应用。第 6 章介绍压电式传感器，讲述压电效应、压电材料、压电传感器的测量电路、应用及压电谐振式传感器。第 7 章介绍磁电式传感器，讲述了电感式、差动电感式、差动变压器式及电动式变磁阻式传感器原理及应用，霍尔传感器、磁敏二极管和磁敏三极管、巨磁电阻磁传感器、巨磁阻抗磁传感器原理及应用。第 8 章介绍热电式传感器，讲述热电偶、热电阻温度传感器、半导体温度传感器，最后讲述半导体传感器应用设计。第 9 章介绍光电式传感器，讲述光电探测器的物理基础，光电探测器、各类光电探测器的性能特点、CCD 及其应用系统设计、红外凝视成像系统及应用、紫外探测器件及应用、光纤传感器及其应用。第 10 章介绍化学与生物传感器，概述了化学与生物两类传感器，讲述气体传感器、湿敏传感器、生物传感器的组成原理、分类及应用实例。第 11 章介绍智能化、网络化传感器，讲述智能化、网络化传感器分类；智能传感器的构成、功能与特点；传感器智能化方法；传感器网络；无线传感器网络及智能传感器的应用实例。

本书由杨帆任主编，吴晗平、田斌任副主编。其中，本书第 1、7 章由田斌编写，第 2、3、4、6 章由杨帆编写，第 5 章由王丹丹、赵党军编写，第 8 章由卓旭升、赵党军编写，第 9、10 章由吴晗平编写，第 11 章由卓旭升、郝毫毫编写，传感器应用设计由李国平提供。

由于编者水平有限，时间仓促，疏漏之处在所难免，恳请读者和同仁批评和指正。

编者

2021 年 4 月

目录

第 1 章　传感器基础知识……………………………………………………… 1

1.1　传感器的地位与作用 ………………………… 1
1.2　传感器定义与分类 …………………………… 2
1.2.1　传感器定义……………………………… 2
1.2.2　传感器分类……………………………… 3
1.3　传感器与传感技术 …………………………… 4
1.4　传感技术的特点 ……………………………… 4
1.5　传感器技术的发展方向 ……………………… 5
1.6　本章小结 ……………………………………… 6
习题 ………………………………………………… 6

第 2 章　传感器特性……………………………………………………………… 7

2.1　传感器的静态特性 …………………………… 8
2.1.1　线性度 ………………………………… 8
2.1.2　灵敏度 ………………………………… 12
2.1.3　迟滞差 ………………………………… 12
2.1.4　灵敏度界限（阈值） ………………… 13
2.1.5　稳定性 ………………………………… 13
2.2　传感器的动态特性 …………………………… 13
2.2.1　传感器动态特性的数学模型 ………… 14
2.2.2　传感器的传递函数 …………………… 15
2.2.3　频率响应函数 ………………………… 16
2.2.4　冲激响应函数 ………………………… 17
2.2.5　频率响应分析 ………………………… 18
2.3　传感器的静态特性标定 ……………………… 22
2.3.1　静态标准条件 ………………………… 22
2.3.2　标定仪器设备的精度等级的确定 …… 22
2.3.3　静态特性标定的方法 ………………… 22
2.4　传感器的动态特性标定 ……………………… 23
2.5　本章小结 ……………………………………… 25
习题 ………………………………………………… 26

第 3 章　电位器式传感器 ……………………………………………………… 27

3.1　线性电位器 …………………………………… 27
3.1.1　空载特性 ……………………………… 28
3.1.2　阶梯特性、阶梯误差和分辨率 ……… 29
3.2　非线性电位器 ………………………………… 30
3.2.1　变骨架式非线性电位器 ……………… 30
3.2.2　变节距式非线性电位器 ……………… 31
3.2.3　分路（并联）电阻式非线性电位器 … 32
3.3　负载特性与负载误差 ………………………… 34
3.4　结构与材料 …………………………………… 36
3.5　电位器式传感器 ……………………………… 37
3.5.1　电位器式位移传感器 ………………… 37
3.5.2　电位器式压力传感器 ………………… 37
3.5.3　电位器式加速度传感器 ……………… 37
3.6　电位器式传感器应用设计 …………………… 38
3.6.1　电位器式液位传感器设计 …………… 38
3.6.2　电位器式角度指示仪设计 …………… 39
3.6.3　汽车前轮转向角的简易测量系统设计 … 39
3.6.4　电位器性能测试系统的设计 ………… 40
3.7　本章小结 ……………………………………… 43
习题 ………………………………………………… 43

第 4 章　应变式传感器 …… 45
4.1　电阻应变计结构及测量原理 …… 45
4.2　电阻应变效应 …… 46
4.3　应变计型号命名规则 …… 47
4.4　应变计主要特性 …… 48
4.4.1　应变计的灵敏度系数 …… 48
4.4.2　横向效应 …… 48
4.4.3　滞后、漂移 …… 49
4.4.4　应变极限、疲劳寿命 …… 50
4.4.5　绝缘电阻、最大工作电流 …… 50
4.4.6　应变片的电阻值 …… 50
4.5　测量电路 …… 50
4.5.1　直流电桥 …… 50
4.5.2　交流电桥 …… 52
4.5.3　应变片的温度误差及其补偿 …… 53
4.6　电阻应变仪 …… 57
4.6.1　电阻应变仪 …… 57
4.6.2　遥测应变仪实例——汽轮机长叶片动应力的遥测 …… 58
4.7　应变式传感器 …… 59
4.7.1　应变式力传感器 …… 59
4.7.2　应变式压力传感器 …… 63
4.7.3　应变式加速度传感器 …… 64
4.8　新型的微应变式传感器 …… 65
4.8.1　压阻效应 …… 65
4.8.2　微型硅应变式传感器 …… 67
4.8.3　X 型硅压力传感器 …… 67
4.8.4　薄膜应变式传感器 …… 68
4.9　电阻应变式传感器应用设计 …… 69
4.9.1　设计任务 …… 69
4.9.2　设计目的 …… 69
4.9.3　设计要求 …… 69
4.9.4　设计提示与分析 …… 69
4.10　本章小结 …… 71
习题 …… 72

第 5 章　电容式传感器 …… 74
5.1　可变电容器 …… 74
5.2　电容式传感器的工作原理 …… 75
5.2.1　变极板间距离式电容传感器 …… 75
5.2.2　变面积式电容传感器 …… 76
5.2.3　变介电常数型电容传感器 …… 76
5.2.4　差动式电容传感器 …… 78
5.3　电容式传感器的测量电路 …… 78
5.3.1　测量电路的基本问题 …… 78
5.3.2　脉宽调制电路 …… 82
5.4　电容式传感器应用 …… 84
5.4.1　电容式液位传感器 …… 84
5.4.2　电容式压力传感器 …… 85
5.4.3　电容式加速度计 …… 85
5.4.4　电容式测厚传感器 …… 86
5.5　本章小结 …… 86
习题 …… 86

第 6 章　压电传感器 …… 88
6.1　压电效应 …… 88
6.1.1　石英晶体的压电效应 …… 88
6.1.2　压电方程 …… 90
6.2　压电材料 …… 91
6.2.1　石英晶体 …… 91
6.2.2　人工陶瓷 …… 92
6.2.3　新型压电材料 …… 93
6.3　压电传感器的测量电路 …… 93
6.3.1　等效电路 …… 93
6.3.2　电荷放大器 …… 95
6.3.3　电压放大器 …… 96
6.4　压电传感器及其应用 …… 98
6.4.1　基本应用 …… 98
6.4.2　加速度传感器 …… 98
6.5　压电谐振式传感器 …… 101
6.5.1　工作原理 …… 101
6.5.2　石英晶体谐振式温度传感器 …… 101
6.5.3　石英晶体谐振式压力传感器 …… 102
6.5.4　石英晶体谐振式质量传感器 …… 103
6.6　本章小结 …… 104
习题 …… 104

第 7 章　磁电式传感器 …… 106

7.1　变磁阻式传感器 …… 107
7.1.1　电感式传感器 …… 107
7.1.2　差动电感式传感器 …… 108
7.1.3　差动变压器式传感器 …… 109
7.1.4　电动式传感器 …… 111
7.2　霍尔传感器 …… 112
7.2.1　霍尔磁敏传感器 …… 112
7.2.2　工作原理 …… 112
7.2.3　结构及其特性分析 …… 113
7.2.4　霍尔元件的驱动电路 …… 114
7.2.5　霍尔元件的误差分析及补偿 …… 114
7.2.6　霍尔传感器的应用 …… 115
7.3　磁敏二极管和磁敏三极管 …… 116
7.3.1　磁敏二极管的工作原理和主要特性 …… 116
7.3.2　磁敏三极管的工作原理和主要特性 …… 118
7.4　巨磁电阻磁传感器 …… 120
7.4.1　电子自旋 …… 121
7.4.2　常见的磁电阻体系 …… 122
7.4.3　巨磁电阻传感器的检测电路 …… 122
7.4.4　GMR 传感器应用实例 …… 123
7.5　巨磁阻抗磁传感器 …… 123
7.5.1　巨磁阻抗效应原理 …… 124
7.5.2　巨磁阻抗传感器典型电路 …… 125
7.5.3　巨磁阻抗传感器的应用 …… 126
7.6　本章小结 …… 127
习题 …… 128

第 8 章　热电式传感器 …… 129

8.1　热电偶温度传感器 …… 129
8.1.1　热电偶的基本性质 …… 129
8.1.2　热电偶的材料和结构 …… 132
8.1.3　热电偶的分度表 …… 132
8.1.4　热电偶的冷端温度补偿 …… 133
8.1.5　热电偶测温线路 …… 134
8.2　热电阻温度传感器 …… 135
8.2.1　常用热电阻 …… 136
8.2.2　热电阻的测量电路 …… 137
8.3　半导体温度传感器 …… 138
8.3.1　半导体热敏电阻 …… 138
8.3.2　PN 结型热敏器件 …… 144
8.3.3　集成（IC）温度传感器 …… 147
8.3.4　半导体光纤温度传感器 …… 149
8.3.5　非接触型半导体温度传感器 …… 150
8.4　半导体传感器应用设计实例 …… 153
8.4.1　设计任务 …… 153
8.4.2　设计要求 …… 153
8.4.3　设计提示与分析 …… 154
8.5　本章小结 …… 158
习题 …… 159

第 9 章　光电传感器 …… 160

9.1　概述 …… 160
9.2　光电探测器的物理基础 …… 161
9.2.1　光电探测的物理效应及其特性表示 …… 161
9.2.2　光热效应和光子效应的区别 …… 162
9.2.3　光电探测器的特性表示法 …… 162
9.3　光电探测器 …… 164
9.3.1　光电管 …… 164
9.3.2　光电倍增管 …… 165
9.3.3　光敏电阻 …… 165
9.3.4　光电二极管和光电三极管 …… 166
9.3.5　光电池 …… 167
9.3.6　光电耦合器件 …… 168
9.4　各类光电探测器的性能特点 …… 169
9.4.1　光电子发射探测器的特点 …… 169
9.4.2　光电导探测器的特点 …… 169
9.4.3　光伏探测器的特点 …… 170
9.4.4　热探测器的特点 …… 170
9.5　光电成像器件 …… 170
9.6　CCD 与 CMOS 及其应用 …… 171
9.6.1　CCD 工作原理及其应用特点 …… 171
9.6.2　CCD 成像器件的特征参量及其评价 …… 176
9.6.3　CCD 的工程技术应用 …… 177
9.6.4　CCD 图像传感器在微光电视系统中的应用 …… 184
9.6.5　CMOS 传感器的基本原理及其主要性能指标 …… 185

9.6.6 CCD 和 CMOS 传感器的比较及发展趋势 …… 188
9.7 红外凝视成像系统及应用 …… 193
9.7.1 红外凝视成像系统的组成和工作原理 …… 193
9.7.2 凝视成像系统的优点 …… 194
9.7.3 应用 …… 195
9.8 紫外探测器件及应用 …… 195
9.8.1 紫外探测器件 …… 196
9.8.2 紫外器件的主要应用 …… 198
9.9 光纤传感器及其应用 …… 201
9.9.1 光纤传感器的背景 …… 201
9.9.2 光纤导光原理 …… 201
9.9.3 光纤传感器的组成及工作原理 …… 202
9.9.4 光纤传感器分类 …… 203
9.9.5 光纤传感器的应用举例 …… 205
9.9.6 光纤传感器的优点 …… 208
9.9.7 光纤传感器的发展趋势 …… 209
9.10 本章小结 …… 209
习题 …… 209

第 10 章 化学与生物传感器 …… 211

10.1 概述 …… 211
10.1.1 化学传感器 …… 211
10.1.2 生物传感器 …… 212
10.2 气体传感器 …… 212
10.2.1 气体传感器的分类和工作原理 …… 212
10.2.2 常见气体传感器的原理与应用 …… 214
10.2.3 气体传感器的应用实例 …… 219
10.2.4 气体传感器的发展趋势与展望 …… 221
10.3 湿敏传感器 …… 223
10.3.1 湿度的定义及其表示方法 …… 224
10.3.2 湿敏传感器的定义、性能参数及特性 …… 224
10.3.3 湿敏传感器的分类与性能对比 …… 225
10.3.4 常用湿敏传感器的基本原理 …… 226
10.3.5 湿敏传感器的测量电路 …… 229
10.3.6 湿度传感器的应用 …… 232
10.3.7 湿度传感器的发展趋势与展望 …… 233
10.4 生物传感器 …… 234
10.4.1 生物传感器组成及工作原理 …… 234
10.4.2 生物传感器分类 …… 236
10.4.3 生物传感器的特点 …… 238
10.4.4 主要生物传感器介绍 …… 239
10.4.5 生物传感器应用举例 …… 244
10.4.6 生物传感器的发展趋势与展望 …… 247
10.5 本章小结 …… 248
习题 …… 248

第 11 章 智能化、网络化传感器技术 …… 250

11.1 智能传感器的分类 …… 251
11.2 智能传感器的构成、功能与特点 …… 251
11.2.1 智能传感器的构成 …… 251
11.2.2 智能传感器的功能 …… 252
11.2.3 智能传感器的特点 …… 252
11.3 传感器智能化方法 …… 253
11.3.1 非集成智能传感器的实现方法 …… 253
11.3.2 集成智能传感器的实现方法 …… 254
11.4 传感器网络 …… 254
11.5 无线传感器网络 …… 256
11.5.1 无线传感器网络（WSN）的特点 …… 257
11.5.2 WSN 的网络结构 …… 258
11.5.3 无线传感器节点 …… 259
11.5.4 无线通信的几种技术方法 …… 260
11.5.5 无线传感器网络标准 …… 262
11.5.6 无线传感器节点的应用介绍 …… 265
11.6 智能传感器的应用实例 …… 266
11.6.1 系统硬件电路设计 …… 266
11.6.2 系统软件设计 …… 268
11.6.3 测试结果 …… 269
11.7 本章小结 …… 269
习题 …… 270

参考文献 …… 271

第1章 传感器基础知识

知识要点

通过本章学习，读者应了解传感器的作用，掌握传感器的基本概念，理解传感器的分类，了解传感技术今后的发展方向。

本章知识结构

传感器的地位、作用 → 传感器概念 → 传感器分类 → 传感器与传感技术 → 传感器技术的发展方向

1.1 传感器的地位与作用

中国仪器仪表学会根据国际发展的潮流和我国的现状，把仪器仪表概括为以下六类。

① 工业自动化仪表、控制系统及相关测控技术。

② 科学仪器及相关测控技术。

③ 医疗仪器及相关测控技术。

④ 信息技术电测、计量仪器及相关测控技术。

⑤ 各类专用仪器仪表及相关测控技术。

⑥ 相关传感器、元器件、制造工艺和材料及其基础科学技术。

分类中的传感器与本书一样是狭义的，若从信息获取的概念出发，信息技术包括信息获取、信息处理、信息传输三部分内容。传感技术作为信息技术的三大支柱，起着源头的作用。没有传感器获取信息，或信息获取不准确，那么信息的存储、处理、传输都是毫无意义的。因而，信息获取是信息技术的基础，是信息处理、信息传输的源头，也是信息技术中的关键技术。正如俄国著名科学家门捷列夫所说：科学是从测量开始的。英国物理学家开尔文有格言：我们只能测量后才能了解。我国著名科学家钱学森明确指出：发展高新技术，信息技术是关键，信息技术包括测量技术、计算机技术和通信技术，测量技术是关键的基础。而传感器是测量、信息获取的唯一仪器或装置。若把传感器按照在应用领域中的作用分类可概括如下。

① 在国民经济运行中，传感器有着巨大的辐射作用和影响力。实际上，现代化大工业，如发电、炼油、化工、冶金、飞机和汽车制造等，离开了各种测量装置，就不能正常安全生

产，更难创造产值和利润。专家们形象地把传感器比喻为国民经济中的“卡脖子”产业。

② 在科学研究中，传感器是先行官，离开了它，一切科学研究都无法进行。1991 年诺贝尔化学奖获得者 R. R. Ernst 说：现代科学的进步越来越依靠尖端仪器的发展。神舟飞船的成功发射，得益于研制过程中有各种传感器对样机进行大量的地面和空中测试，更得益于成百上千个传感器在飞行过程中准确提供的加速度、温度、振动、应变等宝贵的飞行数据。航天员根据这些数据进行操纵与控制，才能圆满完成飞行中的各种任务。

③ 在军事上，传感器体现出“战斗力”。传感器的测量精度决定了武器系统的打击精度，测试速度、诊断能力决定武器反应能力。1991 年海湾战争美国使用的精密炸弹和导弹只占 8%，12 年后的伊拉克战争中，精密炸弹和导弹占到了 90%以上。这些都是靠先进的仪器仪表装备来实现控制功能的。

④ 传感器是当代社会的“物化法官”。产品质量、环境污染、违禁药物、指纹、假钞等信息的获取，无一不通过传感器。

⑤ 传感器也走进了社会生活，比如汶川大地震中生命探测仪就挽救了无数人的生命。天气预报、疾病诊断、交通指挥、灾情预测等各个领域中，传感器技术都发挥了巨大作用。

⑥ 发展现代传感技术已成为国家的一项战略措施。

现代传感器技术的发展水平反映出国家的文明程度，是国家科技水平和综合国力的重要体现。为此，世界发达国家都高度重视和支持仪器仪表的发展，美、日、欧等发达国家和地区早已制定各自的发展战略并锁定目标，有专门的投入，以加速原创性传感器技术的发明、发展、转化和产业化进程。发达国家的传感器技术的研究，已从自发状态转入到有意识、有目标的政府行为上来。

特别是自 20 世纪 80 年代以来，许多国家纷纷投入大量的人力与物力，把发展包括传感器技术在内的高技术列为国家发展战略的重要组成部分。美国提出《战略防御倡议》(SDI)，即星球大战计划；欧洲提出“尤里卡”高技术发展规划；日本提出《振兴科技的政策大纲》；韩国提出《国家长远发展构想》；印度提出《新技术政策声明》；中国制造 2025 明确了 9 项战略任务和重点，提出 8 个方面的战略支撑和保障，传感器技术作为信息获取的源头为中国制造 2025 提供了最基础的支撑。

目前，传感器的作用日益被人们所认识，从一定意义上说，谁掌握了最先进的传感技术与科学仪器，谁就掌握了科技发展的优先权、人民健康的保障权、商业标准的制定权以及突发事件的主动控制权。加强传感器与科学仪器的发展和自主创新意义重大。

1.2 传感器定义与分类

1.2.1 传感器定义

国家标准 GB/T 7665—2005 对传感器下的定义是能够感受规定的被测量并按照一定的规律转换成可用输出信号的器件或装置。这一概念包括以下四方面含义。

① 传感器是测量器件或装置，能完成信号获取任务，例如常见的维持正常交通秩序的电子眼，能准确获取车速、车牌号、是否闯红灯等信息的 CCD 传感器。

② 传感器的输入量是一被测量，可能是物理量、化学量、生物量等。

③ 传感器的输出量是某种物理量，这种量要便于传输、转换、处理、显示等，输出量可以是气、光、电，但主要是电量。

④ 输入输出有对应关系，且应有一定的精确度，比如任意一个化工过程控制系统，如果信号检测误差大，后端控制设备无论怎样先进也无法满足控制指标要求，严重时还会出现安全责任事故。

传感器通常由敏感元件、转换元件和测量电路组成，有的还需辅助电源。组成框图如图1-1所示。

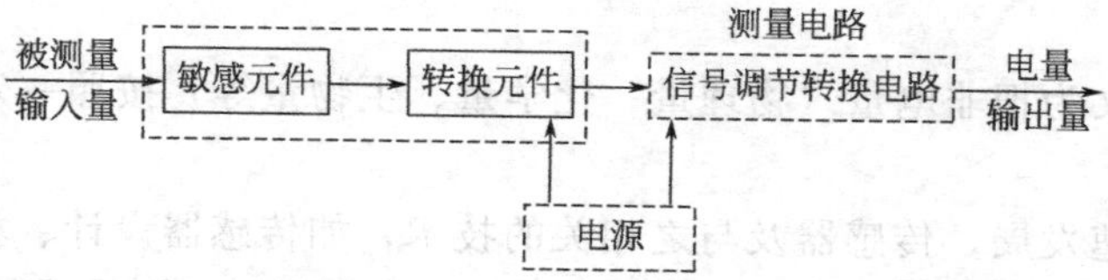

图 1-1　传感器组成框图

敏感元件用于直接感受或响应被测量（输入量）；转换元件和信号调节转换电路将敏感元件感受的或响应的被测量转换成适于传输或测量的电信号，比如柱式压力传感器中钢柱属于敏感元件，感受压力信号，钢柱上粘贴的应变片属于转换元件，将压力转换成应变电阻，为便于远程传输，需用电桥将应变转换成电信号输出。但有些传感器（压电传感器、热电偶等）没有转换元件，直接将被测量转换成电信号。

还有一种仪器—变送器也是用来获取信号的，那两者之间有何区别呢？一般来说有如下差别。

① 按传统观念，传感器归入检测仪表，变送器则属于自动化仪表。

② 把非电量转换成电量的器件称为传感器。而变送器是从传感器发展起来的，凡能输出标准信号的传感器称为变送器，例如以4～20mA、0～10mA直流电流或1～5V电压等非标准信号作为输出的传感器，必须和特定的仪表或装置配套，才能实现检测和调节功能，例如：传感器＋转换器方可输出标准信号。

1.2.2　传感器分类

传感器种类繁多，同一传感器可以测量多种参数，同一参数又可由多种传感器测量。目前，传感器的分类没有统一规定，一般常用的分类方法有如下四种。

（1）按测量原理分类

这是传感器最常见的分类方法，以传感器将非电量转换成电量时依据的物理、化学、生物等学科的原理、规律和效应作为分类依据，有利于传感器工作原理的阐述。本书就是以这一分类方法作为编写体系介绍常见传感器的。

（2）按输入信号分类

如输入的是压力、温度、流量、速度、加速度、湿度等信号，则相应的传感器就称为压力传感器、温度传感器、流量传感器、速度传感器、加速度传感器、湿度传感器等。这种分类方式直观、清晰地表达了各类传感器的用途，使用者可以根据测量对象选择所需传感器。

（3）按结构型和物性型分类

通过机械结构的几何形状或尺寸的变化，将被测量转换成相应的电阻、电感、电容等物理量的变化，从而检测出被测量变化的称为结构型传感器。物性型传感器则利用某些材料本身的物理性质的变化实现测量，是以金属、半导体、合金、陶瓷等作为敏感材料的固体器件。

（4）按使用材料分类

若传感器由金属、半导体、光纤、陶瓷、复合材料等构成，则称为金属传感器、半导体传感器、光纤传感器、陶瓷传感器、复合材料传感器等。该分类方式直观明了，方便使用者根据需要挑选传感器。

1.3 传感器与传感技术

传感器简单定义为把非电量（物理量、化学量、生物量等）按照一定规律转化成电量的器件和装置。

随着科技的飞速发展，传感器及与之相关的技术，如传感器设计、材料、制造、应用等得到快速发展，逐渐形成一门新的独立学科——传感器技术。传感器技术的含义比传感器广。传感器技术是研究传感器材料、设计、工艺、性能和应用等的综合技术，以传感器为核心逐渐外延，与测量学、微电子学、物理学、光学、机械学、材料学、计算机科学等多门学科密切相关，是多技术相互渗透形成的一个新技术学科领域。

传感器技术是信息获取技术，是信息技术的三大支柱（传感与控制技术、通信技术和计算机技术）之一。首先，人类通过大自然发出的信息了解物质世界的属性和规律，信息是人类科学活动的基础，在自然科学与工程技术领域，学科的前沿常常止步于难以获取信息的地方。其次，自然界的许多种物质运动变化能够通过不同途径直接或间接引起相应电学量的变化，可以获得所关心的自然信息，有效地拓展了人类可能认知的自然信息范围。再次，自然信息转换为电信号之后，可以与各种信号传输、处理系统衔接，构成具有多种功能的反馈控制系统，使以人为主体的多种操作控制系统发展成为由信息获得装置、信号传输处理系统和执行机构共同组成的各类自动化系统。

传感器技术是实现自动控制、自动调节的关键环节，也是机电一体化系统不可缺少的关键技术之一，其水平高低在很大程度上影响和决定着系统的功能，其水平越高，系统的自动化程度就越高。在一套完整的机电一体化系统中，如果不能利用传感检测技术对被控对象的各项参数进行及时准确地检测，并转换成易于传送和处理的信号，所需要的用于系统控制的信息就无法获得，进而使整个系统无法正常有效工作。

1.4 传感技术的特点

（1）传感技术是边缘学科

① 传感技术机理各异，涉及多门学科与技术，包括测量学、微电子学、物理学、光学、机械学、材料学、计算机科学等。

② 在理论上以物理学中的效应、现象，化学中的反应、生物学中的机理作为基础。

③ 涉及电子、机械制造、化学工程、生物工程等多门学科的技术。

④ 多种高技术的集合产物，传感器在设计、制造和应用过程中技术的多样性、边缘性、综合性和技艺性呈现出技术密集的特性。

（2）传感器产品、产业分散，涉及面广

自然界中各种信息（如光、声、湿度、温度、气压等）千差万别，传感器品种繁多，被测参数包括热工量、电工量、化学量、物理量、机械量、生物量、状态量等。应用领域广泛，无论是航空航天、现代化军事等高新技术领域，还是传统产业，乃至日常生活，都需要应用大量的传感器。

(3) 传感器性能稳定、测试精确

传感器应具有高稳定性、高可靠性、高重复性、低迟滞、快响应和良好的环境适应性。

(4) 传感器功能、工艺要求复杂

① 传感器具有各种作用，既可代替人类五官感觉的功能，也能检测人类五官不能感觉的信息，称得上是人类五官功能的扩展。

② 应用要求千差万别，有的量大面广，有的专业性很强；有的要求高精度，有的要求高稳定性，有的要求高可靠性；有的要求耐热、耐振动，有的要求防爆、防磁等。

③ 面对复杂的功能要求，设计制造工艺复杂。

(5) 基础、应用两头依附；产品、市场相互促进

① 基础依附是指传感器技术的发展依附于敏感机理、敏感材料、工艺装备和计（量）测（试）技术这四块基石。应用依附是指传感器技术基本上属于应用技术，依赖于检测装置和自动控制系统，并加以应用，才能真正体现出它的高附加效益并形成现实市场。

② 传感器的设计、生产、加工要按照市场需求，不断调整产业结构和产品结构，才能实现传感器产业的全面、协调、持续发展。

1.5 传感器技术的发展方向

近年来，由于半导体技术（蒸镀技术、扩散技术、光刻技术、精密微细加工技术等）、集成化技术飞速发展，各种制造工艺和材料性能的研究达到相当高的水平。这为传感器技术的发展创造了有利条件。从发展前景看，它具有如下特点。

(1) 传感器的固态化

物性型传感器也称固态传感器，目前发展很快。它包括半导体、电介质和磁性体三类。其中半导体发展最引人注目，它精度高、响应快、小而轻，易于实现传感器的集成化和多功能化，如目前先进的固态传感器能在一块芯片上同时集成差压、静压、温度三种传感器，使差压传感器具有温度和压力补偿功能。

(2) 传感器的集成化和多功能化

有些特殊场合，如插入人体中的传感器及风洞中测压力分布的传感器等应尽量微型化，必须将传感、放大、温度补偿、信号储存与处理电路集成在同一芯片上。目前传感器多测量一个点的参数，但是在科学技术和工程上需要测量一条线上或一个面上的参数，需要相应研究二维乃至三维的传感器。有些单一的传感器组成传感器阵列可得到一个功能优良的控制单元，如日本研究了一种同时检测 Na^+、K^+、H^+ 的传感器，该传感器尺寸为 2.5mm×0.5mm，可直接用导管送到心脏内测量。

(3) 传感器的智能化

把拾取信息功能和微型计算机的信息处理功能结合在一起的传感器不仅具有检测信息的功能，而且具有判断和处理信息的能力及具备学习、推理、感知通信以及管理等功能。

(4) 向高可靠性、宽温度范围发展

传感器的可靠性直接影响电子设备的抗干扰等性能，研制高可靠性、宽温度范围的传感器将是永久性的方向。提高温度范围历来是大课题，大部分传感器的工作范围为－20～70℃，在军用系统中，要求工作温度范围为－40～85℃，而汽车、锅炉等场合要求传感器工

作在$-20\sim120$℃，在冶炼、焦化等方面，对传感器的温度要求更高，因此发展新兴材料（如陶瓷）的传感器将很有前途。

（5）多传感器的集成与融合

由于单传感器不可避免地存在不确定或偶然不确定性，缺乏全面性，所以偶然的故障就会导致系统失效。多传感器集成与融合技术正是解决这些问题的良方。多个传感器不仅可以描述同一环境特征的多个冗余的信息，而且可以描述不同的环境特征。它的特点是冗余性、互补性、及时性和低成本性。

（6）传感器的网络化

无线传感器网络是由大量无处不在的、具有无线通信与计算能力的微小传感器节点构成的自组织分布式网络系统，是能根据环境自主完成指定任务的智能系统。它是涉及微传感器与微机械、通信、自动控制及人工智能等多学科的综合技术，大量传感器通过网络构成分布式、智能化信息处理系统，以协同的方式工作，能够从多种视角获得丰富的高分辨率的信息，极大增强了传感器的探测能力，是近几年新的发展方向。其应用已从军事领域扩展到反恐、环境监测、医疗保健、民用、建筑、商业、工业等众多领域，应用前景非常广泛。

1.6 本章小结

传感器作为人类认识和感知世界的一种工具，伴随人类文明的进步在飞速发展，传感器在国民经济和人们日常生活中占有举足轻重的地位，目前许多国家把传感器技术列为重点发展的关键技术。本章主要阐述了以下问题。

① 传感器的地位与作用。

② 传感器概念。

③ 传感器分类。

④ 传感器与传感技术之间的关系。

⑤ 传感器技术的发展方向。

习 题

1. 传感器的基本概念是什么？一般情况下由哪几部分组成？
2. 传感器有几种分类形式，各种分类之间有什么不同？
3. 简述传感器与变送器的区别与联系。
4. 什么叫传感技术？传感技术的特点是什么？
5. 传感器与信息技术有什么关系？
6. 简述传感技术在现代科学技术、国民经济和社会生活中的地位与作用。
7. 现代传感器研发呈现的特点是什么？
8. 我国传感器产业发展现状及与国外的差距是什么？如何发展我国的传感器产业？
9. 简述现代传感技术的发展现状与趋势。
10. 举例说明传感技术的应用。

第2章

传感器特性

知识要点

通过本章学习，读者应掌握传感器静态特性的有关指标概念，如线性度、灵敏度、迟滞差、灵敏度界限、稳定性，了解静态特性有关指标的求解方法；掌握传感器动态特性的研究意义、数学模型分析、响应函数的分析；掌握传感器静态特性标定方法，了解传感器动态特性的标定方法。

本章知识结构

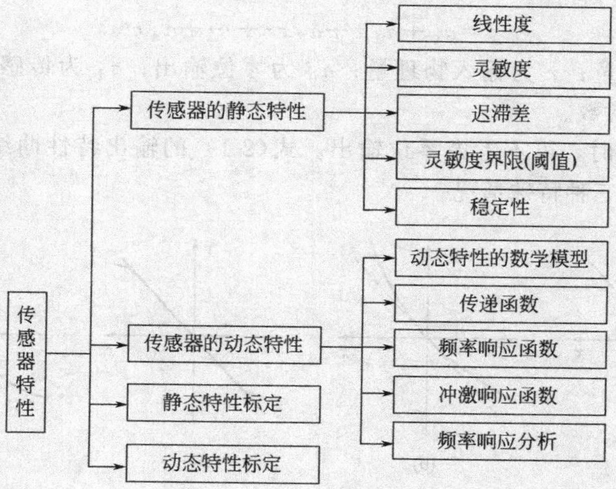

传感器的输出输入特性是传感器的基本特性。从误差角度去分析输出输入特性是测量技术所要研究的主要内容之一。输出输入特性虽然是传感器的外部特性，但与其内部参数有密切关系。因为传感器不同的内部结构参数决定它具有不同的外部特性，所以测量误差也是与内部结构参数密切相关的。

传感器所要测量的物理量基本上有两种形式：一种是稳态（静态或准静态）的形式，这种信号不随时间变化（或变化很缓慢）；另一种是动态（周期变化或瞬态）的形式，这种信号是随时间变化而变化的。由于输入物理量状态不同，传感器所表现出来的输出输入特性也不同，因此存在所谓的静态特性和动态特性。由于不同传感器有不同的内部参数，它们的静态特性和动态特性也表现出不同的特点，所以对测量结果的影响也各不相同。一个高精度传感器必须有良好的静态特性和动态特性，这样它才能完成信号（或能量）无失真的转换。

2.1 传感器的静态特性

传感器在稳态信号作用下，其输出输入关系称为静态特性。衡量传感器静态特性的重要指标通常是线性度、灵敏度、灵敏度界限（阈值）、迟滞差、稳定性。

2.1.1 线性度

传感器的线性度是指传感器的输出与输入之间的线性程度。传感器的理想输出输入特性是线性的，它具有以下优点。

① 可大大简化传感器的理论分析和设计计算。

② 为标定和数据处理带来很大方便，只要知道线性输出输入特性上的两点（一般为零点和满度值），就可以确定其余各点。

③ 可使仪表刻度盘均匀刻度，因而制作、安装、调试容易，提高测量精度。

④ 避免了非线性补偿环节。

实际上许多传感器的输出输入特性是非线性的，如果不考虑迟滞和蠕变效应，一般可用式(2-1) 表示输出输入特性。

$$y=a_0+a_1x+a_2x^2+\cdots+a_nx^n \tag{2-1}$$

式中，y 为输出量；x 为输入物理量；a_0 为零位输出；a_1 为传感器线性灵敏度；a_2，a_3，…，a_n 为待定常数。

在研究线性特性时，可不考虑零位输出。式(2-1) 的输出特性曲线如图 2-1(d) 所示。下面介绍式(2-1) 的三种特殊情况。

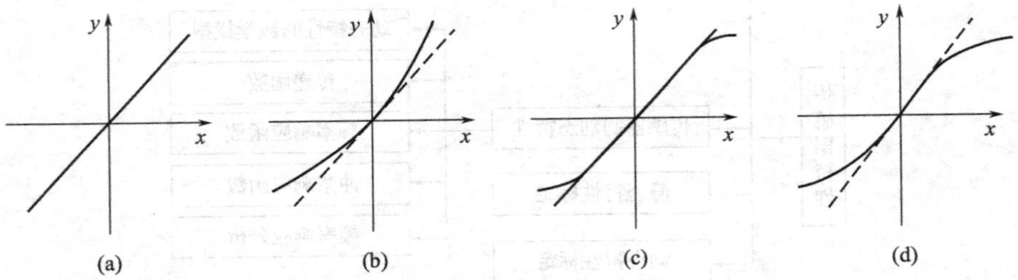

图 2-1 传感器的静态特性曲线

(1) 理想的线性特性

如图 2-1(a) 所示的直线，在这种情况下有

$$a_0=a_2=a_3=\cdots=a_n=0$$

因此得到

$$y=a_1x \tag{2-2}$$

因为直线上任何点的斜率都相等，所以传感器的灵敏度为

$$S_n=y/x=a_1\text{（常数）}$$

(2) 仅有偶次非线性项

如图 2-1(b) 所示，其输出输入特性方程为

$$y=a_2x^2+a_4x^4+\cdots \tag{2-3}$$

因为它没有对称性，所以其线性范围较窄。一般传感器设计很少采用这种特性。

(3) 仅有奇次非线性项

如图 2-1(c) 所示，其输出输入特性方程为

$$y=a_1x+a_3x^3+a_5x^5+\cdots \tag{2-4}$$

具有这种特性的传感器一般在输入量 x 相当大的范围内具有较宽的准线性，这是比较接近于理想直线的非线性特性，它相对坐标原点是对称的，即 $y(x)=-y(-x)$，所以它具有相当宽的近似线性范围。

传感器的输出输入特性的线性度除受机械输入（弹性元件）特性影响外，也受电气元件输出特性的影响。使电气元件对称排列，以差动方式工作可以消除电气元件中的偶次分量，显著改善线性范围，例如差动传感器的一边输出为

$$y_1=a_1x+a_2x^2+\cdots+a_nx^n$$

另一边反向输出为

$$y_2=-a_1x+a_2x^2-a_3x^3+\cdots+(-1)^na_nx^n$$

总输出为两者之差，即

$$y=y_1-y_2=2(a_1x+a_3x^3+a_5x^5+\cdots) \tag{2-5}$$

由式(2-5) 可见，差动传感器消除了偶次项，使线性得到改善，同时使灵敏度提高一倍。

在使用非线性特性的传感器时，如果非线性项的次数不高，在输入量变化范围不大的条件下，可以用切线或割线等直线来近似代表实际曲线的一段，这种方法称为传感器非线性特性的线性化。所采用的直线称为拟合直线。实际特性曲线与拟合直线之间总存在一定的非线性误差，如图 2-2 所示，取其中最大值 Δ_{max} 与输出满度值之比作为评价非线性误差（或线性度）的指标。

$$\delta_1=\pm\frac{\Delta_{max}}{y_{FS}}100\% \tag{2-6}$$

式中，δ_1 为非线性误差（线性度）；Δ_{max} 为最大非线性绝对误差；y_{FS} 为满量程输出。

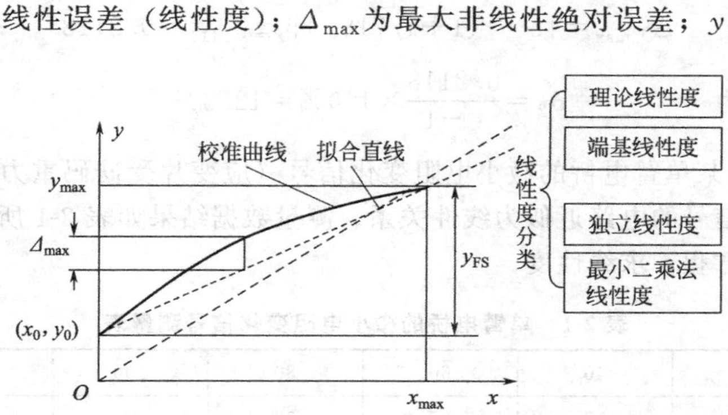

图 2-2　传感器的线性度

测量传感器的线性度是一项传感器标定工作。线性度的测量是在静态标准条件下进行的。静态标准条件是指没有加速度、振动、冲击（除非这些本身就是被测物理量），环境温

度为 (20±5)℃、相对湿度小于85%，大气压力为 (101±8)kPa 的情况。在这种标准工作状态下，利用一定等级的校准设备对传感器进行往复循环测试，得到的输出输入数据一般用表列出或画成曲线。而拟合直线的获得有多种标准，若改变拟合直线，则可以得到不同的线性度，常见的几种拟合直线如下。

① 理论拟合直线。拟合直线为理论直线，通常以0作为直线起始点，满量程输出100%作为终止点。

② 端基拟合直线。以校准曲线的零点输出和满量程输出值连成的直线为拟合直线。

③ 独立拟合直线。做两条与端基直线平行的直线，使之恰好包围所有的标定点，以与两直线等距离的直线作为拟合直线。

④ 最小二乘法拟合直线。以标定曲线的各点偏差平方之和最小（即最小二乘法原理）的直线作为拟合直线。这种方法得到的线性度的精度最高。下面是两个线性度求解的例子。

【例 2-1】 已知某传感器静态特性方程为 $y=e^x$，分别用切线法和端基法，在 $0 \leqslant x \leqslant 1$ 范围内拟合刻度直线方程，并求出相应的线性度。

解： ① 切线法。在 $x=0$ 处作拟合直线，设切线法时拟合直线方程为 $y=kx+A$，则 $x=0$ 时，$y=1$，代入可得 $A=1$。

$(e^x)'=e^x$，$y=e^x$ 在 $x=0$ 处的切线斜率为 $k=1$，得切线方程为 $y=x+1$，当 $x=1$ 时，最大偏差为

$$\Delta y_{\max}=\left|e^x-(1+x)\right|_{x=1}=0.7182$$

切线法线性度为

$$\delta_1=\frac{\Delta y_{\max}}{y_{FS}}\times 100\%=\frac{0.7182}{e-1}\times 100\%=41.8\%$$

② 端基法。将两端点连起来作拟合直线，设方程为 $y=kx+A$，则 $A=1$，$k=(e-1)/(1-0)=1.718$，端基直线方程为 $y=1+1.718x$，由

$$\frac{d[e^x-(1+1.718x)]}{dx}=0$$

解得 $x=0.5413$ 处存在最大偏差

$$\Delta y_{\max}=\left|e^x-(1+1.718x)\right|_{x=0.5413}=0.2118$$

端基法线性度为 $$\delta_2=\frac{0.2118}{e-1}\times 100\%=12.3\%$$

【例 2-2】 测量某单臂电桥的微小电阻变化信号（应变片受砝码重力压力产生电阻变化信号）转换为电压信号的电路近似为线性关系。测量数据结果如表 2-1 所示。用最小二乘法拟合一元线性回归方程，求线性度。

表 2-1 单臂电桥的微小电阻变化信号测量表

x_i/g	20	40	60	80	100	120	140
y_i/mV	8	17	25	33	42	50	59

解： 由测量数据可画出如图 2-3 所示曲线，即散点图。

可看出 x、y 大致呈线性关系。因此用一元线性回归方程求取线性经验公式。计算如表 2-2 所示。用最小二乘法拟合计算如下。

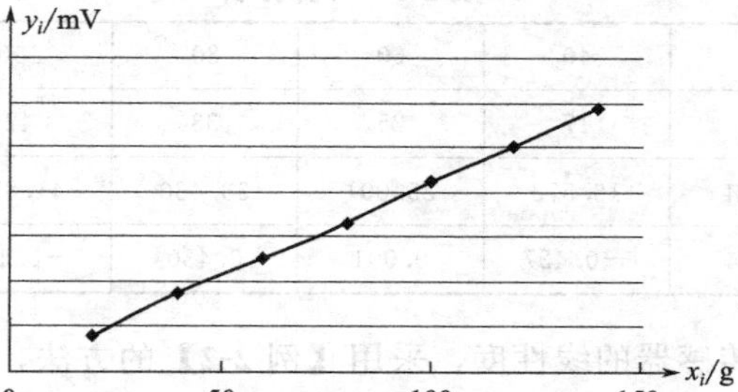

图 2-3 传感器性能测量的散点图

表 2-2 用最小二乘法数据处理分析表

序号	x/g	y/mV	x^2/g^2	y^2/mV^2	xy/(g·mV)
1	20	8	400	64	160
2	40	17	1600	289	680
3	60	25	3600	625	1500
4	80	33	6400	1089	2640
5	100	42	10000	1764	4200
6	120	50	14400	2500	6000
7	140	59	19600	3481	8260
求和	560	234	56000	9812	23440

$$\overline{x}=\frac{1}{n}\sum_{i=1}^{n}x_i=80\text{g};\quad \overline{y}=\frac{1}{n}\sum_{i=1}^{n}y_i=33.43\text{mV}$$

$$\left(\sum_{t=1}^{7}x_t\right)^2/7=\frac{560^2}{7}=44800;\quad \left(\sum_{t=1}^{7}y_t\right)^2/7=\frac{234^2}{7}=7822.29$$

$$\left(\sum_{t=1}^{7}x_t\right)\left(\sum_{t=1}^{7}y_t\right)/7=\frac{560\times234}{7}=18720$$

$$l_{xx}=\sum_{i=1}^{7}x_t{}^2-\left(\sum_{i=1}^{7}x_i\right)^2/7=56000-44800=11200$$

$$l_{yy}=\sum_{i=1}^{7}y_t{}^2-\left(\sum_{i=1}^{7}y_i\right)^2/7=9812-7822.29=1989.71$$

$$l_{xy}=\sum_{i=1}^{7}x_ty_t-\left(\sum_{i=1}^{7}x_i\right)\left(\sum_{i=1}^{7}y_i\right)/7=23440-18720=4720$$

$$b=\frac{l_{xy}}{l_{xx}}=\frac{4720}{11200}=0.42143$$

$$b_0=\overline{y}-b\overline{x}=33.43-0.42143\times80=33.43-33.7144=-0.2844$$

最小二乘法拟合的直线为 $\hat{y}=b_0+bx=-0.2844+0.42143x$

由表 2-3 可以看出最大的偏差值为 0.430，量程为 59－8＝51（mV）。则线性度为

$$\frac{0.430}{51}\times100\%=0.843\%$$

表 2-3 计算分析

x_i/g	20	40	60	80	100	120	140
y_i/mV	8	17	25	33	42	50	59
拟合直线值	8.144	16.573	25.001	33.430	41.859	50.287	58.716
差值	0.144	−0.427	0.001	0.430	−0.141	0.287	−0.284

一般通过实验测出传感器的线性度，采用【例 2-2】的方法，这种方法在自动测试系统的编程用得较多，例如压力计标定系统，给被测压力传感器加标准压力，记录几组数据，然后绘制曲线，计算拟合直线，求解线性度等。还有温度计的标定系统、电位器线性度标定系统等。

2.1.2 灵敏度

灵敏度是指传感器在稳态下输出变化对输入变化的比值，用 S_n 来表示，即

$$S_n=\frac{\text{输出量的变化值}}{\text{输入量的变化值}}=\frac{\Delta y}{\Delta x} \tag{2-7}$$

对于线性传感器，它的灵敏度就是它的静态特性的斜率，即 $S_n=y/x$。非线性传感器的灵敏度是随输入量变化的。一般希望传感器的灵敏度高，在满量程范围内是恒定的，即传感器的输出输入特性为直线。

选用传感器首先考虑的是灵敏度，如果达不到测量所必需的灵敏度，传感器就不能采用，但灵敏度高的传感器不一定是最好的传感器。灵敏度易受传感器本身或外界环境噪声影响，必须用信号与噪声的相互关系全面衡量传感器。传感器输出信号中的信号分量与噪声分量的平方平均值之比称为信噪比（S/N），S/N 小，信号与噪声难以分清；$S/N=1$，就完全分辨不出信号与噪声。因此，S/N 至少要大于 10。

2.1.3 迟滞差

迟滞现象是指传感器在正（输入量增大）反（输入量减小）行程期间输出输入特性曲线不重合，如图 2-4 所示。也就是说，输入逐渐增加到某一值，与输入逐渐减小到同一值时的输出值不相等，叫迟滞现象，迟滞差表示这种不相等的程度。

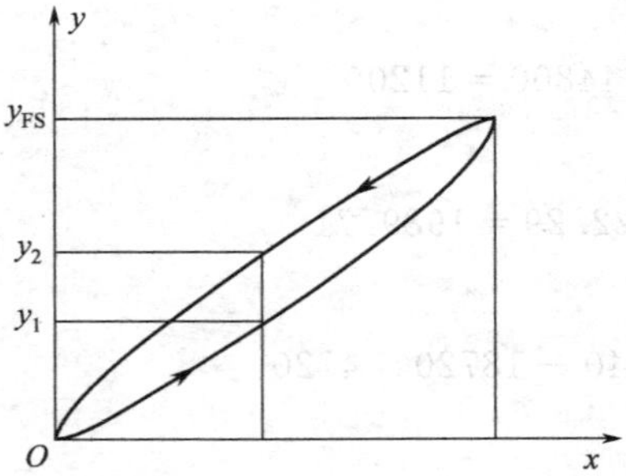

图 2-4 传感器的迟滞曲线

各种材料的物理性质是产生迟滞现象的原因，如把应力加于某弹性材料时，弹性材料产生变形，应力虽然取消了，但材料不能完全恢复原状；又如，铁磁体、铁电体在外加磁场、电场作用下均有这种现象。迟滞也反映了传感器机械部分不可避免的缺陷，如轴承摩擦、间隙、螺钉松动、积尘等。各种各样的原因混合在一起导致了迟滞现象的发生。

迟滞大小一般要由实验方法确定，用最大输出差值 Δ_{max} 对满量程输出 y_{FS} 的百分比表示。

$$e_t=\frac{\Delta_{max}}{y_{FS}}\times 100\% \tag{2-8}$$

或

$$e_t = \pm\frac{\Delta_{max}}{2y_{FS}}\times100\% \tag{2-9}$$

式中，Δ_{max}为正反行程输出值的最大差值。

2.1.4 灵敏度界限（阈值）

输入改变 Δx 时，输出变化 Δy，Δx 变小，Δy 也变小。但是一般来说，Δx 小到某种程度，输出就不再变化了，这时的 Δx 叫灵敏度界限。

存在灵敏度界限的原因有两个：一是输入的变化量通过传感器内部被吸收，因而反映不到输出端上去，典型的例子是螺钉或齿轮的松动、螺钉和螺母、齿条和齿轮之间多少都有空隙，如果 Δx 相当于这个空隙的话，那么 Δx 是无法传递出去的；二是传感器输出存在噪声，S/N 相当时，得不到有用的输出值。

2.1.5 稳定性

稳定性表示传感器在一个较长的时间内保持其性能参数的能力。理想的情况下，不管什么时候，传感器的灵敏度等特性参数都不随时间变化。但实际上，随着时间的推移，大多数传感器的特性会改变。这是因为传感元件或构成传感器的部件的特性随时间发生变化（即经时变化），即使是长期放置不用的传感器，也会产生经时变化。传感元件或构成传感器的部件的特性变化与使用次数有关的传感器受这种经时变化的影响更大。因此，传感器必须定期进行校准，特别是作标准用的传感器更应这样。

2.2 传感器的动态特性

在测量静态信号时，线性传感器的输出输入特性是一条直线，两者之间有一一对应的关系，而且因为被测信号不随时间变化，测量和记录过程不受时间限制，而在实际测试工作中，大量的被测信号是动态信号，传感器对动态信号的测量要求不仅需要精确测量信号幅值的大小，而且需要测量和记录动态信号变换过程的波形，这就要求传感器能迅速准确地测出信号幅值的大小和无失真再现被测信号随时间变化的波形。

传感器的动态特性是指传感器对激励（输入）的响应（输出）特性。一个动态特性好的传感器，其输出随时间变化的规律（变化曲线）能同时再现输入随时间变化的规律（变化曲线），即具有相同的时间函数。这就是动态测量中对传感器提出的新的要求。但实际上除非具有理想的比例特性的环节，输出信号将不会与输入信号具有完全相同的时间函数，这种输出与输入间的差异就是所谓的动态误差。

为了进一步说明动态参数测试中发生的特殊问题，下面讨论一个测量水温的实验过程。一个恒温水槽，使其中水温保持在 T 不变，而当地环境温度为 T_0（不考虑其他因素造成的误差）。设 $T>T_0$，现在将热电偶迅速插到恒温水槽的热水中（插入时间忽略不计），这时热电偶测量的温度参数发生了一个突变，即从 T_0 突然变化到 T，马上看一下热电偶输出的指示值，是否在这一瞬间从原来的 T_0 立刻上升到 T 呢？显然不会，是从 T_0 逐渐上升到 T 的，热电偶指示出来的温度从 T_0 上升到 T，经历了从 t_0 到 t 时间的过渡过程，如图 2-5 所示，没有这样一个过程就不会得到正确的测量结果。而从 t_0 到 t 的过程中，测量曲线

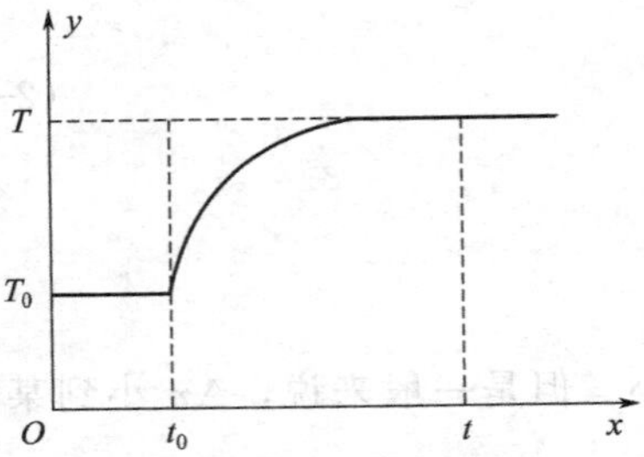

图 2-5 热电偶测温过程曲线

始终与温度从 T_0 跳变到 T 的阶跃波形存在差值，这个差值就称为动态误差，从记录波形看，测试具有一定失真。

究竟是什么原因造成了测量失真和产生动态误差呢？可以肯定，如果被测温度不产生变化，不会产生上述现象。考查热电偶（传感器）对动态参数测试的适应性能，即它的动态特性。热电偶测量热水温度时，水的热量通过热电偶的壳体传播到热接点上，热接点又具有一定热容量，它与水的热平衡需要一个过程，所以热电偶不能在被测温度变化时立即产生相应的反应。这种由热容量所决定的性能称为热惯性，这种热惯性是热电偶固有的，它决定了热电偶测量快速温度变化时会产生动态误差。

这种影响动态特性的固有特性任何传感器都有，只不过它们的表现形式和作用程度不同而已。研究传感器的动态特性主要是从测量误差角度分析产生动态误差的原因以及改善措施。

研究动态特性可以从时域和频率两个方面采用瞬态响应法和频率响应法来分析。由于输入信号的时间函数形式是多种多样的，在时域内研究传感器的响应特性时，通常研究几种特定的输入时间函数，如阶跃函数、脉冲函数和斜坡函数等的响应特性。在频域内研究动态特性，一般采用正弦（或余弦）函数得到频率响应特性，动态特性好的传感器暂态响应时间很短或者频率响应范围很宽。这两种分析方法内部存在必然的联系，在不同场合，根据实际需要解决的问题而选择不同的方法。

在采用阶跃输入研究传感器时域动态特性时，常用上升时间 t_{rs}、响应时间 t_{st}、过调量 c 等参数来综合描述传感器的动态特性。

在采用正弦输入研究传感器频域动态特性时，常用幅频特性和相频特性来描述传感器的动态特性，其重要指标是频带宽度，简称带宽。带宽是指增益变化不超过某一规定分贝值的频率范围。

2.2.1 传感器动态特性的数学模型

传感器实质上是一个信息（能量）转换和传递的通道，在静态测量情况下，其输出量（响应）与输入量（激励）的关系符合式(2-1)，即输出量为输入量的函数。在动态测量情况下，如果输入量随时间变化时，输出量能立即随之无失真地变化的话，这样的传感器可以看成是理想的。但是实际的传感器（或测试系统）存在着诸如弹性、惯性和阻尼等元件，此时，输出 y 不仅与输入 x 有关，而且还与输入量的变化速度 dx/dt、加速度 d^2x/dt^2 等有关。

要精确建立传感器（或测试系统）的数学模型是很困难的。在工程上总是采取一些近似的方法，忽略一些影响不大的因素，给数学模型的确立和求解都带来很多方便。

通常认为可以用线性时不变系统理论来描述传感器的动态特性。从数学上可以用常系数线性微分方程表示传感器输出量 y 与输入量 x 的关系。

$$a_n\frac{d^ny}{dt^n}+a_{n-1}\frac{d^{n-1}y}{dt^{n-1}}+\cdots+a_1\frac{dy}{dt}+a_0y=b_m\frac{d^mx}{dt^m}+b_{m-1}\frac{d^{m-1}x}{dt^{m-1}}+\cdots+b_1\frac{dx}{dt}+b_0x \tag{2-10}$$

式中，a_n，a_{n-1}，…，a_0 和 b_m，b_{m-1}，…，b_0 均为与系统结构参数有关的常数。

线性时不变系统有两个十分重要的性质，即叠加性和频率保持性。根据叠加性质，当一个系统有 n 个激励同时作用时，那么它的响应就等于这 n 个激励单独作用的响应之

和，即

$$\sum_{i=1}^{n}(x_i)(t) \rightarrow \sum_{i=1}^{n} y_i(t)$$

也就是说，各个输入所引起的输出是互不影响的。这样，在分析常系数线性系统时，总可以将一个复杂的激励信号分解成若干个简单的激励，如利用傅里叶变换将复杂信号分解成一系列谐波或分解成若干个小的脉冲激励，然后求出这些分量激励的响应之和。频率保持性表明：当线性系统的输入为某一频率信号时，系统的稳态响应也为同一频率的信号。

理论上讲，由式(2-10)可以计算出传感器的输出与输入的关系，但是对于一个复杂的系统和复杂的输入信号，若仍然采用式(2-10)求解，肯定不是一件容易的事情。因此，在信息论和工程控制中，通常采用一些足以反映系统动态特性的函数，将系统的输出与输入联系起来。这些函数有传递函数、频率响应函数和脉冲响应函数（时域中的微分方程、复频域中的传递函数、频率域中的频率特性）等。

为了加深读者对数学模型的理解，下面介绍简单数学模型的求取方法。

【例 2-3】 图 2-6 为线性电位器，根据图中给出的条件求出其数学模型。

解： 根据图 2-6 可得 $\dfrac{U_{\max}}{R_{\max}}=\dfrac{U_x}{R_x}$

$$U_x=\frac{U_{\max}}{R_{\max}}R_x=kR_x$$

令输出 $y(t)=U_x$，输入 $x(t)=R_x$；则上式符合零阶系统的公式，即 $a_0y(t)=b_0x(t)$，其中，a_0 和 b_0 为常数，所以该系统为零阶系统。

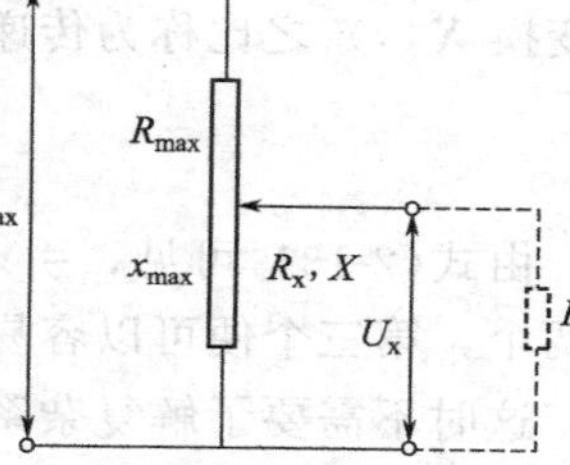

图 2-6　线性电位器输入输出关系

【例 2-4】 将不带保护套管的热电偶插入恒温水浴进行温度测量如图 2-7 所示，求出热电偶对介质温度的微分方程（时间响应）。

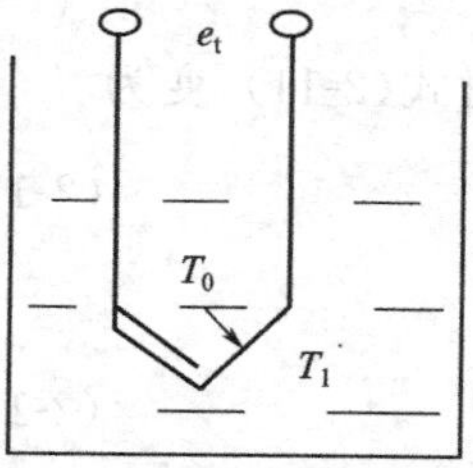

图 2-7　热电偶插入恒温水浴进行温度测量图

解： 根据能量守恒定律列出如下方程组。

$$m_1c_1\frac{dT_1}{dt}=q_{01}\text{（介质传给热电偶的热量）}$$

式中，q_{01} 为介质传递给热电偶的热量。

$$q_{01}=\frac{T_0-T_1}{R_1}$$

式中，R_1 为介质与热电偶之间的热阻。

整理得 $$R_1m_1c_1\frac{dT_1}{dt}+T_1=T_0$$

令 $\tau=R_1m_1c_1$

$$\tau\frac{dT_1}{dt}+T_1=T_0$$

式中，m_1 为热电偶的质量；c_1 为热电偶的比热容；T_0 为被测介质的温度；T_1 为热接点的温度。上式是一阶微分方程，如果已知 T_0 的变化，就能得到热电偶对介质温度的时间响应。

2.2.2 传感器的传递函数

在工程上，为了计算方便，通常采用拉普拉斯变换（简称拉氏变换）来研究线性微分方程。如果 $y(t)$ 是时间变量 t 的函数，并且当 $t\leqslant 0$ 时，$y(t)=0$，则它的拉氏变换 $Y(s)$ 的

定义为

$$Y(s)=\int_{0}^{\infty} y(t)\mathrm{e}^{-st}\mathrm{d}t \tag{2-11}$$

式中，s 是复变量，$s=\beta+\mathrm{j}\omega$，$\beta>0$。

对式(2-11) 取拉氏变换，并认为输入 $x(t)$、输出 $y(t)$ 及它们的各阶时间导数的初始值（$t=0$ 时）为零，则得

$$Y(s)(a_n s^n+a_{n-1}s^{n-1}+\cdots+a_1 s+a_0)=X(s)(b_m s^m+b_{m-1}s^{m-1}+\cdots+b_1 s+b_0)$$

或

$$\frac{Y(s)}{X(s)}=\frac{b_m s^m+b_{m-1}s^{m-1}+\cdots+b_1 s+b_0}{a_n s^n+a_{n-1}s^{n-1}+\cdots+a_1 s+a_0} \tag{2-12}$$

式(2-12) 等号右边是一个与输入 $x(t)$ 无关的表达式，它只与系统结构参数有关，因而是传感器特性的一种表达式，它联系了输入与输出，是一个描述传感器传递信息特性的函数。定义初始值均为零时（传感器被激励之前所有储能元件，如质量块、弹性元件、电气元件均没有积存的能量，完全符合实际情况）输出 $y(t)$ 的拉氏变换 $Y(s)$ 和输入 $x(t)$ 的拉氏变换 $X(s)$ 之比称为传递函数，并记为 $H(s)$。

$$H(s)=\frac{Y(s)}{X(s)} \tag{2-13}$$

由式(2-13) 可见，引入传递函数概念之后，在 $Y(s)$、$X(s)$ 和 $H(s)$ 三者之中知道任意两个，第三个便可以容易求得，这样就为了解一个复杂的系统传递信息特性创造了方便条件，这时不需要了解复杂系统的具体内容，只要给系统一个激励 $x(t)$，得到系统对 $x(t)$ 的响应 $y(t)$，系统特性就可以确定。

$$H(s)=\frac{\mathrm{L}[y(t)]}{\mathrm{L}[x(t)]}=\frac{Y(s)}{X(s)} \tag{2-14}$$

2.2.3 频率响应函数

对于稳定的常系数线性系统，可用傅里叶变换代替拉氏变换，此时式(2-11) 变为

$$Y(\mathrm{j}\omega)=\int_{0}^{\infty} y(t)\mathrm{e}^{-\mathrm{j}\omega t}\mathrm{d}t \tag{2-15}$$

这实际上是单边傅里叶变换，相应有

$$X(\mathrm{j}\omega)=\int_{0}^{\infty} x(t)\mathrm{e}^{-\mathrm{j}\omega t}\mathrm{d}t \tag{2-16}$$

$$H(\mathrm{j}\omega)=\frac{Y(\mathrm{j}\omega)}{X(\mathrm{j}\omega)}$$

或

$$H(\mathrm{j}\omega)=\frac{b_m(\mathrm{j}\omega)^m+b_{m-1}(\mathrm{j}\omega)^{m-1}+\cdots+b_1(\mathrm{j}\omega)+b_0}{a_m(\mathrm{j}\omega)^m+a_{m-1}(\mathrm{j}\omega)^{m-1}+\cdots+a_1(\mathrm{j}\omega)+a_0}$$

$H(\mathrm{j}\omega)$ 称为传感器的频率响应函数，简称频率响应或频率特性。很明显，频率响应是传递函数的一个特例。

不难看出，传感器的频率响应 $H(\mathrm{j}\omega)$ 就是在初始条件为零时，输出的傅里叶变换与输入的傅里叶变换之比，是在频域对系统传递信息特性的描述。

通常，频率响应函数 $H(\mathrm{j}\omega)$ 是一个复数函数，它可以用指数形式表示，即

$$H(\mathrm{j}\omega)=A(\omega)\mathrm{e}^{\mathrm{j}\varphi} \tag{2-17}$$

式中，$A(\omega)$ 为 $H(\mathrm{j}\omega)$ 的模，$A(\omega)=|H(\mathrm{j}\omega)|$；$\varphi$ 为 $H(\mathrm{j}\omega)$ 的相角，$\varphi=\arctan|H(\mathrm{j}\omega)|$。

$$A(\omega)=|H(\mathrm{j}\omega)|=\sqrt{[H_R(\omega)]^2+[H_I(\omega)]^2} \tag{2-18}$$

式(2-18) 称为传感器幅频特性。

$$\varphi(\omega)=-\arctan\frac{H_I(\omega)}{H_R(\omega)} \tag{2-19}$$

式(2-19) 称为传感器的相频特性。

由两个频率响应分别为 $H_1(\mathrm{j}\omega)$ 和 $H_2(\mathrm{j}\omega)$ 的常系数线性系统串接而成的总系统，如果后一系统对前一系统没有影响，那么，描述整个系统的频率响应 $H(\mathrm{j}\omega)$、幅频特性 $A(\omega)$ 和相频特性 $\varphi(\omega)$ 为

$$\left.\begin{aligned}H(\mathrm{j}\omega)&=H_1(\mathrm{j}\omega)H_2(\mathrm{j}\omega)\\A(\omega)&=A_1(\omega)A_2(\omega)\\\varphi(\omega)&=\varphi_1(\omega)+\varphi_2(\omega)\end{aligned}\right\} \tag{2-20}$$

常系数线性测量系统的频率响应 $H(\mathrm{j}\omega)$ 是频率的函数，与时间、输入量无关。如果系统为非线性的，则 $H(\mathrm{j}\omega)$ 将与输入有关；若系统是非常系数的，则 $H(\mathrm{j}\omega)$ 还与时间有关。

2.2.4 冲激响应函数

由式(2-13) 知，传感器的传递函数为

$$H(s)=\frac{Y(s)}{X(s)}$$

若选择一种激励 $x(t)$，使 $\mathrm{L}[x(t)]=X(s)=1$，就很理想了。这时自然会引入单位冲激函数，即 δ 函数。根据单位冲激函数的定义和 δ 函数的抽样性质可以求出单位冲激函数的拉氏变换，即

$$\Delta(s)=\mathrm{L}[\delta(t)]=\int_{-\infty}^{\infty}\delta(t)\mathrm{e}^{-st}\mathrm{d}t=\mathrm{e}^{-st}\mid_{t=0}=1 \tag{2-21}$$

由于 $\mathrm{L}[\delta(t)]=\Delta(s)=1$，将其代入式(2-13) 得

$$H(s)=\frac{Y(s)}{\Delta(s)}=Y(s) \tag{2-22}$$

将式(2-22) 两边取拉氏逆变换，且令 $\mathrm{L}^{-1}[H(s)]=h(t)$，则有

$$h(t)=\mathrm{L}^{-1}[H(s)]=\mathrm{L}^{-1}[Y(s)]=y_\delta(t) \tag{2-23}$$

式(2-23) 表明单位冲激函数的响应同样可以描述传感器（或测试系统）的动态特性，它同传递函数是等价的。不同的是一个在复频域 $(\beta+\mathrm{j}\omega)$，一个是在时间域。通常 $h(t)$ 称为冲激响应函数。

对于任意输入 $x(t)$ 所引起的响应 $y(t)$，可以利用两个函数的卷积关系，即系统的响应 $y(t)$ 等于冲激响应函数 $h(t)$ 同激励 $x(t)$ 的卷积，即

$$y(t)=h(t)*x(t)=\int_0^t h(\tau)x(t-\tau)\mathrm{d}\tau=\int_0^t x(\tau)h(t-\tau)\mathrm{d}\tau \tag{2-24}$$

【例 2-5】 求一阶系统的冲激响应。

解：冲激函数 δ 的表达式 $\delta(t)=\begin{cases}\infty, & t=0\\0, & t\neq 0\end{cases}$，且 $\int_{-\infty}^{\infty}\delta(t)\mathrm{d}t=1$ 为单位脉冲函数。

因为 $\mathrm{L}\{\delta(t)\}=1$

$$Y(s)=G(s)X(s)=G(s)=\frac{k/\tau}{s+1/\tau}$$

求拉普拉斯反变换得

$$y(t)=\frac{k}{\tau}\mathrm{e}^{-\frac{1}{\tau}t}$$

其相应的曲线如图 2-8 所示。

由图 2-8 可知，在冲击信号出现的瞬间（即 $t=0$ 时），响应函数也突然跃升，其幅度与 k 成正比，而与时间常数成反比；在 $t>0$ 时，响应函数指数衰减，t 越小衰减越快，响应波形也接近脉冲信号。

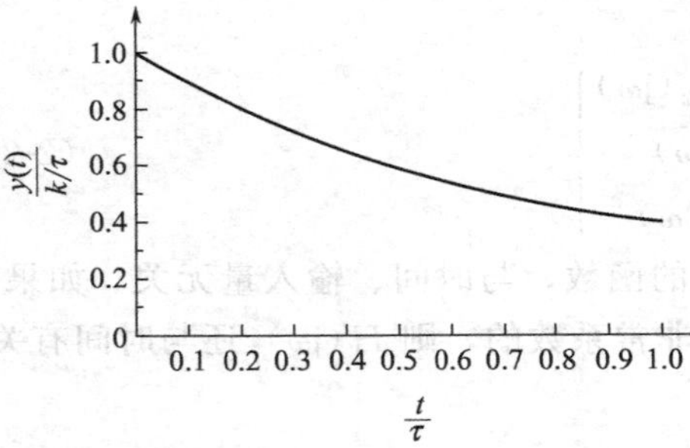

图 2-8　一阶系统的冲激响应曲线

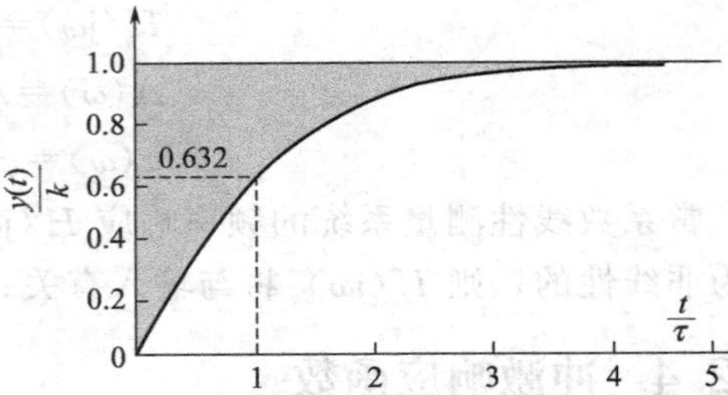

图 2-9　一阶系统的阶跃响应曲线

【例 2-6】 求一阶系统的阶跃响应。

解： 一个起始静止的一阶系统的传感器输入一单位阶跃信号

$$u(t)=\begin{cases}0, t\leqslant 0\\1, t>0\end{cases}$$

因为

$$\mathrm{L}[u(t)]=\frac{1}{s}$$

$$Y(s)=G(s)X(s)=\frac{k}{\tau}\times\frac{1}{(s+1/\tau)s}$$

由拉氏逆变换得：

$$y(t)=k(1-\mathrm{e}^{-\frac{1}{\tau}t})$$

其响应曲线如图 2-9 所示。由响应公式与图可知，$t\to\infty$时，才能达到最终的稳定值；当 $t=\tau$ 时，$y(t)=0.632k$，即达到稳定值的 63.2%。因此，τ 越小，响应曲线越接近阶跃曲线，所以时间常数 τ 是反映一阶系统动态响应优劣的关键参数。图 2-9 中，阴影部分为动态误差，不同时刻误差不同，相对误差为 $\Delta=\frac{kA-kA(1-\mathrm{e}^{-\frac{t}{\tau}})}{kA}=\mathrm{e}^{-\frac{t}{\tau}}$。

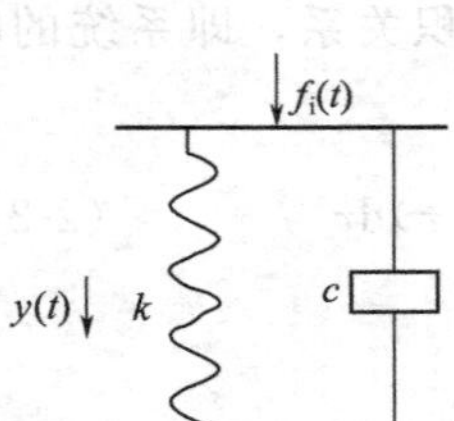

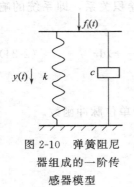

图 2-10　弹簧阻尼器组成的一阶传感器模型

2.2.5　频率响应分析

传感器的种类和形式很多，但它们一般可以简化为一阶或二阶系统。这样，分析了一阶或二阶系统的动态特性，就对各种传感器的动态特性有了基本了解，而不必一个个分别研究了。

(1) 一阶传感器的频率响应

如图 2-10 所示是由弹簧阻尼器组成的一阶传感器模型，其微分方程为

$$c\frac{\mathrm{d}y(t)}{\mathrm{d}t}+ky(t)=f_{\mathrm{i}}(t)$$

式中，k 为弹簧的弹性刚度；c 为阻尼系数。

在工程上，一般将式(2-25) 视为一阶传感器的微分方程的通式，它可以改写为式(2-26)的形式。

$$a_1\frac{\mathrm{d}y(t)}{\mathrm{d}t}+a_0y(t)=b_0x(t) \tag{2-25}$$

$$\frac{a_1}{a_0}\frac{\mathrm{d}y(t)}{\mathrm{d}t}+y(t)=\frac{b_0}{a_0}x(t) \tag{2-26}$$

式中，$\frac{a_1}{a_0}$具有时间的量纲，称为传感器的时间常数，一般记为τ；$\frac{b_0}{a_0}$是传感器的静态灵敏度S_n，具有输出输入的量纲。

对于任意阶传感器来说，根据灵敏度的定义，$\frac{b_0}{a_0}$总是表示灵敏度的。由于在线性传感器中，灵敏度S_n为常数；在动态特性分析中，S_n只起着使输出量增加S_n倍的作用，因此，为了方便起见，在讨论任意阶传感器时都采用

$$S_n=\frac{b_0}{a_0}=k$$

这样，式(2-26) 写成

$$\frac{a_1}{a_0}\times\frac{\mathrm{d}y(t)}{\mathrm{d}t}+y(t)=kx(t) \tag{2-27}$$

经拉普拉斯变换可得

$$\frac{a_1}{a_0}sY(s)+Y(s)=kX(s)$$

于是可得传递函数

$$H(s)=\frac{Y(s)}{X(s)}=\frac{k}{\frac{a_1}{a_0}s+1}=\frac{k}{\tau s+1}=\frac{k/\tau}{s+1/\tau}$$

频率特性为

$$H(\mathrm{j}\omega)=\frac{k}{1+\mathrm{j}\omega\tau}$$

设输入信号为

$$x(t)=\sin\omega t$$

$$\mathrm{L}[x(t)]=\frac{\omega}{s^2+\omega^2}$$

$$Y(s)=\frac{k\omega}{\tau}\times\frac{1}{(s+1/\tau)(s^2+\omega^2)}$$

求拉氏逆变换得

$$Y(t)=\frac{k\omega}{\tau}\times\frac{1}{(1/\tau)^2+\omega^2}\mathrm{e}^{-\frac{1}{\tau}t}+\frac{1}{\omega}\sqrt{\frac{(k\omega/\tau)^2}{(1/\tau)^2+\omega^2}}\sin(\omega t+\varphi) \tag{2-28}$$

其中，$\varphi=-\arctan\omega\tau$。

式(2-28) 中的第一项是瞬态响应成分，它随时间的推移会逐渐消失，因此瞬态响应可以忽略不计；第二项是稳态响应，所以稳态响应为

$$y(t)=k\frac{1}{\sqrt{1+\omega^2\tau^2}}\sin(\omega t+\varphi)$$

上式可以表示为

$$y(t)=A(\omega)\sin(\omega t+\varphi)$$

其中，幅频特性

$$A(\omega)=\frac{k}{\sqrt{1+\omega^2\tau^2}}$$

相频特性

$$\varphi(\omega)=-\arctan\omega\tau$$

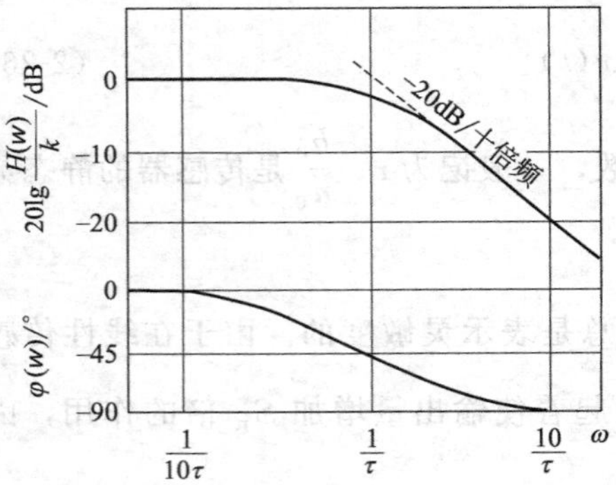

图 2-11　一阶系统的伯德图

将 $H(\omega)$ 和 $\varphi(\omega)$ 绘成曲线，如图 2-11 所示。图中，纵坐标增益采用分贝值，横坐标 ω 也是对数坐标，但直接标注 ω 值，这种图又称为伯德(Bode)图。

由图 2-11 可知，一阶系统只有在 τ 很小时才近似于零阶系统特性，即 $A(\omega)=k$，$\varphi(\omega)=0$。

当 $\omega\tau=1$ 时，传感器灵敏度下降了 3dB[$H(\omega)=0.707k$]，若此时频率为工作频率上限，则一阶系统的上截止频率 $\omega_H=1/\tau$，所以时间常数 τ 越小，工作频带越宽。

综上所述，用一阶系统描述的传感器，其动态响应特性的优劣也主要取决于时间常数 τ，τ 越小越好。τ 越小，则阶跃响应的上升过程越快，而频率响应的上截止频率越高。

(2) 二阶传感器的频率响应

如图 2-12(a) 所示为质量-弹簧-阻尼系统，其微分方程为

$$m\frac{d^2y(t)}{dt^2}+c\frac{dy(t)}{dt}+ky(t)=F=kx(t)$$

图 2-12(b) 为 RLC 系统，其微分方程为

$$L\frac{d^2q}{dt^2}+R\frac{dq}{dt}+\frac{1}{C}q=E$$

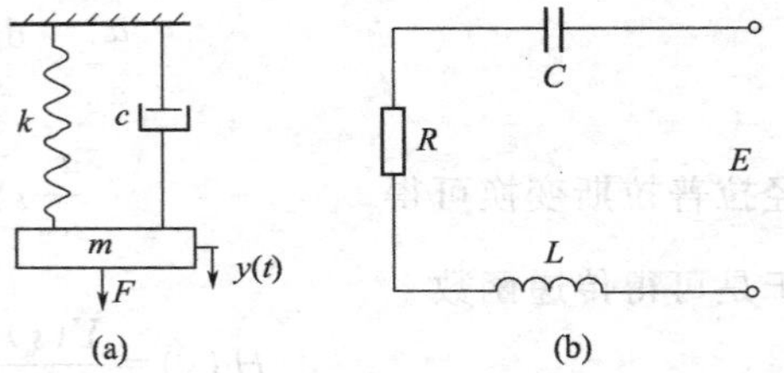

图 2-12　二阶传感器模型

它们都是典型的二阶系统，其微分方程通式为

$$a_2\frac{d^2y(t)}{dt^2}+a_1\frac{dy(t)}{dt}+a_0y(t)=a_0x(t) \tag{2-29}$$

对于质量-弹簧-阻尼系统，有

$$\frac{d^2y(t)}{dt^2}+2\zeta\omega_n\frac{dy(t)}{dt}+\omega_n^2y(t)=\omega_n^2x(t)$$

式中，m 为系统运动部分质量；c 为阻尼系数；k 为弹簧刚度；$\omega_n=\sqrt{k/m}$ 为系统固有频率，$\zeta=\frac{c}{c_c}=\frac{c}{2\sqrt{mk}}$ 为系统的阻尼比；$c_c=2\sqrt{mk}$ 为临界阻尼系数。

由拉氏变换得其传递函数

$$H(s)=\frac{\omega_n^2}{s^2+2\xi\omega_n s+\omega_n^2}=\frac{\omega_n^2}{(s+\zeta\omega_n)^2+\omega_n^2(1-\zeta^2)}$$

设输入信号为

$$x(t)=\sin\omega t$$

$$L[x(t)]=\frac{\omega}{s^2+\omega^2}$$

$$Y(s)=\frac{\omega_n^2}{(s+\zeta\omega_n)^2+\omega_n^2(1-\zeta^2)}\times\frac{\omega}{s^2+\omega^2}$$

求拉氏逆变换得

$$y(t)=\frac{\omega_n^2}{\sqrt{(\omega_n^2-\omega^2)^2+4\zeta^2\omega_n^2\omega^2}}\sin(\omega t+\varphi_1)+$$

$$\frac{\omega_n\omega}{(1-\zeta^2)\sqrt{(\omega_n^2-\omega^2)^2+4\zeta^2\omega_n^2\omega^2}}e^{-\zeta\omega_n t}\sin[\omega_n(1+\zeta^2)t+\varphi_2] \qquad (2\text{-}30)$$

$$\varphi_1=\arctan\left(\frac{-2\zeta\omega_n}{\omega_n^2-\omega^2}\right)$$

$$\varphi_2=\arctan\left(\frac{-2\zeta\omega_n^2\sqrt{1-\zeta^2}}{\omega^2+2\zeta\omega_n^2-\omega_n^2}\right)$$

随着时间的推移，式(2-30) 等号右边第二项将逐渐消失，直到稳定，稳态响应的幅频特性和相频特性分别为

$$A(\omega)=\frac{\omega_n^2}{\sqrt{(\omega_n^2-\omega^2)^2+4\zeta^2\omega_n^2\omega^2}}$$

$$\varphi_1=\arctan\left(\frac{-2\zeta\omega_n\omega}{\omega_n^2-\omega^2}\right)$$

图 2-13 为二阶传感器的频率响应特性曲线，可见传感器的频率响应特性好坏，主要取

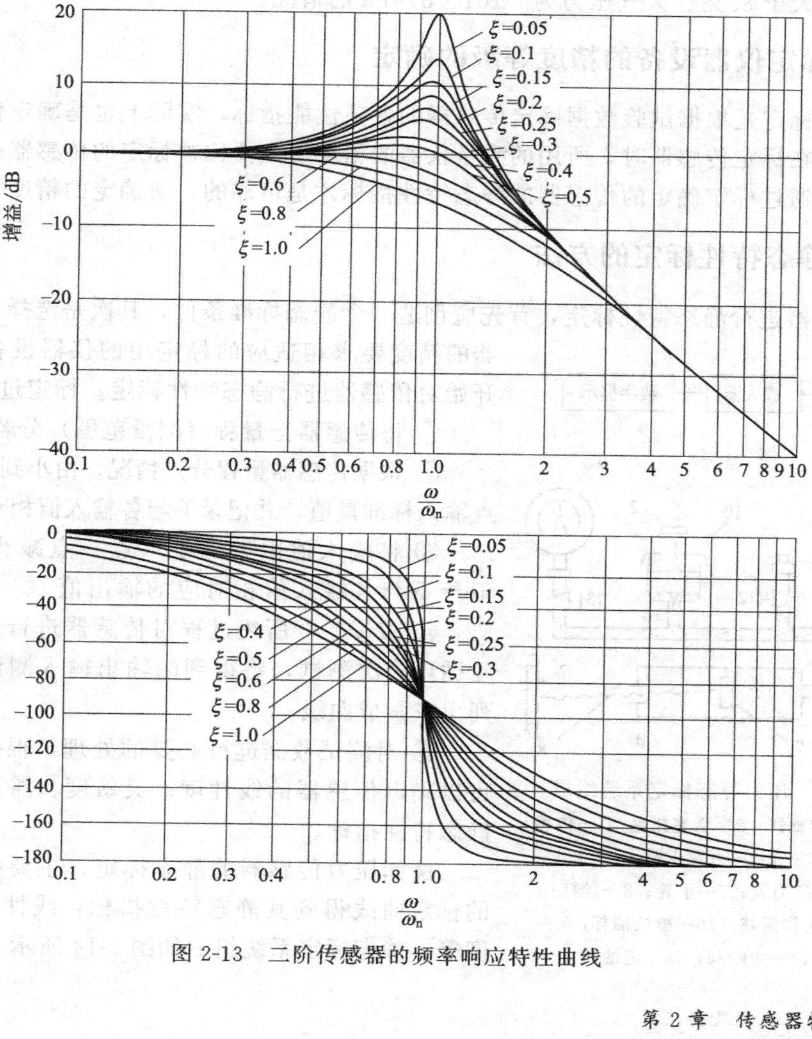

图 2-13 二阶传感器的频率响应特性曲线

决于传感器的固有频率 ω_n 和阻尼比 ζ。

2.3 传感器的静态特性标定

传感器标定是指利用较高等级的标准器具（或仪器、仪表）对传感器的特性进行刻度，或者说通过试验建立传感器的输入量与输出量之间的关系，同时也确定出不同使用条件下的误差关系。传感器的标定分静态标定和动态标定。

传感器静态标定目的是确定传感器的静态特性指标，如线性度、灵敏度、精度、迟滞性和重复性等。

传感器动态特性标定的目的是确定传感器的动态特性参数，如时间常数、上升时间或工作频率、通频带、固有频率和阻尼比等。有时也需要对横向灵敏度、温度响应、环境响应等进行标定。

2.3.1 静态标准条件

传感器的静态特性是在静态标准条件下进行的标定。所谓静态标准条件，是指没有加速度、振动、冲击（除非这些参数本身就是被测物理量）及环境温度一般为室温（20±5)℃、相对湿度不大于85%、大气压力为（101±8)kPa 的情况。

2.3.2 标定仪器设备的精度等级的确定

传感器标定是根据试验数据确定传感器的各项性能指标，实际上也是确定传感器的测量精度。所以在标定传感器时，所用的测量仪器的精度至少要比被标定的传感器的精度高一等级。这样，通过标定确定的传感器的静态特性指标才是可靠的，所确定的精度才是可信的。

2.3.3 静态特性标定的方法

对传感器进行静态特性标定，首先应创造一个静态标准条件，其次是选择与被标定传感器的精度要求相适应的标定用的仪器设备，然后才能开始对传感器进行静态特性标定。标定过程步骤如下。

① 将传感器全量程（测量范围）分若干等间距点。

② 根据传感器量程分点情况，由小到大逐渐一点一点输入标准量值，并记录下与各输入值相对应的输出值。

③ 将输入值由大到小一点一点减少下来，同时记录下与各输入值相对应的输出值。

④ 按②、③所述过程对传感器进行正、反行程往复循环多次测试，将得到的输出输入测试数据用表格列出或画成曲线。

⑤ 对测试数据进行必要的处理，根据处理结果就可以确定传感器的线性度、灵敏度、滞后和重复性等静态特性指标。

例如压力传感器的静态标定，主要指通过一系列的标定曲线得到其静态特性指标：线性度、迟滞、精度等。静态标定系统组成如图 2-14 所示。

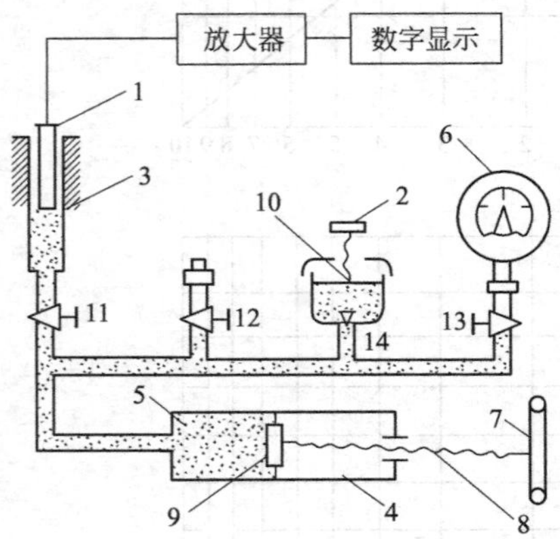

图 2-14　压力静态标定系统组成

1—被校传感器；2—活塞托盘；3—传感器安装位；4—压力发生器；5—工作液；6—压力表；7—手轮；8—丝杠；9—工作活塞；10—被校油杯；11～13—切断阀；14—进油阀

对压力发生器施加压力，该压力作用于密闭系统内的工作液体，系统内工作液体的压力相平衡原则是，被标定传感器所测量的压力值与压力表所测量的压力值相等。由压力发生器推动工作活塞，使其处于不同的行程，工作液体就可处于不同的平衡压力下，因此可以方便而准确地由平衡时压力表的读数得到压力 p 的数值。首先做加载实验，用表 2-4 记录数据。

表 2-4　压力传感器的静态标定加载实验记录数据表

压力表压力/kPa	0	1	2	3	4	5	6	7	8	9
压力传感器输出电压/V										

然后做卸载实验，用表 2-5 记录数据。

表 2-5　压力传感器的静态标定卸载实验记录数据表

压力表压力/kPa	9	8	7	6	5	4	3	2	1	0
压力传感器输出电压/V										

这样就可以得到传感器静态输入输出的标定点数据，然后分析、计算、处理实验数据，求出压力传感器的静态特性图、线性度、迟滞还有精度等。

2.4 传感器的动态特性标定

传感器的动态标定主要是研究传感器的动态响应，而与动态响应有关的参数，一阶传感器只有一个时间常数 τ，二阶传感器则有固有频率 ω_n 和阻尼比 ζ 两个参数。

传感器进行动态特性标定常用的标准激励源有两种。

① 周期性函数，如正弦波、三角波等，以正弦波信号为常用。

② 瞬变函数，如阶跃函数、半正弦波等，以阶跃信号为常用。

(1) 一阶传感器

对于一阶传感器，测得阶跃响应之后，取输出值达到最终值的 63.2% 所经过的时间作为时间常数 τ，但这样确定的时间常数实际上没有涉及响应的全过程，测量结果的可靠性仅取决于某些个别的瞬时值。如果用下述方法来确定时间常数，可以获得较可靠的结果。

一阶传感器的阶跃响应函数为

$$y_u(t)=1-e^{-\frac{t}{\tau}}$$

改写后得

$$1-y_u(t)=e^{-\frac{t}{\tau}}$$

两边取对数得

$$\ln[1-y_u(t)]=-\frac{t}{\tau}$$

令

$$z=\ln[1-y_u(t)] \tag{2-31}$$

则

$$z=-\frac{t}{\tau} \tag{2-32}$$

式(2-32) 表明 z 和时间 t 呈线性关系，并且有 $\tau=\Delta t/\Delta z$（见图 2-15）。因此可以根据测得的 $y_u(t)$ 值做出 z-t 曲线，并根据 $\Delta t/\Delta z$ 值获得时间常数 τ，这种方法考虑了瞬态响应的全过程。

(2) 二阶传感器

典型欠阻尼（$\zeta<1$）二阶传感器的阶跃响应函数表明它的瞬态响应是以 $\omega_n\sqrt{1-\zeta^2}$ 的角频率做衰减振荡的，此角频率称为有阻尼固有频率，并记为 ω_d，按照求极值的通用方法可以求得各振荡峰值所对应的时间 t_p 为 0，π/ω_d，$2\pi/\omega_d$，…。

对二阶传感器，当输入单位阶跃信号时，输出为

$$\frac{y(t)}{k}=\begin{cases}\left.\begin{array}{l}1-\dfrac{1}{\sqrt{1-\zeta^2}}e^{-\zeta\omega_n t}\sin(\sqrt{1-\zeta^2}\,\omega_n t+\varphi)\\ \varphi=\arctan\dfrac{\sqrt{1-\zeta^2}}{\zeta}\end{array}\right\}\zeta<1\\ 1-(1+\omega_n t)e^{-\omega_n t} \qquad \zeta=1\\ \left.\begin{array}{l}1-\dfrac{1}{\sqrt{\zeta^2-1}}e^{-\zeta\omega_n t}\sin(\sqrt{\zeta^2-1}\,\omega_n t+\varphi)\\ \varphi=\arctan\dfrac{\sqrt{\zeta^2-1}}{\zeta}\end{array}\right\}\zeta>1\end{cases}$$

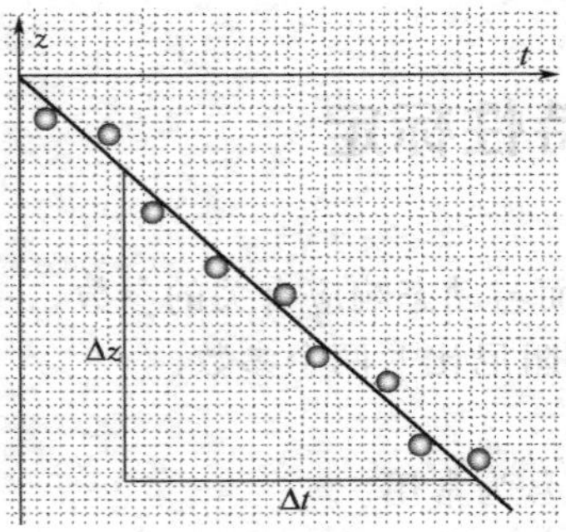

图 2-15 求一阶装置时间常数方法

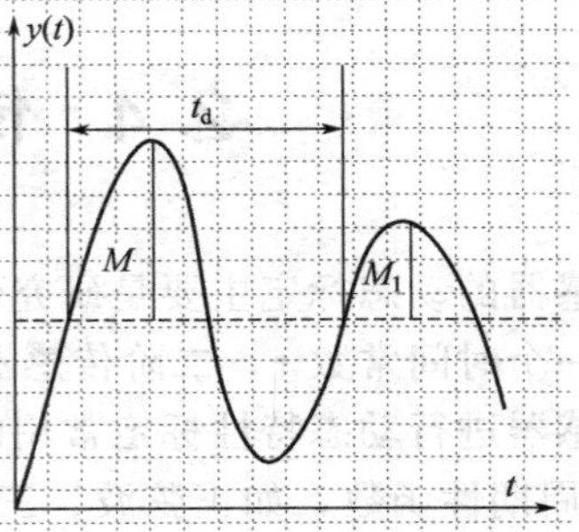

图 2-16 二阶装置（$\zeta<1$）的阶跃响应

对于欠阻尼（$\zeta<1$）二阶传感器，

$$M=e^{-\zeta\omega_n t} \tag{2-33}$$

令 $t=\dfrac{\pi}{\omega_d}$，代入式(2-33)，得

$$M=e^{-\frac{\zeta\pi}{\sqrt{1-\zeta^2}}} \tag{2-34}$$

可求最大超调量 M 和阻尼比 ζ 的关系为

$$\zeta=\sqrt{\frac{1}{\left(\dfrac{\pi}{\ln M}\right)^2+1}} \tag{2-35}$$

因此，测得 M 之后，便可按式(2-35) 或者与之相应的图 2-16 求阻尼比 ζ。

如果测得阶跃响应的较长瞬变过程，那么，可以利用任意两个过冲量 M_i 和 M_{i+n} 是该两峰值相隔的周期数（整数）来求得阻尼比 ζ。设 M_i 峰值对应的时间为 t_i，则 M_{i+n} 峰值对应的时间为

$$t_{i+n}=t_i+\frac{2n\pi}{\omega_n\sqrt{1-\zeta^2}}$$

将它们代入二阶系统单位阶跃响应输出表达式，即

$$y(t)=1-\frac{e^{-\zeta\omega_n t}}{\sqrt{1-\zeta^2}}\sin(\omega_d t+\varphi_2)$$

其中，$\varphi_2=\arctan\left(\frac{\sqrt{1-\zeta^2}}{\zeta}\right)$。

可得

$$\ln\frac{M_i}{M_{i+n}}=\ln\frac{e^{-\zeta\omega_n t_i}}{\exp\left[\left(-\zeta\omega_n\left(t_i+\frac{2n\pi}{\omega_n\sqrt{1-\zeta^2}}\right)\right)\right]}=\frac{2n\pi\zeta}{\sqrt{1-\zeta^2}} \tag{2-36}$$

整理后可得

$$\zeta=\sqrt{\frac{\delta_n^2}{\delta_n^2+4\pi^2 n^2}} \tag{2-37}$$

其中

$$\delta_n=\ln\frac{M_i}{M_{i+n}} \tag{2-38}$$

若考虑当 $\zeta<0.1$ 时，以 1 代替$\sqrt{1-\zeta^2}$，此时不会产生过大的误差（不大于 0.6%），则式(2-37) 可改写为

$$\zeta\approx\frac{\ln\frac{M_i}{M_{i+n}}}{2n\pi} \tag{2-39}$$

若装置是精确的二阶装置，那么 n 值采用任意正整数所得的 ζ 值不会有差别。反之，若 n 取不同的值，获得不同的 ζ 值，则表明该装置不是线性二阶装置。

当然还可以利用正弦输入测定输出和输入的幅值比和相位差来确定装置的幅频特性和相频特性，然后根据幅频特性求得一阶装置的时间常数 τ 和欠阻尼二阶装置的阻尼比 ζ、固有频率 ω_n。

最后必须指出，若测量装置不是纯粹电气系统，而是机械-电气或其他物理系统，一般很难获得正弦的输入信号，但获得阶跃输入信号却很方便。所以在这种情况下，使用阶跃输入信号来测定装置的参数也就更为方便了。

2.5 本章小结

本章主要讲解了以下四个知识点。

① 传感器静态特性的定义、线性度的定义、灵敏度的定义、迟滞差的定义、灵敏度界限（阈值）的定义、稳定性的定义及有关线性度的求解、灵敏度的求解、迟滞差的求解。

② 传感器动态性能的研究意义、数学模型的理解、传递函数、频率响应、冲击响应等的分析。

③ 传感器的静态特性标定方法。会对温度、压力、质量等基本传感器标定和求解相关参数。

④ 动态特性标定方法。

习　题

1. 何谓传感器的静态特性，传感器的主要静态特性有哪些？

2. 何谓传感器的动态特性，怎样衡量传感器的动态特性？

3. 有一个温度传感器，其微分方程 $dy/dt+3y=0.15x$，x 为输入，y 为电压信号输出，单位为 mV，求传感器：

(1) 时间常数 τ；

(2) 静态灵敏度。

第 3 章
电位器式传感器

知识要点

电位器式传感器是少有的零阶传感器，通过本章学习，读者应掌握电位器式传感器数学模型推导、结构、工作原理、输出特性、负载特性与负载误差、传感器的应用设计。了解电位器式位移、压力、加速度等传感器应用原理。

本章知识结构

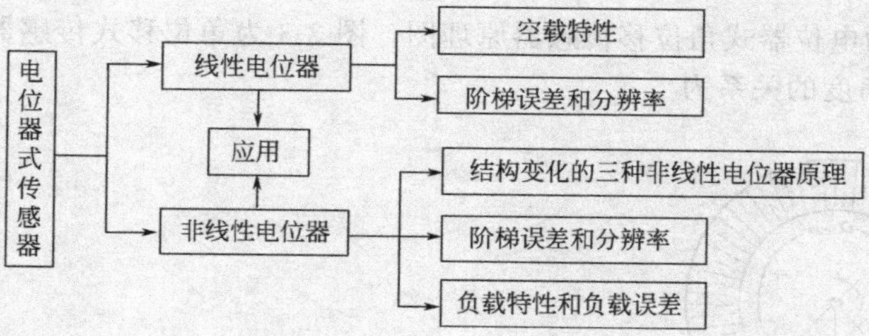

电位器式传感器是一种机电元件，广泛用于各类电器和电子设备中。电位器通常由电阻元件、骨架及电刷（或光束）组成。电刷（光束）相对于电阻元件直线运动、转动或螺旋运动，因而可将被测直线和角位移转换成与之有对应关系的电阻或电压输出，这就是该传感器的工作原理。该传感器还广泛应用于压力、加速度、液位等物理量的测量。

电位器式传感器结构简单、尺寸小、重量轻、价格便宜、输出信号大、受环境影响小，并易实现函数关系的转换。但由于电阻元件与电刷之间有摩擦（光电电位器除外），可靠性和寿命差，动态特性不好，干扰大，一般用于静态或缓变量的检测。

电位器式传感器种类较多，根据输入输出特性的不同，电位器分为线性电位器和非线性电位器；根据结构形式不同分为绕线式、薄膜式、光电式。

3.1 线性电位器

线绕电位器是目前最常用的电位器式传感器，它是由绕于骨架上的电阻丝线圈和沿电位器移动的滑臂以及其上的电刷组成的。下面将以该类传感器为例，介绍线性电位器、非线性电位器的特性。

若电位器的骨架截面处处相等，材料和截面均匀的电阻丝等节距绕制而成的电位器为线性电位器。

电位器的输出端不接负载或负载无穷大时输出特性称空载特性。输出端接负载，此时的输出特性为负载特性，下面对两种特性分别介绍。

3.1.1 空载特性

线性电位器的理想空载特性曲线应具有严格的线性关系。图 3-1 所示为直线位移式电位器传感器原理图。

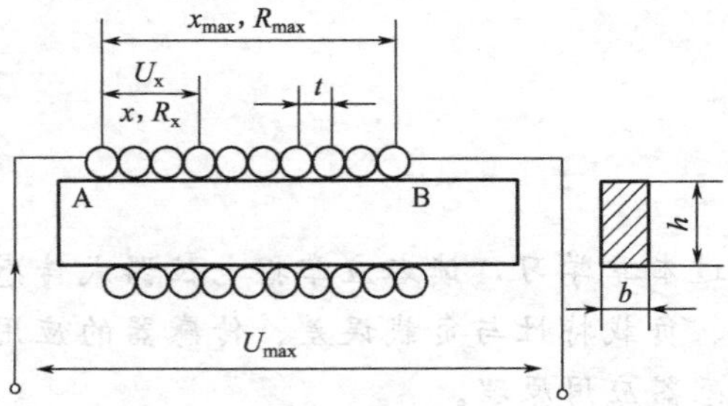

图 3-1 直线位移式电位器传感器原理图

若把线性电位器作为变阻器使用，假定全长为 $x_{\max}$ 的电位器电阻为 $R_{\max}$，则当滑臂由 A 向 B 移动 x 后，A 点到电刷间的阻值为

$$R_{x}=\frac{x}{x_{\max}}R_{\max} \tag{3-1}$$

若把线性电位器作为分压器使用，且假定加在电位器 A、B 之间的电压为 $U_{\max}$，则输出电压为

$$U_{x}=\frac{x}{x_{\max}}U_{\max} \tag{3-2}$$

图 3-2 所示为电位器式角位移传感器原理图，图 3-3 为角位移式传感器外形。作变阻器使用时，电阻与角度的关系为

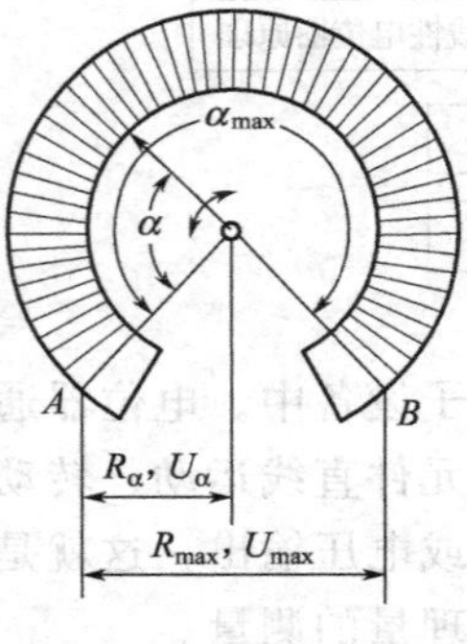

图 3-2 电位器式角位移传感器原理图

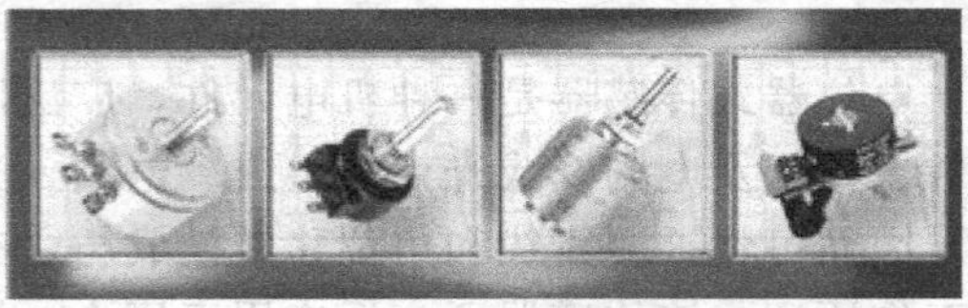

图 3-3 角位移式传感器外形

$$R_{\alpha}=\frac{\alpha}{\alpha_{\max}}R_{\max} \tag{3-3}$$

作为分压器使用时有

$$U_{\alpha}=\frac{\alpha}{\alpha_{\max}}U_{\max} \tag{3-4}$$

线性线绕电位器理想的输入、输出关系遵循上述四个公式。若线性电位器式传感器截面长、宽为 b、h，导线横截面积为 A，绕线节距为 t，则

$$R_{\max}=\frac{\rho}{A}\times 2(b+h)n$$

$$x_{\max}=nt$$

其电阻和电压灵敏度分别为

$$S_R=\frac{R_{max}}{x_{max}}=\frac{2(b+h)\rho}{At} \tag{3-5}$$

$$S_U=\frac{U_{max}}{x_{max}}=I\ \frac{2(b+h)\rho}{At} \tag{3-6}$$

可见线性线绕电位器的电阻灵敏度和电压灵敏度与电阻率 ρ、骨架尺寸 h 和 b、导线横截面积 A（或导线直径 d）、绕线节距 t 等结构参数有关；电压灵敏度还与通过电位器的电流 I 有关。

3.1.2 阶梯特性、阶梯误差和分辨率

由图 3-1 可知，当电刷在多匝导线上移动时，电位器的阻值和输出电压不是连续变化的，当电刷每移过一匝时，输出电阻增加一匝的阻值，电压便跃变一次，n 匝电阻丝呈 n 个阶梯电压变化，阶梯特性曲线如图 3-4 所示，其阶跃值，即名义分辨率为

$$\Delta U=\frac{U_{max}}{n} \tag{3-7}$$

但当电刷从 $m-1$ 匝移至 m 匝时，电刷瞬间使相邻两匝线圈短接，于是电位器的总匝数从 n 匝减少到 $n-1$ 匝，即在每一次电压阶跃中又产生一次小阶跃，这个小阶跃的电压设为 ΔU_n，则

$$\Delta U_n=\frac{U_{max}}{n-1}m-\frac{U_{max}}{n}m=\frac{m}{n(n-1)}U_{max} \tag{3-8}$$

由图 3-4 可知

$$\Delta U=\Delta U_n+\Delta U_m \tag{3-9}$$

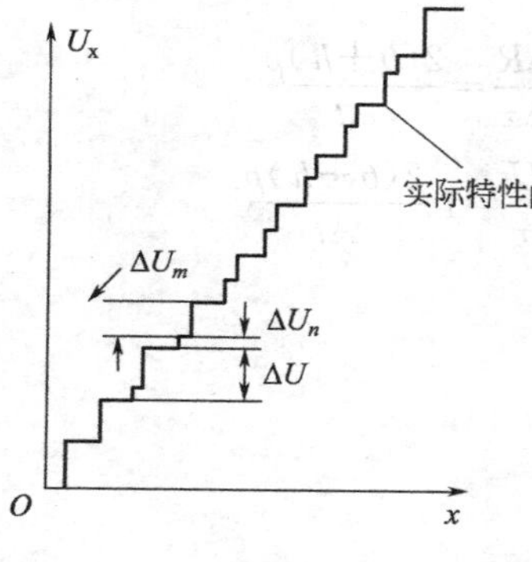

图 3-4 实际阶梯特性曲线图

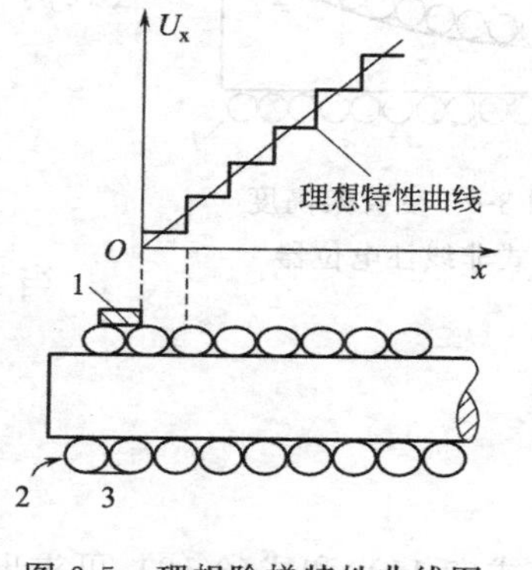

图 3-5 理想阶梯特性曲线图

1—电刷；2—电阻丝；3—短路线

实际工程应用中，处理问题应尽量简单化，在满足应用要求情况下，通常把图 3-4 那种实际阶梯曲线简化成如图 3-5 所示理想阶梯曲线。在理想情况下，特性曲线每个阶梯的大小完全相同，将每个阶梯中点连成的直线即理论特性曲线，阶梯曲线围绕理论特性曲线上下跳动，从而带来一定误差，这就是阶梯误差。

电位器的阶梯误差 δ_j 通常用理想阶梯特性曲线对理论特性曲线的最大偏差与最大输出电压的百分数表示，即

$$\delta_{\mathrm{j}}=\frac{\pm\left(\frac{1}{2}\times\frac{U_{\max}}{n}\right)}{U_{\max}}=\frac{1}{2n}\times 100\% \tag{3-10}$$

式中的正负号表示误差可正可负。

3.2 非线性电位器

在自动控制系统中，有时需要输入位移和输出电压之间呈现某种函数规律的非线性变化，如指数函数、对数函数、三角函数及其他任意函数，此时便需要有与非线性变化规律相对应的非线性电位器。前述线性电位器的三个条件（骨架截面处处相等、材料和截面均匀的电阻丝、等节距绕制）中的任意一个条件不满足，便可构成非线性电位器。常见的有变骨架、变节距、分路电阻或电位给定四种形式的非线性电位器。

3.2.1 变骨架式非线性电位器

变骨架式非线性电位器利用改变骨架高度或宽度的方法来实现非线性函数特性。图 3-6 所示为一种变骨架高度式非线性电位器。

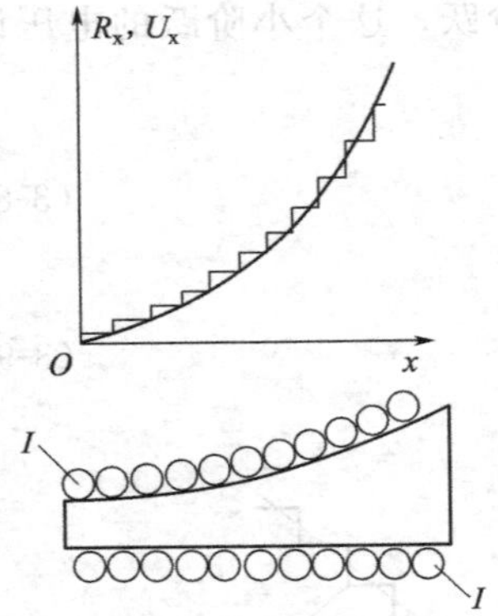

图 3-6 变骨架高度式非线性电位器

(1) 骨架变化的规律

在自动控制系统中实现非线性控制规律很难，一般是想办法将非线性特性线性化。当电位器结构参数 ρ、A、t 不变，骨架高度变化时，电阻-位移变化曲线如图 3-6 所示。在曲线上任取一小段，则可视为直线，变化规律为线性的。若电刷位移为 Δx，对应的电阻变化就是 ΔR，因此前述的线性电位器灵敏度公式仍然成立，即

$$S_{\mathrm{R}}=\frac{\Delta R}{\Delta x}=\frac{2(b+h)\rho}{At}$$

$$S_{\mathrm{U}}=\frac{\Delta U}{\Delta x}=I\ \frac{2(b+h)\rho}{At}$$

当 $\Delta x \to 0$ 时有

$$\frac{\mathrm{d}R}{\mathrm{d}x}=\frac{2(b+h)\rho}{At} \tag{3-11}$$

$$\frac{\mathrm{d}U}{\mathrm{d}x}=I\ \frac{2(b+h)\rho}{At} \tag{3-12}$$

由式(3-11) 和式(3-12) 可求出骨架高度的变化规律为

$$h=\frac{At}{2\rho}\times\frac{\mathrm{d}R}{\mathrm{d}x}-b \tag{3-13}$$

$$h=\frac{1}{I}\times\frac{At}{2\rho}\times\frac{\mathrm{d}U}{\mathrm{d}x}-b \tag{3-14}$$

可见，只要骨架高度变化满足式(3-13) 和式(3-14)，即可实现线性灵敏度要求，用线性变化规律近似处理非线性变化过程。

(2) 行程分辨率与阶梯误差

变骨架高度式非线性电位器的绕线节距是不变的，其行程分辨率为节距与电位器总长比

值，与线性电位器计算式相同。

$$e_{\mathrm{by}}=\frac{t}{x_{\max}}=\frac{\frac{x_{\max}}{n}}{x_{\max}}=\frac{1}{n}\times100\% \tag{3-15}$$

但由于骨架高度是变化的，各处阶梯值均不相同，只要最大阶梯误差满足控制要求，则其他各处误差均满足要求，故阶梯误差取最大误差值

$$\delta_{\mathrm{j}}=\pm\frac{1}{2}\times\frac{\left(\frac{\mathrm{d}U}{\mathrm{d}x}\right)_{\max}t}{U_{\max}}\times100\% \tag{3-16}$$

(3) 结构特点

变骨架式非线性电位器理论上可以实现许多种函数特性，但为了保证非线性电位器结构的可靠性，必须满足以下条件。

① 骨架的最小高度 $h_{\min}>(3\sim4)\mathrm{mm}$，不能太小。

② 骨架型面坡度 α 应小于 20°～30°，否则绕制时容易产生倾斜和打滑，产生误差，如图 3-7(a) 所示。

此外，用如下方法可以减小误差。

① 减小坡度，采用对称骨架，如图 3-7(b) 所示。

② 减小具有连续变化特性的骨架的制造和绕制困难，将骨架设计成阶梯形，如图 3-8 所示。

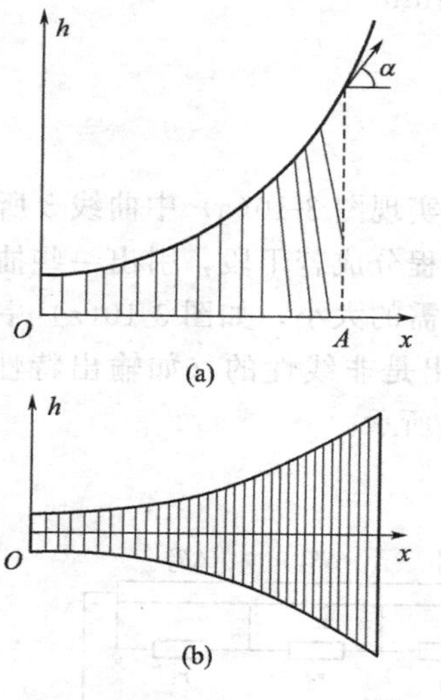

图 3-7 非对称和对称骨架

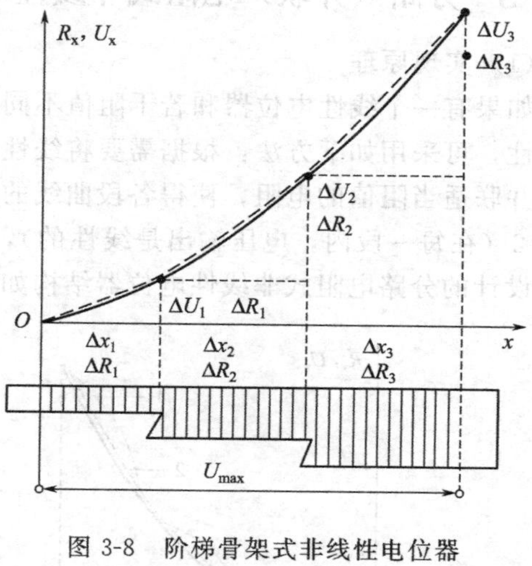

图 3-8 阶梯骨架式非线性电位器

3.2.2 变节距式非线性电位器

变节距式非线性电位器也称为分段绕制的非线性电位器。

(1) 节距变化规律

当只改变电位器节距时，电阻-位移变化曲线如图 3-9 所示。在曲线上任取一小段，则可视为直线，变化规律为线性的。由式(3-11)、式(3-12) 求解节距变化规律为

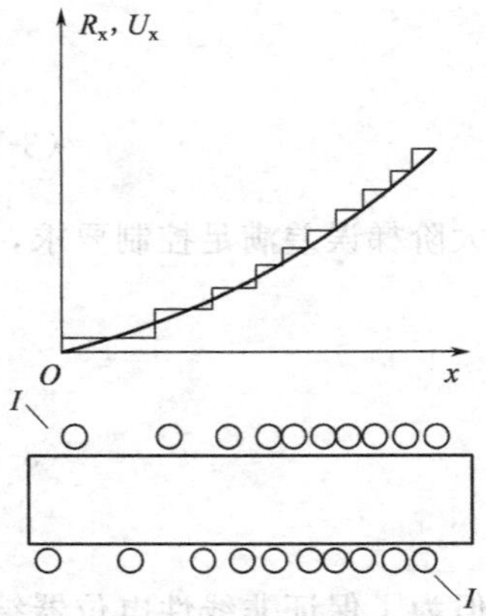

图 3-9　变节距式非线性电位器

$$t=\frac{2\rho(b+h)}{A\dfrac{dR}{dx}}=\frac{2I\rho(b+h)}{A\dfrac{dU}{dx}} \tag{3-17}$$

由式(3-17)可知，只要节距按照上述规律变化时，也可近似用线性特性处理非线性过程。

(2) 阶梯误差和分辨率

变节距式非线性电位器的骨架截面积不变，因而可近似认为每匝电阻值相等，即可以认为阶跃值相等，故阶梯误差计算公式和线性电位器阶梯误差的计算公式完全相同，见式(3-10)。但行程分辨率不一样，节距大，分辨率小，若最小分辨率能满足要求，则其他各处均能满足系统要求，行程分辨率公式应为

$$e_{by}=\frac{t_{max}}{x_{max}}\times100\% \tag{3-18}$$

(3) 结构特点

近年来数字程控绕制机绕制困难减小，使该类传感器有了使用价值，但只能适用于特性曲线斜率变化不大的情况，一般

$$\frac{t_{max}}{t_{min}}\leqslant3 \tag{3-19}$$

其中可取

$$t_{min}=d+(0.03\sim0.04)\text{mm}$$

3.2.3 分路（并联）电阻式非线性电位器

(1) 实现原理

如果有一个线性电位器和若干阻值不同的电阻，要实现图 3-10(a) 中曲线 3 所示的非线性特性，可采用如下方法：根据需要将线性电位器全行程分成若干段，引出一些抽头，对每一段并联适当阻值的电阻，使得各段曲线的斜率达到所需的大小，如图 3-10(a) 中输出特性曲线 2（在每一段内，电压输出是线性的），而电阻输出是非线性的（如输出特性曲线 1），这样设计的分路电阻式非线性电位器结构如图 3-10(b) 所示。

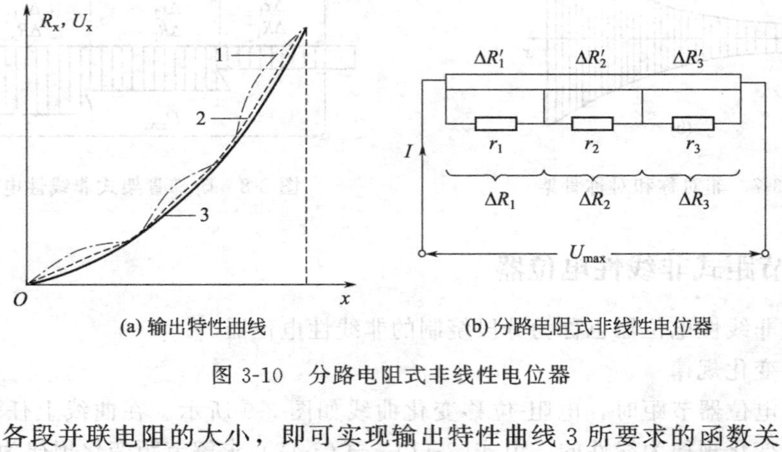

图 3-10　分路电阻式非线性电位器

若能求出各段并联电阻的大小，即可实现输出特性曲线 3 所要求的函数关系，设

$$\left.\begin{aligned} r_1 /\!/ \Delta R_1' &= \Delta R_1 \\ r_2 /\!/ \Delta R_2' &= \Delta R_2 \\ r_3 /\!/ \Delta R_3' &= \Delta R_3 \end{aligned}\right\} \tag{3-20}$$

有两种方法求各并联电阻 r_1、r_2、r_3。

① 已知各段电压变化 ΔU_1、ΔU_2 和 ΔU_3，根据允许通过的电流确定 ΔR_1、ΔR_2 和 ΔR_3，然后求出各并联电阻值。

② 若某段曲线最大斜率与其他段曲线斜率相差很大时，最大斜率段可不并联电阻，测得最大斜率段电阻 ΔR_3（无并联电阻时）的压降为 ΔU_3，以通过此段的电流作为基准电流，则

$$I=\frac{\Delta U_3}{\Delta R_3},\ \Delta R_2=\frac{\Delta U_2}{I},\ \Delta R_1=\frac{\Delta U_1}{I}$$

根据式(3-20) 求出并联电阻 r_1、r_2、r_3。

(2) 误差分析

由实现原理可知，分路电阻式非线性电位器的行程分辨率与线性电位器的相同，如式(3-15) 所示。其阶梯误差和电压分辨率均发生在特性曲线最大斜率段上，只要误差最大时能满足要求，则其他段均满足要求。图 3-11 为阶梯误差分析示意图。δ_j 为最大阶梯误差，e_{bd} 为电压分辨率，其值为

$$\delta_j=\pm\frac{1}{2}\frac{\left(\frac{\Delta U}{\Delta x}\right)_{max}t}{U_{max}}\times 100\% \tag{3-21}$$

$$e_{bd}=\frac{\left(\frac{\Delta U}{\Delta x}\right)_{max}t}{U_{max}}\times 100\% \tag{3-22}$$

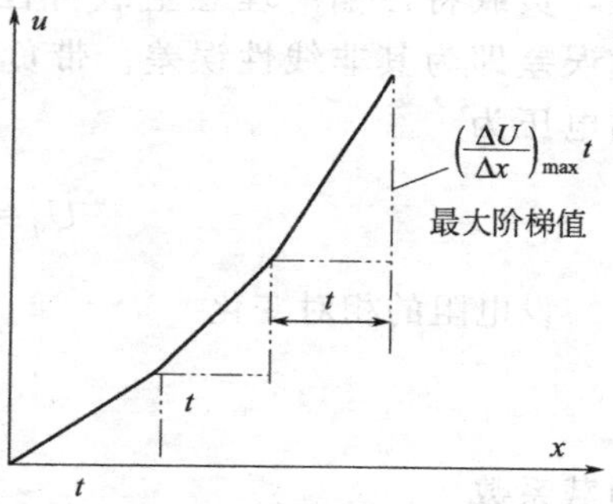

图 3-11 阶梯误差分析示意图

(3) 结构特点

分路电阻式非线性电位器原理上存在折线近似曲线所带来的误差，但加工、绕制方便，对特性曲线没有很多限制，使用灵活，通过改变并联电阻可以得到各种要求的特性曲线。

【例 3-1】 设计一只具有分流电阻的环形电位器（线性）。已知线性电位器的总电阻 $R_0=4.8\text{k}\Omega$，环形电位器的骨架内径为 20mm，电源电压 $U=27\text{V}$（DC），采用康铜丝作电阻丝（$\rho=0.5\Omega\cdot\text{mm}^2/\text{m}$），电阻丝中最大电流密度 $j=5\text{A/mm}^2$，现要求该电位器能实现表 3-1 所列函数关系 $U=f(\alpha)$，试求电位器的分流电阻值。

表 3-1 电位器输入输出关系表

转角 α/(°)	0	34	68	102	136	170	204	238	272	306	340
输出电压/V	27	20.3	15.2	10.8	8.1	5.8	4.3	2.8	1.7	0.8	0

解： 根据表 3-1 计算出电位器两端电位差如表 3-2 所示。

表 3-2 计算电位器输出电位差表

转角 α/(°)	0	34	68	102	136	170	204	238	272	306	340
输出电压/V	27	20.3	15.2	10.8	8.1	5.8	4.3	2.8	1.7	0.8	0
两端电位差/V	6.7	5.1	4.4	2.7	2.3	1.5	1.5	1.1	0.9	0.8	

由于第一段斜率最大，此处阶梯误差最大，采用第二种方法计算，则

$$I=\frac{\Delta U_1}{\Delta R_1}=\frac{6.7}{480}=14\ (\text{mA})$$

$$r_i /\!/ \Delta R_i=\frac{\Delta U_i}{\frac{\Delta U_1}{\Delta R_1}} \rightarrow r_i=\frac{\Delta R_1 \Delta R_i}{\frac{\Delta U_1}{\Delta U_i}\Delta R_i-\Delta R_1}$$

ΔR_i 根据线性电位器的特性求出，各段分流电阻值为

$$r_2=1.53\text{k}\Omega;\ r_3=918.3\Omega;\ r_4=324\Omega$$

$$r_5=250.9\Omega;\ r_6=138.5\Omega;\ r_7=138.5\Omega$$

$$r_8=94.3\Omega;\ r_9=7405\Omega;\ r_{10}=65.1\Omega$$

3.3 负载特性与负载误差

电位器输出端接有负载时，其特性称为负载特性。负载电阻和电位器的比值为有限值，负载特性偏离理想空载特性的偏差称为电位器的负载误差。对于线性电位器，负载误差即为其非线性误差。带负载电阻 R_f 的电位器的电路如图 3-12 所示。电位器的输出电压为

$$U_f=U_{max}\frac{R_x R_f}{R_f R_{max}+R_x R_{max}-R_x^2} \tag{3-23}$$

设电阻的相对变化

$$r=\frac{R_x}{R_{max}} \tag{3-24}$$

负载系数

$$m=\frac{R_{max}}{R_f} \tag{3-25}$$

则接入负载 R_f 后简化的输出电压 U_f 表达式为

$$U_f=U_{max}\frac{r}{1+mr(1-r)} \tag{3-26}$$

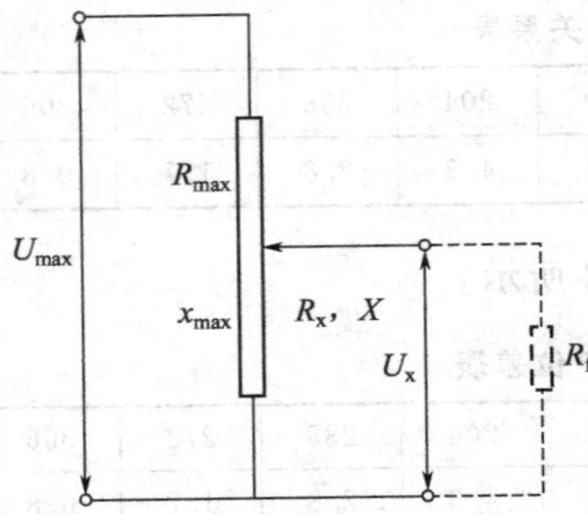

图 3-12　带负载电阻的电位器电路

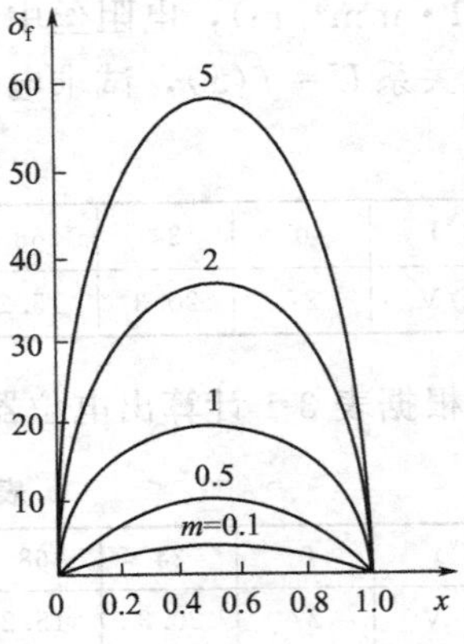

图 3-13　线性电位器负载误差曲线

空载时，电位器的输出电压为

$$U_x = rU_{max} \tag{3-27}$$

比较式(3-26)和式(3-27)可知，当 $m \neq 0$，即 R_f 不是无穷大时，负载与空载输出之间有偏差，负载误差为

$$\delta_f = \frac{U_x - U_f}{U_x} \times 100\% \tag{3-28}$$

将式(3-26)和式(3-27)代入式(3-28)得

$$\delta_f = \left[1 - \frac{1}{1+mr(1-r)}\right] \times 100\% \tag{3-29}$$

图 3-13 所示为 δ_f 与 m、r 的曲线关系。由图可见，无论 m 为何值，电刷在起始位置和最大位置时，负载误差都为零。电刷位置变化，负载误差也随着变化，当电刷处于行程中部时，负载误差最大，也可用数学方法对式(3-29)求导，得出同样的结论，且增大负载系数时，负载误差也随之增加。为减少负载误差，可采取如下方法：尽量减小负载系数，通常希望 $m<0.1$，为此可采用高输入阻抗放大器；将电位器工作区间限制在负载误差曲线范围内；将电位器空载特性设计成某种上凸特性，负载特性必然下降，正好是所要求的特性。

【例 3-2】 一测量线位移的电位器式传感器，测量范围为 0～10mm，分辨率为 0.05mm，电阻丝材料为漆包铂铱合金，直径 0.05mm，电阻率为 $\rho = 3.25 \times 10^{-4}\ \Omega \cdot \text{mm}$，绕在直径为 50mm 的骨架上，开路时电压灵敏度为 2.7V/mm，求负载 $R_L = 10\text{k}\Omega$ 时，负载最大的电压灵敏度和最大非线性误差。

解： 空载时有
$$U_x = \frac{X}{X_{max}} U_{max}$$

由电压灵敏度有
$$\frac{dU_x}{dx} = \frac{U_{max}}{X_{max}} = 2.7$$

故
$$U_{max} = 27\text{V}$$

有负载时设

$$m = \frac{R_{max}}{R_L} \qquad r = \frac{R_x}{R_{max}}$$

$$R_{max} = \rho \frac{l}{S} = 3.25 \times 10^{-4} \times \frac{50\pi \dfrac{10}{0.05}}{0.025^2 \pi} = 5200\ (\Omega)$$

$$m = \frac{R_{max}}{R_L} = 0.52$$

$$U_f = U_{max} \frac{r}{1+mr(1-r)}$$

则电压灵敏度为

$$\frac{dU_f}{dr} = \frac{1+mr^2}{[1+mr(1-r)]^2} U_{max}$$

由于 r 的取值范围是 $[0,1]$，所以当 $r=1$ 时，负载电压灵敏度最大。

$$\frac{dU_f}{dr}=(1+m)U_{\max}=(1+0.52)\times27=41.04$$

负载时的非线性误差为

$$\delta_f=\frac{U_x-U_f}{U_x}\times100\%=\left[1-\frac{1}{1+mr(1-r)}\right]\times100\%$$

对上式求导，得 $r=1/2$ 时非线性误差最大，最大非线性误差为

$$\delta_{\max}=\left(1-\frac{1}{1+0.25\times0.52}\right)\times100\%=11.5\%$$

3.4 结构与材料

电位器式传感器应用非常广泛，其结构形式与制作材料也各不相同。

（1）线绕式电位器

通常由电阻丝、电刷及骨架构成。

要求电阻丝具有电阻率高、电阻温度系数小、耐磨、耐腐蚀等特点。常用的材料有铜锰合金类、铜镍合金类、铂铱合金类。

（2）非线绕式电位器

线绕式电位器的特性也适合非线绕式电位器，下面主要介绍非线绕式电位器特点及基本结构。

非线绕式电位器具有精度高、性能稳定、易于实现各种变化等特点。但分辨率较低、耐磨性差、寿命较短。因而人们研制了一些性能优良的非线绕式电位器。

① 薄膜电位器。薄膜电位器通常有两种，一种是碳膜电位器，另一种是金属膜电位器。碳膜电位器在绝缘骨架表面喷涂一层均匀的电阻液，经烘干聚合制成电阻。电阻液由石墨、碳膜、树脂材料配合而成。这种电位器的特点是分辨率高、耐磨性较好、工艺简单、成本较低、线性较好，但接触电阻及噪声较大等。

金属膜电位器是在绝缘基体上用高温蒸镀或电镀方法涂上一层金属膜而制成。金属膜为合金锗铑、铂铜、铂铑锰等。该电位器温度系数小，可在高温下工作，但存在难磨性差、功率小、阻值较小（1～2kΩ）等缺陷。

② 导电塑料电位器。这种电位器由塑料粉和导电材料（合金、石墨、炭黑等）压制而成，又称为实心电位器。该电位器耐磨性较好、寿命长、电刷容许的接触压力较大，适用于振动、冲击等恶劣工作环境，能承受较大功率。但受温度影响较大、接触电阻大、精度不高。

③ 光电电位器。光电电位器是一种非接触式电位器，用光束代替电刷，克服接触式电位器耐磨性差、寿命较短的共同缺点。

光电电位器结构如图 3-14 所示。当无光照射时，因光电导材料暗电阻极大，电阻带与电极之间可视为断路，当电刷窄光束照射在窄间隙上时，电阻带与光电极接通，这样在外电源 E 的作用下，负载电阻上输出的电压随着电刷窄光束移动而变化。

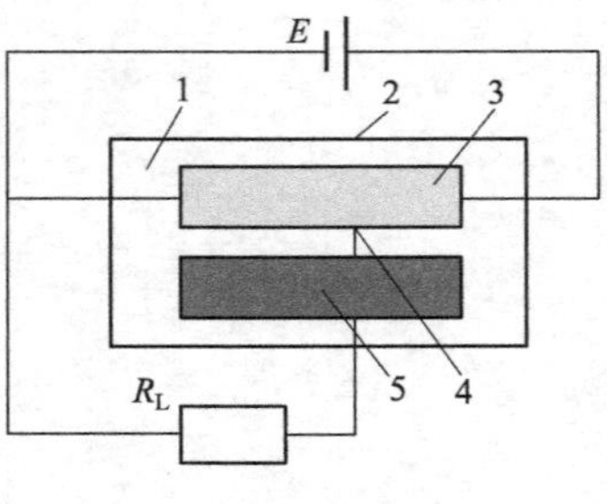

图 3-14　光电电位器结构

1—光电导层；2—基体；3—薄膜电阻带；4—电刷窄光束；5—光电极

光电电位器具有耐磨性好，精度、分辨率高，寿命长（可达亿万次循环），可靠性好，阻值范围宽（500Ω～15MΩ）等优点；光电导层虽经窄光束照射而导通，但照射处电阻还是很大，光电电位器输出电流很小，需要接高输入阻抗放大器，工作温度范围比较窄，线性度也不高。此外，光电电位器结构比较复杂，需要光源和光学系统，体积和重量比较大。但随着集成光路器件的发展，制成集成光路芯片，使光学系统的体积和重量减小，光电电位器结构也将简单化。

3.5 电位器式传感器

电位器式传感器主要用来测量位移，通过其他敏感元件（如膜片、膜盒、弹簧管等）进行转换，也可间接进行压力、加速度等其他物理量的测量。下面介绍三种典型的电位器式传感器。

3.5.1 电位器式位移传感器

电位器的位移或转动电刷可直接或通过机械传动装置与被测对象相连，测量几毫米到几十米的位移和几度到 360°的角度。

如图 3-15 所示，替换杆式位移传感器的测量范围为 10～320mm，有多种量程，量程转换通过更换替换杆实现（每种量程有一种杆）。替换杆的工作段上开有螺旋槽，当位移超过测量范围时，替换杆可很容易与传感器脱开。电位器和以一定螺距开螺旋槽的多种长度的替换杆是传感器的主要元件，滑动件上装有销子，用以将位移转换成滑动件的旋转。替换杆在外壳的轴承中自由运动，并通过其本身的螺旋槽作用于销子上，使滑动件上的电刷沿电位器绕组滑动，此时电位器的输出电阻与杆的位移成比例。

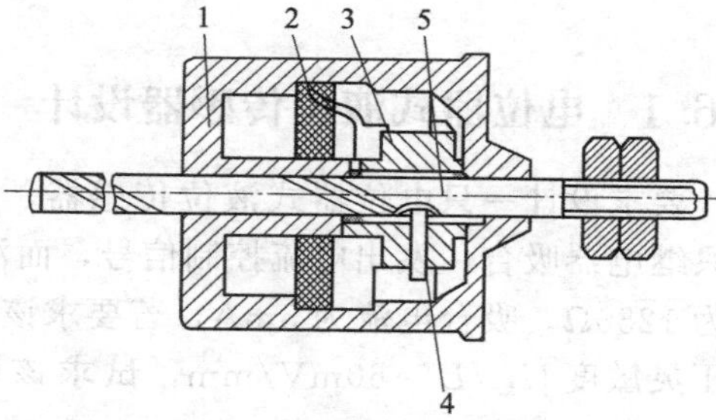

图 3-15　替换杆式位移传感器

1—外壳；2—电位器；3—滑动件；4—销子；5—替换杆

这种传感器可在温度为±50℃，相对湿度为 98%（20℃），振动角速度为 500m/s^2，频率为 5～100Hz 的条件下使用。

3.5.2 电位器式压力传感器

电位器式压力传感器如图 3-16 所示，被测流体通入弹性敏感元件膜盒的内腔，在流体压力作用下，膜盒中心产生弹性位移，推动连杆上移，使曲柄轴带动电位器的电刷在电位器绕组上滑动，因而输出一个与被测压力成比例的电压信号，该电压信号可远距离传送，故可作为远程压力表。

3.5.3 电位器式加速度传感器

图 3-17 所示为电位器式加速度传感器，惯性块 1 以某一加速度运动时，使片状弹簧 2 产生正比于被测加速度的位移，从而使电刷 4 在电位器的电阻元件 3 上滑动，输出一与加速度成比例的电压信号，通过输出电压测量加速度。

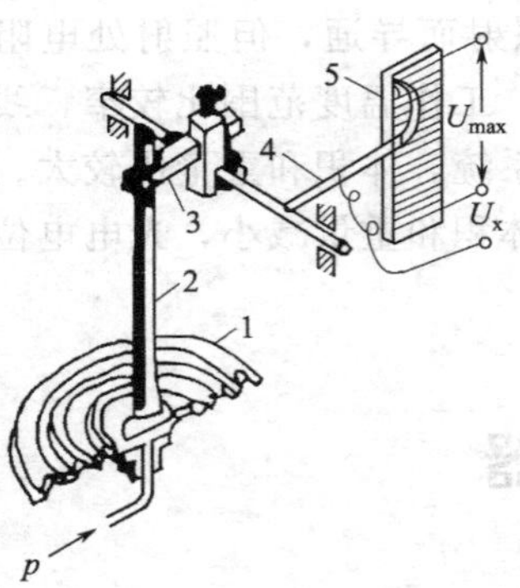

图 3-16 电位器式压力传感器

1—膜盒；2—连杆；3—曲柄；4—电刷；5—电阻元件

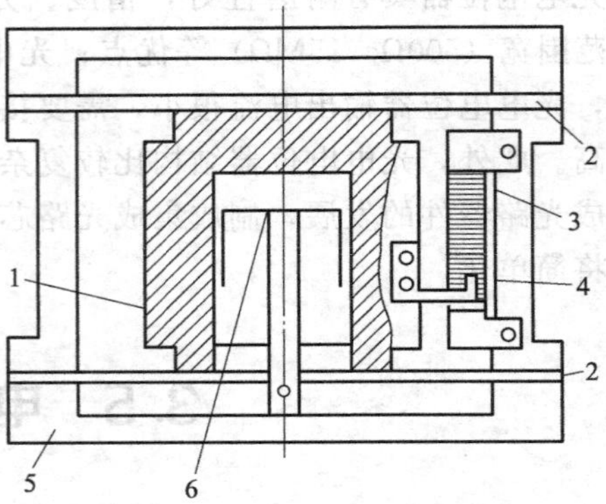

图 3-17 电位器式加速度传感器

1—惯性块；2—片状弹簧；3—电阻元件；4—电刷；5—壳体；6—活塞阻尼器塞

3.6 电位器式传感器应用设计

3.6.1 电位器式液位传感器设计

要求设计一只电位器式液位传感器，液面上限比下限高 100mm，当达到液位上限时，一只继电器吸合，发出电流控制信号，而液面在其余高度均要有电压输出。继电器的线圈电阻为 1250Ω，吸合电流为 5mA，若要求该液位传感器的最大非线性误差 $\delta_{max}<0.8\%$，输出电压灵敏度 $U_{sc}/L>60mV/mm$，试求该电位器的总电阻 R_{max}、总长度 L 和电源激励电压 U_{sr}。

解：要利用已知的非线性误差、电压灵敏度设计电位器总长度及选择符合条件的电压。

电位器式传感器接入负载后存在非线性误差，负载误差推导过程如下。

设 $$m=\frac{R_{max}}{R_f},\quad r=\frac{R_x}{R_{max}}\frac{x}{x_{max}}$$

则负载时输出电压为 $$U_f=U_{max}\frac{r}{1+mr(1-r)}$$

空载输出电压为 $$U_x=rU_{max}$$

非线性误差为 $$\delta_f=\frac{U_x-U_f}{U_x}\times100\%=\left[1-\frac{1}{1+mr(1-r)}\right]\times100\%$$

当 $r=1/2$ 时负载非线性误差最大，$\delta_{max}=\left(\frac{m}{m+4}\right)\times100\%\leqslant0.8\%$

∴ $$m=0.032$$

又 $$R_f=1250\Omega$$

∴ $$R_{max}=mR_f=0.032\times1250\Omega=40\Omega$$

$$U_{sr}=IR_f=5\times10^{-3}\times1250V=6.25V$$

∵ $$\frac{U_{max}}{L}=60$$

$$\therefore \qquad L=\frac{6250}{60}\text{mm}\approx 104\text{mm}$$

所以，根据设计要求应选择总阻值为 40Ω，总长度为 104mm 的电位器，电源激励电压 U_{sr} 为 6.25V，这样便可构成满足要求的电位器式液位传感器。

3.6.2　电位器式角度指示仪设计

设计原理：用一个 470Ω 旋钮电位器模拟电位器式传感器，其电压变化一般为 0～5V，这样不需要电桥测量电路和仪表放大器就可以对电压信号进行采集。选用 51 单片机（如 89C52，作为系统的 CPU）、ADC0809 模/数转换器、三位 LED（显示旋转的角度），转角范围为 0°～360°，其原理框图如图 3-18 所示。

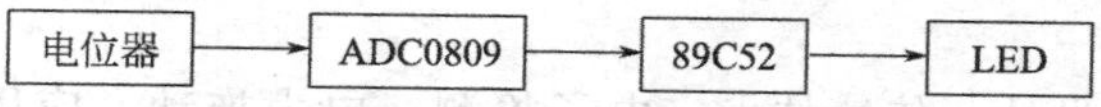

图 3-18　角度指示仪原理框图

3.6.3　汽车前轮转向角的简易测量系统设计

3.6.3.1　设计任务

利用电位器式角度传感器（模拟汽车前轮转向角的检测信号）、单片机、电子技术等相关知识设计简易汽车前轮转向角测量系统。

3.6.3.2　设计要求

要求范围是左转角 0°～50°，右转角 0°～50°，汽车前轮转向角最小分辨率为 0.5°，小数点后只显示 5 或 0，最大的示值误差为 1°。

3.6.3.3　汽车前轮转向角检测仪介绍

汽车前轮转向角检测仪是用来检测汽车转向轮左、右两方向最大转向角的检测设备。图 3-19 是 SPZJ-1 汽车转向角检测仪。首先，检测车辆停在台架前（台架埋入地下），电机通过丝杠带动转盘在导轨上左右运动来对准车轮（通过红外线传感器检测跟踪定位）；对准后，车辆驶入台架上，转向车轮正好停在在转盘中间；车停稳后，相关的机械夹具锁定装置（电气控制），司机扭动方向盘，带动车轮朝左运动到最大极限角，然后又朝右运动到极限角。转盘随车轮一起朝左或朝右旋转，同时带动传感器朝左或朝右运动，电子系统检测这个左右

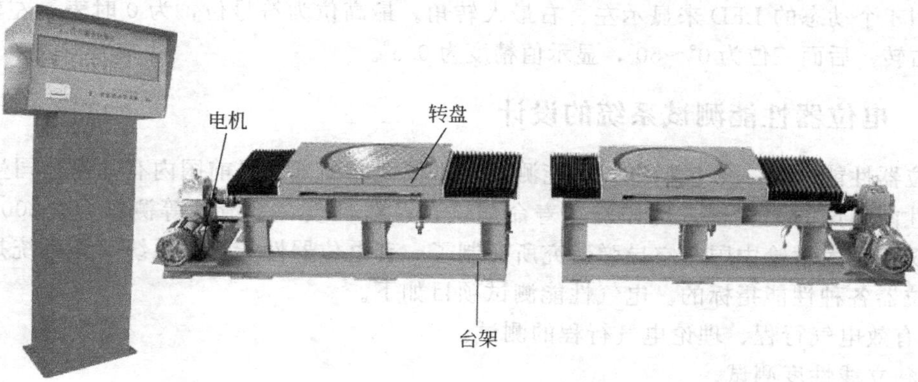

图 3-19　汽车转向角检测仪

运动的最大角，并记录、显示、打印、传输给上位机。

上述转向角检测仪所用传感器如图 3-20 所示，是由中国航天工业总公司上海新跃仪表厂提供的 WDL 系列直滑式导电塑料电位器，其参数如下：型号为 WDL25-L，阻值为 1kΩ，独立线性度为 0.3%，编号为 975125。

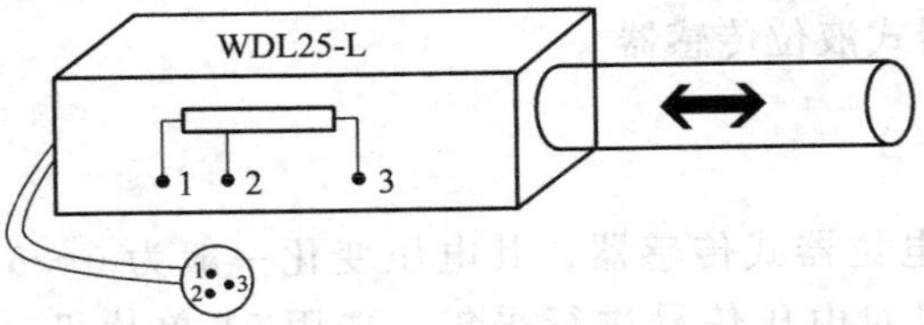

图 3-20　WDL 系列直滑式导电塑料电位器

3.6.3.4　设计提示与分析

显然，上面的传感器是电位器式位移传感器，机械台架设计人员通过机械机构把转盘旋转的角度转换为该传感器的推拉杆的直线运动的位移。电气工程师则通过检测其输出端的电压与转盘旋角的关系（推拉杆位置）来实现转角检测。

上述系统涉及机械设计、传感技术、电子检测、电力拖动、应用软件编程等很多方面。这里，设计系统只要能在模拟汽车检测过程中测出这个转角即可。

根据设计指标，用八位 A/D（0～255）芯片就可达到要求。制动过程信号采集通过人员旋动电位器来模拟（可以人为加入抖动），假定传感器电压的中间值对应为固定的 0°（实际角度测量系统不这样，设计了自动归零处理），朝左旋转为正向角，符号位用 0 显示；朝右旋转为负向角，符号位用 1 显示。程序中，角度可以通过查表，也可以用一个线性化公式来计算。左右转角的显示时间大于 1s。如果没有电位器式角度传感器，可用一个普通旋钮电位器代替。

3.6.3.5　设计内容

设计的内容如下。

① 了解电位器式角度传感器的工作原理、工作特性等。

② 当给电位器标准电压时，对转角与输出的电压进行测量，为程序设计的校正做准备。

③ 设计合理的信号调理电路。

④ 用单片机和 A/D 芯片对信号进行处理，要用 Protel 画硬件接线原理图，利用 C 语言在单片机开发软件中编写相关程序，并对单片机的程序进行详细解释。

⑤ 列出制作该装置的元器件，制作实验板，并调试运行成功。

3.6.3.6　单片机采样显示硬件原理图

测量系统的核心器件——单片机采用 AT89S51，采样芯片用 ADC0809，电位器式角度传感器用一个普通旋钮电位器代替。设计的单片机采样显示硬件接线见图 3-21。这里是简易的测量，采用 4 个动态的 LED 来显示左、右最大转角。最高位为符号位，为 0 时表示左转；为 1 时表示右转。后面三位为 0°～50°，显示值精度为 0.5°。

3.6.4　电位器性能测试系统的设计

电位器性能测试一般包括电气性能测试与机械性能测试，目前国内有几家公司生产电位器有关性能测试的测试台，例如旋转寿命测试台及线性度、平滑性等测试台。2009～2010 年，武汉工程大学给中国空空导弹研究所研制了一套电位器性能测试系统。该系统是评估舵机用电位器各种性能指标的。电气性能测试项目如下。

① 有效电气行程、理论电气行程的测试。

② 独立线性度测试。

③ 输出平滑性测试。

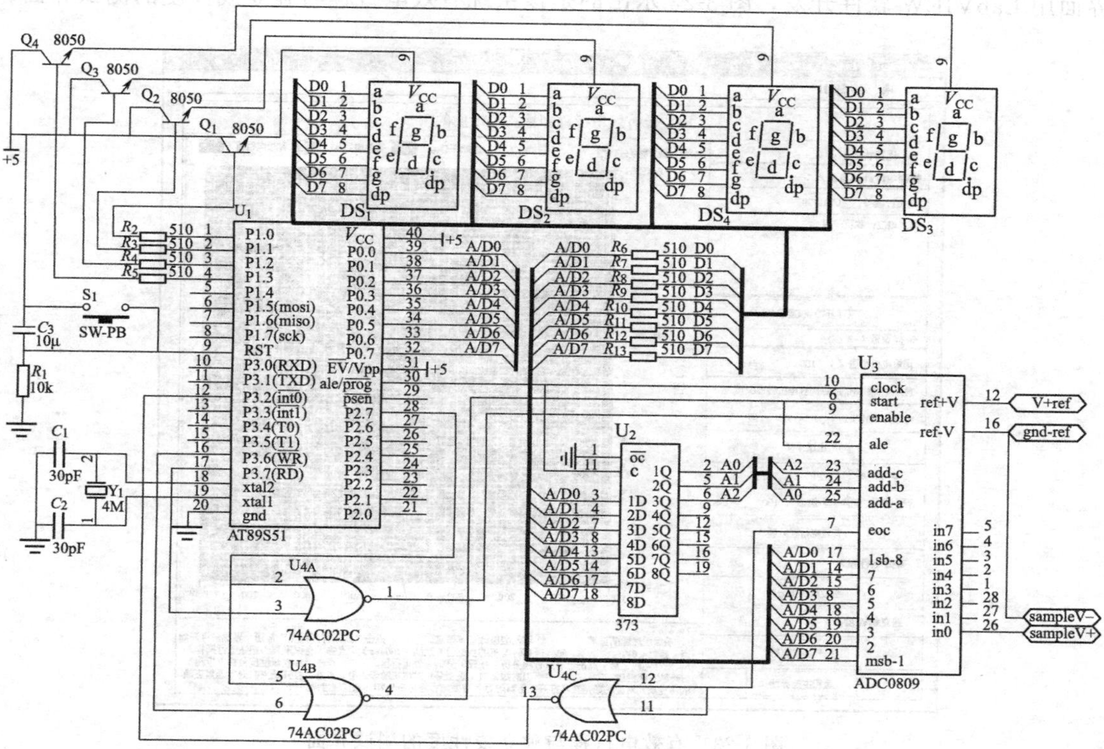

图 3-21　单片机采样显示硬件接线

④ 接触电阻测试。

⑤ 接触电阻变化测试。

⑥ 后冲。

⑦ 正弦响应、阶跃响应。

⑧ 旋转寿命测试。

其中，前 7 项电气性能测试的硬件系统框图如图 3-22 所示。硬件系统采用研华 IPC 工控机作为控制器，内部装有数据采集卡和数字 IO 卡（DIO 卡）；通过 LAN 口与 PMAC 的 clipper 运动控制卡通信；clipper 运动控制卡采用脉冲＋方向控制方式与伺服驱动器接线；伺服驱动器用两条电缆 6 芯编码线与 4 芯动力线与伺服电机连接；伺服电机安装在夹具座上，夹具配有多种电位器安装小夹具；小夹具上安装配套测量的电位器；电位器的三根信号线给信号调理箱；信号调理箱内有很多继电器与恒流源等电路，通过 DIO 卡的控制来自动进行各项功能的测试。

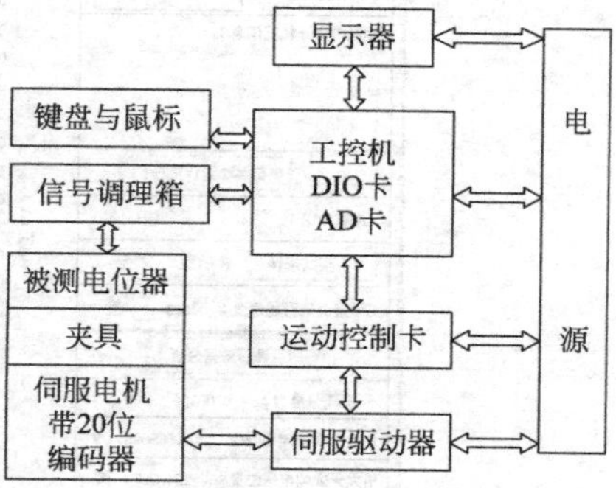

图 3-22　部分电气性能测试的硬件系统框图

该装置进行独立线性度测试原理是：用伺服电机带动电位器以一固定的角度一步一步前进，每前进一步就停下来，用数据采集卡采集输出的电压信号，这样得出很多角度值与电压值的标定点，通过数据处理来计算各种行程与独立线性度。工控机界面用 LabVIEW 软件开发，图 3-23 示出的是该系统有效电行程与独立线性度的测试界面。

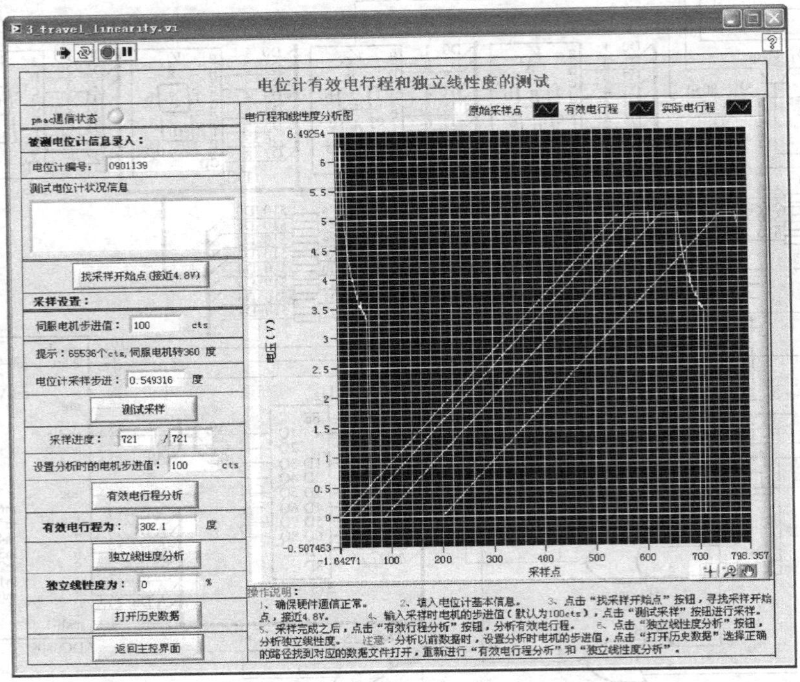

图 3-23　有效电行程与独立线性度的测试界面

该装置进行平滑性的测试原理是：伺服电机以一固定速度运行，电位器的输出信号通过滤波器后，用数据采集卡采集滤波后的信号，通过计算分析后可相应数据。图 3-24 示出的是输出平滑性的测试曲线。

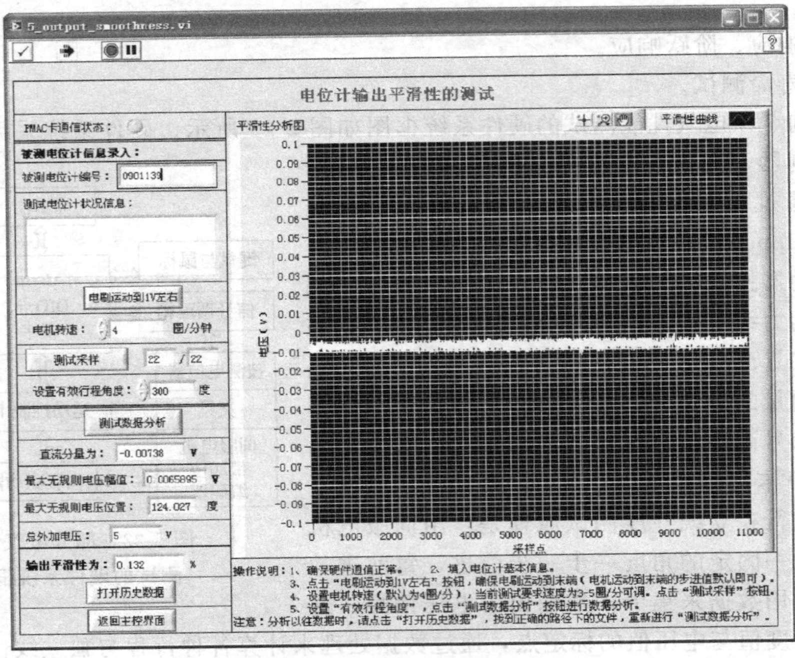

图 3-24　输出平滑性的测试曲线

3.7 本章小结

电位器式传感器是最简单的零阶传感器，本章从零阶电位器开始讲述，意在让读者有一个循序渐进的学习过程。电位器是一种机电转换元件，作为传感器，它能测量引起电阻变化的压力、位移、加速度、高度等被测信号。电位器分为线性电位器和非线性电位器两种，本章主要讲述如下问题。

① 线性电位器特征。骨架截面处处相等、电阻丝特性一致、等节距绕制。

② 电位器的特性。空载、负载特性。

③ 电位器的空载特性。

当变阻器使用时有
$$R_a=\frac{a}{a_{max}}R_{max}$$

当变压器使用时有
$$U_a=\frac{x}{x_{max}}U_{max}$$

电阻灵敏度
$$S_R=\frac{R_{max}}{x_{max}}=\frac{2(b+h)\rho}{At}$$

电压灵敏度
$$S_U=\frac{U_{max}}{x_{max}}=I\ \frac{2(b+h)\rho}{At}$$

④ 电位器的阶梯特性。电位器是由一圈一圈的线圈绕制的，电刷在电位器的线圈上移动时，电阻的变化也是不连续的，当电刷从一圈跃迁到另一圈时，电阻值有阶跃变化，称为阶梯特性。

⑤ 阶梯误差。对线性电位器，阶梯值相等，通过阶梯中点的直线即为理想特性曲线，阶梯围绕它上下跳动，由此产生的误差为阶梯误差。

⑥ 电位器电压分辨率。在电刷行程内，电位器输出电压阶梯的最大值与最大输出电压U_{max}之比的百分数即为电压分辨率。

⑦ 行程分辨率。在电刷行程内，能使电位器产生一个可测变化的电刷最小行程与整个行程之比的百分数称为行程分辨率。

⑧ 非线性电位器。线性电位器任一条件不满足即构成了非线性电位器，常见的非线性电位器有变骨架、变节距及分路电阻式非线性电位器。当骨架、节距及分路电阻满足一定条件时，才能用折线逼近曲线的方法解决非线性问题。

⑨ 负载特性及负载误差。当电位器接有负载时的输出特性为负载特性。负载特性偏离理想空载特性的误差称为负载误差。

习　题

1. 试分析电位器式传感器的负载特性，什么是负载误差？如何减小负载误差？

2. 电位器式传感器线圈电阻为 10kΩ，电刷最大行程 4mm。若允许最大消耗功率 40mW，传感器所用激励电压为允许的最大激励电压。则当输入位移量为 1.2mm 时，输出电压是多少？

3. 在上题位移传感器后接一电压表，表的内阻为电位器电阻的 2 倍，试计算电刷位移量为电刷最大行程 50%时电位器的负载误差。

4. 试用限制电位器工作段的方法设计一只工作在最大行程为 30mm 时输出电压为 3V 的线性电位器，取负载系数 $K_f=10$，试求该线性电位器的电刷总行程与电位器激励电压的大小。

5. 现欲利用输入电阻为 20kΩ 的记录仪来测量电位器式传感器的输出电压，如果在满量程的 50%时，测量误差不超过 2%，试确定该电位器的电阻值。

6. 在汽车前轮转向角的简易测量系统设计中，采用的是动态方式显示。若采用静态显示方式，需要哪些硬件，怎样设计？

第 4 章 应变式传感器

知识要点

通过本章学习，读者应掌握应变式传感器工作原理、构成、转换电路的设计、温度误差产生原因及补偿方法、传感器的应用设计。了解应变片特性、粘贴工艺、新型微应变式传感器技术。

本章知识结构

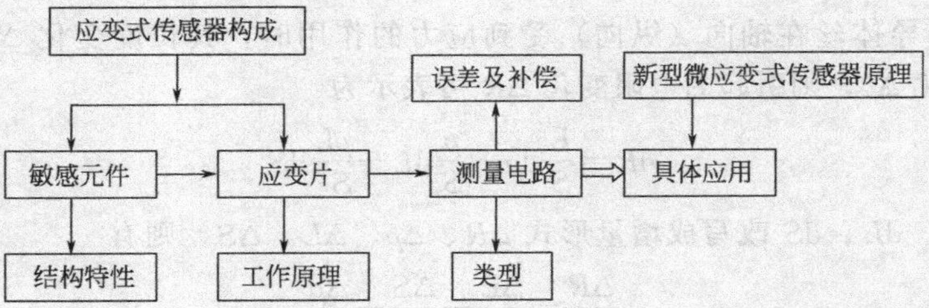

电阻应变式传感器的基本原理是将被测量的变化转变成应变电阻的变化，再通过转换电路变成电信号输出。因此，只要能引起电阻变化的信号，如力、压力、位移、应变、扭矩、加速度等，就能测量，是目前非电量检测技术中非常重要的检测部件。

电阻应变式传感器的核心部件是电阻应变计，下面将先介绍应变计的结构、原理，然后再介绍电阻应变式传感器的应用与应用设计。

4.1 电阻应变计结构及测量原理

电阻应变计也称应变计或应变片，主要由四个部分构成。排列呈网状的高阻金属丝、栅状金属箔或半导体丝构成的敏感栅 1(0.015～0.06mm) 用黏合剂贴在绝缘的基片 2 上，敏感栅上贴有保护片 3，敏感栅两端焊有较粗的低阻镀锡铜丝 4(0.1～0.2mm) 作为引线。图 4-1 中，L 为应变片栅长，a 为栅宽，$L \times a$ 为应变片的使用面积。应变片的规格一般以使用面积和电阻值表示，如 3mm×10mm，120Ω。

用应变计测量应变时，先将其粘贴在被测对象表面，当被测对象受力变形时，应变计的

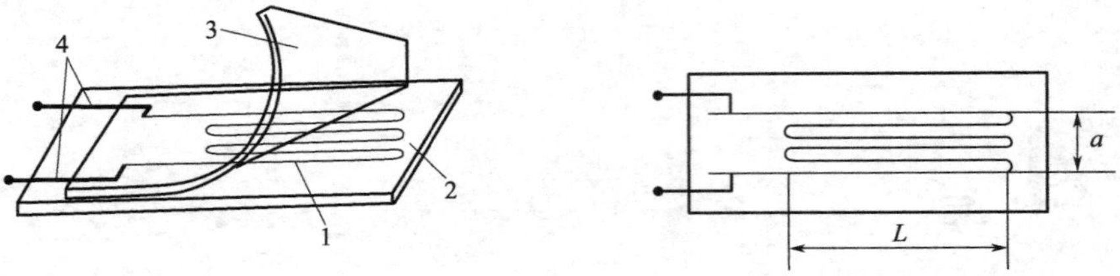

图 4-1 电阻应变计结构简图

1—敏感栅；2—基片；3—保护片；4—低阻镀锡铜丝

敏感栅也受力变形，其电阻值发生变化，通过转化电路变成电压或电流的变化，这是直接测量应变的方法。

应变计还广泛用作敏感元件，制成各种应变式传感器，无论是应变仪还是应变式传感器，都是基于电阻应变效应原理工作的，下面先介绍电阻应变效应原理。

4.2 电阻应变效应

长为 L，截面积为 S，电阻率为 ρ 的金属或半导体丝，电阻为 $R=\rho\dfrac{L}{S}$。

若金属或半导体丝在轴向（纵向）受到应力的作用时，其长度变化 ΔL，截面积变化 ΔS，电阻率变化 $\Delta\rho$，则引起的电阻变化 ΔR 可表示为

$$\mathrm{d}R=\frac{L}{S}\mathrm{d}\rho+\frac{\rho}{S}\mathrm{d}L-\frac{\rho L}{S^2}\mathrm{d}S$$

将 $\mathrm{d}R$、$\mathrm{d}\rho$、$\mathrm{d}L$、$\mathrm{d}S$ 改写成增量形式 ΔR、$\Delta\rho$、ΔL、ΔS，则有

$$\frac{\Delta R}{R}=\frac{\Delta L}{L}-\frac{\Delta S}{S}+\frac{\Delta\rho}{\rho} \tag{4-1}$$

设电阻丝为圆形截面，直径为 d，则

$$S=\pi\frac{d^2}{4},\ \frac{\Delta S}{S}=\frac{2\Delta d}{d}$$

$\dfrac{\Delta d}{d}$称为径向应变，用 ε_r 表示。

根据材料力学知识，在弹性范围内金属或半导体丝沿长度（轴向）方向伸长时，径向尺寸缩小，反之亦然。并且轴向应变 $\varepsilon=\dfrac{\Delta L}{L}$（简称应变）、径向应变 ε_r 与材料的泊松系数 μ 之间存在如下关系。

$$\mu=\frac{-\dfrac{\Delta d}{d}}{\dfrac{\Delta L}{L}}=-\frac{\varepsilon_r}{\varepsilon}$$

将上述各式代入式(4-1) 得

$$\frac{\Delta R}{R}=\frac{\Delta L}{L}(1+2\mu)+\frac{\Delta\rho}{\rho}=\frac{\Delta L}{L}\left(1+2\mu+\frac{\Delta\rho}{\rho}\Big/\frac{\Delta L}{L}\right)$$

$$K_0=\frac{\Delta R/R}{\Delta L/L}=1+2\mu+\frac{\Delta\rho/\rho}{\Delta L/L}$$

式中，K_0为应变计灵敏度系数，其中，$1+2\mu$ 由金属或半导体的几何尺寸变化引起，后一部分为电阻率随应变而引起的变化。因为$\frac{\Delta\rho}{\rho}=\pi T$，其中

$$T=E\varepsilon=E\ \frac{\Delta L}{L}$$

式中，π 为压阻系数；E 为杨氏模量，则

$$K_0=\frac{\Delta R/R}{\varepsilon}=1+2\mu+\pi E \tag{4-2}$$

对式(4-2)，即灵敏度系数有如下讨论。

① 对金属而言，πE 近似为零，通常 $\mu=0.25\sim0.5$，故 $K_0=1+2\mu\approx1.5\sim2$。

② 对半导体而言，压阻系数 $\pi=(40\sim50)\times10^{-11}\,m^2/N$，杨氏模量 $E=1.67\times10^{11}\,Pa$，则 $\pi E\approx50\sim100$，故 πE 比 $1+2\mu$ 大得多，$1+2\mu$ 可以忽略不计。可见，半导体灵敏度要比金属大 50～100 倍。

4.3 应变计型号命名规则

应变计广泛应用于各种参数的测量，因而要购买所需的应变计必须正确识别，图 4-2 为应变计型号命名规则图解。

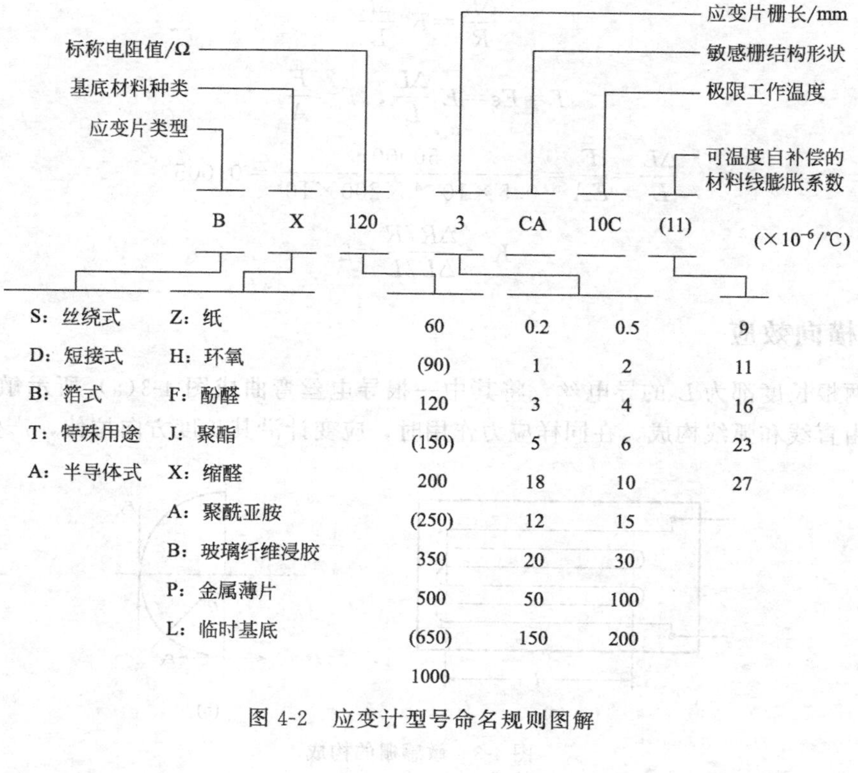

图 4-2　应变计型号命名规则图解

4.4 应变计主要特性

应变式传感器的性能在很大程度上取决于应变计的性能，下面以丝式应变计为例讨论其特性。

4.4.1 应变计的灵敏度系数

金属丝做成应变计后，由于基片、黏合剂以及敏感栅的横向效应，电阻应变计特性与单根金属丝将有所不同，且应变计的灵敏度系数恒小于单根金属丝的灵敏度系数。但大量实验证明，电阻应变计的电阻相对变化 $\Delta R/R$ 与应变 $\Delta L/L=\varepsilon$ 在很大范围内有线性关系，即应变计的灵敏度系数表示为

$$\frac{\Delta R}{R}=K\varepsilon,\ K=\frac{\Delta R/R}{\varepsilon}$$

由于应变计粘贴到试件上后不能取下再用，因此只能在每批产品中提取一定百分比（如6%）的产品按照统一的规定进行测定，取其平均值作为这批产品的灵敏度系数，或称“标称灵敏度系数”。

【例 4-1】 将 100Ω 的一个应变计粘贴在低碳钢制的拉伸试件上，若试件的等截面积为 $0.5\times10^{-4}\mathrm{m}^2$，低碳钢的弹性模量（杨氏模量）为 $E=200\times10^9\mathrm{N/m}^2$，由 50kN 的拉力所引起的应变计电阻变化为 1Ω，试求该应变计的灵敏度系数。

解： 用反推方法求解

因为
$$\frac{\Delta R}{R}=K\frac{\Delta L}{L}$$

$$T=E\varepsilon=E\frac{\Delta L}{L},\ T=\frac{F}{A}$$

$$\frac{\Delta L}{L}=\frac{F}{EA}=\frac{50000}{0.5\times10^{-4}\times200\times10^{9}}=0.005$$

所以
$$K=\frac{\Delta R/R}{\Delta L/L}=2$$

4.4.2 横向效应

如取两根长度都为 L 的导电丝，将其中一根导电丝弯曲成图 4-3(a) 所示敏感栅结构。该敏感栅由直线和弧线构成，在同样应力作用时，应变计沿其长度方向拉伸，产生轴向拉伸

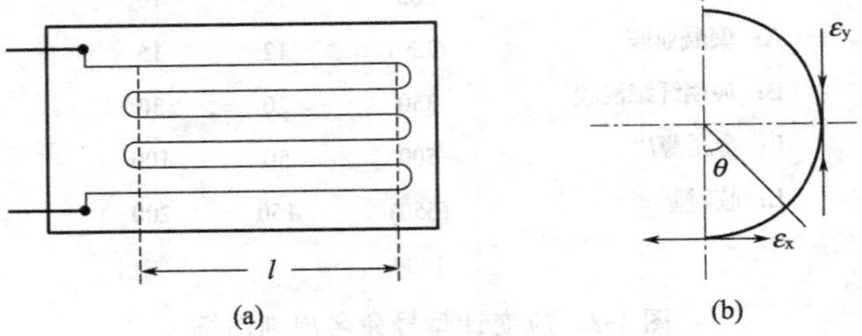

图 4-3 敏感栅的构成

应变 ε_x，应变计直线段电阻将增加。但是在圆弧段上，沿各微段（圆弧的切向）的应变并不是 ε_x，如图 4-3(b) 90°切线位置时，应变为 $\varepsilon_y=-\mu\varepsilon_x$，该微段电阻反而减少。所以说将直的线材绕成敏感栅后，虽然长度相同、受力相同，应变片敏感栅的电阻变化却减小，因而灵敏度系数 K 较整长 L 直线段电阻丝的灵敏度系数 K_0 低，这种现象称为应变片的横向效应。下面分析横向效应产生的误差。

图 4-3(b) 示出了应变片敏感栅半圆弧部分的形状。轴向应变为 ε_x，径向应变为 ε_y。若敏感栅有 n 根纵栅，每根长为 l，则半圆弧线部分就有 $n-1$ 根，半圆半径为 r，半圆弧长为 L_s。在轴向应变 ε_x 作用下，全部纵栅的变形 ΔL_1 为

$$\Delta L_1=nl\varepsilon_x$$

弧线部分变形 ΔL_2 为

$$\Delta L_2=(n-1)\frac{\varepsilon_x+\varepsilon_y}{2}L_s$$

整个应变计敏感栅总伸长为

$$\Delta L=\Delta L_1+\Delta L_2=nl\varepsilon_x+(n-1)\frac{\varepsilon_x+\varepsilon_y}{2}L_s$$

敏感栅电阻变化为

$$\frac{\Delta R}{R}=K_0\left[n\frac{l}{L}\varepsilon_x+(n-1)\frac{\varepsilon_x+\varepsilon_y}{2L}L_s\right]=\left[\frac{2nl+(n-1)L_s}{2L}K_0\right]\varepsilon_x+\left[\frac{(n-1)L_s}{2L}K_0\right]\varepsilon_y$$

设

$$K_x=\frac{2nl+(n-1)L_s}{2L}K_0,\ K_y=\frac{(n-1)L_s}{2L}K_0,\ H=\frac{K_x}{K_y}$$

则有

$$\frac{\Delta R}{R}=K_x\varepsilon_x+K_y\varepsilon_y,\ \frac{\Delta R}{R}=K_x(\varepsilon_x+H\varepsilon_y)$$

式中，K_x 为轴向应变的灵敏度系数，它代表 $\varepsilon_y=0$ 时敏感栅电阻相对变化与 ε_x 之比；K_y 为横向应变的灵敏度系数，它代表 $\varepsilon_x=0$ 时敏感栅电阻相对变化与 ε_y 之比。

因

$$\varepsilon_y=-\mu\varepsilon_x$$

所以

$$\frac{\Delta R}{R}=K_x(\varepsilon_x+H\varepsilon_y)=K_x\varepsilon_x(1-\mu H)=K\varepsilon_x$$

显然 $K=K_x(1-\mu H)<K_0(1-\mu H)<K_0$，$\mu H$ 即为横向效应产生的误差。

$$H=\frac{K_y}{K_x}=\frac{(n-1)L_s}{2nl+(n-1)L_s}$$

H 称为横向效应系数，增加 l、减小 L_s，可以减小横向效应引起的误差，所以应尽可能把敏感栅做得长而窄。

4.4.3 滞后、漂移

滞后通常分两种，一种是机械滞后，另一种是热滞后。在一定温度条件下，对贴有应变计的试件进行加载和卸载实验时，其 $\Delta R/R$-ε 特性曲线不重合。把加载和卸载特性曲线的最大差值 δ（如图 4-4 所示）称为应变计的机械滞后值。

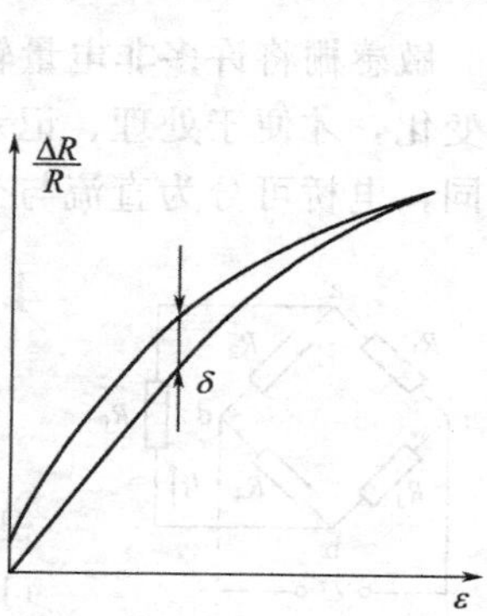

图 4-4 应变计的机械滞后

应变计受到恒定外力作用时，在温度循环中，在同一温度下进行测量时应变计指示值的最大差值称为应变计的热滞后，热滞后一般对中温（60～350℃）和高温（＞350℃）应变计有

要求。

漂移称为零漂和蠕变。在恒定温度下，粘贴在试件上的应变计，在不承受载荷的条件下，电阻随时间变化的特性称为应变计的零漂。在恒定温度下，粘贴在试件上的应变计，在某一机械应变长期作用下，应变指示值随时间变化，称为应变计的蠕变。显然，应变计的蠕变包括了同一时间内的零漂值。

4.4.4 应变极限、疲劳寿命

在一定温度（室温或极限使用温度）下，当应变计指示应变值对真实应变值的相对误差大于10%时，就认为应变计已达到破坏状态，此时的真实应变值就作为该批应变计的应变极限。

对已安装的应变计，在恒定幅值的交变应力作用下，可以连续工作而不产生疲劳损坏（应变计的应变变化值超过规定的范围、应变计的输出波形上出现毛刺，或者应变计完全损坏而无法工作）的循环次数称为疲劳寿命。应变计的疲劳寿命的循环次数一般可达 10^6 次。

4.4.5 绝缘电阻、最大工作电流

绝缘电阻是指应变计的引线与被测试件之间的电阻值，一般在 50～100MΩ 以上。绝缘电阻过低，会造成应变计与试件之间漏电而产生测量误差。

最大工作电流指已安装的应变片允许通过敏感栅而不影响其工作特性的最大电流值。工作电流大，应变计输出信号就大，因而灵敏度高。但并非工作电流越大越好，因为应变丝是电阻体，随着工作电流增加，本身发热，灵敏系数降低，零漂和蠕变都会增加，甚至烧毁，所以工作电流应根据试件的导热性能和敏感栅的尺寸等确定。

4.4.6 应变片的电阻值

应变计在未安装也不受外力的情况下，在室温下测得的电阻值称为应变片的电阻值。国内应变计系列习惯上选用 60Ω、120Ω、175Ω、350Ω、500Ω、1000Ω、1500Ω。阻值大，承受电压大，输出信号大，但同时敏感栅尺寸也大。

4.5 测量电路

敏感栅将许多非电量转换成 R、L、C 的变化后，必须将三种变化量转化成电压或电流的变化，才便于处理、记录、显示及远程传输，通常用电桥电路实现这种转换。根据电源的不同，电桥可分为直流与交流两种，下面分别阐述。

4.5.1 直流电桥

(1) 平衡条件

直流电桥如图 4-5 所示，当电桥平衡时，流过负载的电流为零。根据等效电源定理（任何一个线性的有源二端网络对外电路而言，可以用一个电压源来等效代替）求出 ab 两端的开路电压和内阻分别为

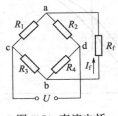

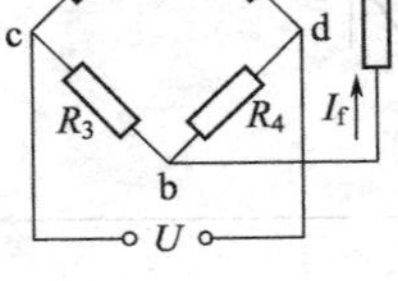

图 4-5 直流电桥

$$U_{ab}=U\left(\frac{R_2}{R_1+R_2}-\frac{R_4}{R_3+R_4}\right)$$

$$R=\frac{R_3R_4}{R_3+R_4}+\frac{R_1R_2}{R_1+R_2}$$

负载电流为

$$I_f=U\frac{R_1R_4-R_2R_3}{R_f(R_1+R_2)(R_3+R_4)+R_1R_2(R_3+R_4)+R_3R_4(R_1+R_2)}$$

当电桥平衡时，$I_f=0$，有 $R_1R_4-R_2R_3=0$，或$\frac{R_1}{R_2}=\frac{R_3}{R_4}$，称为直流电桥平衡条件，即相邻两臂电阻比值相等。

(2) 直流电桥电压灵敏度

电桥作为中间转换环节，其灵敏度决定了测量的精度，因此有必要对电桥参数进行讨论。另外，电阻应变计工作时，其电阻值变化很微小（例如：1 片 $K=2$，初始电阻为 120Ω 的应变计，受到 1000$\mu\varepsilon$ 时，电阻变化仅 0.24Ω)，电桥输出电压小，必须通过放大器放大，而一般放大器的输入阻抗比电桥电阻大许多倍，因而可将电桥看成开路进行分析，如图 4-6 所示。

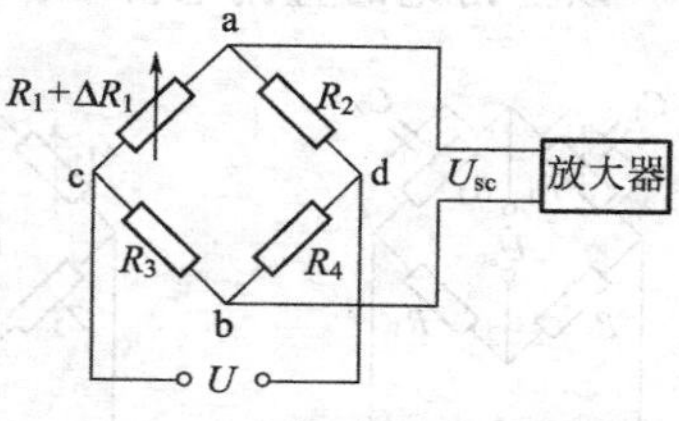

图 4-6　R_1为工作臂的直流电桥

电桥初始处于平衡状态时 $U_{sc}=0$。若工作臂 R_1 受应变，其电阻变化为 ΔR_1，R_2、R_3、R_4 均为固定桥臂，此桥路通常称为单臂电桥，电桥不平衡电压输出为

$$U_{sc}=U\frac{\frac{R_4}{R_3}\times\frac{\Delta R_1}{R_1}}{\left(1+\frac{\Delta R_1}{R_1}+\frac{R_2}{R_1}\right)\left(1+\frac{R_4}{R_3}\right)}$$

设 $n=\frac{R_2}{R_1}=\frac{R_4}{R_3}$，并略去分母中的 $\Delta R_1/R_1$ 项，得

$$U_{sc}=U\frac{n}{(1+n)^2}\times\frac{\Delta R_1}{R_1}$$

则电压灵敏度为

$$K_u=\frac{U_{sc}}{\Delta R_1/R_1}=U\frac{n}{(1+n)^2}$$

由上式可知：要提高该灵敏度系数，可以采取两种措施，一是提高电源电压，但电压提高将使应变片和桥臂电阻功耗增加，温度误差增大，一般电源电压取 3～6V 为宜；二是在电桥电压恒定时选取适当的桥臂比 n，使电压灵敏度系数 K_u 最大。由 $\frac{dK_u}{dn}=\frac{1-n}{(1+n)^3}=0$ 得 $n=1$时 K_u最大。这说明在供桥电压确定后，当桥路四个桥臂阻值比（包括等臂电桥）相等时，电压灵敏度系数最高，$K_u=\frac{1}{4}U$。

从分析可知，当电源电压 U 恒定，电阻相对变化 $\Delta R_1/R_1$ 一定时，电桥的输出电压及其灵敏度是定值，与各桥臂电阻阻值无关。

以上分析结果是略去分母中的 $\Delta R_1/R_1$ 而得到的，实际电压输出值为

$$U_{sc}^{t}=U\frac{n\dfrac{\Delta R_1}{R_1}}{\left(1+n+\dfrac{\Delta R_1}{R_1}\right)(1+n)}$$

显然，输出电压与电阻相对变化成非线性关系，如果选取等臂电桥，$n=1$，则非线性误差为

$$\delta_f=\frac{U_{sc}-U_{sc}^{t}}{U_{sc}}\times100\%=\left(1-\frac{1}{1+\dfrac{1}{2}\times\dfrac{\Delta R_1}{R_1}}\right)\times100\%\approx\frac{1}{2}\times\frac{\Delta R_1}{R_1}\times100\%$$

为了减小或克服非线性误差，通常采用差动电桥补偿，具体原理将在误差补偿中阐述。

4.5.2 交流电桥

以上讨论的直流电桥中，高精度直流电源容易获得，但桥路输出信号微弱，必须接放大器，而直流放大器易产生零漂，线路较复杂，且直流电源造价较高，因而现在交流电桥使用较多。

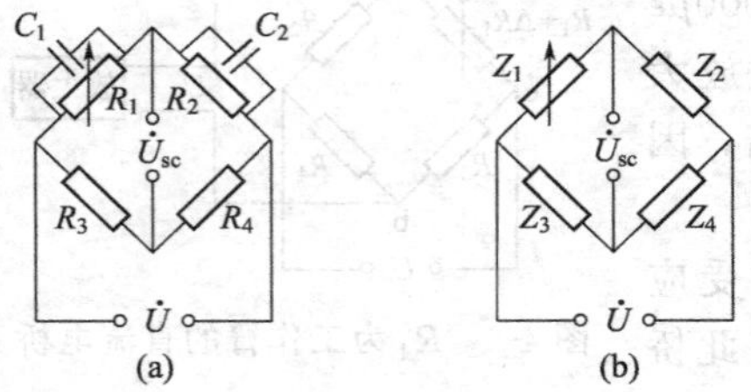

图 4-7 交流电桥

在交流电源供电时，需要考虑导线分布电容的影响，这相当于应变计并联一个电容，如图 4-7 所示。这就需要分析各桥臂均为复阻抗 Z_1、Z_2、Z_3、Z_4 时一般形式的交流电桥。

根据图 4-7(b) 得输出电压特性方程为

$$\dot{U}_{sc}=\frac{Z_1Z_4-Z_2Z_3}{(Z_1+Z_2)(Z_3+Z_4)}\dot{U} \tag{4-3}$$

电桥平衡条件为

$$\frac{Z_1}{Z_2}=\frac{Z_3}{Z_4}$$

若将桥臂阻抗用复数和指数表示，则有

$$Z_1=r_1+jX_1=z_1e^{j\phi_1}$$
$$Z_2=r_2+jX_2=z_2e^{j\varphi_2}$$
$$Z_3=r_3+jX_3=z_3e^{j\varphi_3}$$
$$Z_4=r_4+jX_4=z_4e^{j\varphi_4}$$

用指数形式表示的交流电桥平衡条件为

$$\frac{z_1}{z_2}=\frac{z_3}{z_4}$$
$$\varphi_1+\varphi_4=\varphi_2+\varphi_3$$

由此可见，交流电桥平衡时，不仅各桥臂复阻抗的模满足一定的比例关系，而且相对桥臂复角和必须相等，上述平衡条件也可用复数形式表示。

工作时应变电阻变化引起复阻抗变化为 ΔZ_1，设电桥初始处于平衡状态，由式(4-3) 得交流电桥（见图 4-7）输出电压。

$$\dot{U}_{sc}=\dot{U}\frac{\dfrac{Z_4}{Z_3}\times\dfrac{\Delta Z_1}{Z_1}}{\left(1+\dfrac{Z_2}{Z_1}+\dfrac{\Delta Z_1}{Z_1}\right)\left(1+\dfrac{Z_4}{Z_3}\right)}$$

考虑到电桥的起始平衡条件并略去分母中含 ΔZ_1 的项，得

$$\dot{U}_{sc}=\frac{1}{4}\dot{U}\frac{\Delta Z_1}{Z_1}$$

其中 $Z_1=\dfrac{R_1}{1+j\omega R_1 C_1}$，则有

$$\Delta Z_1=\frac{\Delta R_1}{(1+j\omega R_1 C_1)^2}$$

由于一般导线分布电容很小，电源频率不太高，因而 $\omega R_1 C_1 \ll 1$（例如，电源频率为 1000Hz，$R_1=120\Omega$，$C_1=1000\text{pF}$，则 $\omega R_1 C_1 \approx 7.5\times 10^{-4} \ll 1$）。因此 $Z_1 \approx R_1$，$\Delta Z_1 \approx \Delta R_1$，则

$$\dot{U}_{sc}=\frac{1}{4}\dot{U}\frac{\Delta R_1}{R_1}$$

上式说明，当初始电桥平衡，电源频率不高，分布电容较小，输出电压与供桥电压同频同相时，交流电桥可当成直流电桥计算。

4.5.3 应变片的温度误差及其补偿

4.5.3.1 温度误差及其产生原因

把应变计粘贴在自由膨胀的试件上，即使试件不受任何外力作用，如果环境温度发生变化，应变计的电阻也将发生变化，称为应变计的温度误差。由于应变产生电阻的变化很小，几乎与温度变化产生的电阻变化处于同一数量级，因此必须对温度误差进行补偿，否则无法准确测量被测信号。引起温度误差的原因有两方面。

① 温度变化引起敏感栅金属丝电阻变化。电阻与温度的关系可由下式表示。

$$R_t=R_0(1+\alpha\Delta t)=R_0+R_0\alpha\Delta t$$
$$\Delta R_{t\alpha}=R_t-R_0=R_0\alpha\Delta t$$

式中，$\Delta R_{t\alpha}$ 为温度变化 Δt 时的电阻变化；α 为应变丝的电阻温度系数，表示温度改变 1℃时电阻的相对变化。

将温度变化 Δt 时的电阻变化折合成应变 $\varepsilon_{t\alpha}$，则

$$\varepsilon_{t\alpha}=\frac{\Delta R_{t\alpha}/R_0}{K}=\frac{\alpha\Delta t}{K}$$

式中，K 为应变片的灵敏度系数。

② 试件材料与敏感栅材料的线膨胀系数不同，两者随温度变化产生的形变不等，使应变片产生附加变形而造成电阻变化。变化过程可用图 4-8 表示。

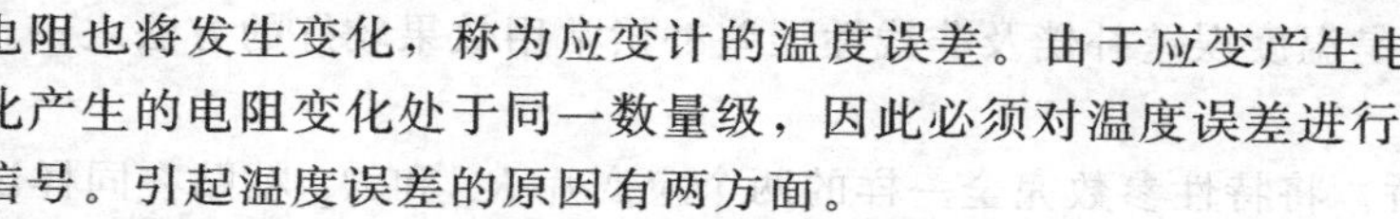

图 4-8 线膨胀系数不同产生的附加应变

其长度与温度关系如下

$$l_{st}=l_0(1+\beta_s\Delta t)$$
$$\Delta l_s=l_{st}-l_0=\beta_s l_0\Delta t$$

$$l_{gt}=l_0(1+\beta_g\Delta t)=l_0+l_0\beta_g\Delta t$$

$$\Delta l_g=l_0\beta_g\Delta t$$

式中，Δl_s、Δl_g为应变丝与构件的膨胀量；β_s、β_g为应变丝与构件材料的线膨胀系数。

如果β_s和β_g不相等，则Δl_s和Δl_g就不等，因而应变丝被迫从Δl_s拉长至Δl_g，使应变丝产生附加变形Δl，设相应的附加应变为ε_β，产生电阻变化为$\Delta R_{t\beta}$，则

$$\Delta l=\Delta l_s-\Delta l_g=(\beta_s-\beta_g)l_0\Delta t$$

$$\varepsilon_\beta=\frac{\Delta l}{l_0}=(\beta_s-\beta_g)\Delta t$$

$$\Delta R_{t\beta}=R_0K\varepsilon_\beta=R_0K(\beta_g-\beta_s)\Delta t$$

因此，由于温度变化而引起的总的电阻变化ΔR_t为

$$\Delta R_t=\Delta R_{t\alpha}+\Delta R_{t\beta}=R_0\alpha\Delta t+R_0K(\beta_g-\beta_s)\Delta t$$

折合成应变量为

$$\varepsilon_t=\frac{\Delta R_t/R_0}{K}=\frac{\alpha\Delta t}{K}+(\beta_g-\beta_s)\Delta t \tag{4-4}$$

因此，试件的应变除与环境温度变化有关外，还与应变片本身的性能参数K、α、β_s以及被测试件的线膨胀系数β_g有关。

4.5.3.2 温度误差及非线性误差补偿方法

(1) 电桥补偿法

电桥补偿法是温度误差补偿及非线性误差补偿常用效果较好的方法之一，下面介绍三种常用电桥。

① 等臂电桥。将特性参数完全一样的两个应变片R_1和R_B粘贴在同样试件上，处于同样温度场内，并接入相邻的两个桥臂中，组成等臂电桥（如图4-9所示），温度变化引起的输出电压的变化为

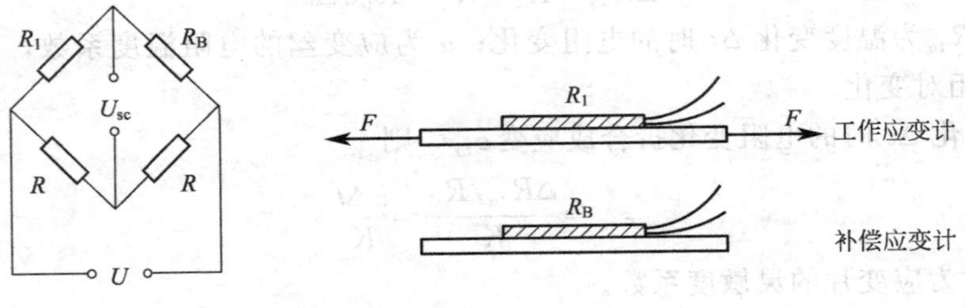

图 4-9 等臂电桥

$$U_{sc}=U\left(\frac{R_1+\Delta R_1}{R_1+\Delta R_1+R_B+\Delta R_B}-\frac{R}{R+R}\right)$$

$\because$ $$R_1=R_B,\ \Delta R_1=\Delta R_B$$

$\therefore$ $$U_{sc}=0$$

因此电桥输出电压与温度变化无关，从而补偿了应变计的温度误差。

② 半桥差动电桥。工作应变片粘贴在被测试件上方，补偿应变片R_B贴在被测试件的下方，被测试件纯弯曲形变，如图4-10所示，构件面上部的应变为拉应变，下部为压应变。R_B与R_1的变化值大小相等，符号相反。把这两个应变片接入相邻的两桥臂，组成半桥差动电桥，此时电桥输出电压为

$$U_{sc}=U\left(\frac{R_1+\Delta R_1}{R_1+\Delta R_1+R_B-\Delta R_B}-\frac{R}{R+R}\right)$$

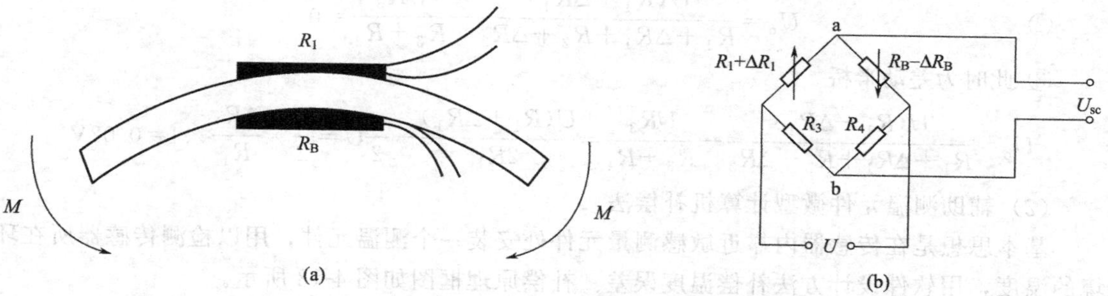

图 4-10　应变片、补偿片的粘贴图及其构成的半桥差动电桥

初始平衡时 $R_1R=RR_B$；受到应力作用时 $|\Delta R_1|=|\Delta R_B|$

$$U_{sc}=\frac{1}{2}U\frac{\Delta R}{R}\Rightarrow K_u=\frac{U_{sc}}{\frac{\Delta R}{R}}=\frac{1}{2}U$$

可见，差动半桥的输出电压、输出灵敏度系数比单臂电桥增加一倍，而且补偿了非线性误差，即 R_B 起到三个作用：温度补偿、提高灵敏度、补偿非线性误差。

③ 全桥差动电桥。若在测量构件弯曲应变时，构件上下各贴两个批号一样的应变片，电桥接成图 4-11 所示全桥差动形式，则有

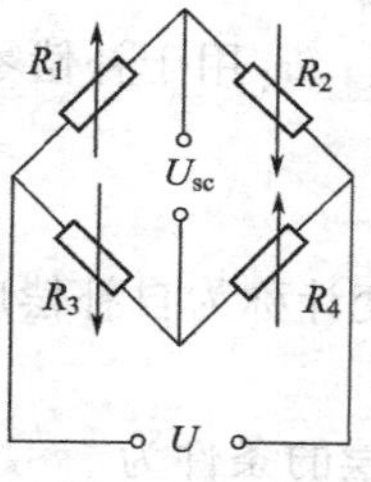

图 4-11　全桥差动电桥

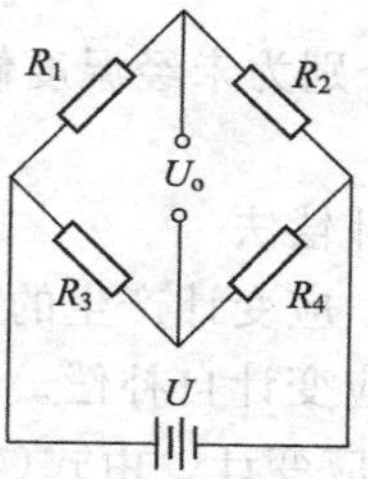

图 4-12　直流电桥

$$R_1=R+\Delta R,\ R_2=R-\Delta R,\ R_3=R-\Delta R,\ R_4=R+\Delta R$$

$$U_{sc}=U\left(\frac{R+\Delta R}{R+\Delta R+R-\Delta R}-\frac{R-\Delta R}{R+\Delta R+R-\Delta R}\right)=U\frac{\Delta R}{R}$$

$$K=U$$

可见，全桥电压及灵敏度是单臂电桥的 4 倍，并且补偿了非线性误差。

【例 4-2】 如图 4-12 所示是一直流电桥。图中 $U=4\text{V}$，$R_1=R_2=R_3=R_4=120\Omega$，试求：

① R_1 为金属应变片，其余为外接电阻，当 $\Delta R_1=1.2\Omega$ 时，电桥输出电压 U_o 为多少？

② R_1、R_2 都为应变片，且批号相同，感受应变的极性和大小都相同，其余为外接电阻，电桥输出电压 U_o 为多少？

③ 上一问中，如果 R_2 与 R_1 感受应变的极性相反，且 $|\Delta R_1|=|\Delta R_2|=1.2\Omega$，电桥输出电压 U_o 是多少？

解：① 此时为单臂电桥，则 $U_o=\frac{1}{4}\times U\times\frac{\Delta R_1}{R_1}=0.01\text{V}$

② $$U_o=\frac{U(R_1+\Delta R_1)}{R_1+\Delta R_1+R_2+\Delta R_2}-\frac{UR_3}{R_3+R_4}=0$$

③ 此时为差动半桥

$$U_o=\frac{U(R_1+\Delta R_1)}{R_1+\Delta R_1+R_2-\Delta R_2}-\frac{UR_3}{R_3+R_4}=\frac{U(R_1+\Delta R_1)}{2R_1}-\frac{1}{2}U=\frac{1}{2}\times\frac{\Delta R_1}{R_1}\times 4=0.02\text{V}$$

(2) 辅助测温元件微型计算机补偿法

基本思想是在传感器内靠近敏感测量元件处安装一个测温元件，用以检测传感器所在环境的温度，用软件设计方法补偿温度误差。补偿原理框图如图 4-13 所示。

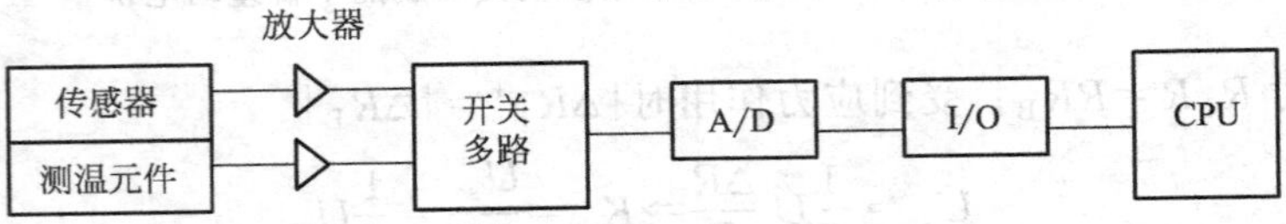

图 4-13　辅助测温元件微型计算机补偿法

图 4-13 中，传感器和测温元件把非电量转变成电量，并经放大，转换成统一信号，然后经过多路开关、A/D转换，分别把模拟量变成数字量，并经 I/O 接口读入计算机。计算机在处理传感器数据时，可把此测温元件温度变化对传感器的影响加以补偿，以达到提高测量精度的目的，例如，可以采用较简单的温度误差修正模型

$$Y_1=Y(1+a_0\Delta t)+a_1\Delta t$$

式中，Y、Y_1分别为未经温度修正和修正后的数字量；a_1用于补偿零漂；a_0用于补偿传感器灵敏度的变化。

(3) 应变计自补偿法

当温度变化时，应变计产生的附加应变为零，该应变计称为自补偿应变计，用此应变计进行的温度补偿叫应变计自补偿。

① 单丝自补偿应变计。由式(4-4) 知，实现温度补偿的条件为

$$\alpha\Delta t+K(\beta_g-\beta_s)\Delta t=0$$

则

$$\alpha=-K(\beta_g-\beta_s) \tag{4-5}$$

被测试件确定后，可选择温度系数满足此式的敏感栅材料，但局限性很大。

② 双丝组合式自补偿应变计。应变片敏感栅用正、负两种不同温度系数的金属丝串联绕制成如图 4-14 所示结构。若两段敏感栅 R_1 和 R_2 由于温度变化而产生的电阻变化 ΔR_{1t} 和 ΔR_{2t} 大小相等而符号相反，就可以实现温度补偿。ΔR_{1t}与 ΔR_{2t}的关系为

$$\Delta R_{1t}=-\Delta R_{2t}$$

这种补偿方法可以通过改变两段敏感栅的丝长获得较好的温度补偿效果。可达到±0.14$\mu\varepsilon$/℃的高精度。栅丝可用康铜，也可用康铜-镍铬、康铜-镍串联制成。

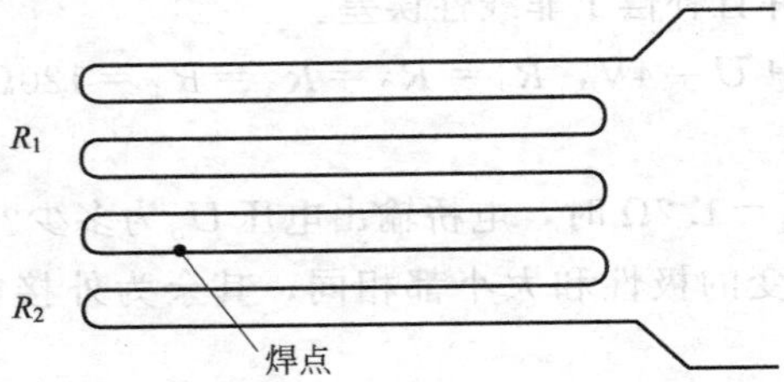

图 4-14　电阻温度系数符号不同的双丝组合式自补偿应变计

还有一种自补偿应变计，它的敏感栅也由两种合金丝材料制成，但形成的两个电阻分别接入电桥相邻的两臂，如图 4-15 所示，R_1是工作臂，R_2与外接串联电阻 R_B组成补偿臂。适当调节它们之间的长度比和外接电阻 R_B的数值，使

$$\frac{\Delta R_{1t}}{R_1}=\frac{\Delta R_{2t}}{R_2+R_B}$$

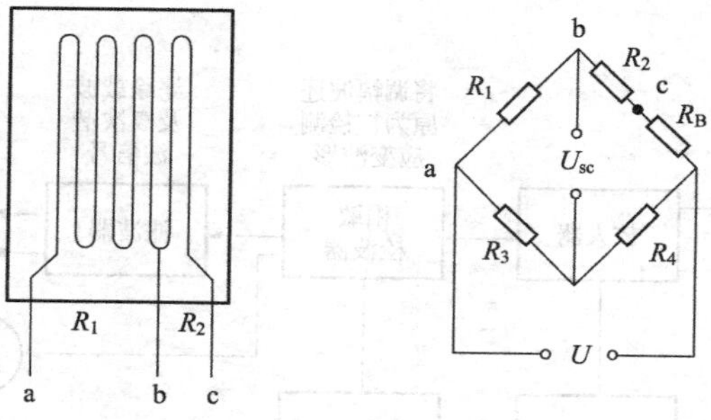

图 4-15　电阻温度系数符号相同的双丝组合式自补偿应变计

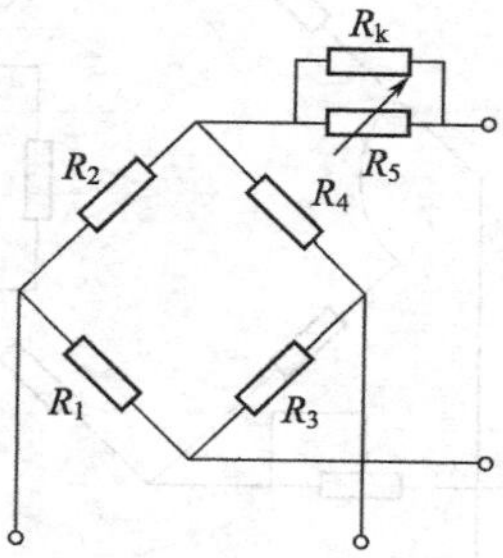

图 4-16　热敏电阻补偿法

就可实现温度补偿，可达到±0.1$\mu\varepsilon$/℃的高精度。但使用它时，必须每片自补偿应变计都接成半桥线路，并要外接一个高精度电阻 R_B，在测量点很多的情况下，线路太复杂。

（4）热敏电阻补偿法

热敏电阻 R_k与应变计处在相同温度条件下，当应变计的灵敏度随温度升高而下降时，热敏电阻 R_k的值下降，补偿因应变计引起的输出下降，使电桥的输出电压不变。选择分流电阻 R_5的值，可以得到良好的补偿效果，热敏电阻补偿法接线如图 4-16 所示。

4.6　电阻应变仪

4.6.1　电阻应变仪

电阻应变仪是以应变计作为传感元件测量应力的专用仪器。可用于测量动态应变和静态应变。测量原理是将电桥的微小输出电压放大、记录和处理，从而得到待测应变值。

电阻应变仪通常包括测量电桥、读数电桥、放大器、相敏检波器、滤波器、显示器、稳压电源及振荡器等部分，如图 4-17 所示。

测量动态应变时，图 4-17 中的测量电桥不连接读数电桥，直接由变压器耦合放大。供桥电压是等幅的交流电压，当应变计感受到图 4-17(a) 所示波形时，输出电压的幅度随图 4-17(a) 所示波形增减而增减，成为图 4-17(b) 所示调幅波形，放大得到图 4-17(c) 所示波形，经相敏检波得到图 4-17(d) 所示波形，经滤波得到图 4-17(e) 所示波形。再将此信号进行记录、处理和显示，这种方法称为差值法。

测量静态应变时，将测量电桥与读数电桥反向串接，初始时电桥处于平衡状态，检流计指示为零。当测量电桥感受应变时，电桥输出电压 e_1变化，此时通过移动 K_2 改变读数电桥的阻值，电桥输出电压 e_2也发生变化，当 $e_1-e_2=0$ 时，检流计指示为零，读数电桥阻值与

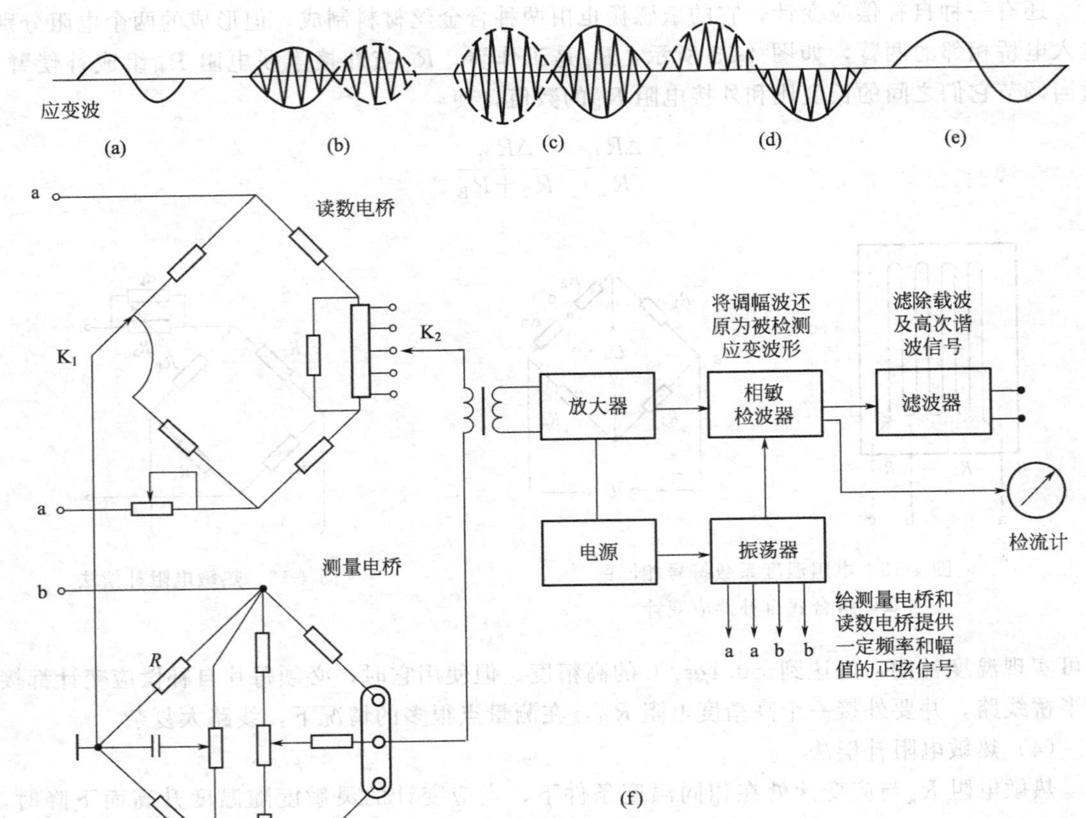

图 4-17 电阻应变仪方框图

应变电阻值相等。这样就方便地测出静态应变，这种测量方法称零值法。

静、动态电阻应变仪的测量电路有直流供桥直流放大和交流供桥载波放大两种类型。交流供桥载波放大具有灵敏度高、稳定性好、受外界干扰和电源影响小及造价低等优点。但存在工作频率上限较低、导线分布电容影响大等缺点。而直流放大器则相反，工作频带宽、能解决分布电容等问题。但它需配用精密电源供桥和稳定的直流放大器，造价较高。

4.6.2 遥测应变仪实例——汽轮机长叶片动应力的遥测

汽轮机在运行中发生的转子叶片断裂事故，其主要原因是振动特性不良，引起应力过大。因此，在旋转状态下，实际测定叶片的振动频率和振动的应力值，为提供汽轮机叶片设计参数，确保汽轮机安全运转提供了重要保障。汽轮机转子以 3000r/min 的高速旋转，所以常利用无线电原理，采用遥测的方法进行测量。

遥测应变仪的原理框图如图 4-18 所示。将电阻应变片粘贴在汽轮机转子叶片上，叶片受应力引起阻值的变化，通过电桥转换为微弱的电压信号，经放大器放大，送到调制器。由于被测的应变信号频率一般为 1kHz 以下，所以必须经调制器调制才能转换成高频（载频 100MHz 左右）电磁波发射出去。安放在汽轮机机体外的接收机通过接收天线和调谐器将此电磁波接收下来，经过放大、解调等环节复现被测信号，再经低频功率放大电路，以驱动记录仪器。

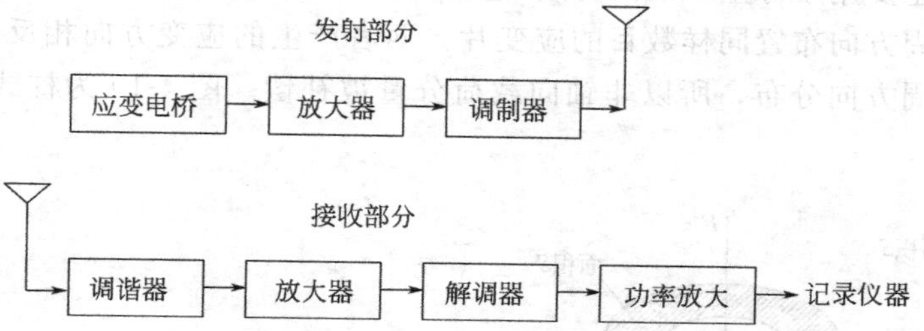

图 4-18　遥测应变仪的原理框图

为提高系统的精度与可靠性，可选用 TA7335 集成组件实现调谐功能；选用 NE123 同时实现接收部分的放大和解调功能；低频功放电路可选用 TDA2030 集成组件，其输出功率大，信号失真小。

4.7　应变式传感器

前面介绍了应变计的工作原理、结构、特性与应用。在测量构件应变时，直接将应变计粘贴在构件上即可。但若要测量力、加速度等信号，应先将这些物理量转变成应变，然后用应变计测量。比直接测量时多了一个转换过程，完成这种转换过程的元件通常称为弹性元件，因此，应变式传感器通常由弹性敏感元件和应变计（丝）两部分构成。弹性敏感元件是传感器的核心部件，要求弹性元件弹性储能高，通常表示为弹性材料储存变形功而不发生永久变形的能力；具有良好的机械加工和热处理性能；具有较强的抗压（或抗拉）强度；受温度影响小等特性。正确选择弹性敏感元件及应变计桥路是提高应变式传感器的重要途径，本节介绍的各种传感器均采用差动电桥。

应变式传感器与其他类型传感器相比具有如下特点。

① 测量范围广、精度高。测力传感器可测 $10^{-2}\sim10^{7}$N 的力，精度达到 0.05% FS 以上；压力传感器可测 $10^{-1}\sim10^{7}$Pa 的压力，精度可达 0.1% FS。

② 性能稳定可靠，使用寿命长，如称重式机械杠杆称，由于杠杆、刀口等部分相互摩擦产生损耗和变形，欲长期保持其精度是相当困难的。采用电阻应变式称重传感器制成的电子秤、汽车衡、轨道衡等，能在恶劣的环境条件下长期稳定工作。

③ 频率响应特性较好。一般电阻应变计响应时间约为 10^{-7}s，半导体应变计可达 10^{-11}s。若能在弹性元件上采取措施，则由它们构成的应变式传感器可测几十千赫甚至上百千赫的动态过程。

4.7.1　应变式力传感器

测力与称重传感器是测试技术与工业测量中用得较多的一种传感器，例如：各类电子秤、汽车衡、轨道衡、发动机的推力测试、水坝坝体承载状况的监视、火箭发动机试验等均使用应变式力传感器测量。

应变式测力传感器根据弹性敏感元件结构形式的不同可分为：柱式、轮辐式、悬臂梁式、环式等。

4.7.1.1 柱式传感器

柱式传感器主要用于称重（或测力）。它分为圆筒形和柱形两种，并轴向布置一个或几个应变片，在圆周方向布置同样数目的应变片，两者产生的应变方向相反，以构成差动对。由于应变片沿圆周方向分布，所以非轴向载荷分量被补偿。图 4-19 为柱式传感器的结构示意图。

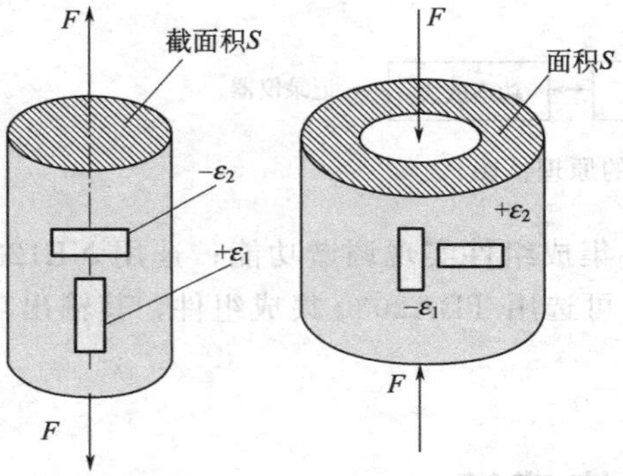

(a) 实心圆柱　　(b) 空心圆柱

图 4-19　柱式传感器

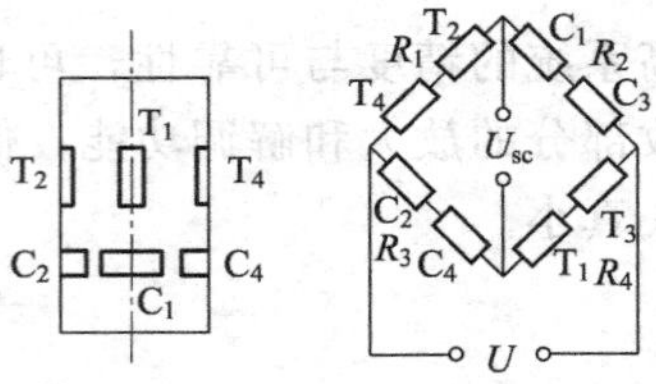

(a)　　(b)

图 4-20　柱式传感器应变计粘贴和桥路连接

由材料力学知识，在弹性限度内，作用力沿着弹性体轴向作用时有

$$\varepsilon=\frac{\Delta l}{l}$$

$$T=\frac{F}{S}$$

$$T=E\varepsilon$$

则圆筒或圆柱在外力 F 作用下产生的应变为

$$\varepsilon=\frac{T}{E}=\frac{F}{SE} \tag{4-6}$$

式中，S 为圆柱的横截面积；E 为杨氏模量。

由于弹性敏感元件粘贴的应变片数量和方向均可选择，因此，合理布置应变计和接桥方式能补偿非轴向载荷分量，提高测量灵敏度。一般将 4 个应变片沿轴向对称地贴在应力均匀的圆柱表面，然后沿纵向再对称粘贴四个应变片，如图 4-20(a) 所示，T_1 和 T_3、T_2 和 T_4、C_1 和 C_3、C_2 和 C_4 分别串联，接成如图 4-20(b) 所示的桥路。当轴向应变受压时，则纵向应变片受拉。由此引起的电阻应变计阻值的变化大小相等符号相反，便于接成差动电桥，从而减小弯矩的影响。横向粘贴的应变计也起到温度补偿作用。

电桥输出电压为

$$U_{sc}=\frac{U(R_1+\Delta R_1)}{R_1+\Delta R_1+R_2+\Delta R_2}-\frac{U(R_3+\Delta R_3)}{R_3+\Delta R_3+R_4+\Delta R_4}$$

由于 $R_1=R_2=R_3=R_4=R$，$\Delta R_1=\Delta R_4=\Delta R$，$\Delta R_2=\Delta R_3=-\mu\Delta R$ 代入上式，约去分母中 $\Delta R(1-\mu)$ 微量项得

$$U_{sc}=\frac{1}{2}U(1+\mu)\frac{\Delta R}{R}$$

由此可知，横向粘贴的应变计既作为温度补偿，也起到提高灵敏度的作用。不足之处是

截面积随载荷改变，导致了非线性。

由式(4-6)可知，要提高变换灵敏度，必须减小横截面积，另外，筒式结构可使分散在端面的载荷集中到筒的表面，改善了应力线分布。也可在筒壁上开孔，形成许多条应力线，使载荷与端面分布无关，减小偏心载荷，减小误差。

柱式传感器测力范围为几百千克到几百吨，精度达0.5%～0.05%。

4.7.1.2 悬臂梁式传感器

用弹性梁及电阻应变计作敏感转换元件，组成全桥电路，构成了测量精度较高的悬臂梁式传感器。该传感器可测0.5kg以下，甚至几十克重的载荷，若用工字悬臂梁结构，可测0.2～30t，精度达0.02%。可见，悬臂梁式传感器比柱式传感器的测力范围广，精度高。该传感器有等截面梁和等强度梁两种。

(1) 等截面梁

等截面梁指悬臂梁的横截面处处相等，如图4-21(a)所示。若弹性元件为一端固定的悬臂梁，其宽度为b，厚度为h，长度为l，当力作用在自由端时，顺着l的方向上下分别贴上应变片R_1、R_4、R_2、R_3，此时，R_1、R_4受拉应力作用，R_2、R_3受压应力作用，4个应变片组成差动全桥，以获取高的灵敏度。但应变片应粘贴在什么位置时可使同样力作用产生应变最大呢？

由于

$$T=\frac{\text{弯矩}}{\text{截面模量}}，\text{截面模量为}\frac{1}{6}bh^2$$

$$\varepsilon=\frac{T}{E}=\frac{Fl_0}{\frac{1}{6}bh^2E}=\frac{6Fl_0}{bh^2E}$$

等截面梁的参数b、h及E是固定的，应力随着l_0的改变而改变，所以应变片粘贴在靠近固定端时，同样应力产生的应变最大。

(2) 等强度梁

等强度梁距作用点任何距离的截面上的应力处处相等，如图4-21(b)所示，应变为

$$\varepsilon=\frac{T}{E}=\frac{Fl}{\frac{1}{6}bh^2E}=\frac{6Fl}{bh^2E}$$

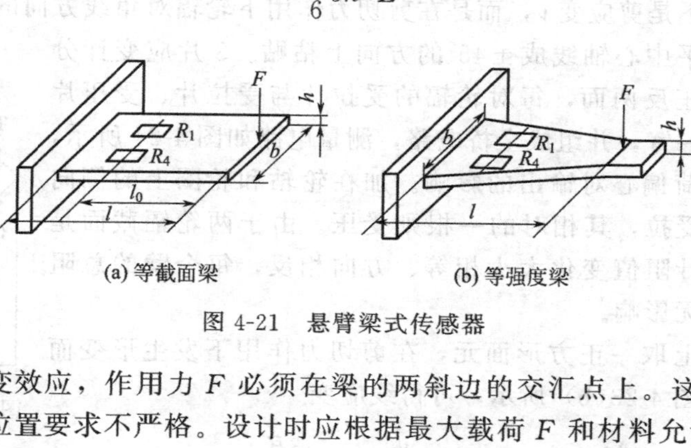

图4-21 悬臂梁式传感器

为了保证等应变效应，作用力F必须在梁的两斜边的交汇点上。这种梁的优点是对l方向上粘贴应变片位置要求不严格。设计时应根据最大载荷F和材料允许应力T选择梁的尺寸。

悬臂梁式传感器自由端的最大挠度不能太大，否则荷重方向与梁的表面不成直角，会产生误差。

4.7.1.3 轮辐式传感器

轮辐式传感器结构示意图如图 4-22 所示，它好像一个车轮，由轮轱 1、轮圈 2、轮辐条 3、承压应变计 4 和拉伸应变计 5 组成。外加载荷作用在轮轱的顶部和轮圈的底部，在轮轱和轮圈的轮辐上受到纯剪切力，故又称为轮辐式剪切力传感器。

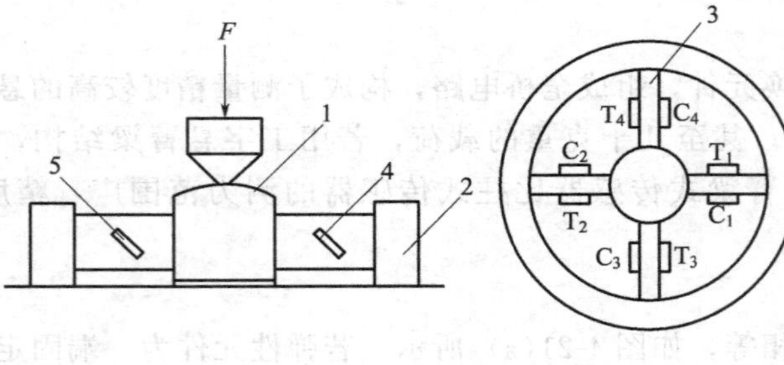

(a) 结构示意图

(b) 外形

图 4-22 轮辐式传感器

1—轮轱；2—轮圈；3—轮辐条；4—承压应变计；5—拉伸应变计

当外力 F 作用在轮轱的上端面和轮圈下端面时，矩形辐条产生平行四边形的变形，如图 4-23 所示。当两个轮辐条互相垂直时，其最大剪应力及剪应变分别为

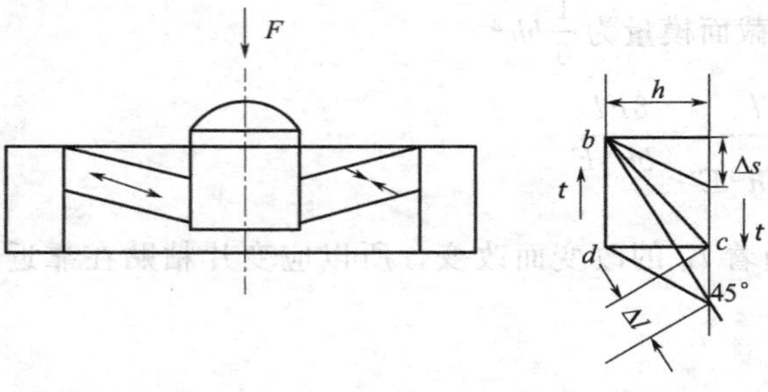

(a) (b)

图 4-23 矩形辐条产生平行四边形的变形

$$\tau_{\max}=\frac{3F}{8bh}$$

$$\nu_{\max}=\frac{3F}{8bhG}$$

式中，b 为轮辐宽度；h 为轮辐高度；G 为剪切模量。

$$G=\frac{E}{2(1+\mu)}$$

式中，E 为杨氏模量；μ 为泊松系数。

传感器实测的不是剪应变 ν，而是在剪切力作用下轮辐对角线方向的线应变。这时，将应变计在与辐条水平中心轴线成 $\pm45°$ 的方向上粘贴。8 片应变计分别贴在 4 根辐条的正反两面，每对轮辐的受拉片与受拉片、受压片与受压片串联组成一臂，并组成全桥电路，测量电路如图 4-24 所示，这样有助于消除载荷偏心对输出的影响。加在轮轱和轮圈上的侧向力，若使一根轮辐受拉，其相对的一根则受压。由于两轮辐截面是相等的，其上应变计阻值变化大小相等、方向相反，每个臂的总阻值无变化，对输出无影响。

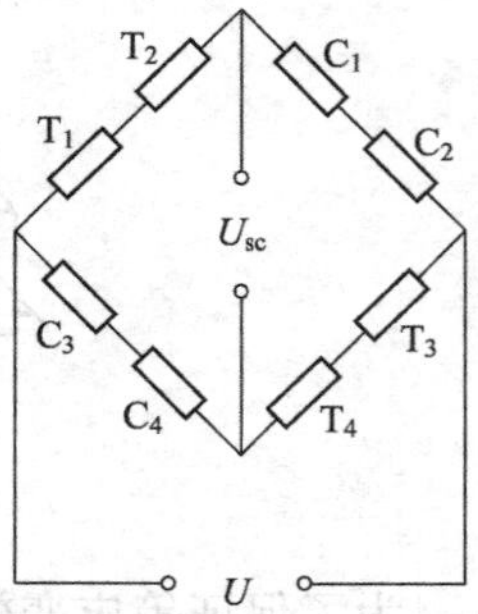

图 4-24 轮辐式传感器测量桥路

在矩形条幅面上取一正方形面元，在剪切力作用下发生形变而成平行四边形，如图 4-23(b) 所示，可得线应变

$$\frac{\Delta l}{bc}=\varepsilon=\frac{\Delta\varepsilon}{h}\cos45°\sin45°=\frac{\nu_{\max}}{2}=\frac{3F}{16bhG}$$

考虑到应变计具有一定尺寸（长 l_j、宽 b_j）和切应力的抛物线分布规律，平均应变为

$$\varepsilon_p=\frac{3F}{16bhG}\left(1-\frac{l_j^2+b_j^2}{6h^2}\right)$$

全桥电路的输出为

$$U_{sc}=\frac{3KF(1+\mu)}{16bhG}\left(1-\frac{l_j^2+b_j^2}{6h^2}\right)U$$

式中，U 为供桥电压；K 为应变计灵敏度系数。

该传感器通过测量轮辐上的剪应力来测量载荷，其优点是精度高、滞后小，重复性及线性度高、抗偏载能力强、高度低、尺寸小、重量轻。

4.7.1.4 环式传感器

环式传感器弹性元件根据受压还是受拉制成如图 4-25 所示结构。按照如图 4-25 所示方式粘贴应变计，便于接成差动电桥，提高灵敏度。该类传感器常用于测几十千克以上的大载荷。

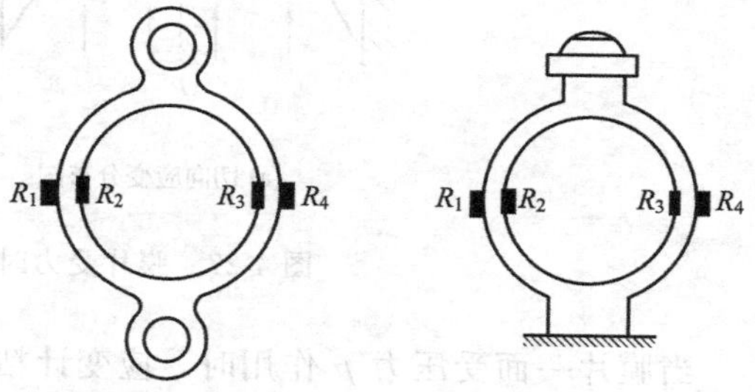

图 4-25 环式传感器弹性元件结构

三种应变式测力与称重传感器的性能对比见表 4-1，以供参考。

表 4-1 三种应变式测力与称重传感器的性能对比

结构	型号	量程	精度	测定输出	输出阻抗	使用温度	安全超载
柱式	BHR—4	1～50t	0.05% FS	1mV/V	700Ω	−20～+60℃	150%
轮辐式	GY—1	1～50t	0.05% FS	3mV/V	700Ω	−20～+60℃	150%
悬臂梁式	GF—1	0.5～30t	0.03% FS	2mV/V	700Ω	−20～+60℃	150%

4.7.2 应变式压力传感器

应变式压力传感器一般用于测量较大的压力。它广泛用于测量管道内部压力、内燃机燃气的压力、压差和喷射压力、发动机和导弹试验中的脉动压力，以及各种领域中的流体压力等。

4.7.2.1 筒式压力传感器

筒式压力传感器的弹性元件如图 4-26 所示，一端盲孔，另一端通过法兰与被测系统连接。在薄壁筒上贴有两片应变计，作为工作片；实心部分贴有两片应变计，作为温度补偿片。当圆筒部分没有压力作用时，四个应变片组成的全桥是平衡的；有压力作用时，圆筒形变，电桥失去平衡。通过输出电压的变化测量压力。圆周部分周向应变与压力关系为

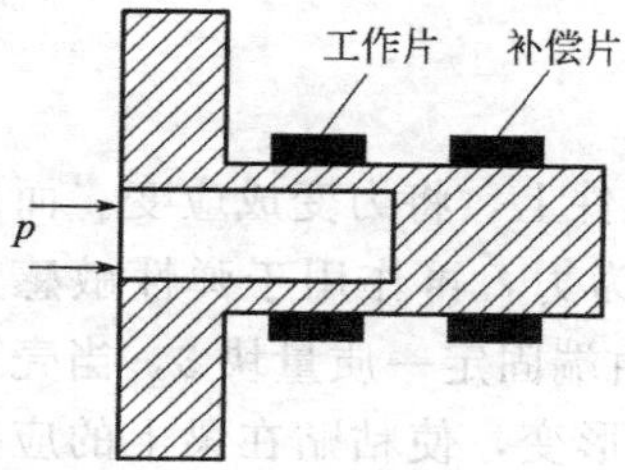

图 4-26 筒式压力传感器的弹性元件

$$\varepsilon=\frac{p(2-\mu)}{E\left(\frac{D^2}{d^2}-1\right)}$$

式中，p 为被测压力；D 为圆筒外径；d 为圆筒内径；μ 为泊松系数。

4.7.2.2 膜片式压力传感器

膜片式压力传感器的弹性元件为一周边固定的圆形金属膜片，如图 4-27 所示，如能确定应变片受应力最大区域，则把应变片贴在相应区域可获得最大灵敏度。

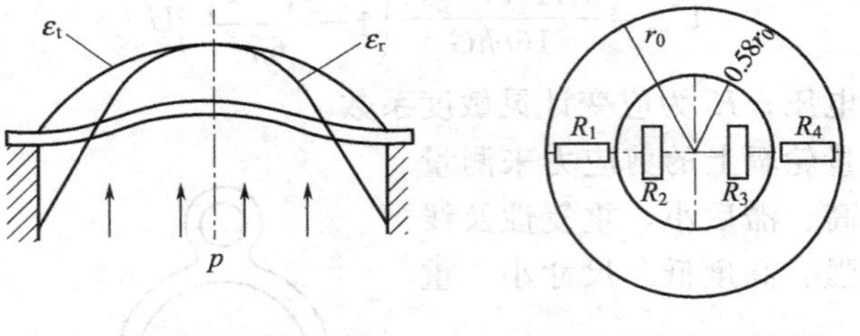

(a) 切向应变分布图　　(b) 径向应变分布图

图 4-27 膜片受力时的应变分布和应变计粘贴

当膜片一面受压力 p 作用时，应变计粘贴面上的径向应变 ε_r 和切向应变 ε_t 为

$$\varepsilon_r=\frac{3p}{8Eh^2}(1-\mu^2)(R^2-3x^2)$$

$$\varepsilon_t=\frac{3p}{8Eh^2}(1-\mu^2)(R^2-x^2)$$

式中，h 为膜片厚度；R 为膜片工作部分半径；x 为任意点离圆心的径向距离。

为了获得最大灵敏度，需确定膜片最大和最小（负最大）受力区间。

① 在膜片中心，即 $x=0$ 处，ε_r 和 ε_t 均达到正的最大值，即

$$\varepsilon_{rmax}=\varepsilon_{tmax}=\frac{3p(1-\mu^2)}{8Eh^2}R^2$$

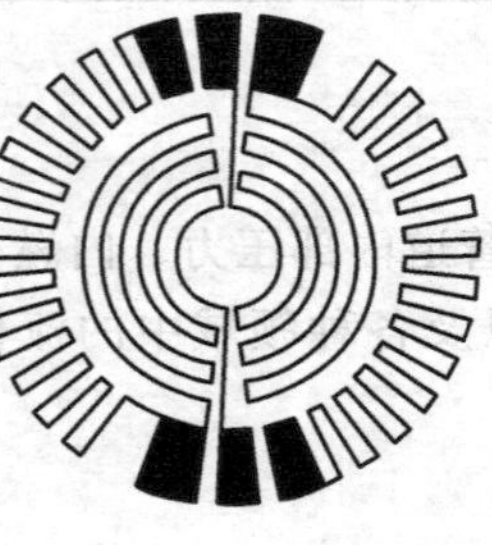

图 4-28 膜片式压力传感器一种结构

② 在膜片边缘，即 $x=R$ 处，$\varepsilon_t=0$，而 ε_r 达到负的最大值，即

$$\varepsilon_{rmin}=-\frac{3p(1-\mu^2)}{4Eh^2}R^2$$

③ 当 $x=R/\sqrt{3}\approx0.58R$ 时，$\varepsilon_r=0$。

因此，为增加灵敏度，并进行温度补偿，把两片应变计贴在正应变最大区，另两片贴在负应变最大区，并把四片应变片接成全桥电路。

为充分利用正负应变区，也可将粘贴的应变片设计成图 4-28 所示的箔式应变计。

4.7.3 应变式加速度传感器

前面介绍的应变式力和压力传感器都是力直接作用在弹性元件上，将力变成应变。而加速度是运动参数，应先经过质量弹簧的惯性系统将加速度转换为力，再作用于弹性敏感元件。应变式加速度传感器结构如图 4-29 所示。在悬臂梁 1 的自由端固定一质量块 3，当壳体 4 与待测物一起做加速运动时，梁在质量块惯性力的作用下发生形变，使粘贴在梁上的应变计 2 阻值变化，应变值可参照等截面和等强度梁公式计算，检测阻值的变化可求得待测物的加速度。这种类型的传感器可测 10^6 m/s^2 的加速度，不适于频率较高的振动和冲击环境，一般适用频率为 10～60Hz 范围。

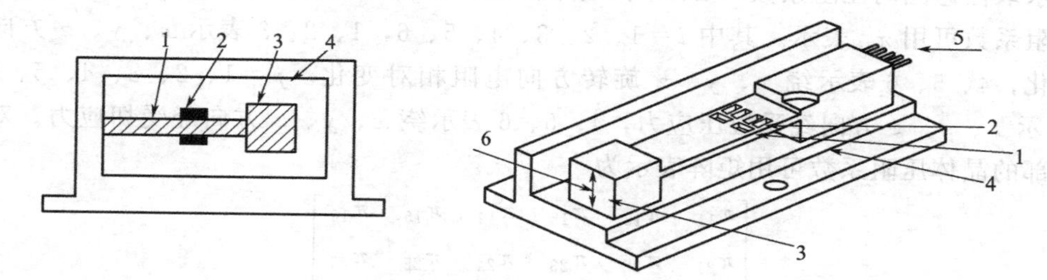

图 4-29　应变式加速度传感器

1—悬臂梁；2—应变计；3—质量块；4—壳体；5—电引线；6—运动方向

4.8　新型的微应变式传感器

微应变式传感器不是传统传感器按比例缩小的产物，它具有如下特征：沿用传统的转换原理及某些新效应（压阻效应），优先采用晶体（硅、锗、蓝宝石、石英、陶瓷）材料，采用微电子技术和微机械加工技术，从传统的结构设计转向微机械加工的结构设计。

4.8.1　压阻效应

所谓压阻效应，是指当半导体受到应力作用时，由于载流子迁移率的变化，使其电阻率发生变化的现象。实际上，任何材料都不同程度地呈现有压阻效应，但半导体的这种效应特别强。压阻效应是 C.S 史密斯在 1954 年对硅和锗的电阻率与应力变化特性测试中发现的。压阻效应的强弱可以用压阻系数 π 来表征。

由电阻应变效应知

$$\frac{\mathrm{d}R}{R}=\pi T+(1+2\mu)\varepsilon=(1+2\mu+\pi E)\varepsilon$$

$$\frac{\mathrm{d}\rho}{\rho}=\pi T=\pi E\varepsilon$$

对金属，电阻变化率小；对半导体，主要变化的是电阻率，$\frac{\mathrm{d}R}{R}=\frac{\mathrm{d}\rho}{\rho}=\pi T=\pi E\varepsilon$。

可见，压阻系数 π 被定义为单位应力作用下电阻率的相对变化。压阻效应有各向异性特征，沿不同的方向施加应力和沿不同方向通过电流，其电阻率变化不相同。比如，半导体内部的晶体的晶向如图 4-30 所示。用截距表示晶向的方法如下，设单晶体的晶轴坐标系为 x、y、z，某晶面在三个晶轴上的截距分别为 r、s、t，求出各截距的倒数 $1/r$、$1/s$、$1/t$，并与 r、s、t 的最小公倍数分别相乘，获得三个没有公约数的整数 a、b、c，这三个整数称为密勒指数，用以表示晶向，记作 $\langle a\ b\ c\rangle$。如某晶面垂直于 x 轴，截距为 1，即 $r=1$，$s=t=\infty$，则 $a=1/r=1$，$b=1/s=0$，$c=1/t=0$，该晶面晶向为 $\langle 1\ 0\ 0\rangle$，其余类推。

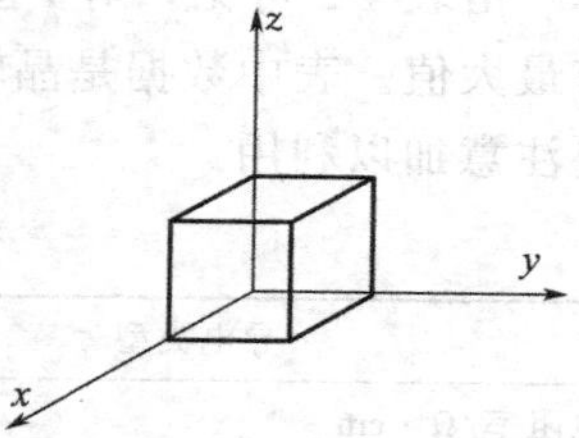

图 4-30　晶体的晶向表示图

为求取任意晶向压阻系数，必须先了解晶轴坐标系各个压阻系数。理论上讲，晶轴坐标系各压阻系数可用 π_{ij} 表示。其中 $i=1$、2、3、4、5、6，1、2、3 表示 x、y、z 方向电阻相对变化，4、5、6 表示绕 x、y、z 旋转方向电阻相对变化。$j=1$、2、3、4、5、6，1、2、3 表示 x、y、z 方向经受拉压应力，4、5、6 表示绕 x、y、z 方向经受切应力。对于半导体内部的晶体压阻系数可用矩阵表示为

$$\begin{bmatrix} \pi_{11} & \pi_{12} & \pi_{13} & \pi_{14} & \pi_{15} & \pi_{16} \\ \pi_{21} & \pi_{22} & \pi_{23} & \pi_{24} & \pi_{25} & \pi_{26} \\ \cdots & \cdots & \cdots & \cdots & \cdots & \cdots \\ \pi_{61} & \pi_{62} & \pi_{63} & \pi_{64} & \pi_{65} & \pi_{66} \end{bmatrix}$$

单晶硅为立方晶体，是各向异性体，且切应力（$j=4$、5、6）不可能产生正向（$i=1$、2、3）压阻效应，故 π_{14}、π_{15}、π_{16}、π_{24}、π_{25}、π_{26}、π_{34}、π_{35}、π_{36} 均为零；拉压应力（$j=1$、2、3）不可能产生剪切（$i=4$、5、6）压阻效应，故 π_{41}、π_{42}、π_{43}、π_{51}、π_{52}、π_{53}、π_{61}、π_{62}、π_{63} 均为零；切应力只能在该剪切平面内产生压阻效应，故 π_{44}、π_{55}、π_{66} 不为零，而 π_{45}、π_{46}、π_{54}、π_{56}、π_{64}、π_{65} 均为零；考虑立方晶体的对称性，纵向压阻效应相等，$\pi_{11}=\pi_{22}=\pi_{33}$；横向压阻效应相等，即 $\pi_{12}=\pi_{21}=\pi_{13}=\pi_{31}=\pi_{23}=\pi_{32}$；切向压阻效应相等，即 $\pi_{44}=\pi_{55}=\pi_{66}$，晶轴坐标系压阻系数矩阵为

$$\pi_{ij}=\begin{bmatrix} \pi_{11} & \pi_{12} & \pi_{12} & 0 & 0 & 0 \\ \pi_{12} & \pi_{11} & \pi_{12} & 0 & 0 & 0 \\ \pi_{12} & \pi_{12} & \pi_{11} & 0 & 0 & 0 \\ 0 & 0 & 0 & \pi_{44} & 0 & 0 \\ 0 & 0 & 0 & 0 & \pi_{44} & 0 \\ 0 & 0 & 0 & 0 & 0 & \pi_{44} \end{bmatrix}$$

π_{11} 为纵向压阻系数，π_{12} 为横向压阻系数，π_{44} 为剪切向压阻系数。π_{11}、π_{12}、π_{44} 随材料的掺杂类型、浓度和环境温度的不同而变化。

譬如：在室温下测定 N 型硅时，沿晶向〈1 0 0〉方向加应力，并沿此方向通电流的压阻系数 $\pi_{11}=102.2\times10^{-11}\mathrm{m^2/N}$；而沿晶向〈1 0 0〉方向施加应力，再沿晶向〈0 1 0〉方向通电流时，其压阻系数 $\pi_{12}=53.7\times10^{-11}\mathrm{m^2/N}$。此外，不同半导体材料的压阻系数也不同，如在与上述 N 型硅相同条件下测出 N 型锗的压阻系数分别为 $\pi_{11}=5.2\times10^{-11}\mathrm{m^2/N}$；$\pi_{12}=5.5\times10^{-11}\mathrm{m^2/N}$。表 4-2 列出了其典型数据。

由表 4-2 可见，对 P 型硅，切向压阻系数 π_{44} 有最大值；对 N 型硅，纵向压阻系数 π_{11} 有最大值。表中数据是晶轴坐标系中的值，坐标变换时将会改变。这些结果在设计传感器时要注意加以利用。

表 4-2 硅压阻系数的典型数据

导电类型	P-Si	N-Si
电阻率/Ω·cm	7.8	11.7
$\pi_{11}/10^{-12}\mathrm{cm^2/dyn}$①	6.6	−102.2
$\pi_{12}/10^{-12}\mathrm{cm^2/dyn}$	−1.1	53.4
$\pi_{44}/10^{-12}\mathrm{cm^2/dyn}$	133.1	−13.6

① dyn（达因），力学单位，$1\mathrm{dyn}=10^{-5}\mathrm{N}$。

4.8.2 微型硅应变式传感器

微型硅应变式传感器敏感元件结构与一般应变式结构相似，但形成原理不同。微型硅应变式传感器敏感元件通过薄膜技术及微细加工技术加工形成，图 4-31 示出的是微型硅应变式传感器敏感元件的一些结构。

图 4-32 为膜片式半导体压力传感器结构示意图。为接近固定边条件，硅膜片的边缘较厚，呈杯形，也称为硅杯。在硅膜片上的四个扩散电阻接成电桥。若硅边的内腔与被测压力 p 相连，杯外与大气相通，则可测压力；若杯外与另一压力源相接，则可测压差。

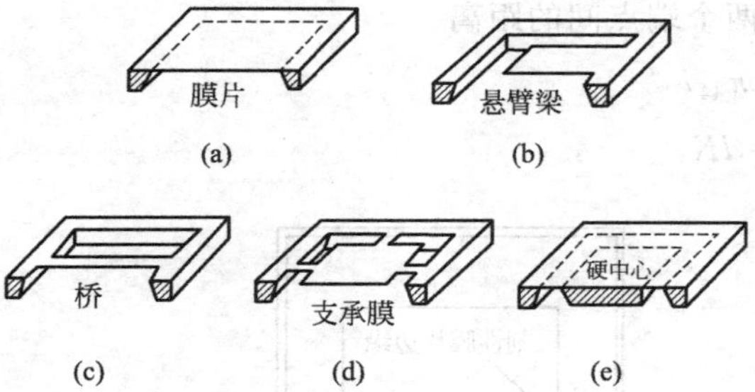

图 4-31 微型硅应变式传感器敏感元件的一些结构

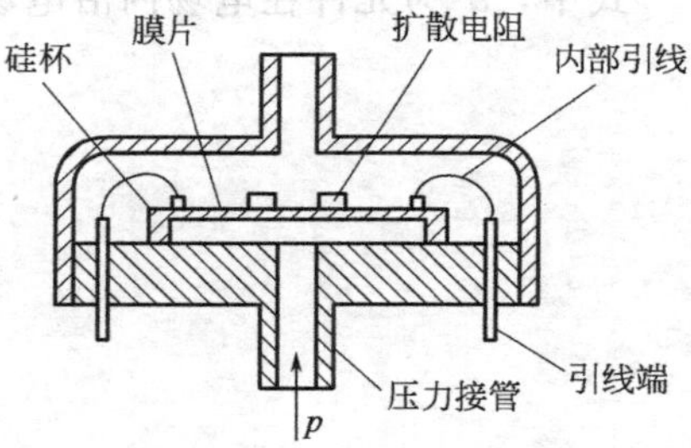

图 4-32 膜片式半导体压力传感器结构示意图

4.8.3 X 型硅压力传感器

4.8.3.1 设计原理

表 4-2 给出了硅压阻系数的典型数据，是设计传感器的重要参考指标。为了利用 P 型硅大的切向压阻系数 π_{44}，摩托罗拉公司设计出 X 型硅压力传感器。

对晶体材料，描述材料特性用式(4-7) 更方便

$$E=\rho i \tag{4-7}$$

式中，E 为电场强度；ρ 为电阻率；i 为电流密度。

若存在压阻效应，则

$$\frac{\Delta\rho}{\rho}=\pi T$$

$$E=\rho(1+\pi T)i$$

$$\frac{E}{\rho}=(1+\pi T)i \tag{4-8}$$

将压阻系数矩阵代入式(4-8) 得

$$\frac{E_1}{\rho}=i_1[1+\pi_{11}T_{11}+\pi_{12}(T_{22}+T_{33})]+\pi_{44}(i_2T_{12}+i_3T_{13})$$

$$\frac{E_2}{\rho}=i_2[1+\pi_{11}T_{22}+\pi_{12}(T_{11}+T_{33})]+\pi_{44}(i_1T_{12}+i_3T_{23})$$

$$\frac{E_3}{\rho}=i_3[1+\pi_{11}T_{33}+\pi_{12}(T_{11}+T_{22})]+\pi_{44}(i_1T_{13}+i_2T_{23})$$

若 $i_1=0$、$i_3=0$，得

$$\frac{E_1}{i_2}=\rho\pi_{44}T_{12}=\Delta\rho \tag{4-9}$$

$$E_1=\rho\pi_{44}i_2T_{12} \tag{4-10}$$

用硅膜片制作一个 X 型四端元件，如图 4-33 所示，在四端元件的一个方向上加偏置电压 U_s，形成一个电流。当有剪切力作用时，在垂直电流的方向将产生电场变化，该电场变化会引起电压输出。

$$U_{out}=dE_1=dKT_{12}=K'T_{12}$$

式中，d 为元件在电场内沿电场方向上的两个端点间的距离。

$$K=\rho\pi_{44}i$$

$$K'=dK$$

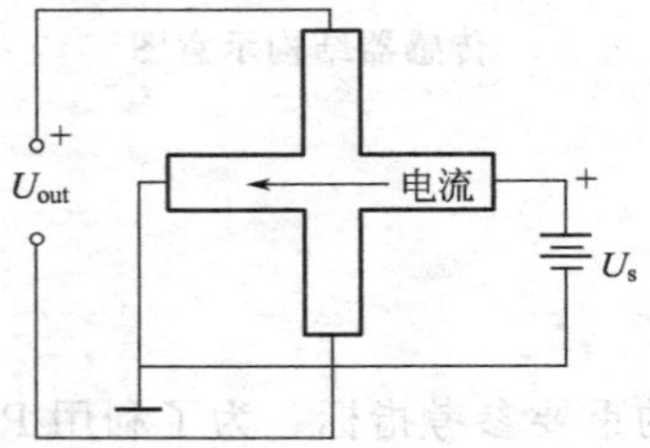

图 4-33　X 型硅压力传感器工作原理

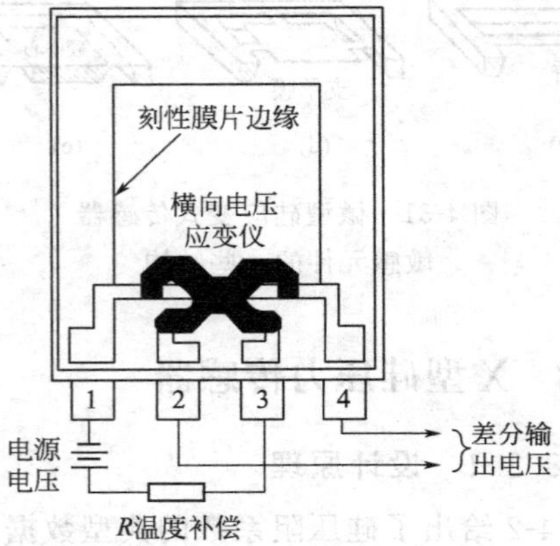

图 4-34　X 型硅压力传感器结构及外部接线图

4.8.3.2　结构

X 型硅压力传感器结构及外部接线如图 4-34 所示，其敏感元件是边缘固定的方形硅膜片，压力均匀垂直作用于膜片上。X 型压敏电阻器置于膜片边缘，感受由压力产生的切应力。1 脚和 3 脚之间加电源，由 2 脚和 4 脚引出输出电压 U_{out}。

4.8.3.3　特点

X 型硅压力传感器结构简单，使用单个的 X 型压敏电阻器作应变仪，不仅避免了构成电桥的电阻由于不匹配产生的误差，而且简化了进行校准和温度补偿所需的外部电路。

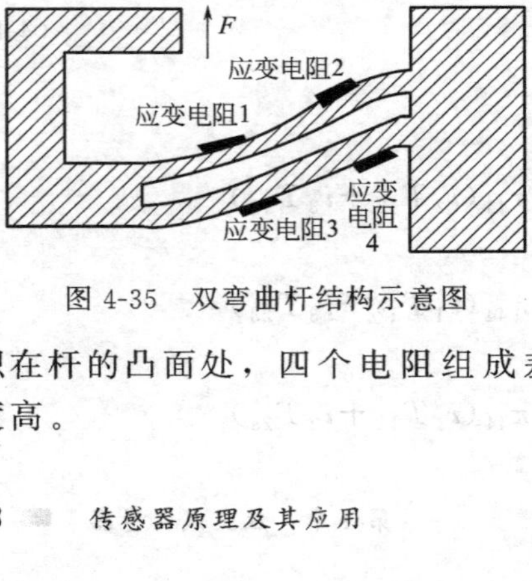

图 4-35　双弯曲杆结构示意图

4.8.4　薄膜应变式传感器

薄膜应变式传感器的敏感元件常采用应变梁、周边固定平膜片和双弯曲杆结构，见图 4-35。应变电阻 1 和 4 沉积在杆的凹面处，应变电阻 2 和 3 沉积在杆的凸面处，四个电阻组成差动全桥。这种薄膜应变式传感器结构简单、灵敏度高。

4.9 电阻应变式传感器应用设计

4.9.1 设计任务

利用 CSY-968 型传感器实验台上的应变片及单片机技术设计制作一个电子秤。

4.9.2 设计目的

① 通过设计，使读者掌握应变片信号获取、处理及电桥检测的一般方法。

② 通过设计，读者学会应用应变片组建一个简单测量系统，提高读者的动手能力。

③ 增强综合运用电路、单片机等其他课程的能力。

④ 通过设计，掌握运用标准、规范、手册和查阅有关资料的能力，培养仪表设计的基本技能，为仪器设计奠定良好的基础。

4.9.3 设计要求

设计称重精度为1g，称重范围为 0～100g，并要求用 5 个 20g 的砝码（或10 个 10g 的砝码）来进行线性度的标定校正。设计内容如下。

① 详细了解应变片的工作原理、工作特性等，掌握电桥测量方法及应用。

② 设计合理的应变片信号调理电路。

③ 选择单片机、A/D 芯片和合适类型的放大器进行测量系统设计，用 Protel 绘制硬件接线原理图。

④ 用C语言编写单片机程序。

4.9.4 设计提示与分析

在设计中用到 CSY-968 型传感器实验台上相关的电阻等元器件，如图 4-36 所示，包括应变片、电桥和调零三方面综合的布局。采用 6 个精密电阻构成三组电桥臂。可以采用一个应变片和这三个电桥臂组成单臂电桥测量电路，其接线方法如图 4-36 中的虚线所示。为了提高测量灵敏度，可以用两个或者四个应变片接成半桥或全桥测量电路。

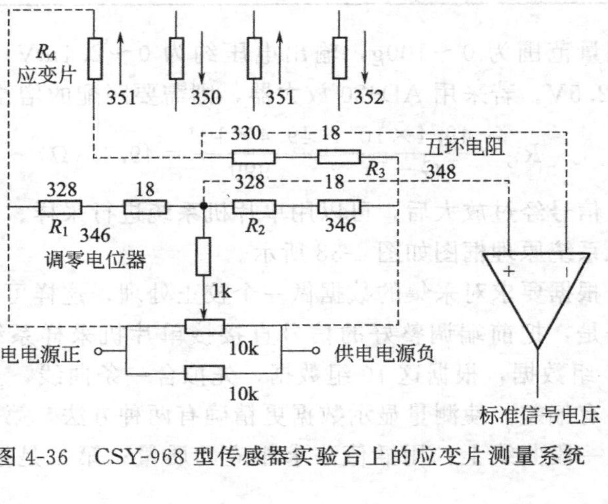

图 4-36 CSY-968 型传感器实验台上的应变片测量系统

上述单臂电桥测量等效电路如图 4-37 所示。该电路通过调节电位器 R_w 点位置使 $U_A=U_B$，达到平衡。当设计好了电路后，每次测量都可以很方便地调零，需要有调零时的量值显示、量程切换等。

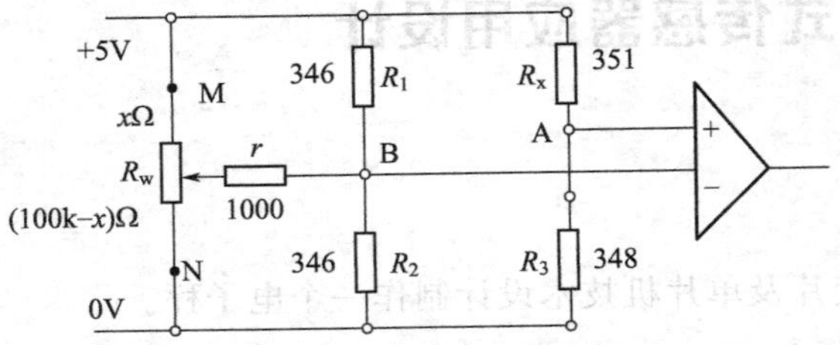

图 4-37 单臂电桥测量等效电路

按图 4-37 示出的单臂测量电路电桥接线，经过调零后逐渐增加砝码，单臂电桥输出的差分信号测量结果如表 4-3 所示。所使用的万用表最小测量量程为 0.1mV。

表 4-3 单臂电桥输出的差分信号

加载砝码/g	0	20	40	60	80	100	120
U_A-U_B(万用表测)/mV	0	0.1	0.2	0.3	0.5	0.6	0.7

从表 4-3 可以看出，在要求的测量范围（0～100g）内，经传感器和单臂电桥转化后差分信号为 0～0.6mV。根据理论计算，如果接成半桥测量电路，则差分信号为 0～1.2mV；如果接成全桥测量电路，则差分信号为 0～2.4mV。可见，为了提高测量灵敏度，最好选用全桥。

能否用单臂电桥测量，然后接高增益放大器提高灵敏度呢？假定采样是 ADC0809 芯片，则 0～5V 标准采样对应数字 0～255，数字量 1 对应 19.5mV。单臂接线时，差分信号为 0～0.6mV，放大 8333 倍，成为 0～5V，重量增加 1g，单臂差分输出信号变化 0.006mV，放大 8333 倍后成为 50mV，如果电压有波动噪声 0.001mV，则噪声也放大为 8.333mV；全桥接线时，差分信号为 0～2.4mV，放大 2083 倍，成为 0～5V，重量增加 1g，单臂差分输出信号变化 0.024mV，放大 2083 倍后成为 50mV，如果电压有波动噪声 0.001mV，则噪声放大为 2.083mV。由此可见，采用高的放大增益可以使系统灵敏度有很好的改善，但这样会因为放大器的增益高，噪声也同时放大，对系统的干扰就大。

经过分析、比较，采用全桥接线方式测量，经过调零后逐渐增加砝码，全桥输出的差分信号测量结果如表 4-4 所示。所使用的万用表最小测量量程为 0.1mV。

表 4-4 全桥输出的差分信号

加载砝码/g	0	20	40	60	80	100	120
U_A-U_B(万用表测)/mV	0	−0.5	−0.9	−1.4	−1.9	−2.4	−2.9

设计的电子秤测量范围为 0～100g，输出电压约为 0～2.4mV，放大 1000（$G=1000$）倍，输出电压为 0～2.5V。若采用 AD620 放大器，则需要匹配的增益电阻阻值为

$$R_G=\frac{49.4\times10^3}{G-1}=\frac{49.4\times10^3}{999}=49.45(\Omega)$$

这样，全桥输出信号经过放大后，可以用单片机系统进行采样、分析、处理、显示。具体设计的一种单片机系统原理框图如图 4-38 所示。

当程序编好后，根据要求对采集的数据做一个校正处理，这样可以使设计的系统的测量线性度更高，其方法是：把前端调整好的信号直接接单片机采样系统的 in0 通道，用十个 10g 标准砝码测量 10 组数据，根据这 10 组数据，先拟合一条曲线，显然，这条曲线和理想的测量曲线（直线）有偏差。使测量显示数据更精确有两种方法，第一是用一条平移的直线代替测量曲线，在这一段曲线上，用插值法求相应的质量；第二是把 10 组数据存入 ROM

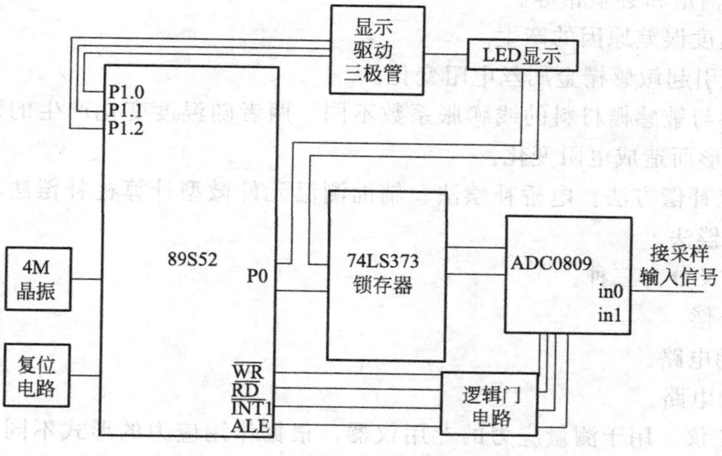

图 4-38　单片机系统原理框图

中，在这 10 组曲线上，用插值法求相应的质量。

4.10　本章小结

本章主要讲述如下内容。

① 应变式传感器工作原理。电阻应变效应；应变式传感器的核心元件是电阻应变计，它由四部分组成。电阻应变效应表示为

$$R=\rho\frac{l}{A} \Rightarrow K_0=\frac{\Delta R/R}{\varepsilon}=1+2\mu+\pi E$$

② 应变计的主要特性。

a. 应变计的灵敏度系数。

b. 横向效应概念及横向效应产生的原因（应变计做成敏感栅后，对同样应变，应变计敏感栅的电阻变化较小，灵敏度有所降低，这种现象称为横向效应）。

c. 滞后、漂移。

d. 应变极限、疲劳寿命。

e. 绝缘电阻、最大工作电流。

f. 应变片的电阻值。

③ 测量电路。

a. 直流电桥平衡条件。

$$\frac{R_1}{R_2}=\frac{R_3}{R_4}$$

b. 直流电桥的电压灵敏度。

$$K_u=\frac{U_{sc}}{\dfrac{\Delta R_1}{R_1}}=U\frac{n}{(1+n)^2}$$

c. 交流电桥的平衡条件和电压输出。

交流电桥的平衡条件与直流电桥不同，不仅各桥臂复阻抗的模要满足一定的比例关系，

而且相对桥臂的辐角和必须相等。

④ 应变计温度误差原因的产生。

a. 温度变化引起敏感栅金属丝电阻变化。

b. 试件材料与敏感栅材料的线膨胀系数不同，两者随温度变化产生的形变不等，使应变片产生附加变形而造成电阻变化。

⑤ 温度误差补偿方法。电桥补偿法、辅助测温元件微型计算机补偿法、应变计自补偿法、热敏电阻补偿法。

电桥补偿法又分为三种。

a. 温度自补偿。

b. 半桥差动电路。

c. 全桥差动电路。

⑥ 电阻应变仪。用于测量应力的专用仪器，根据作用应力的形式不同，可测动态应变和静态应变，分别采用差值法和零值法。

⑦ 应变式传感器。由弹性敏感元件和应变计组成，掌握各类应变式传感器的原理与应用。

a. 测力与称重式传感器。柱式传感器工作原理 $\varepsilon=\frac{T}{E}=\frac{F}{AE}$。

b. 悬臂梁式传感器。用弹性梁及电阻应变计组成，分等截面梁和等强度梁两种形式。等强度梁应变片可粘贴在悬臂梁的任何位置，但等截面梁应变片应粘贴在靠近固定端位置。悬臂梁式传感器工作原理为 $\varepsilon=\frac{6Fl}{bh^2E}$。

c. 环式传感器。测几十千克以上的大载荷，与柱式相比，它的特点是应力分布变化大，且有正有负，便于接成差动电桥。

d. 应变式压力传感器。测量管道内部压力、内燃机燃气的压力等。分为两类，筒式压力传感器和膜片式压力传感器。

e. 应变式加速度传感器。梁在惯性质量块作用下产生形变，引起梁上应变片的阻值变化，通过测量阻值变化求出待测物加速度。

⑧ 新型微应变式传感器概念。

a. 压阻效应。应力引起电阻率的变化。

b. 压阻系数。电阻率的相对变化与应力的比。了解压阻系数矩阵。

⑨ 微型硅应变式传感器、X 型硅压力传感器、薄膜应变式传感器原理及应用。

习 题

1. 简述电阻应变式传感器的温度误差原因，如何补偿？

2. 什么是直流电桥？若按桥臂工作方式分类，可分为哪几种？各自的输出电压如何计算？

3. 一应变片贴在标准试件上，其泊松比 $\mu=0.3$，试件受轴向拉伸，如图 4-39 所示。已知 $\varepsilon_x=1000\mu\varepsilon$，电阻丝轴向应变的灵敏系数 $K_x=2$，横向灵敏度 $K_y=4\%$，试求 $\Delta R_1/R_1$ 和 $R=120\Omega$ 时的 ΔR。

4. 如果在实心钢圆柱试件上沿轴向和圆周方向各贴一片 $R=120\Omega$ 的金属应变片，将这两片应变片接入等臂半桥差动电桥中。已知 $\mu=0.285$，$K=2$，电桥电源电压 6V DC，当被测试件受 F（轴向拉伸时）作用后，$\Delta R_1=0.48\Omega$，求桥路的输出电压值。

5. 图 4-40 为等强度测力系统，R_1 为电阻应变片，应变片灵敏系数 $K=2.05$，未受应变时，$R_1=120\Omega$。当试件受力 F 时，应变片承受平均应变 $\varepsilon=800\mu m/m$，求：

（1）应变片电阻变化量 ΔR_1 和电阻相对变化量 $\Delta R_1/R_1$；

（2）将电阻应变片 R_1 置于单臂测量桥路，电桥电源电压为直流 3V，求电桥输出电压及电桥非线性误差；

（3）若要减小非线性误差，应采取何种措施？并分析其电桥输出电压及非线性误差大小。

图 4-39　应变片粘贴

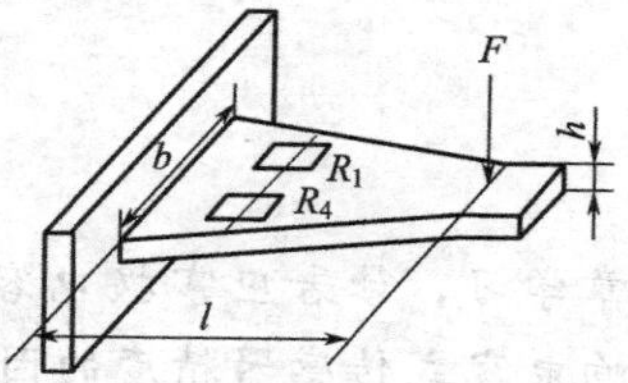

图 4-40　等强度测力系统

第5章 电容式传感器

知识要点

通过本章学习，读者应掌握电容式传感器工作原理、构成、测量电路的设计方法，了解影响电容式传感器精度的因素及提高精度的措施，初步掌握电容式传感器在工程中的应用方法。

本章知识结构

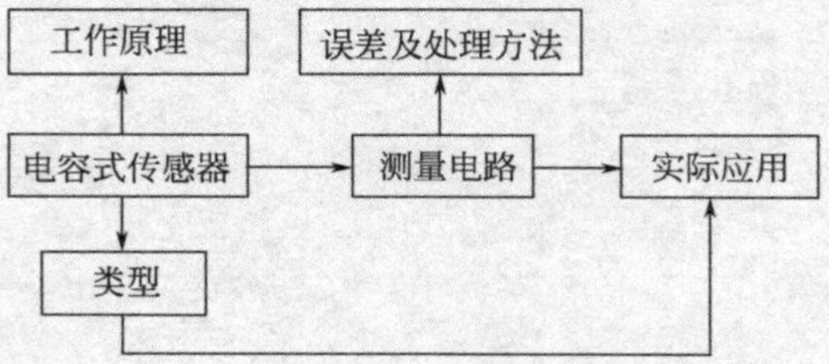

电容式传感器是应用最为广泛的一类无源传感器，已被广泛用于位移、振动、角度、加速度等机械量的精密测量，以及压力、压差、液位等工业过程参数的测量之中。本章着重介绍电容式传感器的结构原理及结构形式，讨论电容式传感器的测量电路、影响电容式传感器精度的因素及提高精度的措施。

5.1 可变电容器

两个用介质（固体、液体或气体）或真空隔离开的电导体称为电容器（简称电容），如图 5-1(a) 所示。两个导体上的电荷数 Q 与电导体之间的电压差 U 以及它们的电容存在如下关系。

$$C=\frac{Q}{U} \tag{5-1}$$

该电容取决于导体的几何结构以及导体之间的介质材料，即 $C=C(\varepsilon,G)$，例如，对于两个面积为 A 的相同平行极板，极板间距离为 d，介质为介电常数为 ε_r 的某种材料所形成的电容器，其电容为

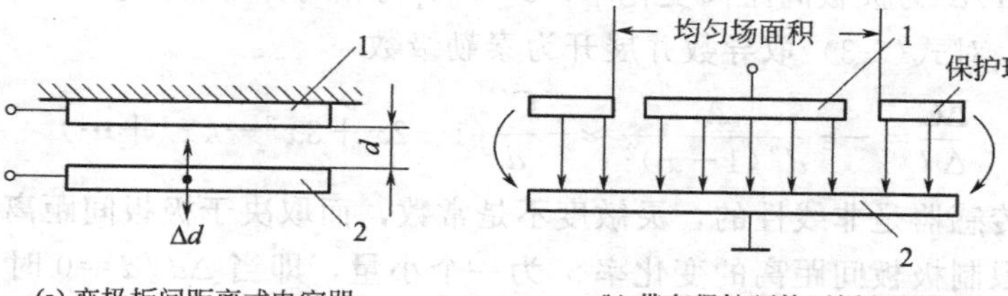

(a) 变极板间距离式电容器　　(b) 带有保护环的平板电容器

图 5-1　电容器

1—固定极板；2—活动极板

$$C \approx \varepsilon_0 \varepsilon_r \frac{A}{d} \tag{5-2}$$

式中，$\varepsilon_0 = 8.85\text{pF/m}$ 为真空介电常数。由式(5-2) 可知，能够使 ε_r、A 或 d 产生变化的任何被测对象都会导致电容 C 的改变，显然，原则上可以将这类器件用作传感器。

利用可变电容器作为传感器存在一些局限性。首先，电容表达式中通常忽略边缘效应，但这种忽略通常在一定条件下才是可行的。例如，对于平板电容器，若极板间的距离远小于它的线性尺寸（极板的长、宽或直径），则边缘效应可以忽略不计，否则式(5-2) 需要加上修正因子方能成立，而修正因子取决于电极的几何形状。实际应用中，可以采用增加防护电极的方式来降低边缘效应的影响，图 5-1(b) 给出了一种不改变几何关系情况下减小边缘效应的方法。该方法利用与某个恒定电压相连的保护环使得电力线被限制在由检测电极所决定的体积内。

其次，电容极板间的绝缘电阻必须足够大而且稳定。例如，电介质中绝缘电阻改变，或者湿度变化大都可能引入一个与电容并联的漏电电阻，产生一个并不是由待检测量所引起的电容变化，从而影响检测精度。

最后，由于电容的两个极板只能有一个接地，故存在容性干扰。最主要的就是寄生电容的影响。电容式传感器除了极板间的电容外，极板还可能与周围物体（包括仪器中的各种元件甚至人体）之间产生电容联系，这种电容称为寄生电容。寄生电容可以采取屏蔽措施来消除或减小。

可见，在采取一定措施情况下，尽管存在上述的局限性，电容器仍然可以作为传感器件来使用。下面讨论电容式传感器的工作原理。

5.2　电容式传感器的工作原理

对应 ε_r、A 或 d 的变化，电容式传感器可以分为变介电常数式、变面积式和变极板间距离式三种。下面分别讨论各类电容式传感器的特性。

5.2.1　变极板间距离式电容传感器

如图 5-1(a) 所示，极板 1 固定，极板 2 活动，用来引入被测量的变化。当极板 2 移动 Δd 时，由式(5-2) 有

$$C = C_0 + \Delta C = \varepsilon_0 \varepsilon_r \frac{A}{d+\Delta d} = \varepsilon \frac{A}{d(1+x)} = C_0 \frac{1}{1+x} \tag{5-3}$$

式中，$x=\Delta d/d$ 为极板间距离变化率；$\varepsilon=\varepsilon_0\varepsilon_r$ 为相对介电常数。

为求灵敏度，对式(5-3) 取导数并展开为泰勒级数

$$\frac{\Delta C}{\Delta d}=-\varepsilon\frac{A}{d^2(1+x)^2}\approx-\frac{C_0}{d}(1-2x+3x^2-4x^4+\cdots) \tag{5-4}$$

因此，这种传感器是非线性的，灵敏度不是常数，而取决于极板间距离变化率和极板间初始距离。如果限制极板间距离的变化率 x 为一个小量，即当 $\Delta d/d=0$ 时，可以近似认为变极板间距离式电容传感器的灵敏度（也可简称为灵敏度）为

$$K=\frac{\Delta C}{\Delta d}\approx-\frac{C_0}{d}=-\frac{\varepsilon A}{d^2} \tag{5-5}$$

因此，可以通过增加极板面积和降低初始极板间距离的方式来提高灵敏度，但 d 的值受到电介质击穿的最小间隔限制，也就是 d 不能太小，否则会发生电容器击穿现象，从而损坏器件。对于空气介质，击穿场强为 30kV/cm，而云母片的相对介电常数是空气的 7 倍，其击穿场强不小于 100kV。因此，使用云母片，极板间起始距离可大大减小。

一般变极板间距离式电容传感器的起始电容为 20～100pF，极板间距离为 25～200μm。最大位移应小于间距的 1/10，故在微位移测量中应用最广。

5.2.2 变面积式电容传感器

变面积式位移传感器可以根据面积变化方式分为直线型和角位移型，分别用来检测直线位移和角位移。图 5-2(a) 所示为直线型变面积式电容传感器，两个极板间距离 d 固定，极板边长分别为 a、b，动极板引入位移变化量 Δx，则电容

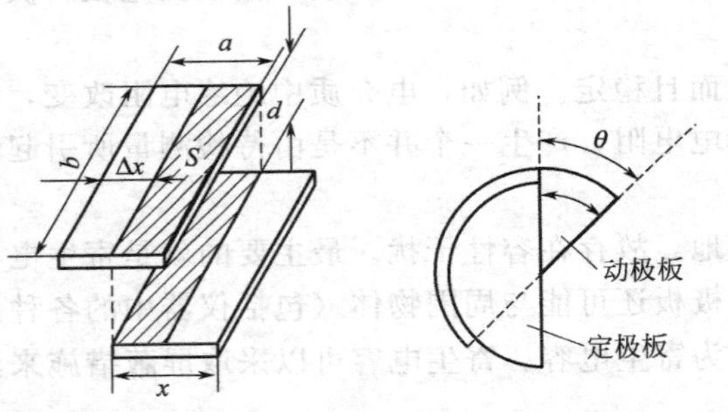

(a) 直线型　　(b) 角位移型

图 5-2　变面积式电容传感器原理图

$$C=C_0+\Delta C=\varepsilon\frac{A-\Delta A}{d}$$

$$=\varepsilon\frac{A-b\Delta x}{d}=C_0-\varepsilon\frac{b\Delta x}{d} \tag{5-6}$$

可见，电容的变化与位移变化量 Δx 之间呈线性关系，其灵敏度为

$$K=\frac{\Delta C}{\Delta x}=-\varepsilon\frac{b}{d} \tag{5-7}$$

显然，减小极板间距离 d 或增大极板边长 b 均可提高传感器的灵敏度。如前所述，d 的减小受到电容器击穿电压限制，b 的增大则受传感器体积的限制。此外，位移变化量 Δx 不能太大，极板的另一边长 a 不宜过小，否则会因边缘电场的增加而影响线性特性。

图 5-2(b) 是角位移型变面积式电容传感器原理图。当动极板有一个角位移 θ 时，与定极板间的有效覆盖面积就发生改变，面积改变量 $\Delta A=A_0\frac{\theta}{\pi}$，从而电容值

$$C=C_0+\Delta C=\varepsilon\frac{A-\Delta A}{d}=C_0-C_0\frac{\theta}{\pi} \tag{5-8}$$

可以看出，传感器的电容量 C 与角位移 θ 呈线性关系。

5.2.3 变介电常数型电容传感器

当电容量两个极板间介质发生改变时，介电常数也发生相应变化，从而引起电容量的改

变。表 5-1 给出了常见介质的相对介电常数。

表 5-1　常见介质的相对介电常数

介质名称	相对介电常数 ε_r	介质名称	相对介电常数 ε_r
真空	1	玻璃釉	3～5
空气	略大于 1	二氧化硅	38
其他气体	1～1.2	云母	5～8
变压器油	2～4	干的纸	2～4
硅油	2～3.5	干的谷物	3～5
聚丙烯	2～2.2	环氧树脂	3～10
聚苯乙烯	2.4～2.6	高频陶瓷	10～160
聚四氟乙烯	2.0	低频陶瓷、压电陶瓷	1000～10000
聚偏二氟乙烯	3～5	纯净的水	80

图 5-3 示出的是一种常见的变介电常数型电容传感器原理图。图中，两平行电极固定不动，极距为 d_0，相对介电常数为 ε_{r2} 的被测介质以不同深度插入电容器中，从而改变两种介质的极板覆盖面积。传感器总电容量

$$C=C_1+C_2=\varepsilon_0 b_0\frac{\varepsilon_{r1}(L_0-L)+\varepsilon_{r2}L}{d_0}$$

式中，L_0、b_0 为极板的长度和宽度；L 为被测介质进入极板间的长度。

若介质 $\varepsilon_{r1}=1$，当 $L=0$ 时，传感器初始电容 $C_0=\varepsilon_0\varepsilon_{r1}L_0b_0/d_0$。当被测介质 ε_{r2} 进入极板间 L 深度后，引起电容相对变化量为

$$\frac{\Delta C}{C_0}=\frac{C-C_0}{C_0}=\frac{(\varepsilon_{r2}-1)L}{L_0} \tag{5-9}$$

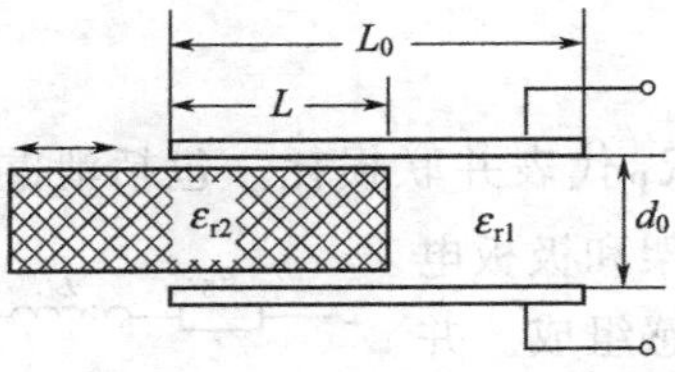

图 5-3　变介电常数型电容传感器原理图

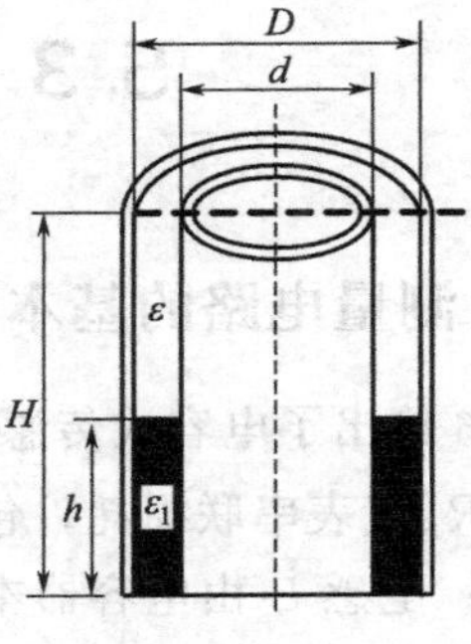

图 5-4　电容式液位传感器原理图

显然，电容的相对变化量与被测介质 ε_{r2} 的移动量成正比。

图 5-4 示出的是一种常见的用于液位测量的变介电常数型电容传感器。假设被测介质的介电常数为 ε_1，液位高度为 h，传感器总高度为 H，内筒外径为 d，外筒内径为 D，则传感器的电容值

$$C=C_0+\Delta C=\frac{2\pi\varepsilon_1 h}{\ln\frac{D}{d}}+\frac{2\pi\varepsilon(H-h)}{\ln\frac{D}{d}}=\frac{2\pi\varepsilon H}{\ln\frac{D}{d}}+\frac{2\pi h(\varepsilon_1-\varepsilon)}{\ln\frac{D}{d}}=C_0+\frac{2\pi h(\varepsilon_1-\varepsilon)}{\ln\frac{D}{d}} \tag{5-10}$$

式中，ε 为真空介电常数。

可以看出：电容 C 的相对变化量与液位高度 h 的变化也呈线性关系。

5.2.4 差动式电容传感器

差动式电容传感器由两个可变电容器组成，两个电容器的变化相同，但方向相反。图5-5 示出的为变极板间距离式电容传感器的差动连接方式，z 为中间极板的移动距离，两个电容器的电容值分别为 $C_1=\frac{\varepsilon A}{d+z}$ 和 $C_2=\frac{\varepsilon A}{d-z}$，两个电容器两端的电压降分别为

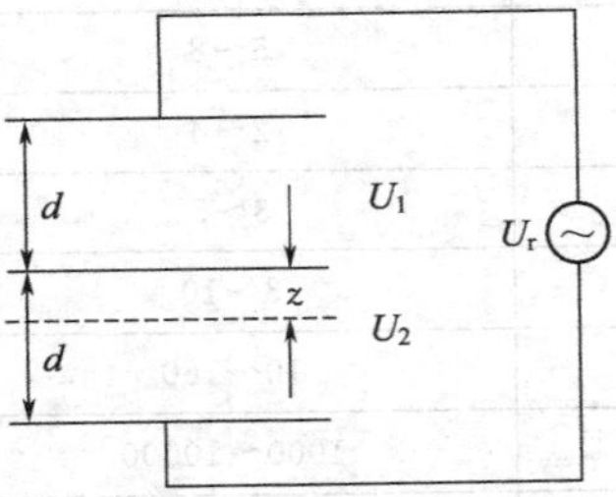

图 5-5 差动式电容传感器

$$U_1=\frac{U_r}{1/(j\omega C_1)+1/(j\omega C_2)}\times\frac{1}{j\omega C_1}=U_r\frac{C_2}{C_1+C_2} \tag{5-11}$$

$$U_2=\frac{U_r}{1/(j\omega C_1)+1/(j\omega C_2)}\times\frac{1}{j\omega C_2}=U_r\frac{C_1}{C_1+C_2} \tag{5-12}$$

将 C_1、C_2代入式(5-11) 和式(5-12)，有

$$U_1=U_r\frac{C_2}{C_1+C_2}=U_r\frac{1/(d-z)}{1/(d+z)+1/(d-z)}=U_r\frac{d+z}{2d} \tag{5-13}$$

$$U_2=U_r\frac{C_1}{C_1+C_2}=U_r\frac{1/(d+z)}{1/(d+z)+1/(d-z)}=U_r\frac{d-z}{2d} \tag{5-14}$$

将两个输出电压差接，则有

$$U_1-U_2=U_r\frac{z}{d} \tag{5-15}$$

因此，通过适当的输出信号调节，能够给出比单个电容器灵敏度更高的线性输出。差动式电容传感器可以用于 0.1～10pm 的测量，电容值从大约 1pF 变化到 100pF。

5.3 电容式传感器的测量电路

5.3.1 测量电路的基本问题

图 5-6 给出了电容式传感器的等效电路。图中，R_P代表并联损耗，包括泄漏电阻和介质损耗；R_S代表串联损耗，包括引线电阻、电容器支架和极板电阻的损耗；电感 L 由电容器本身的电感和外部引线电感组成。并联损耗在低频时影响较大，随着工作频率增高，容抗减小，其影响就减弱。由等效电路知，电容式传感器有一个谐振频率，通常为几十兆赫兹。当工作频率等于或接近谐振频率时，谐振频率破坏了电容器的正常工作。因此，工作频率应该选择低于谐振频率，否则电容式传感器不能正常工作。

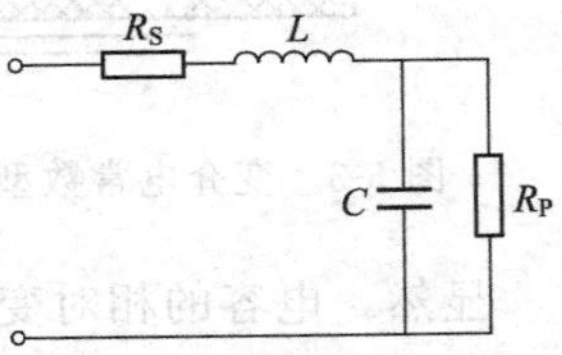

图 5-6 电容式传感器等效电路图

传感器的等效电容 $\widetilde{C}$ 可以通过等效电路计算，这里忽略 R_S和 R_P的影响，则

$$\frac{1}{j\omega\widetilde{C}}=j\omega L+\frac{1}{j\omega C}\to\widetilde{C}=\frac{C}{1-\omega^2 LC} \tag{5-16}$$

$$\Delta\widetilde{C}=\frac{\Delta C}{1-\omega^2 LC}+\frac{\omega^2 LC\Delta C}{(1-\omega^2 LC)^2}=\frac{\Delta C}{(1-\omega^2 LC)^2} \tag{5-17}$$

式(5-17) 表明：电容的实际变化量与传感器的固有电感和角频率有关。实际使用中必须根据使用环境重新标定输入输出关系。

电容式传感器的电容通常小于 100pF，且传感器具有很高的输出阻抗。当电源频率升高时，输出阻抗肯定会降低，在较高频率时，杂散电容也会引起阻抗降低。因此，电源频率必须处于 10kHz～100MHz 的范围内，以使电路阻抗具有一个比较合理的值。为了避免电源的高输出阻抗带来的容性干扰，常用屏蔽电缆来连接电容式传感器，但这会增加一个与传感器并联的电容，从而降低灵敏度和线性度。因此，通常要使测量电路尽可能靠近传感器，使用短电缆甚至刚性电缆，并采用有源屏蔽技术或阻抗变换器。

电容式传感器属于变电抗式传感器，对于变电抗式传感器，最常用的检测方法就是应用欧姆定律，即通过在被测阻抗上施加恒定交流电压，测量电流的变化，或是通过在被测阻抗上施加恒定电流，测量阻抗两端电压降的方式来得到阻抗的变化。应该注意的是，使用电流源或电压源供电可以改变输入输出特性。图 5-7 所示电路使用恒流源，使变极板间距式电容传感器获得线性输出，当电容按式(5-3) 变化时得到

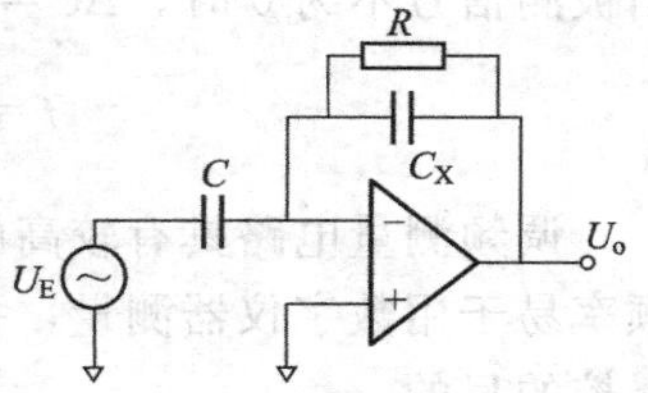

图 5-7　对单一电容式传感器采用电流源供电获得线性输出

$$C=C_0\frac{1}{1+x} \tag{5-18}$$

如果假定运算放大器为理想放大器，且 R 忽略不计，则输出电压

$$U_o=-U_E\frac{Z_x}{Z}=-U_E\frac{(1+x)/(j\omega C_0)}{1/(j\omega C)}=-U_E\frac{(1+x)C}{C_0} \tag{5-19}$$

可以看出，尽管电容与距离之间成非线性关系，但输出电压与被测距离成线性关系。需要注意的是，电路中增加电阻 R 是为了对运算放大器加偏置，并起到滤波作用，R 应远大于激励频率上的传感器阻抗，即 $R=\frac{1}{j\omega C_0}$。

实际应用中，电容式传感器的电容变化量通常很小，因而阻抗变化很小，导致采用直接方式测量比较困难，而且存在杂散电容的干扰，因此在测量电路中往往采取别的方式来进行信号获取。下面分别讨论三种常见测量电路。

5.3.1.1　调频测量电路

调频测量电路把电容式传感器作为振荡器谐振回路的一部分，当输入量导致电容量发生变化时，振荡器的振荡频率就发生变化。虽然可将频率作为测量系统的输出量，用以判断被测非电量的大小，但此时系统是非线性的，不易校正，因此必须加入鉴频器，将频率的变化转换为电压振幅的变化，经过放大就可以用仪器指示或记录仪记录下来。调频测量电路原理框图如图 5-8 所示。图中调频振荡器的振荡频率为

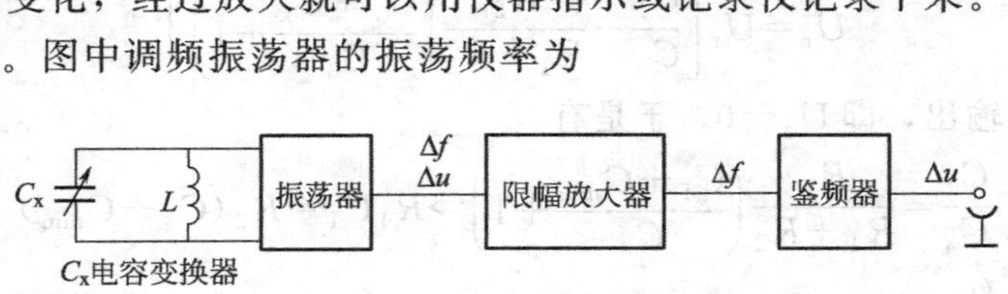

图 5-8　调频测量电路原理框图

$$f=\frac{1}{2\pi\sqrt{LC}} \tag{5-20}$$

式中，L 为振荡回路的电感；C 为振荡回路的总电容。

$$C=C_1+C_2+C_x$$

式中，C_1 为振荡回路固有电容；C_2 为传感器引线分布电容；$C_x=C_0\pm\Delta C$ 为传感器的电容。

当被测信号为 0 时，$\Delta C=0$，则 $C=C_1+C_2+C_0$，所以振荡器有一个固有频率 f_0，其表示式为

$$f_0=\frac{1}{2\pi\sqrt{(C_1+C_2+C_0)L}} \tag{5-21}$$

当被测信号不为 0 时，$\Delta C\neq 0$，振荡器频率有相应变化，此时频率为

$$f=\frac{1}{2\pi\sqrt{(C_1+C_2+C_0\mp\Delta C)L}}=f_0\pm\Delta f \tag{5-22}$$

调频测量电路具有较高的灵敏度，可以测量高至 0.01μm 级的位移变化量。信号的输出频率易于用数字仪器测量，并与计算机通信，抗干扰能力强，可以发送、接收，以达到遥测遥控的目的。

5.3.1.2 交流电桥

电桥是变电抗类传感器的一个有效测量方法，因此电桥也常被用于电容式传感器的测量电路，其应用方式与测量电阻变化类似，相应的也有单臂、半桥和全桥等形式，供电为交流形式。下面通过例子来说明交流电桥在电容式传感器测量中的应用。

【例 5-1】 如图 5-9 所示电路用于电容式传感器的信号调节。假设该传感器电容最小值 $C_{\min}=42\text{pF}$，电容最大值 $C_{\max}=87\text{pF}$，灵敏度 $K=0.2\text{pF/L}$。设计该电路中的各个元件，要求输出电压与频率无关，且空灌时输出为 0V，满灌时输出为 1V。

解： 该电路是一个交流电桥，输出电流经运算放大器变换为电压。由于包含传感器的分压器的等效输出电抗为容抗，互阻抗也必须为容抗，所以增加的电阻 R_3 仅对运算放大器起加偏置的作用。输出经过 C_4 和 R_4 组成的高通滤波器后，经过有效值计算电路得到最终输出。

对于理想运算放大器，电路分析可以得到

$$\begin{cases}\dfrac{(U_r-U_p)}{1/(j\omega C_1)}=\dfrac{(U_p-U_a)}{1/(j\omega C_3)}+\dfrac{U_p}{1/(j\omega C_x)}\Leftrightarrow(U_r-U_p)C_1s=(U_p-U_a)C_3s+U_pC_xs\\ U_p=U_r\dfrac{R_2}{R_1+R_2}\end{cases} \tag{5-23}$$

由此得到

$$U_a=U_r\left[\frac{C_1}{C_3}-\frac{R_2}{R_1+R_2}\left(\frac{C_1+C_x}{C_3}+1\right)\right] \tag{5-24}$$

根据条件，空灌零输出，即 $U_a=0$，于是有

$$\frac{C_1}{C_3}=\frac{R_2}{R_1+R_2}\left(\frac{C_1+C_{\min}}{C_3}+1\right)\Rightarrow R_1C_1=R_2(C_3+C_{\min}) \tag{5-25}$$

当此条件满足时，有

$$U_a=U_r\left[\frac{C_1}{C_3}-\frac{R_2}{R_1+R_2}\left(\frac{C_1+C_x}{C_3}+1\right)\right]=U_r\frac{R_2}{R_1+R_2}\times\frac{C_h}{C_3} \tag{5-26}$$

其中，$C_h=C_x-C_{min}$。为在满灌时得到 1V 的输出，要求有

$$U_r\frac{R_2}{R_1+R_2}\times\frac{C_{max}-C_{min}}{C_3}=1\text{V} \tag{5-27}$$

如果选择 $R_1=R_2$，$U_r=10\text{V}$，则要求

$$C_3=U_r\frac{R_2}{R_1+R_2}(C_{max}-C_{min})=10\text{V}/2\times(87\text{pF}-42\text{pF})=225\text{pF} \tag{5-28}$$

可以选择 $C_3=220\text{pF}$，再根据空灌输出条件得到

$$C_1=C_3+C_{min}=220\text{pF}+42\text{pF}=262\text{pF} \tag{5-29}$$

C_1 可以采用一个 270pF 电容器与一个 20pF 微调电容器并联得到。

需要说明的是，上述计算均按电压有效值进行，因为最终的输出 U 通常为有效值输出，即需要加入交直流变换器。对于正弦电压信号 $u_s=\overline{U}_s\sin(\omega t+\varphi)$，其有效值（均方根）为

$$U_{s(rms)}=\sqrt{\frac{1}{T}\int_0^T u_s^2(t)\text{d}t}=\sqrt{\frac{\omega}{2\pi}\int_0^{2\pi/\omega}\overline{U}_s^2\sin^2(\omega t+\varphi)\text{d}t}=\frac{\overline{U}_s}{\sqrt{2}} \tag{5-30}$$

因此，选择 $U_r=10\text{V}$，则峰值电压 $\overline{U}_r=10\sqrt{2}\,\text{V}$。

那么如何确定激励电源的频率呢？激励电源的频率受放大器转换速率（SR）的限制。如图 5-9 所示电路中的运算放大器（CA3140）的 $SR=7\text{V}/\mu\text{s}$，由于放大器的最大输出对应满灌情况，故应满足条件

$$\left.\frac{\text{d}u_a}{\text{d}t}\right|_{max}=2\pi f_r\overline{U}_r<7\text{V}/\mu\text{s} \tag{5-31}$$

$$f_r<\frac{7\text{V}/\mu\text{s}}{2\pi\overline{U}_r}\approx787\text{kHz} \tag{5-32}$$

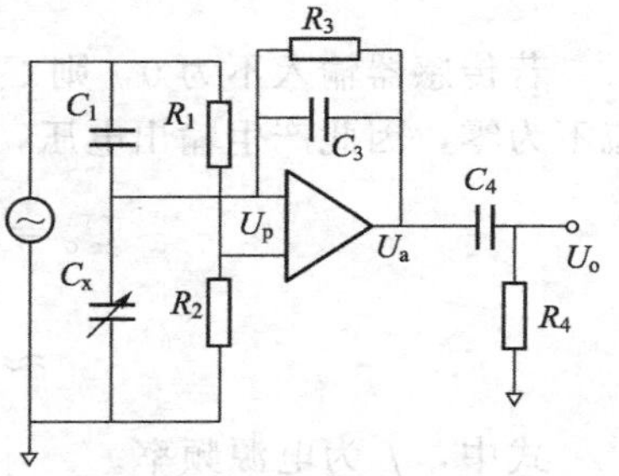

图 5-9 交流电桥测量电路

实际中，受运算放大器开环带宽（开环带宽不应超过 100kHz）的影响，激励电源的频率要比 787kHz 小得多。另外需要考虑电阻 R_3 不影响输出，即 R_3 要远大于 C_3 在 f_r 上的阻抗，如果 $R_3=10\text{M}\Omega$，则

$$f_r>\frac{1}{2\pi C_3R_3}=72\text{Hz} \tag{5-33}$$

这个条件并不会有任何约束。因此，综合考虑设定激励频率 $f_r=10\text{kHz}$。

最后，高通滤波器的转折频率应远小于激励频率 f_r，可以选择高通滤波器的转折频率为 1kHz，并用 $R_4=10\text{k}\Omega$ 来防止运算放大器输出端过度加载，要求

$$C_4=\frac{1}{2\pi\times(1\text{kHz})\times(10\text{k}\Omega)}=16\text{nF} \tag{5-34}$$

至此确定了交流电桥及运算放大器电路的各个元器件参数。交流电桥的本身相当于对信号进行调幅调制，有效避免了工频干扰的影响，在传感器测量电路中被广泛使用。

由于电容式传感器通常具有很大的阻抗，如果电桥其他几个桥臂使用电阻器，会对地有寄生阻抗而产生显著的误差，因此出现了一些专门用于电容式传感器测量的改进形式。图 5-10 所示为一种测量两个电容之间差值的二极管双 T 形电路（K. S. Lion 于 1964 年获得专利）。

图 5-10(a) 中，e 是高频电源，它提供了幅值为 U 的对称方波；VD_1、VD_2 为特性完

全相同的两只二极管；固定电阻 $R_1=R_2=R$；C_1、C_2 为传感器的两个差动电容。当传感器没有输入时，$C_1=C_2$。在交流电源 e 的正半周期，二极管 VD_1 导通、VD_2 截止，电容 C_1 充电，同时 C_2 通过电阻 R_2、负载电阻 R_L 放电，流过 R_L 的电流为 I_2，其等效电路如图 5-10(b) 所示；在随后负半周期出现时，电容 C_1 上的电荷通过电阻 R_1、负载电阻 R_L 放电，流过 R_L 的电流为 I_1，同时电容 C_2 通过 VD_2 充电，其等效电路如图 5-10(c) 所示。根据上面所给的条件，则电流 $I_1=I_2$，且方向相反，在一个周期内流过 R_L 的平均电流为零。

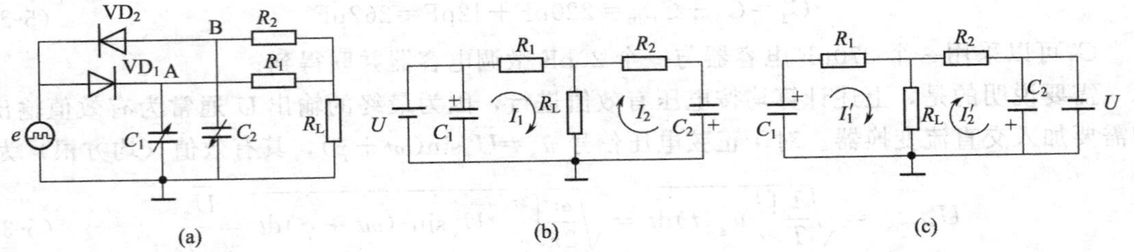

图 5-10　二极管双 T 形电路

若传感器输入不为 0，则 $C_1\neq C_2$，$I_1\neq I_2$，此时，在一个周期内通过 R_L 上的平均电流不为零，因此产生输出电压，输出电压在一个周期内平均值为

$$U_o=I_LR_L=\frac{1}{T}\int_0^T[I_1(t)-I_2(t)]\mathrm{d}tR_L$$

$$\approx\frac{R(R+2R_L)}{R+R_L}R_LUf(C_1-C_2) \tag{5-35}$$

式中，f 为电源频率。

如果已知 R 和 R_L，则式(5-35) 可以写成

$$U_o\approx\frac{R(R+2R_L)}{(R+R_L)}R_LUf(C_1-C_2)=Mf(C_1-C_2) \tag{5-36}$$

根据上述公式，输出电压 U_o 不仅与电源电压幅值和频率有关，而且与 T 形网络中的电容 C_1 和 C_2 的差值有关。当电源电压确定后，输出电压 U_o 是电容 C_1 和 C_2 的函数。电路的灵敏度与电源电压幅值和频率有关，故输入电源要求稳定。当 U 幅值较高，使二极管 VD_1、VD_2 工作在线性区域时，测量的非线性误差很小。电路的输出阻抗与电容 C_1、C_2 无关，而仅与 R_1、R_2 及 R_L 有关。

5.3.2　脉宽调制电路

脉宽调制电路（PWM）是利用微处理器的数字输出来对模拟电路进行控制的一种非常有效的技术，广泛应用在从测量、通信到功率控制与变换的许多领域中。图 5-11 所示为由双稳触发器控制的脉宽调制电路原理图。调制前后电路各点波形如图 5-12 所示，调制后 u_A、u_B 脉冲宽度不再相等，一个周期（T_1+T_2）时间内的平

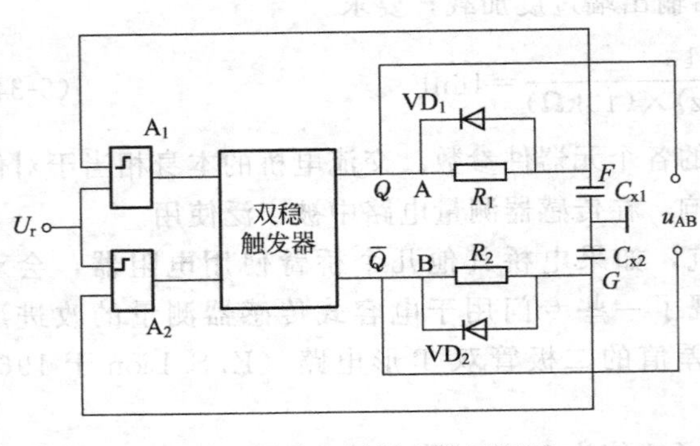

图 5-11　脉宽调制电路原理图

均电压值不为零。电压 u_{AB} 经低通滤波器滤波后，可获得 U_o 输出。

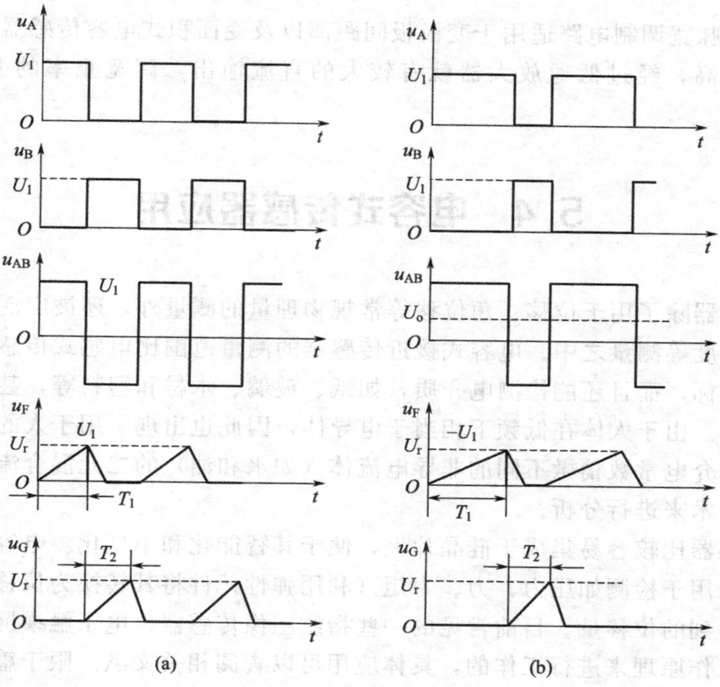

图 5-12　脉冲宽度调制电路电压波形

$$U_o = U_A - U_B = U_1 \frac{T_1 - T_2}{T_1 + T_2} \tag{5-37}$$

由电路知识可知

$$T_1 = R_1 C_{x1} \ln \frac{U_1}{U_1 - U_r}$$

$$T_2 = R_2 C_{x2} \ln \frac{U_2}{U_2 - U_r} \tag{5-38}$$

式中，U_1、U_2 为触发器翻转前后输出的高电平；T_1、T_2 为 C_{x1}、C_{x2} 充电至 U_r 时所需时间。将 T_1、T_2 代入式(5-37)，得

$$U_o = \frac{C_{x1} - C_{x2}}{C_{x1} + C_{x2}} U_1 \tag{5-39}$$

把平行板电容的公式代入式(5-39)，在变极板间距离的情况下可得

$$U_o = \frac{d_1 - d_2}{d_1 + d_2} U_1 \tag{5-40}$$

式中，d_1、d_2 分别为 C_{x1}、C_{x2} 极板间距离。

当差动电容 $C_{x1} = C_{x2} = C_0$，即 $d_1 = d_2 = d_0$ 时，$U_o = 0$；若 $C_{x1} \neq C_{x2}$，设 $C_{x1} > C_{x2}$，即 $d_1 = d_0 - \Delta d$，$d_2 = d_0 + \Delta d$，则有

$$U_o = \frac{\Delta d}{d_0} U_1 \tag{5-41}$$

同样，在变面积式电容传感器中，有

$$U_o=\frac{\Delta S}{S}U_1 \tag{5-42}$$

由此可见，脉宽调制电路适用于变极板间距离以及变面积式电容传感器，并具有线性特性，且转换效率高，经过低通放大器就有较大的直流输出，调宽频率的变化对输出没有影响。

5.4 电容式传感器应用

电容式传感器除了用于位移、角位移等常规物理量的测量外，还被广泛地用于液位、湿度、加速度、厚度等测量之中。电容式接近传感器的测量范围比电感式传感器大一倍，它不仅能检测金属目标，而且还能检测电介质，如纸、玻璃、木材和塑料等，甚至可以透过墙壁或纸壳进行检测。由于人体在低频下相当于电导体，因此也出现了用于人的颤动测量和防盗报警。对于某些介电常数稍微不同的非导电流体（如水和油）的二元混合流体，也可以依靠电容层析成像技术来进行分析。

电容式传感器比较容易集成于硅晶片上，便于其智能化和小型化。电容式传感器的测量精度较高，可以用于检测如压力、力、力矩（利用弹性元件将其转换为位移）等经各种初级传感器转换后得到的位移量。目前常见的一些指纹图像传感器、电子触摸屏等都是基于电容式传感器基本工作原理来进行工作的，具体应用可以查阅相关文献。限于篇幅，本节介绍一些常见的电容式传感器。

5.4.1 电容式液位传感器

电容式传感器被广泛用于导电和非导电液体液位的检测中。图 5-13(a) 示出的是一种用于导电液体（水、水银等）液位测量的变面积式电容式液位传感器的原理图。

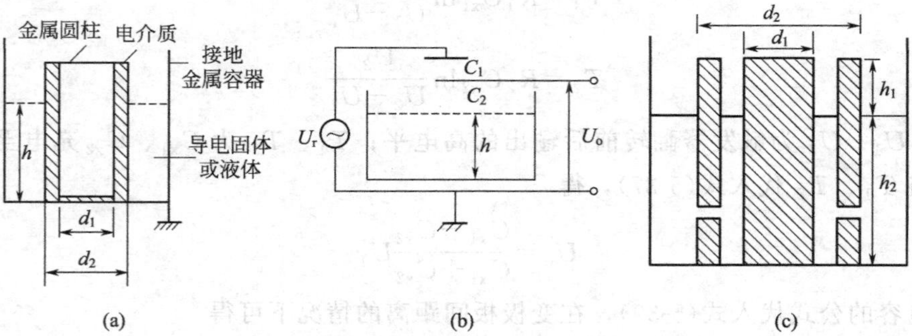

图 5-13 电容式液位传感器

电极组成的系统的电容为

$$C=\frac{2\pi\varepsilon h}{\ln\frac{d_2}{d_1}} \tag{5-43}$$

为了避免产生放电和杂散电容，需要将金属容器接地。

图 5-13(b) 中的液位传感器应用变极板间距离式电容传感器，只有当液体的电导率很

高（水银、水）时，它才起作用，液体表面相当于一个电极板，所形成的电容分压器给出输出电压

$$U_o = U_r \frac{C_1}{C_1 + C_2} \tag{5-44}$$

式中，C_1是常数；C_2随液体高度 h 成反比例变化。

因此，输入输出是非线性的，但可以借助反馈系统加以线性化。反馈系统使测量电极和参考电极移动，使它们与液体表面距离维持恒定不变，而系统输出则转变为测量电极的位移。

图 5-13(c) 所示液位传感器建立在变介电常数的基础上。若导电圆柱体是同轴圆柱体，则总电容

$$C = \frac{2\pi(\varepsilon_1 h_1 + \varepsilon_2 h_2)}{\ln \dfrac{d_2}{d_1}} \tag{5-45}$$

该液位传感器的优点在于没有杂散电容，C 也随 h 线性增大，但被测液体必须为非导电液体。

5.4.2 电容式压力传感器

图 5-14 为差动电容式压力传感器的结构图。图中，膜片为动电极，两个在凹形玻璃上的金属镀层为固定电极，构成差动电容器。当被测压力或压力差作用于膜片并产生位移时，所形成的两个电容量一个增大、一个减小。该电容值的变化经测量电路转换成与压力或压力差相对应的电流或电压的变化。

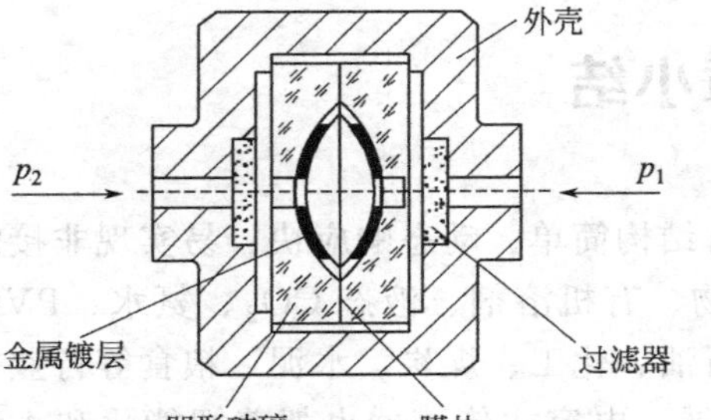

图 5-14　差动电容式压力传感器结构图

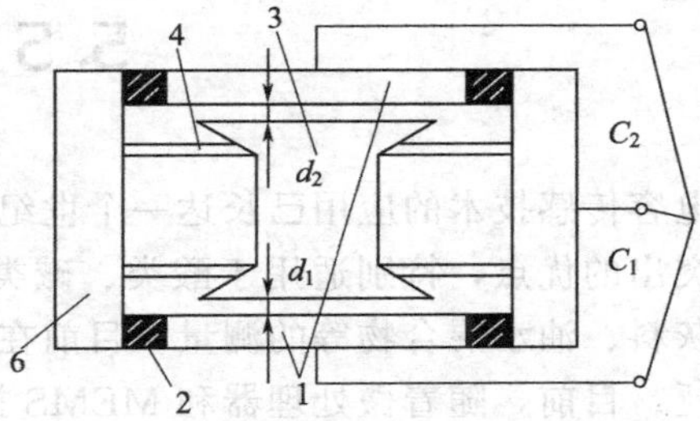

图 5-15　电容式加速度传感器结构图

1—固定电极；2—绝缘热；3—质量块；4—弹簧；5—输出端；6—壳体

5.4.3 电容式加速度计

图 5-15 示出的是电容式加速度传感器的结构图。当传感器壳体随被测对象沿垂直方向做直线加速运动时，质量块在惯性空间中相对静止，两个固定电极将相对于质量块在垂直方向产生正比于被测加速度的位移，此位移使两电容的间隙发生变化，一个增加，一个减小，从而使 C_1、C_2 产生大小相等、符号相反的增量，此增量正比于被测加速度。

电容式加速度传感器的主要特点是频率响应快和量程范围大，大多采用空气或其他气体作阻尼物质。

5.4.4 电容式测厚传感器

电容式测厚传感器用来对金属带材在轧制过程中厚度的检测，其工作原理是在被测带材的上下两侧各置放一块面积相等，与带材距离相等的极板，这样极板与带材就构成了两个电容器 C_1 和 C_2。把两块极板用导线连接起来，成为一个极，而带材就是电容的另一个极，其总电容为 C_1+C_2，如果带材的厚度发生变化，将引电容量的变化。采用交流电桥将电容变化测出，并经放大即可由电表指示测量结果。

电容式测厚传感器的测量原理框图如图 5-16 所示。音频信号发生器产生的音频信号接入变压器 T 的原边线圈，变压器副边的两个线圈作为测量电桥的两臂，电桥的另外两桥臂由标准电容 C_0 和带材与极板形成的被测电容 $C_x(C_x=C_1+C_2)$ 组成。电桥的输出电压经放大器放大后整流为直流，再经差动放大，即可用指示电表指示出带材厚度的变化。电容测厚传感器的电容量的变化用交流电桥将电容的变化测出来，经过放大即可由电表指示测量结果。

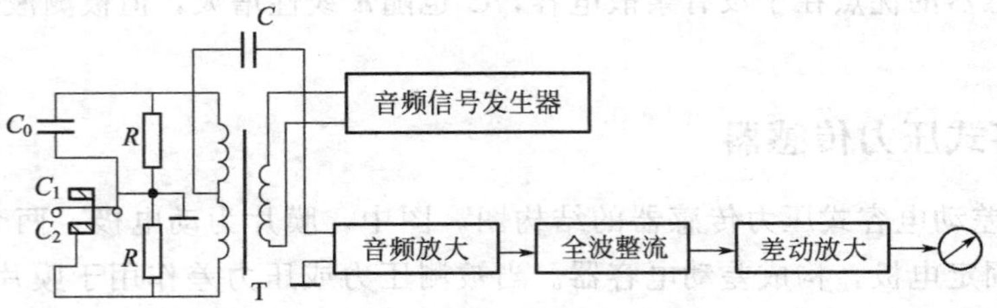

图 5-16　电容式测厚传感器的测量原理框图

5.5 本章小结

电容传感技术的应用已长达一个世纪，它具有结构简单、动态响应快、易实现非接触测量等突出的优点，特别适用于酸类、碱类、氯化物、有机溶剂、液态 CO_2、氨水、PVC 粉料、灰料、油水混合物等的测量。目前在冶金、石油、化工、煤炭、水泥、粮食等行业中应用广泛。目前，随着微处理器和 MEMS 技术的发展，电容式传感器也朝着智能化和小型化的方向发展。

本章首先介绍可变电容器的特点，分别分析了变极板间距离、变面积和变介电常数三种电容式传感器的工作原理；然后介绍了电容式传感器的相关测量电路，分析了各种误差的来源以及消除或减小误差的措施；最后介绍了电容式传感器典型应用。

习　题

1. 简述提高变极板间距离、变面积和变介电常数三类电容式传感器灵敏度的方法，指出每种方法的限制。

2. 交流电桥在测量电容变化时应该注意哪些问题？

3. 差动式电容传感器较单电容式传感器在性能上有何提高？

4. 某电容式液位传感器［见图 5-13(c)］由直径为 30mm 和 6mm 的两个同心圆柱体组成。储存罐也是圆柱形，直径为 60cm，高为 1.4m。存储液体的介电常数 $\varepsilon_r = 2.0$，计算传感器的最小电容、最大电容以及用于存储罐内时传感器的灵敏度（pF/L）。

5. 根据上题结果，如果采用图 5-9 所示电路进行信号调理，要求输出直流电压灵敏度为 0.2mV/L，电路中各参数如何确定（假定激励电源为峰值电压 10V 的正弦波，频率为 10kHz)？

6. 电容测微仪的电容器极板面积 $A = 32\text{cm}^2$，间隙 $d = 1.2\text{mm}$，相对介电常数 $\varepsilon_r = 1$，$\varepsilon_0 = 8.85 \times 10^{-12}$ F/m 求：(1) 电容器电容量；(2) 若间隙减少 0.15mm，电容量又为多少？

7. 电容传感器的初始间隙 $d_0 = 2\text{mm}$，在被测量的作用下间隙减少了 500μm，此时电容量为 120pF，则电容初始值为多少？

第6章 压电传感器

知识要点

通过本章学习，读者应掌握压电效应的产生机理、压电传感器的工作原理、测量电路的设计，熟悉各类压电传感器的应用。

本章知识结构

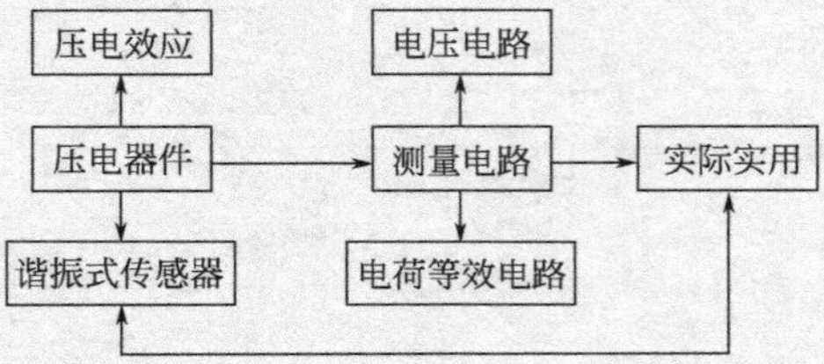

压电传感器是以具有压电效应的元件作为转换元件的有源传感器（或发电型传感器）。这些元件是力敏感元件，在外力作用下，在元件表面产生电荷，这样可测量最终能变为力的那些物理量，如压力、加速度、机械冲击和振动等，也可用于超声波的发射与接收装置。

压电传感器具有结构简单、体积小、重量轻、响应频带宽、信噪比大、灵敏度和精度高等特点。随着与其配套的二次仪表及高性能电缆的出现，如电荷放大器等技术的日益提高，压电传感器在电声学、生物医学、工程力学、宇航等方面越来越得到广泛的应用。下面先来介绍压电效应。

6.1 压电效应

压电效应是雅克（Jacques）和皮埃尔·居里（Piere Curie）于1880～1881年发现的。所谓压电效应，是指材料在受到应力时产生的电极化现象，它是一种可逆效应，因此，当压电材料两侧加电压时，材料会产生应变。压电性与晶体（离子）的结构有关。

6.1.1 石英晶体的压电效应

下面以石英晶体为例来说明压电效应的产生机理。石英晶体具有如图6-1所示的规则几何形状，它是一个六棱柱，两端是六棱锥。石英晶体是各向异性体，即在各个方向晶体的性质是不同的。

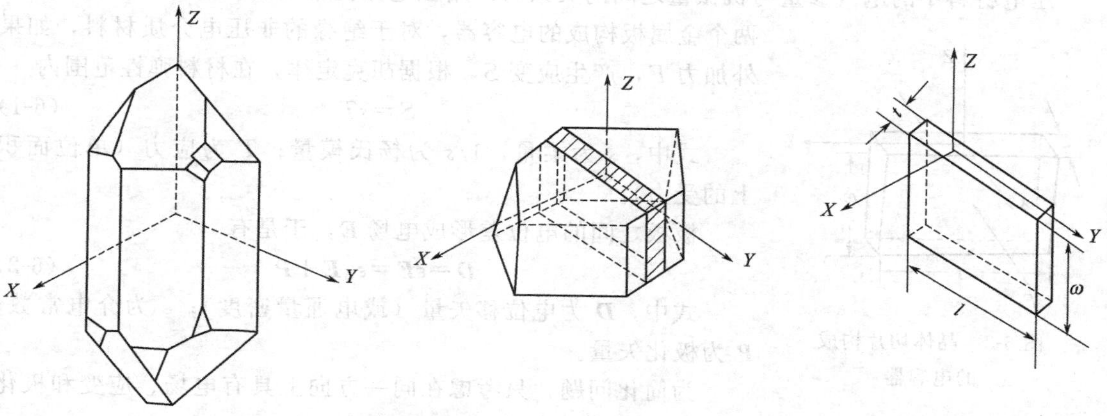

(a) 天然石英晶体　　(b) 石英切片

图 6-1　石英晶体

在结晶学中，晶体的性质用三根互相垂直的轴来表示，其中，纵向轴 Z 称为光轴；经过六棱柱棱线并垂直于光轴的 X 轴称为电轴；与 X 轴和 Z 轴同时垂直的 Y 轴（垂直于棱面）称为机械轴。

石英晶体的压电效应与其内部结构有关。石英晶体即二氧化硅，其化学式为 SiO_2。为了直观了解其压电效应，将一个单元中构成石英晶体的硅离子和氧离子在垂直于 Z 轴的 X、Y 平面上投影，等效为图 6-2 所示的正六边形排列。图中，“+”代表 Si^{4+}，“−”代表 $2O^{2-}$。

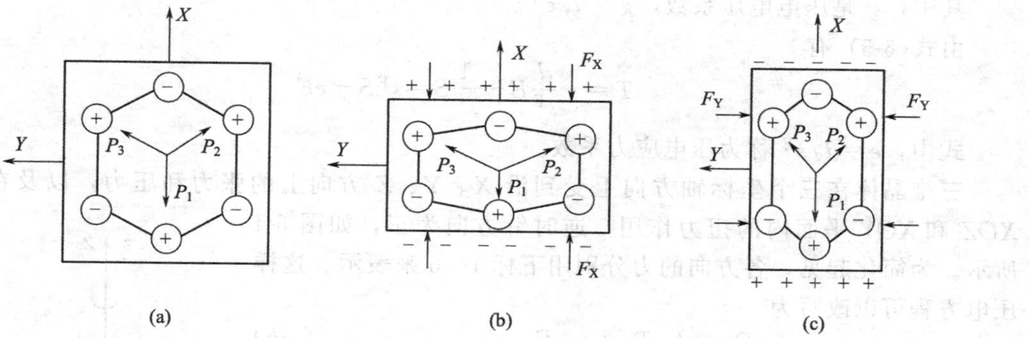

(a)　　(b)　　(c)

图 6-2　石英晶体压电原理示意图

在不受力时［图 6-2(a)］，正负离子的电荷中心是重合的，因此，晶体对外不显电性。如图 6-2(b) 所示，当受沿 X 轴方向的压力时，正电荷中心相对上移，而负电荷中心下移，于是晶体垂直于 X 轴的上下表面分别显正电和负电；当受到的是沿 X 轴方向的拉力时，效果与压力相反，即垂直于 X 轴的下表面带正电，而上表面带负电。同样的，对于沿 Y 轴方向的压力和拉力，同样会引起正负电荷中心的相对位移，从而使得垂直于 X 轴的两个表面带电，极性与力沿 X 轴方向时相反，如图 6-2(c) 所示。如果力沿 Z 轴方向，不论压力或拉力，均使正负电荷中心发生相同移动，即不会发生压电效应。

6.1.2 压电方程

压电材料中的电气参量与机械量之间的关系可以用压电方程来描述。图 6-3 示出的是由两个金属板构成的电容器，对于绝缘的非压电介质材料，如果外加力 F，产生应变 S，根据胡克定律，在材料弹性范围内

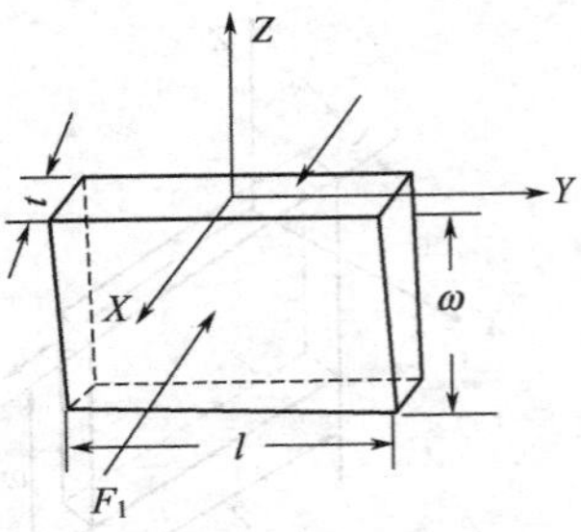

图 6-3 晶体切片构成的电容器

$$S=sT \tag{6-1}$$

式中，s 为柔量，$1/s$ 为杨氏模量；T 为应力（单位面积上的受力）。

极板之间的电位差形成电场 $\boldsymbol{E}$，于是有

$$\boldsymbol{D}=\varepsilon\boldsymbol{E}=\varepsilon_0\boldsymbol{E}+\boldsymbol{P} \tag{6-2}$$

式中，$\boldsymbol{D}$ 为电位移矢量（或电通量密度）；ε 为介电常数；$\boldsymbol{P}$ 为极化矢量。

为简化问题，只考虑在同一方向上具有电场、应变和极化的一维压电材料。根据能量守恒定律，在低频上有

$$D=dT+\varepsilon^{\mathrm{T}}E \tag{6-3}$$

$$S=s^{\mathrm{E}}T+d'E \tag{6-4}$$

式中，ε^{T} 为恒定应力下的介电常数；s^{E} 为恒定电场下的柔量；d 为应力引起的压电应变常数；d'为电场引起的压电压变常数。

与非压电材料相比，压电材料还存在由电场引起的应变和由机械应力引起的电荷（即材料内部位移的电荷在极板上吸附的表面电荷）。若外加应力时下表面面积不改变（聚合材料不在此列），则 $d=d'$，由式(6-3) 有

$$E=\frac{D}{\varepsilon^{\mathrm{T}}}-\frac{Td}{\varepsilon^{\mathrm{T}}}=\frac{D}{\varepsilon^{\mathrm{T}}}-gT \tag{6-5}$$

其中，g 是压电电压系数，$g=d/\varepsilon^{\mathrm{T}}$。

由式(6-5) 有

$$T=-\frac{d}{s^{\mathrm{E}}}E-\frac{1}{s^{\mathrm{E}}}S=s^{\mathrm{E}}S-eE$$

式中，$e=d/s^{\mathrm{E}}$ 称为压电应力系数。

三维晶体在三个坐标轴方向上受到沿 X、Y、Z 方向上的张力和压力，以及在 YOZ、XOZ 和 XOY 平面内的扭力作用，逆时针方向为正，如图 6-4 所示。为简化起见，各方向的力分别用下标 1～6 来表示。这样压电方程可以改写为

$$D_l=d_{ln}T_n+\varepsilon_{lm}E_m \tag{6-6}$$

$$S_i=s_{ij}T_j+d_{ik}E_k \tag{6-7}$$

式中，j、$n=1$，2，…，6；i、k、l、$m=1$，2，3。d_{ij} 是压电常数（单位为库仑/牛顿，写为 C/N），可见，压电常数是一个 3×6 的矩阵。它将方向 i 的电场与方向 j 的形变联系的同时，也使与 i 垂直的表面电荷密度与方向 j 的应力相联系。只要 $l\neq m$，便有 $d_{ij}=d_{ji}$，另外还有

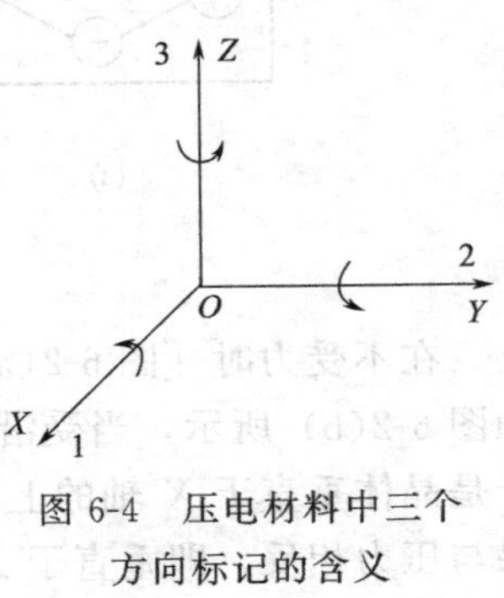

图 6-4 压电材料中三个方向标记的含义

$$d_{ij}=\varepsilon_i g_{ij} \tag{6-8}$$

对于图 6-3 所示的天然石英晶片，当晶片受到 X 方向作用力 F_1 时，考虑开路情况，即 $D=0$，根据压电方程，有

$$E_1=\frac{D}{\varepsilon^{T}}-\frac{\frac{F_1}{A_1}d_{11}}{\varepsilon^{T}}=-\frac{F_1 d_{11}}{\varepsilon_1 A_1} \tag{6-9}$$

式中，A_1 为垂直于 X 轴的压电晶体表面面积；E_1 为 X 轴方向电场强度；ε_1 为 X 轴方向晶体上下表面之间的介电常数；d_{11} 为受力为 X 轴方向时，在垂直于 X 轴表面上产生电荷的压电常数。压电晶体本质上相当于平板电容器。对于平板电容器，电场强度与极板上电荷数之间存在如下关系。

$$E_1=\frac{Q}{\varepsilon_1 A_1} \tag{6-10}$$

将式(6-10) 代入式(6-9) 有

$$Q=-F_1 d_{11} \tag{6-11}$$

式中的负号说明晶体表面产生的电荷与图 6-4 所示坐标系下的晶体受力方向相反，即在图 6-3 所示坐标系下，力沿 X 轴负方向（即压缩力），产生的电荷分布于垂直 X 轴的表面上，且前表面所代电荷为负。事实上，该负号取决于坐标系的方向，因此可以简化为

$$Q=F_1 d_{11} \tag{6-12}$$

可以看出，这种情况下切片受力后产生的电荷数与切片的几何尺寸无关。

再来考虑受力沿 Y 轴方向，此时产生的电荷仍分布于垂直于 X 轴的表面上。仍根据压电方程，有

$$E_1=-\frac{\frac{F_2}{A_2}d_{21}}{\varepsilon_1} \tag{6-13}$$

式中，A_2 表示晶体垂直于 Y 轴的表面积；F_2 表示平行于 Y 轴的力。

将式(6-10) 代入式(6-13)，有

$$Q=-\frac{A_1 F_2 d_{21}}{A_2}=-\frac{l\omega F_2 d_{21}}{t\omega}=-F_2 d_{21}\frac{l}{t} \tag{6-14}$$

由此可见，这种情况下，压电效应所产生的电荷数目不仅与压电常数相关，也与压电切片的几何尺寸相关。

6.2 压电材料

6.2.1 石英晶体

目前已知的 32 类结晶类材料中有 20 类存在压电效应，其中只有少数几类被利用，最常用的天然压电材料是石英和电石。石英晶体是压电传感器中常用的一种性能优良的压电材料，在 XYZ 直角坐标中，沿不同方位对石英晶体进行切割，可得到不同的几何切型，而不同切型晶片的压电常数、弹性常数、介电常数、温度特性等参数都不一样。石英晶体的切型很多，如 xy（即 X0°）切型，晶体的厚度方向平行于 X 轴，晶片面与 X 轴垂直，不绕任何坐标轴旋转，简称 X 切，如图 6-5(a) 所示；又如 yx（即 Y0°）切型，晶片的厚度方向与 Y 轴平行，晶片面与 Y 轴垂直，不绕任何坐标轴旋转，简称 Y 切，如图 6-5(b) 所示等。设计传感器时可根据需要适当选择切型。

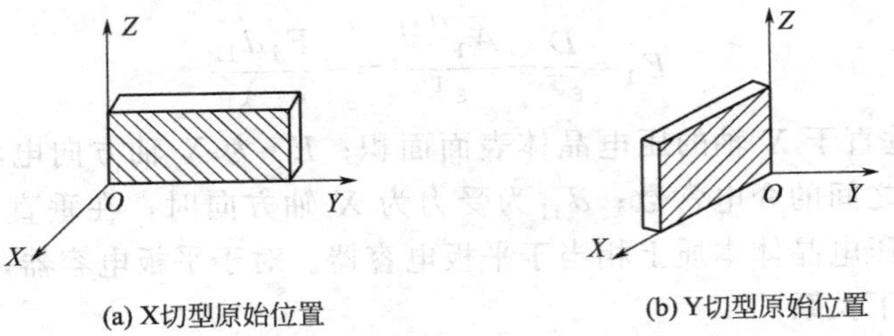

图 6-5　石英晶体的切型

6.2.2　人工陶瓷

实际使用中，由于石英晶体所能提供的压电常数过小，人们转而寻求人工合成材料来替代它。而最广泛采用的合成材料不是结晶体，而是陶瓷。陶瓷由许多微小的致密单晶硅（尺寸约为 1μm）形成，它们均是铁电体。为了使单晶体的取向沿同一方向，也就是极化，在制造期间需要对单晶体施加强电场，外加电场值约为 10kV/cm。被处理的材料必须在固定场中冷却，当移去电场后，由于累积的机械应力，单晶体不能随机重新排序，所以能维持长久的电极化。图 6-6(a) 示出的是压电陶瓷在极化处理前内部的单晶体微粒的极化方向（随机分布），整体对外呈电中性，不具压电性质。图 6-6(b) 示出的是经过了极化处理后的压电陶瓷，内部单晶体微粒的极化方向趋于一致，对外显电性，并吸附相反极性的自由电荷，当受外部极化方向的作用力时，极化强度会发生改变，从而使得吸附的电荷发生改变，形成压电效应。

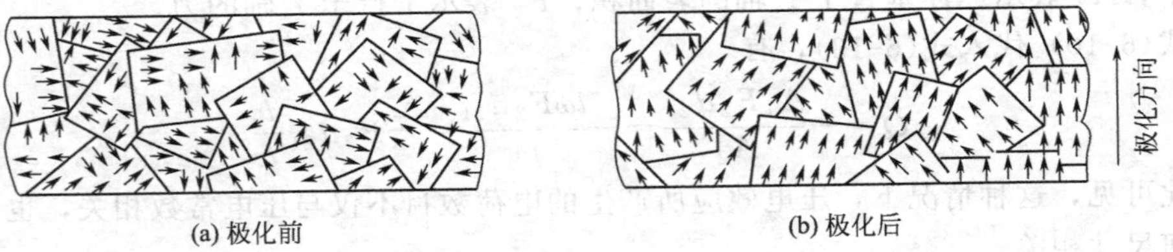

图 6-6　压电陶瓷极化处理前后对比图

压电陶瓷具有很高的热稳定性和物理稳定性，而且能够制成多种不同形状，并针对所关注的特性（介电常数、压电系数等）给出非常宽的数值范围。主要缺点是参数的随温度及时间变化。通常压电陶瓷在制造完成后为使参数稳定通常需要三个月左右的人工老化处理才能出厂使用。在使用 2～3 年后，电参数性能会下降，需要重新进行校准或更换。

常用的一种压电陶瓷是钛酸钡，它的压电常数 d_{33} 要比石英晶体的压电常数 d_{11} 大几十倍，且介电常数和体电阻率也都比较高，但温度稳定性、长期稳定性和机械强度都不如石英晶体，而且工作温度最高只有 80℃左右。另一种著名的压电陶瓷是锆钛酸铅压电陶瓷（PZT），它是由钛酸铅和锆酸铅组成的固熔体。它具有很高的介电常数，而且工作温度可达 250℃，各项机电参数随温度和时间等外界因素的变化较小。由于锆钛酸铅压电陶瓷在压电性能和热稳定性等方面都远远优于钛酸钡压电陶瓷，因此它是目前最普遍使用的一种压电材料。

若按不同的用途对压电性能提出的不同要求，在锆钛酸铅材料中再添加一种或两种如铌（Nb）、锑（Sb）、锡（Sn）、锰（Mn）等微量元素，就可获得不同性能的 PZT 压电陶瓷。

在压电材料中，除常用的石英晶体和PZT压电陶瓷外，人工制造的铌酸锂（$LiNbO_3$）单晶体可称得上是一种性能良好的压电材料，其压电常数达80×10^{-12}C/N，相对介电常数$\varepsilon_r=85$。人工制造的铌酸锂是单晶，但不是单畴结构。为了得到单畴结构，需做单畴化（即极化）处理，使其具有压电效应。由于它是单晶体，所以时间稳定性比压电陶瓷好得多。更为突出的是它的居里温度高达1200℃，最高工作温度达760℃，因此用它可制成非冷却型高温压电传感器。

6.2.3 新型压电材料

随着新材料和半导体技术的发展，出现了各种新型压电材料，其中以压电半导体和高分子聚合物为代表。

压电半导体材料有硫化锌（ZnS）、碲化镉（CdTe）、氧化锌（ZnO）、硫化镉（CdS）、碲化锌（ZnTe）和砷化镓（GaAs）等。这些材料的显著特点是既有压电特性，又有半导体特性，因此，既可用其压电特性研制传感器，又可用其半导体特性制作电子器件，还可以两者结合，集敏感元件与电子电路于一体，形成新型集成压电传感器测试系统。

某些不具备中心对称性的聚合物也呈现很有价值的压电特性，如某些合成高分子聚合物，如聚氟乙烯（PVF）、聚偏二氟乙烯（PVDF）、聚氯乙烯（PVC）等，经延展、拉伸和电极化后形成具有压电性的高分子压电薄膜。常用压电材料的部分特性见表6-1。

表 6-1 常用压电材料的部分特性

参数单位 / 压电材料	密度/(kg/m^3)	$\varepsilon_{11}^T/\varepsilon_0$	$\varepsilon_{33}^T/\varepsilon_0$	d/(pC/N)	电阻率/(Ω·cm)
石英	2649	4.52	4.68	$d_{11}=2.31$;$d_{14}=0.73$	10^{14}
PZT	7500～7900	—	425～1900	$d_{33}=80$～593	10^{13}
PVDF(聚偏二氟乙烯)	1780	—	12	$d_{31}=23$	10^{15}

聚偏二氟乙烯（PVDF）是有机高分子半晶态聚合物，结晶度约为50%，PVDF原料可制成薄膜、厚膜、管状和粉状等。当聚合物由150℃熔融状态冷却时，主要生成α晶型。α晶型没有压电效应。若将α晶型定向拉伸，则得到β晶型。β晶型的碳-氟极矩在垂直分子链取向，形成自发极化强度。再经过一定的极化处理后，晶胞内部的偶极矩进一步旋转定向，形成垂直于薄膜平面的碳-氟偶极矩固定结构。当薄膜受外力作用时，剩余极化强度改变，薄膜呈现出压电效应。

PVDF压电薄膜的压电灵敏度很高，比PZT压电陶瓷大17倍，且在10^{-5} Hz～500MHz频率范围内具有平坦的响应特性。此外，它还有机械强度高、柔软、耐冲击、易加工成大面积元件和阵列元件、价格便宜等优点。

6.3 压电传感器的测量电路

6.3.1 等效电路

如前所述，压电传感器在受力作用下，表面会出现电荷，且两个电极表面聚集的电荷量相等、极性相反。因此，可以把压电传感器看成是一个静电荷发生器，而压电元件在这一过

程中，本质上相当于一个电容器，其电容量 C 为

$$C=\frac{\varepsilon A}{d}=\frac{\varepsilon_r\varepsilon_0 A}{d} \tag{6-15}$$

式中，d 为晶体厚度，m；ε_r 为压电材料的介电常数，F/m，因材料不同而异，如锆钛酸铅 ε_r 为 2000～2400；ε_0 为真空介电常数；A 为电极板面积。

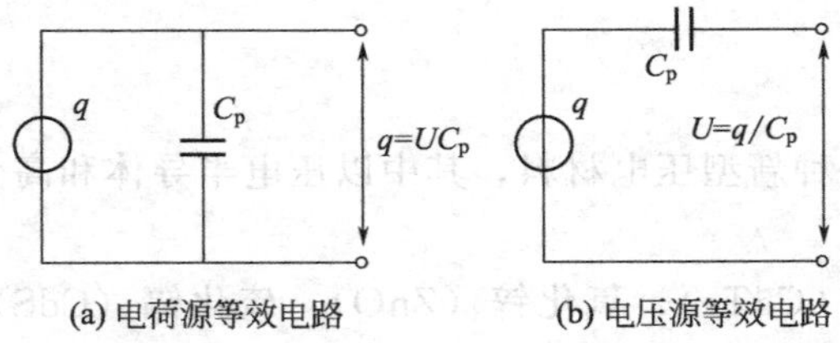

图 6-7　压电元件等效电路

图 6-7(a) 是将压电元件看成电荷源时的等效电路图，C 是其等效电容，在开路状态时输出

$$q=UC_p \tag{6-16}$$

图 6-7(b) 是将压电元件看成电压源时的等效电路，开路时其等效输出为

$$U=\frac{q}{C_p} \tag{6-17}$$

上述等效电路及其输出只有在压电元件自身理想绝缘、无泄漏、输出端开路的条件下才成立。压电元件的输出信号非常微弱，一般要把其输出信号通过电缆送入前置放大器放大，这样，在等效电路中就必须考虑前置放大器的输入电阻 R_i、输入电容 C_i、电缆电容 C_c 以及传感器的泄漏电阻（绝缘电阻）R_p。在考虑这些因素的情况下，实际的等效电路如图 6-8 所示。图 6-8(a) 为电荷源等效电路，图 6-8(b) 为电压源等效电路。

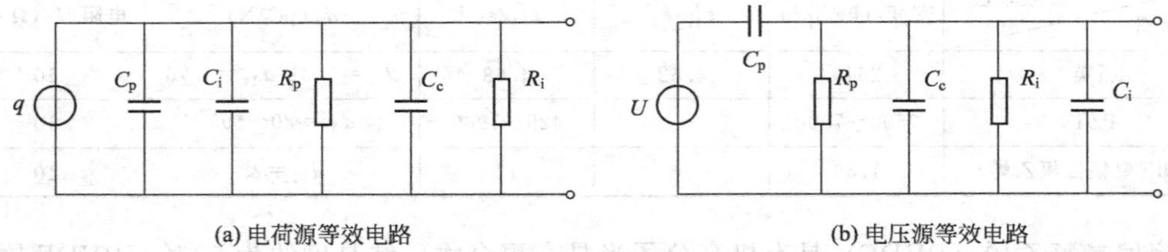

图 6-8　实际等效电路图

实际应用中，由于压电常数通常比较小，为提高压电传感器的灵敏度，压电材料一般不用一片，而常用两片（或两片以上）黏结在一起。由于压电材料的电荷是有极性的，因此有串联和并联两种接法，如图 6-9 所示。

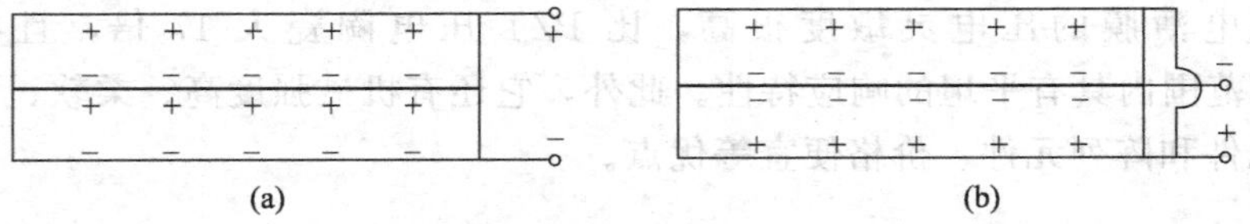

图 6-9　两个压电片的连接方法

图 6-9(a) 示出的是两个压电片串联连接，其输出的总电荷 Q' 等于单片电荷 Q，而输出电压 U' 为单片电压 U 的 2 倍，总电容 C' 为单片电容 C 的一半，即

$$Q'=Q,\ U'=2U,\ C'=C/2$$

图 6-9(b) 示出的是两个压电片并联连接，其输出的总电荷 Q' 等于单片电荷 Q 的 2 倍，而输出电压 U' 为单片电压 U，总电容 C' 为单片电容 C 的 2 倍，即

$$Q'=2Q,U'=U,C'=2C$$

在这两种接法中，并联接法输出电荷大，本身电容大、时间常数大，用于测量慢变信号并且以电荷作为输出量的地方；而串联接法输出电压大，本身电容小，适用于以电压作输出信号，并且测量电路输入阻抗很高的地方。

6.3.2 电荷放大器

电荷放大器是这样一种电路，其等效输入阻抗是一个电容，在低频时呈现很大的阻抗值。电荷放大器本身并不放大输入端的电荷，而是将输入电荷转换为与之成比例的电压输出，并且具有低输出阻抗。因此，实际上它是一个电荷-电压变换器。

图 6-10 所示电路是一种理想化的电荷放大器，该电路由单一电容器作为反馈的运算放大器构成。电荷从传感器转移到电容器 C_0 上，然后再用放大器测量 C_0 两端的电压，如果运算放大器的开环增益 k 很大，则输出

$$U_o=\frac{Q_p}{C_0+\dfrac{C+C_0}{k}}\approx\frac{Q_p}{C_0} \tag{6-18}$$

实际应用中，图 6-10 所示电路还需要进一步改进，因为它忽略了传感器和连接电缆的漏电阻及运算放大器的输入阻抗等因素。图 6-11 示出的是一个实际的电荷放大器电路。如果令

$$R=R_p/\!/R_c/\!/R_i/\!/[(k+1)/R_f] \tag{6-19}$$

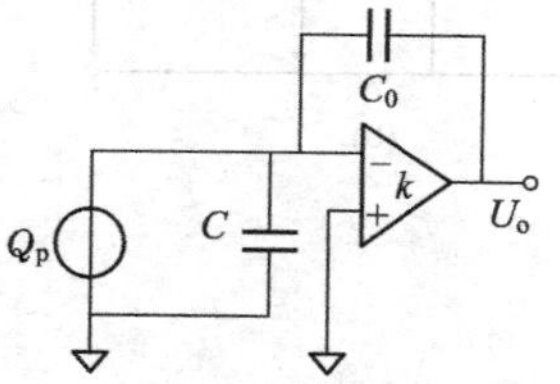

图 6-10 理想化电荷放大器

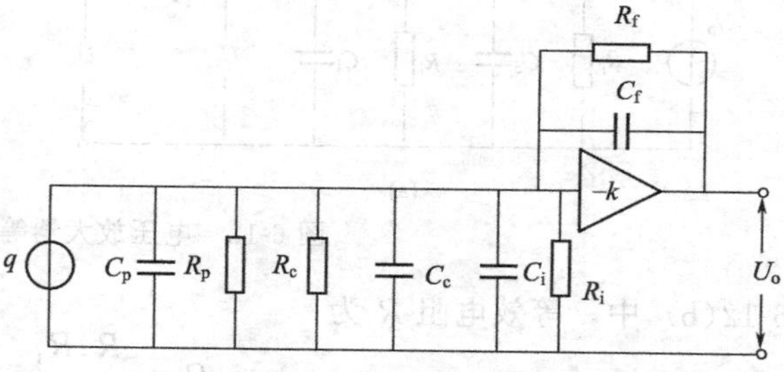

图 6-11 实际的电荷放大器等效电路图

$$C=C_p+C_c+C_i+(k+1)C_f \tag{6-20}$$

式中，R_p 为传感器本身漏电阻；C_p 为传感器的等效电容；R_c、C_c 为电缆的等效电阻和电容；R_i 和 C_i 为运算放大器的等效输入电阻和电容；$(k+1)/R_f$ 为反馈电阻折算到输入端的等效电阻，$C_f(k+1)$ 为等效到放大器输入端的密勒电容，由于运算放大器输入阻抗很大，R 与 C 并联时，R 可忽略。于是有

$$\begin{cases}U_i=\dfrac{q}{C_p+C_c+C_i+(k+1)C_f}\\U_o=-kU_i\end{cases} \tag{6-21}$$

$$U_o=-k\frac{q}{C_p+C_c+C_i+(k+1)C_f} \tag{6-22}$$

式中，“−”号表示运算放大器的输入与输出反相（反相放大器）。

当 $k\gg1$ 时（通常 $k=10^4\sim10^6$），满足 $(k+1)C_f>10(C_p+C_c+C_i)$。就得式(6-22)近似为

$$U_o \approx -\frac{q}{C_f} \tag{6-23}$$

观察式(6-23)，可以发现电荷放大器的 U_o 与 q 成正比，与电缆电容 C_c 无关。在电荷放大器的实际电路中，考虑到被测物理量的大小，以及后级放大器不致因输入信号太大而饱和，采用可变 C_f，选择范围一般为 10～10000pF，以便改变前置级输出的大小。另外，考虑到电容负反馈支路在直流工作时相当于开路，对电缆噪声比较敏感，放大器零漂较大，因此，为了提高放大器的工作稳定性，一般在反馈电容的两端并联一个大电阻 R_f（约 10^{10}～$10^{14}\Omega$），以提供直流反馈。

电荷放大器的时间常数 R_fC_f 很大（10^5s 以上），下限截止频率低至 3×10^{-6}Hz，上限频率可高达 100kHz，输入阻抗大于 $10^{12}\Omega$，输出阻抗小于 100Ω。压电传感器配用电荷放大器时，低频响应比配用电压放大器要好得多，可以实现对准静态物理量的测量。

6.3.3 电压放大器

压电传感器相当于是一个静电荷发生器或电容器，为了尽可能保持压电传感器的输出电压（或电荷）不变，要求电压放大器应具有很高的输入阻抗（大于 1000MΩ）和很低的输出阻抗（小于 100Ω）。另外，由于将传感器看成电压源输出，考虑电缆的电阻会引起电压降，因此需要前置放大器与传感器之间的电缆尽可能短，从而降低测量误差。压电传感器与电压放大器连接的等效电路如图 6-12 所示。图 6-12(b) 为图 6-12(a) 的简化电路。

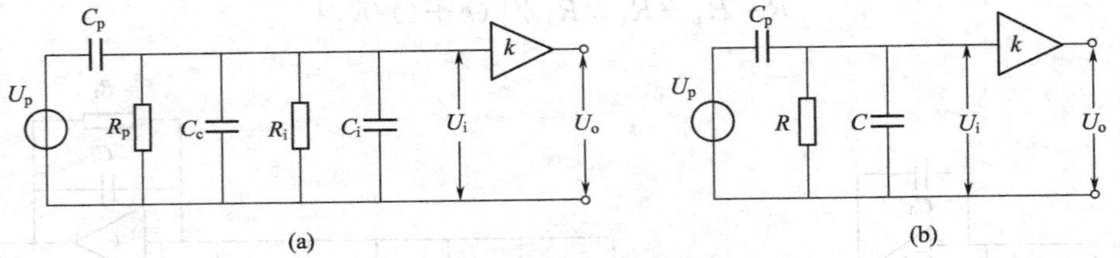

图 6-12　电压放大器等效电路

在图 6-12(b) 中，等效电阻 R 为

$$R = \frac{R_pR_i}{R_p + R_i} \tag{6-24}$$

等效电容 C 为 $C = C_c + C_i$。假设给石英晶体压电元件沿着电轴施加交变力 $F = F_m \sin\omega t$，则压电元件上产生的电压值为

$$U_p = \frac{q}{C_p} = \frac{d_{11}F}{C_p} = \frac{d_{11}F_m\sin\omega t}{C_p} \tag{6-25}$$

而送到电压放大器（前置放大器）输入端的电压为 U_{sr}，表示成复数形式为

$$\dot{U}_i = \dot{U}_p \frac{R /\!/ Z_C}{Z_{C_p} + (R /\!/ Z_C)} = \frac{d_{11}\dot{F}}{C_p} \times \frac{1}{Z_{C_p} + (R /\!/ Z_C)} R /\!/ Z_C = d_{11}\dot{F} \frac{\mathrm{j}\omega R}{1 + \mathrm{j}\omega R(C_p + C_c + C_i)} \tag{6-26}$$

于是前置放大器的输入电压 U_i 的幅频特性为

$$U_i(\omega) = \frac{d_{11}F_m\omega R}{\sqrt{1 + (\omega R)^2(C_p + C_c + C_i)^2}} \tag{6-27}$$

输入电压与作用力之间的相频特性为

$$\varphi(\omega) = \frac{\pi}{2} - \arctan\omega(C_p + C_c + C_i)R \tag{6-28}$$

由式(6-27)可以看出，当作用在压电元件上的力是静态力，即 $\omega=0$ 时，$U_i=0$，前置放大器的输入电压等于零，显然，这从原理上决定了压电传感器不能用于静态测量。此外，当$(\omega R)^2(C_p+C)^2\gg1$ 时，有

$$U_i\approx\frac{d_{11}F_m}{C_p+C_c+C_i} \tag{6-29}$$

这说明满足一定的条件后，前置放大器的输入电压近似与压电元件上的作用力的频率无关。在回路时间常数 $R(C_p+C)$ 一定的条件下，作用力的频率越高，越能满足$(\omega R)^2(C_p+C)^2\gg1$。同样，在作用力的频率一定的条件下，回路时间常数越大，越能满足$(\omega R)^2(C_p+C)^2\gg1$，于是，前置放大器的输入电压越接近压电传感器的实际输出电压。

需要注意的一个问题是：如果被检测物理量是缓慢变化的动态量，而测量回路的时间常数又不大，则必将会造成压电传感器的灵敏度下降，而且频率的变化还会使得灵敏度变化。为了扩大传感器的低频响应范围，就必须设法提高回路时间常数。应当指出，不能靠增加电容量来提高时间常数。如果靠增大电容量来达到这一目的，势必影响到传感器的灵敏度。这是因为，若传感器的电压灵敏度定义为

$$K=\frac{U_i}{F_m}=\frac{d_{11}\omega R}{\sqrt{1+(\omega R)^2(C_p+C)^2}} \tag{6-30}$$

当$(\omega R)^2(C_p+C)^2\gg1$，则

$$K\approx\frac{d_{11}}{C_p+C}=\frac{d_{11}}{C_p+C_c+C_i} \tag{6-31}$$

显而易见，当增大回路电容时，K 将下降。因此，应该用增大 R 的办法来提高回路时间常数。采用 R_i 很大的前置放大器就是为了达到此目的。下面给出一个例题来进行说明。

【例 6-1】 某压电传感器具有 1000pF 的电容，电荷灵敏度为 10^{-5}C/cm，连接电缆具有 300pF 的等效电容，用于测量输出信号的示波器具有 1MΩ 电阻并联 50pF 电容的输入阻抗，试计算：

(1) 传感器自身的灵敏度（电压灵敏度）；

(2) 整个系统的高频灵敏度；

(3) 系统允许的测量误差为 5%时系统所能测量的最低频率；

(4) 如果要是系统所能测量的低频频率低至 10Hz，系统允许的测量误差为 5%时测量电路中需要并联多大的电容？

(5) 如果系统并联上问计算出的电容，系统的高频灵敏度是多少？

解：(1) 由于给定了传感器的电荷灵敏度，那么根据 $U=Q/C$ 很容易得到

$K=K_q/C=10000$V/cm（显然这里的电容 C 只是传感器自身的电容）

(2) 由于系统中除了压电传感器自身电容外，还并联了电缆电容以及示波器输入阻抗中的并联电容，如图 6-11 所示，回路中总的等效电容 C_{total} 是这三者并联的结果。因此，整个系统的高频灵敏度应为

$$K=K_q/C_{total}=K_q/(1000\text{pF}+300\text{pF}+50\text{pF})=7400\text{V/m}$$

(3) 系统幅频响应曲线下降 5% 的低频频率点为系统所能测量的最低频率，因此有 $0.95^2=\frac{(\omega_1\tau)^2}{(\omega_1\tau)^2+1}$，这里 $\tau=RC_{total}=1\text{M}\Omega\times1350\text{pF}=0.00135$s，因此可以得到最低频率 $\omega=2250$rad/s$=358$Hz。

(4) 由于要求低频频率为 10Hz，即 $\omega=62.8$rad/s，因此

$$\tau=3.04/\omega=0.0484\text{s}=RC_{\text{total}}$$

得到 $C_{\text{total}}=48400\text{pF}$，为总电容，从而可以得出需要再并联一个大小为 $C_{\text{add}}=48400-1350=47050(\text{pF})$ 的电容。

(5) 在并联了上述电容以后，系统的高频电压灵敏度变为 $K=207\text{V/cm}$，可见，灵敏度急剧下降，这与前面的分析一致，即增大回路电容会降低灵敏度。

6.4 压电传感器及其应用

6.4.1 基本应用

由于压电效应具有可逆性，因此压电材料除了用于机械能到电能的转化外，有时也用于电能向机械能的转换，可以作执行器，例如可以将其用于激光器中对反射镜的调整、照相机中的自动除尘以及显微镜中对样品位置的调整等。

这里主要讨论作为传感器使用时，将被测物理量转换为电能的应用。图 6-13 给出了压电传感器用来测量基本量（力、位移）的应用。其中，图 6-13(a) 是用于压力测量，图 6-13(b) 用于位移测量，图 6-13(c) 示出的应用针对在测压力时容易受到振动加速度的影响（如在对发动机气缸内部压力进行检测时，气缸振动会引入非期望的加速度输入，这是因为测量时往往将压力传感器固定于气缸内部，由于压电传感器本身具有一定质量，在做加速运动时，会在连接面上产生一个附加受力，从而给压力测量带来误差），采取了补偿措施。补偿时采用两片压电片，一片用作测量，另一片用作补偿，两片压电片的输出进行差分即可消除加速度所带来的影响。从结构上来看，该传感器仅能消除纵向的加速度影响，对于横向的加速度基本没有效果。

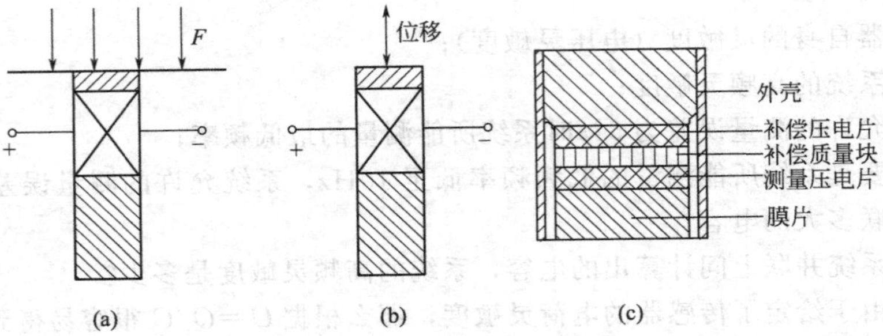

图 6-13　基于压电元件的压力、位移传感器

在实际应用中，由于压电传感器的压电常数通常都比较小，有些情况下为了获得期望的输出和灵敏度，采取多片压电片串并联的形式来提高性能。由于压电传感器与电容类似，因此它的串并联可以看成是电容的串并联。

6.4.2 加速度传感器

压电式加速度传感器同其他类型的加速度传感器相似，同样需要附加小的质量块，将加速度转化为力，再通过压电传感器测出受力，从而获得加速度值。以压缩型压电式加速度传感器［如图 6-14(a) 所示］为例来说明其工作原理。压电元件一般由两块压电片（石英晶片或压电陶瓷片）串联或并联组成。在压电片的两个表面上镀银，并在银层上焊接输出引线，或在两个压电片之间加一片金属薄片，引线焊接在金属薄片上。输出端的另一根引线直接与传感器基座相连。质量块放置在压电片上，它一般采用密度较大的金属钨或高密度合金制成，以保证质量且减小体积。为了消除质量块与压电元件之间、压电元件自身之间因加工粗糙造成的接触不良而引起的非线性误差，并保证传感器在交变力的作用下正常工作，装配时需对压电元件施加预压缩载荷。

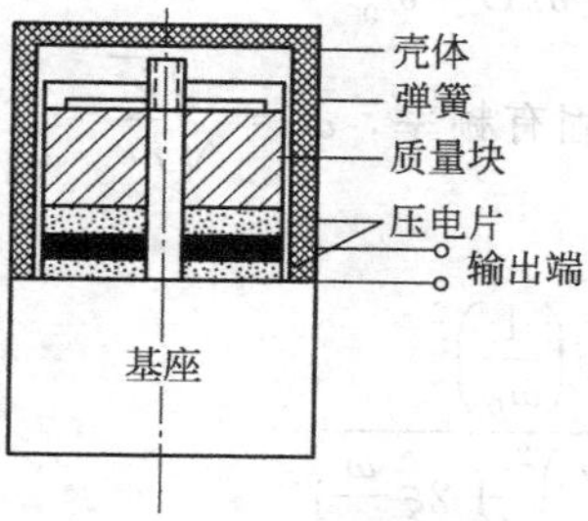

(a) 压缩型压电式加速度传感器结构

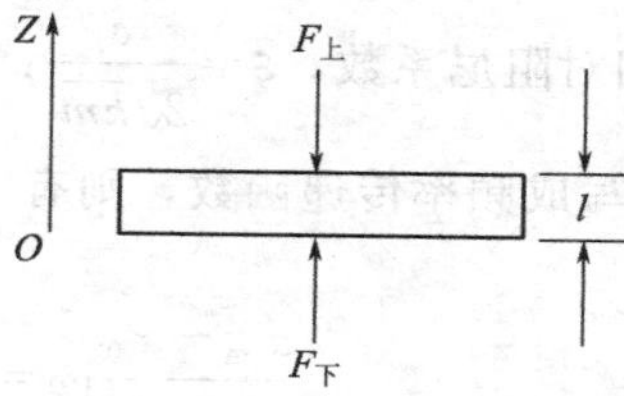

(b) 压电片受力分析

图 6-14　压电式加速度传感器结构及压电片受力分析

压电式加速度传感器的灵敏度是指传感器的输出电量（电荷或电压）与输入量（加速度）的比值。

灵敏度有两种表示法：当传感器与电荷放大器配合使用时，用电荷灵敏度 K_q 表示；与电压放大器配合使用时，则用电压灵敏度 K_U 表示，其表达式分别为

$$K_q = \frac{q}{a} \tag{6-32}$$

$$K_U = \frac{U_o}{a} \tag{6-33}$$

式中，q 为压电式传感器输出电荷量，C；U_o 为传感器的开路电压，V；a 为被测加速度，m/s^2。

因为 $U_o = \frac{q}{C_p}$，所以电荷灵敏度与电压灵敏度之间存在式(6-34) 所示关系。

$$K_q = K_U C_p \tag{6-34}$$

还要说明，以上各式是按压电元件的理想等效电路求得的，实际中还应考虑放大器的输入电容 C_i、连接电缆的分布电容 C_c 等的影响。

为进一步分析压电式加速度传感器的动态响应，可以用质量 m、弹簧弹性系数 k、阻尼系数 c 的二阶系统来模拟其动态响应，如图 6-14(b) 所示。设被测振动体位移 x_0，质量块相对位移 x_m，则质量块与被测振动体的相对位移为 x_i，即

$$x_i = x_m - x_0 \tag{6-35}$$

根据牛顿第二定律，有

$$m\frac{d^2 x_m}{dt^2} = -c\frac{dx_i}{dt} - kx_i \tag{6-36}$$

将 $x_i = x_m - x_0$ 代入式(6-36)，有

$$m\frac{d^2 x_m}{dt^2} = -c\frac{d}{dt}(x_m - x_0) - k(x_m - x_0) \tag{6-37}$$

将式(6-37) 改写为

$$\frac{d^2(x_m-x_0)}{dt^2}+\frac{c}{m}\times\frac{d(x_m-x_0)}{dt}+\frac{k}{m}(x_m-x_0)=-\frac{d^2x_0}{dt^2} \tag{6-38}$$

并设输入为加速度 $a=\frac{d^2x_0}{dt^2}$，输出为 x_m-x_0，并引入微分算子$\left(D=\frac{d}{dt}\right)$，则式(6-38) 变为

$$\frac{x_m-x_0}{a}=\frac{-1}{D^2+2\xi\omega_0D+\omega_0^2} \tag{6-39}$$

式中，ξ 为相对阻尼系数，$\xi=\frac{c}{2\sqrt{km}}$；ω_0 为固有频率，$\omega_0=\sqrt{\frac{k}{m}}$。

将式(6-39) 写成频率传递函数，则有

$$\frac{x_m-x_0}{a}j\omega=\frac{-\left(\frac{1}{\omega_0}\right)^2}{1-\left(\frac{\omega}{\omega_0}\right)^2+2\xi\frac{\omega}{\omega_0}j} \tag{6-40}$$

其幅频特性为

$$\left|\frac{x_m-x_0}{a}\right|=\frac{\left(\frac{1}{\omega_0}\right)^2}{\sqrt{\left[1-\left(\frac{\omega}{\omega_0}\right)^2\right]^2+\left[2\xi\left(\frac{\omega}{\omega_0}\right)\right]^2}} \tag{6-41}$$

相频特性为

$$\varphi=-\arctan\frac{2\xi\left(\frac{\omega}{\omega_0}\right)}{1-\left(\frac{\omega}{\omega_0}\right)^2}-180° \tag{6-42}$$

由于质量块与被测振动体的相对位移为 x_m-x_0（也就是压电元件受力后产生的变形量），于是有

$$F=k_y(x_m-x_0) \tag{6-43}$$

式中，k_y 为压电元件弹性系数。

力 F 作用在压电元件上，则产生的电荷为

$$q=d_{33}F=d_{33}k_y(x_m-x_0) \tag{6-44}$$

将式(6-44) 代入幅频特性公式，即式(6-41)，可得到压电式加速度传感器灵敏度与频率的关系式

$$\frac{q}{a}=\frac{\frac{d_{33}k_y}{\omega_0^2}}{\sqrt{\left[1-\left(\frac{\omega}{\omega_0}\right)^2\right]^2+\left(2\xi\frac{\omega}{\omega_0}\right)^2}} \tag{6-45}$$

由上述公式可知，当被测物体振动频率远小于传感器固有频率时，传感器的相对灵敏度为常数，即

$$\frac{q}{a}\approx\frac{d_{33}k_y}{\omega_0^2} \tag{6-46}$$

传感器固有频率很高，因此频率范围较宽，一般为几赫兹到几千赫兹。但是需要指出，

传感器低频响应与前置放大器有关，若采用电压前置放大器，那么低频响应将取决于变换电路的时间常数 τ。前置放大器输入电阻越大，则传感器下限频率越低。

6.5 压电谐振式传感器

6.5.1 工作原理

压电谐振式传感器于 20 世纪 40 年代开始研制，20 世纪 60 年代开始得到应用。由于其以频率输出，很容易进行数字化，可以方便地与计算机连接，因而越来越得到重视，被广泛用于应力、应变、压力、角速度、加速度、温度、湿度、流速、流量及浓度等物理量的测量中。压电谐振式传感器的基本工作原理是逆压电效应。如前所述，当在压电晶体上加一个激励时，压电晶体会产生机械形变，当这个电压是交变电压时，压电晶体内部晶体微粒会发生机械振荡，若此振荡的频率与晶体固有频率相同，则会发生共振现象，此时振荡最稳定，如测出电路的振荡频率，便可以得出晶体固有频率。另一方面，晶体的机械振荡又会在晶体表面产生电荷，形成电场，这样压电晶体变完成了从电能到机械能，再到电能的转换，如果在这个过程里能补充振荡过程中的能量消耗，变可以形成电能和机械能的等幅振荡，并一直持续下去。压电谐振式传感器就是根据这种逆压电效应原理，将石英谐振器连接到振荡电路反馈电路中设计而成的。图 6-15 示出的就是一个简化的压电晶体振荡回路。

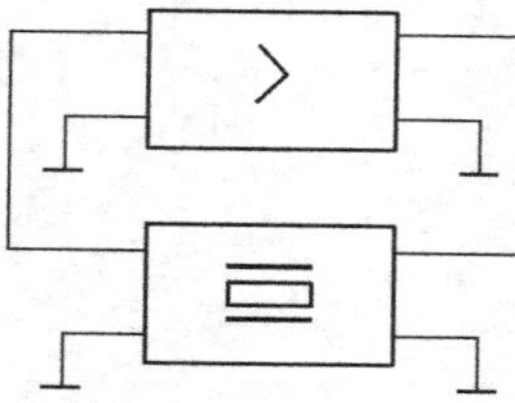

图 6-15 压电晶体振荡电路

图 6-16 石英晶体的 LC 切

6.5.2 石英晶体谐振式温度传感器

压电晶体谐振器常采用厚度切变振动模式 AT 切或 BT 切或 Y 切型的石英晶体制作。Y 切的晶体作厚度剪切模振动时有正的频率温度系数，在长度方向上振动时有负的频率温度系数，总的温度系数为 $-20\times10^{-6}\sim+100\times10^{-6}$/℃。X 切的晶体在厚度方向上振动时，频率温度系数近似为 -20×10^{-6}/℃。可根据对频率温度系数的要求加以选择。可根据温度每变化 1℃振荡频率变化若干赫兹的要求与晶体的频率温度系数来确定振荡电路的基本共振频率，例如，要求温度变化 1℃时频率变化 1000Hz，即分辨率为 0.001℃，如果晶体的频率温度系数为 35.4×10^{-6}/℃，则晶体的基本共振频率为

$$f=\frac{1000}{35.4\times10^{-6}}\approx28\times10^{6}(\mathrm{Hz}) \tag{6-47}$$

图 6-16 示出的是 LC 切的平凸透镜形谐振器（一种具有线性温度频率特性的石英切型）。当谐振器的直径为 6.25mm，表面曲率半径约为 125mm 时，谐振频率取 28MHz（3

次谐波)，可满足上述要求。

谐振器置于充氦气 TO-5 型三极管壳内，管壳内压力约 133Pa。为了降低热惰性，压电元件置于外壳的上盖附近，使其与上盖的间隙尽量小。该温度传感器在 10～9000Hz 的频率范围内，经受单次冲击达 10^4g、振动加速度幅值达 $10^4 m/s^2$ 的情况下，仍能保持其初始灵敏度。其他性能指标为：分辨率 0.0001℃，绝对误差 0.02℃，温度频率特性的非线性为 0.05℃（0～100℃），热惰性时间常数为 1s（在水中）。

图 6-17 所示为谐振式测温仪的电路框图。该测温仪能够进行 T_1 和 T_2 两路的温度测量，还能确定温差 T_1-T_2，转换分辨率选择开关，可按 10^{-2}℃、10^{-3}℃或 10^{-4}℃的分辨率进行测量。如果采用一个传感器测温，传感器相应的热敏振荡信号与基准振荡器十倍频后的信号混频后输出，输出值除以 1000Hz/℃为被测温度。

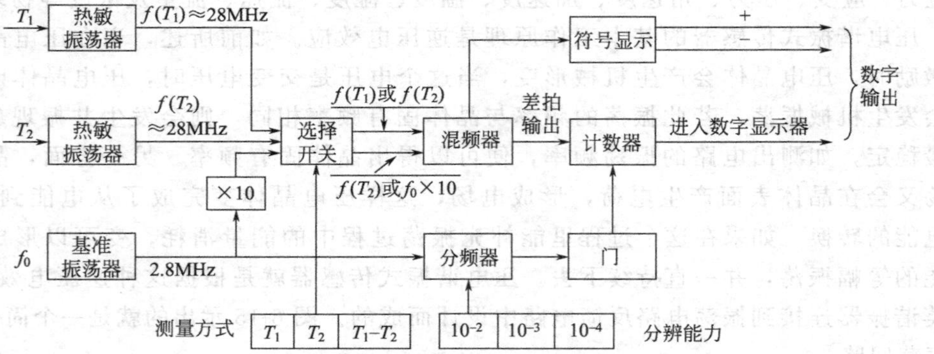

图 6-17　谐振式测温仪的电路框图

6.5.3　石英晶体谐振式压力传感器

厚度剪切模的石英振子固有共振频率为

$$f=\frac{1}{2h}\sqrt{\frac{C_{66}^{D}}{\rho}} \tag{6-48}$$

可见，频率与厚度 h、密度 ρ、厚度剪切模量 C_{66}^{D} 三者均有关系。当石英振子受静态压力作用时，振子的共振频率将发生变化，并且频率的变化与所加压力成线性关系。这一特有的静应力-频移效应主要是因 C_{66}^{D} 随着压力变化产生的。

图 6-18 示出的是一种石英谐振器 QPT 的结构，它由石英的薄壁圆柱筒 3、石英谐振器 2、石英端盖 1、4 以及电极 6、7 等部分组成。其关键元件是一个频率为 5MHz 的精密透镜形石英谐振器，位于石英薄臂圆柱筒内。圆柱筒空腔 5、8 内充氦气，用石英端盖进行密封。图 6-19 是基于上述石英谐振器的石英晶体谐振式压力传感器结构图。图中，QPT 靠薄弹簧片 N 悬浮于传压介质油 O 中。压力容器由铜套筒 C 和钢套筒 S 构成，隔膜 D 与钢套筒 S 连接，E 为 QPT 的电接头。QPT 的温度由内加热器 HI 和外加热器 HO 控制。当传感器工作时，可使 QPT 保持在±0.05℃范围以内，从而使振子达到零温度系数。隔膜 D 是容器内的油和外压力介质的分界层。液体油 O（合成磷酸盐酯溶液）热膨胀系数比较低，以便减小因温度变化引起的液体油压变化而造成的（温度）读数误差。端盖用不锈钢制造，P 为压力进口。信号调理电路按照谐振式测温仪的电路稍加改造即可，在此不再赘述。

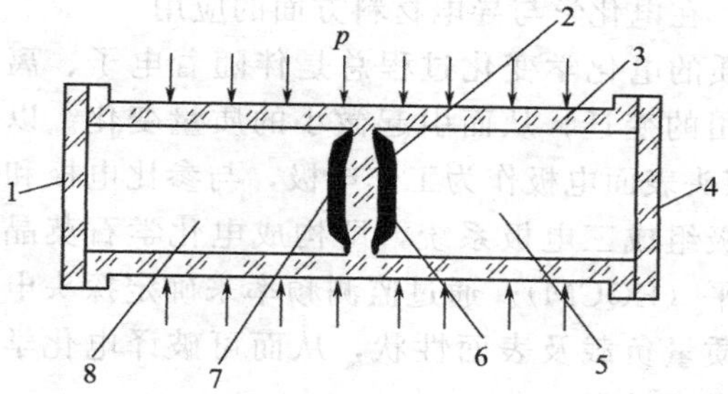

图 6-18　石英谐振器 QPT 结构

1,4—石英端盖；2—石英谐振器；3—薄壁圆柱筒；5,8—空腔；6,7—电极

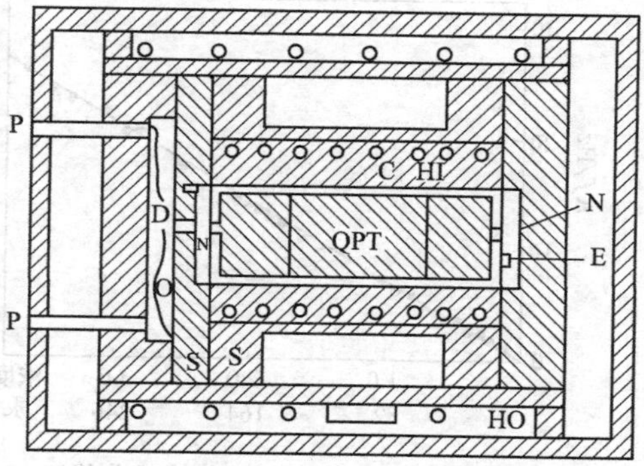

图 6-19　石英晶体谐振式压力传感器的结构

6.5.4　石英晶体谐振式质量传感器

德国人 Sauerbrey 于 1959 年根据单层无穷大薄板模型导出频移-质量关系式。

$$\Delta f=\frac{-2f_0^2\Delta m}{A(\mu\rho)^{1/2}} \tag{6-49}$$

式中，Δf 为频移；Δm 为质量改变量；f_0 为晶体基频；A 为电极面积；ρ、μ 分别为石英晶体密度和剪切模量。式(6-49) 提示了在一定条件下，石英晶体频移与质量变化成正比例关系，但仅在积淀膜为刚性且其质量不超过晶体本身质量的 2%时适用。

当刚性积淀膜较厚时，必须采用从声负载状态的理论分析导出的关系式，见式(6-50)。

$$\tan\frac{\pi f_c}{f_0}=-\frac{Z_f}{Z_q}\tan\frac{\pi f_c}{f_f} \tag{6-50}$$

式中，f_c 为有负载时晶体的频率；f_f 为无负载时晶体的频率；f_0 为晶体的基频；Z_f 为膜的声阻抗；Z_q 为晶体的声阻抗。

式(6-50) 在频移 Δf 达到 40%基频时仍成立。

基于上述理论可以开发出各种质量变化测量装置，选择合适的吸附涂层或者化学膜涂覆于晶体电极表面，当吸附涂层（膜）上质量发生改变时，晶体振荡频率也随之变化。其精度非常高，甚至可以检测到电化学变化过程中电子、离子或基团的变迁而引起微小的质量变化，因此有时也称为石英晶体微天平（QCM）。下面简要介绍 QCM 在三方面应用。

(1) 在汞蒸气浓度检测中的应用

压电汞蒸气探测器在石英晶片的电极上沉积金膜。金膜能吸收汞，生成汞齐，是良好的检测汞的涂层材料。石英晶片的共振频率 f 因附加到其上的质量的增减而变化，即

$$\Delta f=-2.3\times10^6 f^2\frac{\Delta m}{A} \tag{6-51}$$

式中，Δf 为共振频率的变化，Hz，Δm 为涂层吸附的附加质量，g；A 为涂层面积，cm^2。

由式（6-51）可知：如使晶片的涂层具有吸附某种气体成分的功能，则可通过测量共振

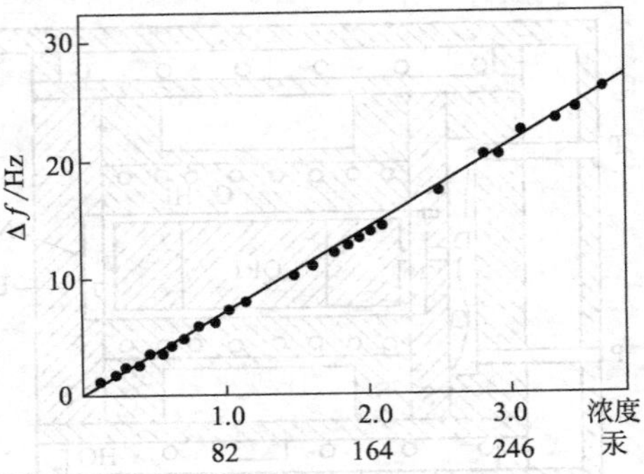

图 6-20 汞浓度和频率关系曲线

频率的变化得知该气体成分是多少。图 6-20 示出了汞的浓度和频率成近似线性关系。

(2) 在电化学与导电材料方面的应用

物质的电化学变化过程总是伴随着电子、离子或基团的变迁，从而引起微小的质量变化。以 QCM 探头表面电极作为工作电极，与参比电极和辅助电极组成三电极系统，即构成电化学石英晶体微天平（EQCM）。通过监测频率来确定探头电极表面质量负载及表面性状，从而可破译电化学变化的微观过程。

EQCM 用于化学合成的研究中，石英探头表面电极既是传感面，又是电化学反应场所，合成过程引起电极表面微小的质量变化，即可被现场监测出来，其灵敏度可达到亚单层表面分子，因此适用于研究实际电化学反应过程中各种因素对反应的影响，为确定合成条件提供依据。此外，EQCM 还应用于导电聚合物材料的研究、电化学沉积与溶解过程的研究、表面/界面物理及化学过程的在线监测等方面。

(3) 在生物医学方面的应用

利用 QCM 的高质量敏感性，在其探头电极上附加具有生物活性的特异选择功能膜，就制成了压电晶体生物传感器。其中，应用最广的一类是基于抗体对抗原的特异识别和结合功能的免疫传感器，利用抗体与抗原的空间构象具有互补性，实现其对形状或分子结构的特异选择性识别；另一类是多核苷酸的杂交反应的监测，这在医学诊断、细菌学、病理学、生化和分子生物学方面有特殊用途。此外，QCM 在有机化学和分析化学领域也有广泛的应用前景。

QCM 获得的信号（频率、电流、电量等）都是非选择性的，其选择性依赖于功能膜的识别功能。根据获得的信息，仍只能对微观变化过程和作用原理做间接推测；QCM 获取的定量信号与引起信息变化的因素间关系复杂，因此需要针对不同体系建立符合该体系的传感理论模型。

6.6 本章小结

本章首先分析了压电效应和逆压电效应产生的原理，给出了压电方程，然后讨论常用压电材料的特点。压电传感器属于有源传感器，尽管其本质上相当于一个电容器，但在测量电路设计上与电容式传感器有相当的不同。本章分别阐述了用于压电传感器测量的电压放大器和电荷放大器的特点，以及在设计中应注意的问题。最后给出了压电传感器的测量应用实例。

习 题

1. 简述压电效应产生的原理，说明压电方程各参数的含义。
2. 请说明压电传感器是否适合测量静态量，如果要测量，需要采取哪些措施？

3. 对于钛酸铅，在 Z 方向上有 $d=-44\text{pC/N}$，$\varepsilon^{\text{T}}=600\varepsilon_0$，$g=-8(\text{mV/m})/(\text{N/m}^2)$，$\varepsilon=-4.4\text{C/m}^2$，$s^{\text{E}}=1/(100\text{GPa})$，对于边长为 1cm 的立方体，施加 1000N 的力，求其上产生的电场强度及电荷数；如果在两侧施加 1kV 的电压，则产生的应变为多少？

4. 某压电式加速度传感器的灵敏度为 10pC/g、电抗为 10GΩ‖100pF，其与电荷放大器相连的电缆具有 30pF 的电容和 100GΩ 的绝缘电阻。电荷放大器由运算放大器构成，该运算放大器的直流开环增益为 120dB、交流 1kHz 时的开环增益为 60dB，且运算放大器与传感器相距 2m 放置。要求输出电压灵敏度为 1V/g，带宽为 1Hz～1kHz。为了获得需要的响应，试计算电荷放大器中的反馈电容和电阻值。

第7章 磁电式传感器

知识要点

通过本章学习，读者应掌握电感式、差动电感式、差动变压器式、电动式四种变磁阻式传感器工作原理与其有关的性能；霍尔磁敏传感器的工作原理、结构、驱动电路、误差分析及补偿、以及其应用；磁敏二极管的工作原理和主要特性、磁敏三极管的工作原理和主要特性；巨磁电阻磁传感器工作机理、巨磁电阻传感器的检测电路、巨磁电阻传感器应用实例；巨磁阻抗效应原理、巨磁阻抗传感器典型电路、巨磁阻抗传感器的应用。

本章知识结构

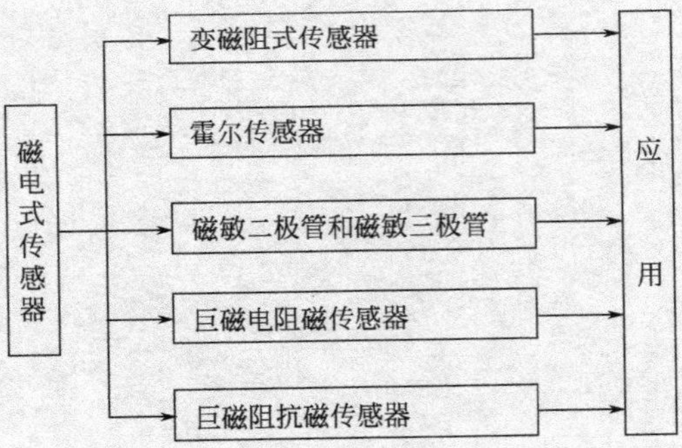

磁传感器是最古老的传感器，在古代，人们利用磁铁感应地磁场指引方向，这就是磁传感器的最早的一种应用。现在，各种磁传感器广泛应用在空中、海洋、地面、勘探、医院和其他实验室中，用来测量地球和其他星球的磁场以及生物的磁场，即磁感应强度或磁通密度。

磁传感器是一种接受磁信号，并按一定规律转换成可用输出信号的器件或装置。磁传感器最大的应用方向是非接触测量，其测量的对象包括电流、线性速率、转速、角度、位置和位移等多种物理量。

在大规模集成电路技术（IC）和微机电技术（MEMS）的支持下，磁传感器的发展出现了多样、新型、集成、智能的趋势。新型的敏感材料、原理与工艺正使磁传感器朝着更大测量范围、更高的测量精度及可靠性、集成化、微型化的方向发展。

7.1 变磁阻式传感器

7.1.1 电感式传感器

电感式传感器是利用电磁感应原理将被测物电量的变化转换成线圈的自感系数 L（或互感系数）变化的一种机电转换转置。电感式（自感式）传感器的结构原理图如图 7-1 所示。该传感器由线圈 1、铁芯 2 和衔铁 3 三部分组成，在铁芯和衔铁之间留有空气隙（长度为 δ）。被测物与衔铁相连，被测物的移动通过衔铁引起空气隙变化，改变磁路的磁阻，使线圈电感量变化。电感量的变化通过测量电路转换为电压、电流或频率的变化，从而实现对被测物位移的检测。

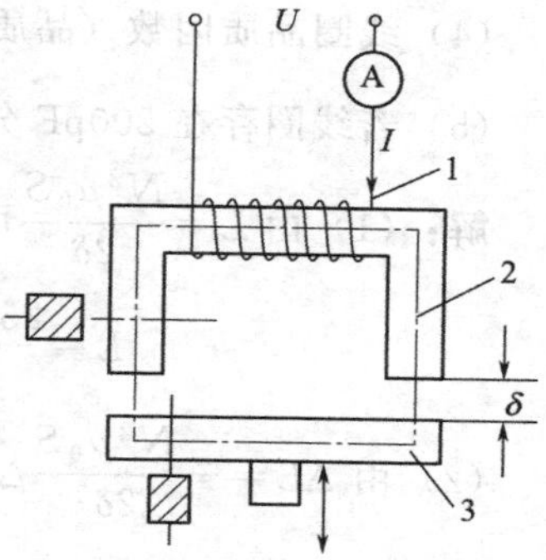

图 7-1 电感式传感器的结构原理图

1—线圈；2—铁芯；3—衔铁

当线圈的匝数为 N，流过线圈的电流为 I(A)，磁路磁通为 Φ(Wb) 时，电感量

$$L=\frac{N\Phi}{I} \tag{7-1}$$

根据磁路定理（磁路欧姆定律）

$$\Phi=\frac{NI}{R_1+R_2+R_\delta} \tag{7-2}$$

式中，R_1、R_2 和 R_δ 分别为铁芯、衔铁和空气隙的磁阻。

$$R_1=\frac{l_1}{\mu_1 S_1},\ R_2=\frac{l_2}{\mu_2 S_2},\ R_\delta=\frac{2\delta}{\mu_0 S} \tag{7-3}$$

式中，l_1、l_2 和 δ 分别为磁通通过铁芯、衔铁和空气隙的长度，m；S_1、S_2 和 S 分别为铁芯、衔铁和空气隙的横截面积，m^2；μ_1、μ_2 和 μ_0 分别为铁芯、衔铁和空气的磁导率，H/m，其中，$\mu_0=4\pi\times10^{-7}$H/m。

将式(7-2)、式(7-3) 代入式(7-1)，考虑到一般导磁体的磁导率远大于空气的磁导率（大数千倍乃至数万倍），有 $R_1+R_2\ll R_\delta$，得

$$L=\frac{N^2\mu_0 S}{2\delta} \tag{7-4}$$

由式(7-4) 可见，线圈匝数确定之后，只要空气隙长度 δ 和空气隙截面 S 两者之一发生变化，传感器的电感量就会发生变化。因此，有变空气隙长度和变空气隙截面积电感式传感器之分，前者常用来测量线位移，后者常用于测量角位移。

当衔铁移动距离很小时，可对式(7-4) 求微分，得位移变化与电感变化之间的关系为

$$\Delta L=-\frac{N^2\mu_0 S}{2\delta^2}\Delta\delta$$

ΔL 可通过三种方法求得：将电感接入电桥测得；将 L 作为振荡线圈的一部分，通过振荡频率的改变测得 ΔL；通过图 7-1 所示电路求得（图 7-1 中，传感器的线圈与交流电表串联，用频率和幅值一定的交流电压 U 作电源）。当衔铁移动时，传感器的电感变化，引起电

路中电流改变，从而得知衔铁位移的大小。

【例 7-1】 某变气隙型电感传感器，衔铁面积为 $S=4\text{mm}\times4\text{mm}$，气隙总长为 $2\delta=0.8\text{mm}$，衔铁最大位移为 $\Delta L_\delta=\pm0.08\text{mm}$，激励线圈匝数 $N=2500$ 匝，导线直径 $d=0.06\text{mm}$，电阻率 $\rho=1.75\times10^{-6}\Omega\cdot\text{cm}$，当激励电源频率 $f=4000\text{Hz}$ 时，忽略漏磁和铁损，要求计算：

(1) 线圈电感值；

(2) 电感的最大变化量；

(3) 线圈直流电阻值；

(4) 线圈品质因数（品质因数 $Q=\dfrac{\omega L}{R}$）；

(5) 若线圈存在 200pF 分布电容时求其等效阻抗。

解：(1) 由 $L=\dfrac{N^2\mu_0 S}{2\delta}$ 可得

$$L=\frac{2500^2\times4\pi\times10^{-7}\times16\times10^{-6}}{0.8\times10^{-3}}=0.157\ (\text{H})$$

(2) 由 $\Delta L=-\dfrac{N^2\mu_0 S}{2\delta^2}\Delta\delta$ 可得

$$\Delta L=0.0314\ (\text{H})$$

(3) $R=\rho\dfrac{l}{S}=1.75\times10^{-6}\dfrac{2500\times4\times0.4}{\pi\times0.003^2}=247.57\ (\Omega)$

(4) $\omega=2\pi f=2\pi\times4000=25132.74$，$Q=\dfrac{\omega L}{R}=\dfrac{25132.74\times0.157}{247.57}=15.9$

(5) $\dfrac{1}{Z}=\dfrac{1}{R+\text{j}\omega L}+\text{j}\omega C$，$Z=\dfrac{R+\text{j}\omega L}{1+\text{j}\omega C(R+\text{j}\omega L)}=\dfrac{R+\text{j}\omega L}{1-\omega^2CL+\text{j}\omega CR}$

$$Z=\frac{247.57+\text{j}\times25132.74\times0.157}{1-25132.74^2\times200\times10^{-12}\times0.157+\text{j}\times25132.74\times200\times10^{-12}\times247.57}$$

$$Z=\frac{247.57+3945.84\times\text{j}}{0.980166+0.001244\times\text{j}}=\frac{247.5683+3867.5782\text{j}}{0.9607269}=257.6885+4025.6791\text{j}$$

7.1.2 差动电感式传感器

由于电感式传感器存在一些弊端，如式(7-4)是在忽略导磁体磁阻的情况下得到的，如果气隙很小，导磁体磁阻就不能忽略。差动电感式传感器能克服上述弊端。由两只完全相同的电感式传感器合用一个活动衔铁便构成了差动电感式传感器，如图 7-2(a) 所示，该结构可减小非线性误差、提高灵敏度。图 7-2(b) 为其电路接线图。传感器的两只电感线圈接成交流电桥的相邻的两臂，另外两个桥臂由电阻组成。还有一种螺管形结构的差动电感式传感器，工作原理与此相同。

在起始位置时，衔铁处于中间位置，两边的气隙相等，两只线圈的电感量相等，电桥处于平衡状态，电桥的输出电压 $U_{sc}=0$。

当衔铁偏离中间位置向上或向下移动时，两边气隙不等，两只电感线圈的电感量一增一减，电桥失去平衡。电桥输出电压的幅值大小与衔铁移动量的大小成比例，其相位则与衔铁移动方向有关。假定向上移动时输出电压的相位为正，而向下移动时相位将反向 180°，为负。因此，如果测量出电压的大小和相位，就能决定衔铁位移量的大小和方向。

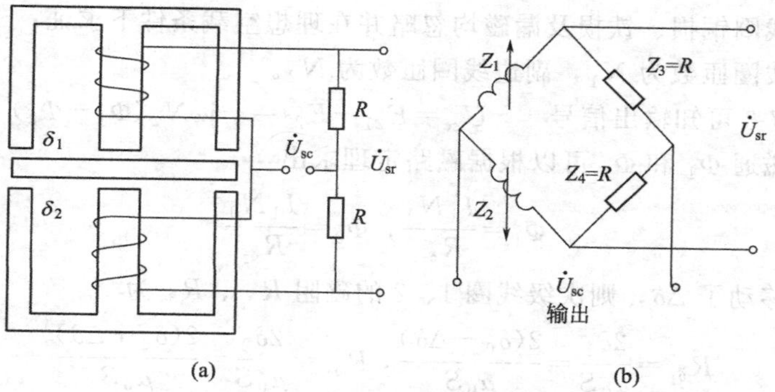

图 7-2　差动电感式传感器结构原理图与电路接线图

7.1.3　差动变压器式传感器

差动变压器式传感器简称差动变压器（Liner Variable Differential Transformer，LVDT）。差动变压器与一般变压器工作原理基本相同。不同之处在于一般变压器原、副边间的互感是常数，而差动变压器原、副边间的互感随衔铁移动有相应变化。差动变压器的工作原理是将位移变化转化为互感的变化。

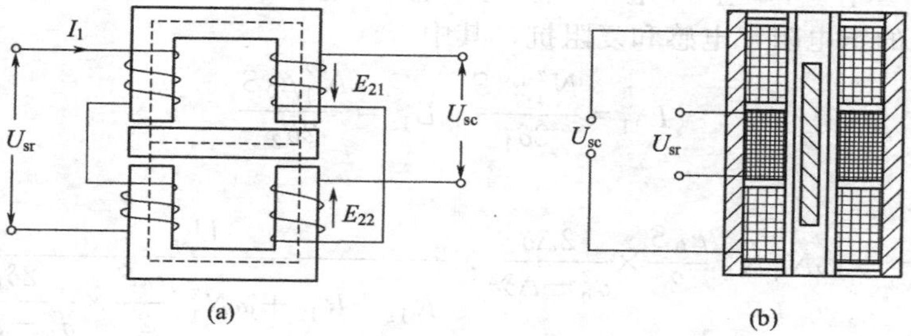

图 7-3　气隙式和螺管式差动变压器式传感器结构形式

图 7-3(a) 示出的传感器为 π 形结构，衔铁为平板型，灵敏度较高，但测量范围较窄，一般用于测量几微米到几百微米的机械位移。

图 7-3(b) 是圆柱形的螺管式差动变压器，可测 1mm 至上百毫米的位移。

此外还有衔铁旋转的用来测量转角的差动变压器，通常可测到微小角位移。

图 7-3(a) 所示传感器的可动铁芯和待测物相连，两个次级线圈接成差动形式，可动铁芯的位移通过线圈的互感作用转换成感应电动势的变化，从而得到待测位移。

由于互感，初级线圈的交流电压在两个次级线圈中分别产生感应电动势 E_{21} 和 E_{22}。又因接成差动形式，则输出电压

$$U_{sc}=E_{21}-E_{22}$$

① 设两个次级线圈完全相同，当铁芯处在中间位置时，感应电动势 $E_{21}=E_{22}$，此时

$$U_{sc}=E_{21}-E_{22}=0$$

② 当铁芯向上移动时，次级线圈 2 中穿过的磁通减少，感应电动势 E_{22} 也减少，而次级线圈 1 中穿过的磁通增多，感应电动势 E_{21} 也增大，则 $U_{sc}=E_{21}-E_{22}>0$。

③ 当铁芯向下移动时，有 $U_{sc}=E_{21}-E_{22}<0$。

可见，输出电压的大小和符号反映了铁芯位移的大小和方向。

【例 7-2】 证明如图 7-3(a) 所示 π 形差动变压器输出为 V 形特征。

(1) 设电感线圈铜损、铁损及漏磁均忽略并在理想空载条件下求证；

(2) 设原边线圈匝数为 N_1，副边线圈匝数为 N_2。

证明：由图 7-3 可知输出信号 $U_{sc}=E_{21}-E_{22}=-j\omega N_2(\Phi_1-\Phi_2)$

次级线圈的磁通 Φ_1 和 Φ_2 可以根据磁路定理求出

$$\Phi_1=\frac{I_1N_1}{R_{\delta_1}},\ \Phi_2=\frac{I_1N_1}{R_{\delta_2}}$$

设衔铁向上移动了 $\Delta\delta$，则次级线圈 1、2 的磁阻 R_{δ_1}、R_{δ_2} 为

$$R_{\delta_1}=\frac{2\delta_1}{\mu_0S}=\frac{2(\delta_0-\Delta\delta)}{\mu_0S},\ R_{\delta_2}=\frac{2\delta_2}{\mu_0S}=\frac{2(\delta_0+\Delta\delta)}{\mu_0S}$$

则输出为

$$U_{sc}=-j\omega N_1N_2I_1\frac{\mu_0S}{2}\times\frac{2\Delta\delta}{\delta_0^2-\Delta\delta^2}$$

式中，I_1 为未知，其他参数均是已知的。为此，需要求出初级线圈中的激磁电流 I_1，当次级线圈中无电流时（负载无穷大时），有

$$I_1=\frac{U_{sr}}{Z_{11}+Z_{12}}$$

其中，$Z_{11}=R_{11}+j\omega L_{11}$，$Z_{12}=R_{12}+j\omega L_{12}$。$R_{11}$、$R_{12}$、$L_{11}$、$L_{12}$、$Z_{11}$、$Z_{12}$ 分别表示上下初级线圈的铜电阻，电感和复阻抗，其中

$$L_{11}=\frac{N_1^2\mu_0S}{2\delta_1},\ L_{12}=\frac{N_1^2\mu_0S}{2\delta_2}$$

代入上式得

$$U_{sc}=-j\omega N_1N_2\frac{\mu_0S}{2}\times\frac{2\Delta\delta}{\delta_0^2-\Delta\delta^2}\times\frac{U_{sr}}{R_{11}+R_{12}+j\omega N_1^2\frac{\mu_0S}{2}\times\frac{2\delta_0}{\delta_0^2-\Delta\delta^2}}$$

该式中含有 $\Delta\delta^2$ 项，这是引起非线性的因数。如果忽略 $\Delta\delta^2$，并假设 $R_{11}=R_{12}=R_1$，上式可写为

$$U_{sc}=-j\omega\frac{N_2}{N_1}\times\frac{N_1^2}{\frac{2\delta_0}{\mu_0S}}\times\frac{\Delta\delta}{\delta_0}\times\frac{U_{sr}}{R_1+j\omega\frac{N_1^2}{\frac{2\delta_0}{\mu_0S}}}$$

把 $L_0=\frac{N_1^2}{\frac{2\delta_0}{\mu_0S}}$ 代入上式，可得

$$U_{sc}=-U_{sr}\frac{N_2}{N_1}\times\frac{j\frac{1}{Q}+1}{\frac{1}{Q^2}+1}\times\frac{\Delta\delta}{\delta_0}$$

式中，Q 为品质因数，$Q=\omega L_0/R$。当 Q 增大时，正交分量减小；一般需要差动变压器具有高的 Q 值，Q 值很高时，$R_1\ll\omega L_0$，上式可以简化为

$$U_{sc}=-U_{sr}\frac{N_2}{N_1}\times\frac{\Delta\delta}{\delta_0}$$

同理，铁芯下移时
$$U_{sc}=U_{sr}\frac{N_2}{N_1}\times\frac{\Delta\delta}{\delta_0}$$

根据上式画出输出特性曲线，如图 7-4 所示，E_{21}、E_{22} 为单变压器输出，$E_{21}-E_{22}$ 为差动变压器输出，由此可见，差动方式输出可减小非线性误差。但只有采用相敏检波电路才能测出衔铁位移方向。

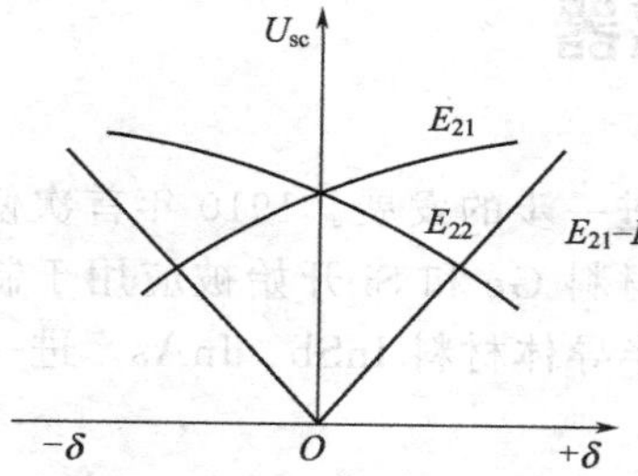

图 7-4 输出特性曲线

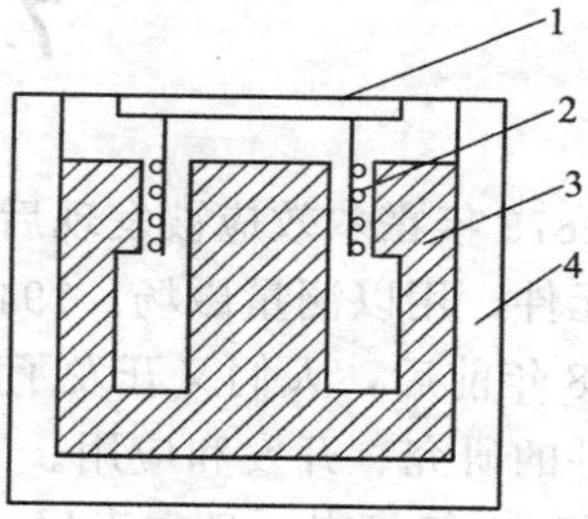

图 7-5 线速度型电动式传感器结构示意图

1—振动膜；2—可动线圈；3—磁铁；4—外壳

7.1.4 电动式传感器

电动式传感器也称动圈式传感器，又可分为线速度型与角速度型，可用于监测位移、压力等物理量。这种传感器可看成由两部分组成，一是产生磁场的磁路部分；二是由振动膜和线圈构成的机械振动系统部分。磁铁可以是永久磁铁，也可以是电磁铁，其作用是产生强恒定磁场 B_0。

如图 7-5 所示为线速度型传感器工作原理图，在永久磁铁产生的恒定磁场内放置一个可动线圈 2，当线圈沿磁场方向运动时，线圈相对于磁场的运动速度为 v 它所产生的感应电动势为

$$e=-BlNv$$

式中，B 为气隙磁感应强度；N 为线圈工作匝数；l 为每匝线圈的平均长度；v 为线圈相对于磁场方向的运动速度。

这种测试只适用于动态测量，可直接测量振动物体的速度，图 7-6 示出的是恒定磁通式磁电传感器动圈式与动铁式结构原理图，两者原理相同，当壳体随被测振动体一起振动时，由于弹簧较软，运动部件质量较大，振动频率足够高（远高于传感器的固有频率）时，运动

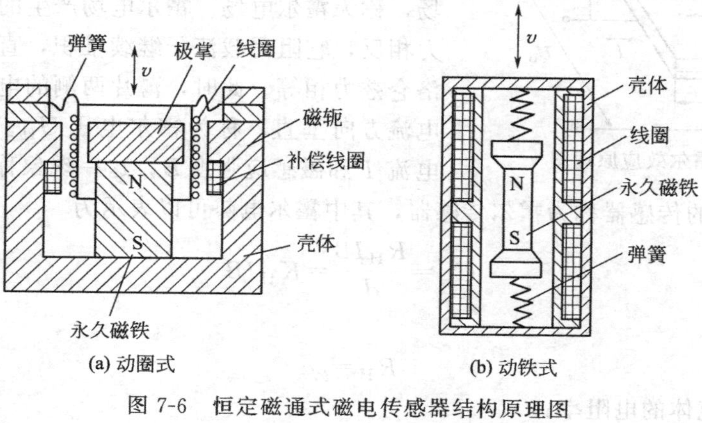

图 7-6 恒定磁通式磁电传感器结构原理图

部件惯性很大，来不及随着振动体一起振动，振动能量被弹簧吸收，永久磁铁与线圈之间的相对运动速度近似振动体振动速度。磁铁与线圈相对运动便产生感应电动势，通过测量感应电动势便可测出速度。如果在其测量电路中接入积分电路或微分电路，那么还可以用来测量位移或加速度。

7.2 霍尔传感器

自从1879年霍尔效应被发现后，磁电理论便得到进一步的发展。1910年首次使用铋制成了霍尔元件，用以测量磁场。1948年以后，半导体材料Ge和Si开始被应用于制作霍尔元件。1958年前后，人们又开发了高迁移率的化合物半导体材料InSb、InAs，进一步促进了霍尔元件的研究、开发和应用。

20世纪60年代末，日本索尼（SONY）公司成功研制了具有高复合区双注入的P+-i-N+型锗和硅磁敏二极管，使结型磁敏管进入了实用化阶段。这类新型磁敏器件转换灵敏度比霍尔元件高1～2个数量级，表现了极其良好的灵敏度特性。

7.2.1 霍尔磁敏传感器

霍尔磁敏传感器的发展大致经历了三个阶段。第一阶段从霍尔效应发现到20世纪40年代前期，1910年，有人用金属铋制成霍尔元件，作为磁场传感器，由于金属材料中的电子浓度很大，霍尔效应十分微弱；第二阶段从20世纪40年代到20世纪60年代，其间，半导体技术出现，尤其是锗的采用，推动了霍尔组件的发展；进入第三阶段，即20世纪80年代，随着IC技术和MEMS技术的发展，霍尔组件从平面向三维方向发展，出现了三维或四维固态霍尔传感器，实现了产品的系列化、加工的批量化、体积的微型化。

下面介绍霍尔磁敏传感器（通常称为霍尔器件）的工作原理、基本特性与应用。

7.2.2 工作原理

图7-7是霍尔效应原理图。在如图7-7所示的金属或半导体薄片两端通以控制电流I，在薄片平面法线方向上施加磁感应强度为B的磁场。由于洛仑兹力的作用，通电导体片中的载流子分别向薄片横向两侧偏转和积聚，在元件的两端形成横向电场，称为霍尔电场。霍尔电场产生的电场力和洛仑兹力相反，它阻碍载流子继续堆积，直到霍尔电场力和洛仑兹力相等。此时，薄片两侧的电压方向与磁场和电流方向垂直，称为霍尔电压U_H。U_H正比于控制电流I和磁感应强度B，这一现象称为霍尔效应，利用霍尔效应制成的传感器称为霍尔传感器，其中霍尔电势可以表示为

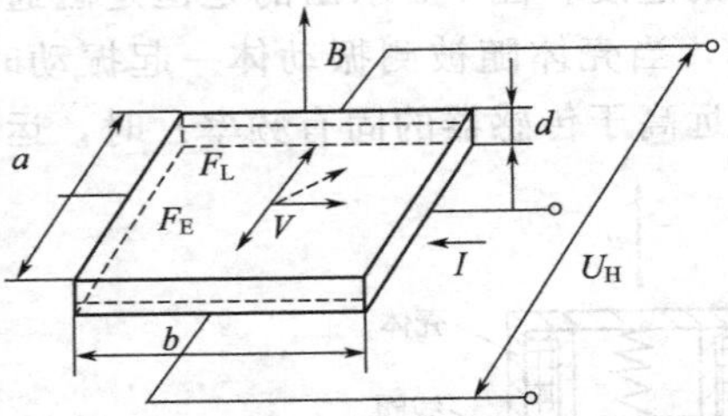

图7-7 霍尔效应原理图

$$U_H=\frac{R_H IB}{d}=K_H IB \tag{7-5}$$

霍尔系数

$$R_H=\rho\mu$$

式中 ρ——载流体的电阻率；

μ——载流子的迁移率。

半导体材料（尤其是N型半导体）电阻率较大，载流子迁移率很高，因而可以获得很大的霍尔系数，适于制造霍尔传感器。

磁场方向与元件平面法线方向成角度 θ 时，作用在元件上的有效磁场是磁场法线方向的分量，即 $B\cos\theta$，则有

$$U_H = K_H IB\cos\theta \tag{7-6}$$

由式(7-6) 可知，当控制电流的方向或磁场方向改变时，输出电势的方向也将改变；若电流和磁场同时改变方向，霍尔电势方向不变。

由式(7-5)、式(7-6) 可以看出，霍尔电势正比于控制电流 I 和磁感应强度 B，灵敏度 K_H 表示单位磁感应强度和单位控制电流时输出的霍尔电势的大小，一般要求越大越好，元件的厚度 d 越小，K_H 越大，所以霍尔元件的厚度都很小。当载流材料和几何尺寸确定后，霍尔电势的大小只和控制电流 I 和磁感应强度 B 有关，因此，霍尔传感器可用来探测磁场和电流，由此可测量压力、振动等。

7.2.3 结构及其特性分析

(1) 材料与结构

霍尔元件常用的半导体材料有N型硅（Si）、N型锗（Ge）、锑化铟（InSb）、砷化铟（InAs）、砷化镓（GaAs）等。霍尔元件在电路中可用两种符号表示，如图7-8所示。

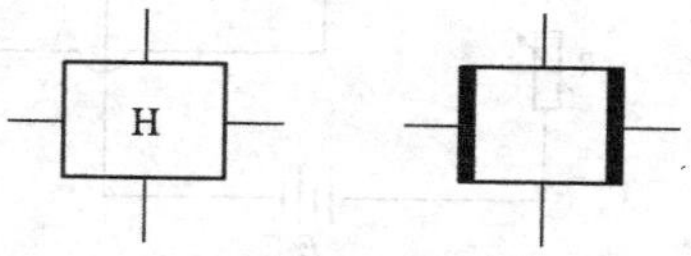

图7-8　霍尔元件的符号

(2) 主要技术参数

① 灵敏度 K_H。指元件在单位磁感应强度和单位控制电流下所得到的开路霍尔电压。

② 输入电阻 R_I。指元件的两控制极之间的等效电阻。

$$R_I = \left.\frac{U_I}{I_I}\right|_{\substack{t=(20\pm5)℃ \\ B=0}} \tag{7-7}$$

③ 输出电阻 R_T。两个霍尔电极之间的霍尔电势对外电路而言相当于电压源，其电源内阻即为输出电阻。

$$R_T = \left.\frac{U_H}{I_H}\right|_{\substack{t=(20\pm5)℃ \\ B=0}} \tag{7-8}$$

④ 不等位电势 U_o。在额定控制电流作用下，当外加磁场为0时，霍尔元件输出端的开路电压称为不等位电动势，它是由霍尔元件的厚度不均匀或电极安装不对称等原因造成的，一般应在外电路设计时增加平衡电桥，用于消除不等位电动势的影响。

⑤ 不等位电阻。不等位电势与额定控制电流之比。

⑥ 寄生直流电势 U_{oD}。无外加磁场时，交流控制电流通过霍尔元件而在两霍尔电极间产生的直流电势。U_{oD}是由霍尔电极与霍尔片之间的非完全欧姆接触而产生的整流效应引起的。

⑦ 感应零电势。无控制电流，霍尔元件在交流或脉动磁场中会有电势输出，这个输出就是感应零电势。产生感应零电势的原因是霍尔电极引线布置不合理。

(3) 电磁特性

霍尔元件的电磁特性包括控制电流与输出之间的关系、霍尔电势与磁场（恒定或交变）之间的关系、元件的输入或输出电阻与磁场之间的关系等特性。

① U_H-I 特性。在磁场和环境温度一定时，输出霍尔电势 U_H 与控制电流 I 之间呈线性

关系，两者的比值为控制电流灵敏度，用 K_1 表示

$$K_1=\frac{U_H}{I} \tag{7-9}$$

由式(7-5) 和式(7-9) 可以得到

$$K_1=K_H B \tag{7-10}$$

② U_H-B 特性。当控制电流一定时，霍尔元件的开路输出随磁感应强度的增加并不完全呈线性关系，只有当磁感应强度 B 小于 0.5Wb/m^2 时，U_H-B 的线性度才比较好。

③ R-B 特性。R-B 特性是指霍尔元件的输入（或输出）电阻与磁场之间的关系。霍尔元件的内阻随磁场的绝对值增加而增大，这种现象称磁阻效应。霍尔元件的磁阻效应使输出霍尔电势降低，尤其在强磁场时，输出降低较多，应想办法予以补偿。

7.2.4 霍尔元件的驱动电路

霍尔元件的基本驱动电路如图 7-9 所示。

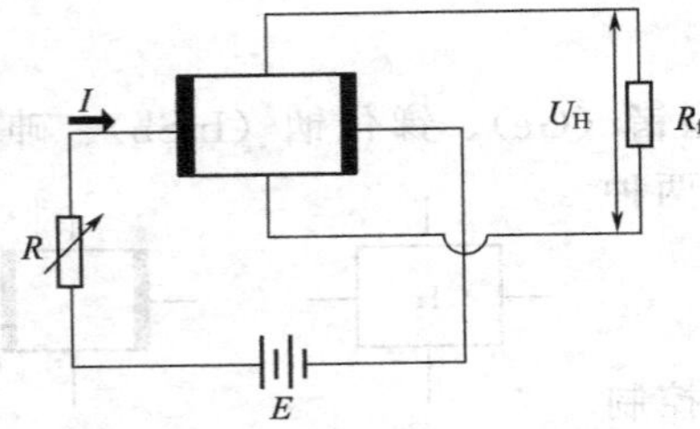

图 7-9 霍尔元件的基本驱动电路

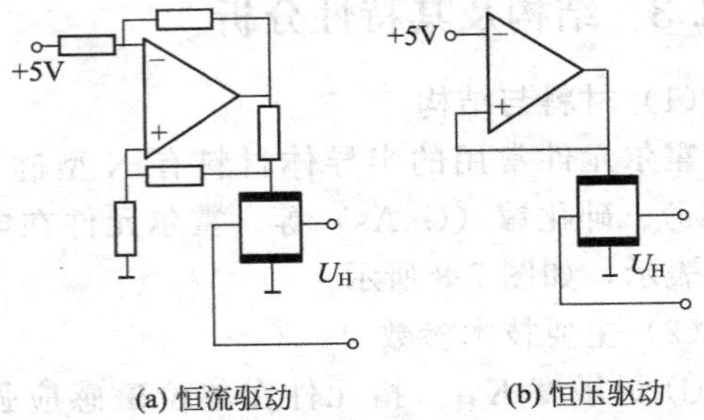

图 7-10 霍尔元件驱动电路

对霍尔元件可采用恒流驱动或恒压驱动，如图 7-10 所示。

恒压驱动电路简单，但随着霍尔元件的内阻变化，其性能变差。随着磁感应强度增加，线性度变坏，仅用于精度要求不太高的场合；恒流驱动线性度高，控制电流不会随相关参数变化而变化精度高，受温度影响小。

7.2.5 霍尔元件的误差分析及补偿

(1) 不等位电势及其补偿

霍尔元件的零位误差包括不等位电势、寄生直流电势和感应零电势，其中，不等位电势 U_o 是最主要的零位误差。

要降低 U_o，除了在工艺上采取措施以外，还需采用补偿电路。

霍尔元件的不等位电势的四种补偿电路如图 7-11 所示，图 7-11(a) 是不对称补偿电路，这种电路结构简单、易调整，但工作温度变化后原补偿关系遭到破坏；图 7-11(b)、图 7-11(c)、图 7-11(d) 是对称电路，因而在温度变化时，补偿的稳定性要好些，但这种电路减小了霍尔元件的输入电阻，增大了输入功率，降低了霍尔电势的输出。

(2) 温度误差及其补偿

霍尔元件是用半导体材料制成，因此它的许多参数都具有较大的温度系数。当温度变化时，霍尔元件的电阻率和霍尔系数都将发生改变。为了减小温度对霍尔元件的影响，一般可以选用温度系数小的元件；采用恒温措施；采用恒流源供电等方法。

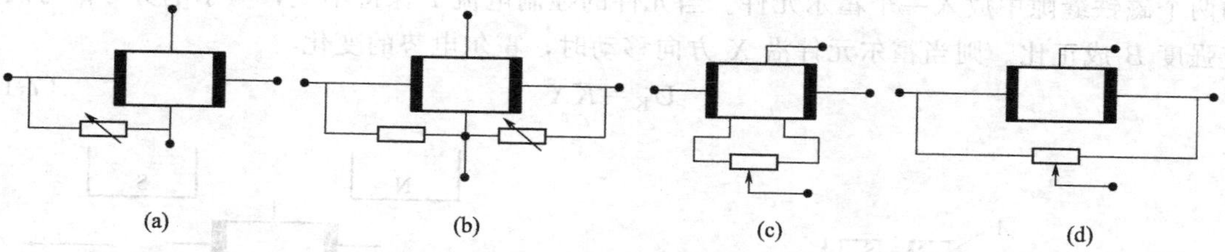

图 7-11　霍尔元件不等位电势补偿电路

采用恒流源提供控制电流可以减小温度误差，对于具有正温度系数的霍尔元件，可在元件控制极并联一个分流电阻 R_0 来提高 U_H 的温度稳定性，如图 7-12 所示。当霍尔元件的输入电阻随温度升高而增加时，分流电阻 R_0 自动加强分流，减少了霍尔元件的控制电流。

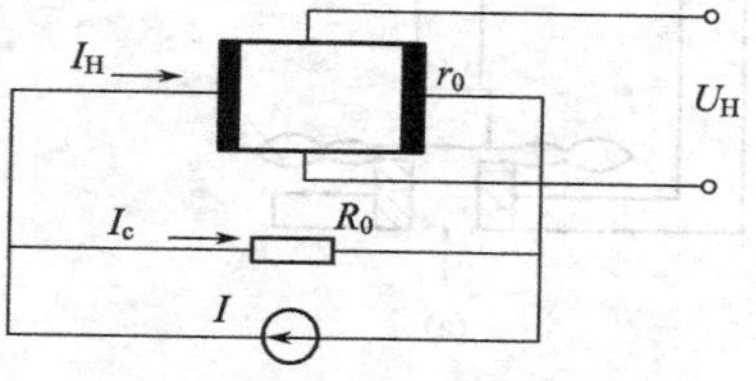

图 7-12　温度补偿电路

假设在初始温度 T_0 时，元件灵敏度系数为 K_{H0}、输入电阻为 r_0，当温度由 T_0 变化到 T，即 $\Delta T = T - T_0$ 时，r 为霍尔元件实际电阻，各参数变化为

$$r = r_0(1+\beta\Delta T),\ K_H = K_{H0}(1+\alpha\Delta T) \tag{7-11}$$

式中，β 为霍尔元件输入电阻 r 的温度系数；α 为灵敏度 K_{H0} 的温度系数。

由于温度为 T_0 时有

$$I_{H0} = I\frac{R_0}{R_0+r_0} \tag{7-12}$$

在温度为 T 时有

$$I_H = I\frac{R_0}{R_0+r_0(1+\beta\Delta T)} \tag{7-13}$$

要使霍尔电势不随温度而变化，必须保证在 B 和 I 的值为常数，温度为 T 和 T_0 时有 $U_{H0}=U_H$，即有

$$K_{H0}I_0B = K_HB\cdot I_H \tag{7-14}$$

那么

$$K_{H0}I\frac{R_0}{R_0+r_0} = K_{H0}(1+\alpha\Delta T)I\frac{R_0}{R_0+r_0(1+\beta\Delta T)} \tag{7-15}$$

整理得

$$R_0 = \frac{\beta-\alpha}{\alpha}r_0 \tag{7-16}$$

当霍尔元件选定以后，r_0、α、β 为定值，其值可在产品说明书中查到，由式(7-16) 选择适合的补偿分流电阻 R_0，使由于温度变化产生的误差为零。

7.2.6　霍尔传感器的应用

$$\frac{dU_H}{dX} = K_HI\frac{dB}{dX} = K \tag{7-17}$$

将式(7-17) 积分，得式(7-18)。

霍尔压力计如图 7-13 所示，压力计核心部件如图 7-14 所示。在磁极性相反而强度相同

的两个磁铁缝隙中放入一个霍尔元件。当元件的控制电流 I 保持不变，霍尔电势 U_H 与磁感应强度 B 成正比。则当霍尔元件沿 X 方向移动时，霍尔电势的变化

$$U_K = KX \tag{7-18}$$

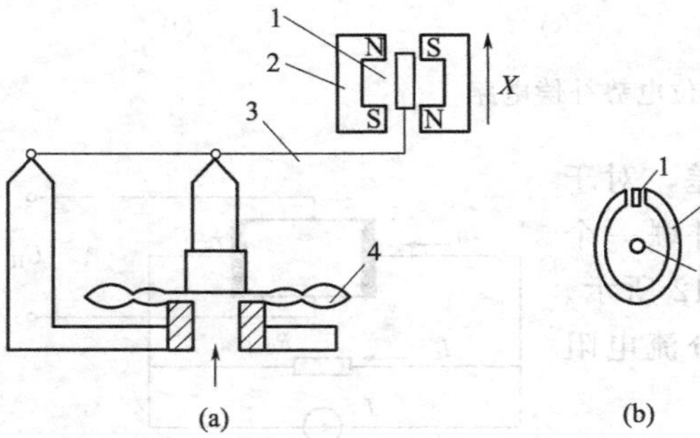

图 7-13　霍尔压力计

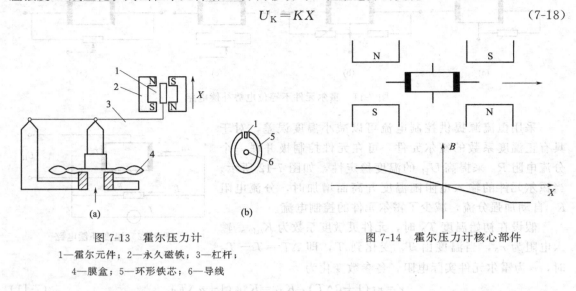

1—霍尔元件；2—永久磁铁；3—杠杆；4—膜盒；5—环形铁芯；6—导线

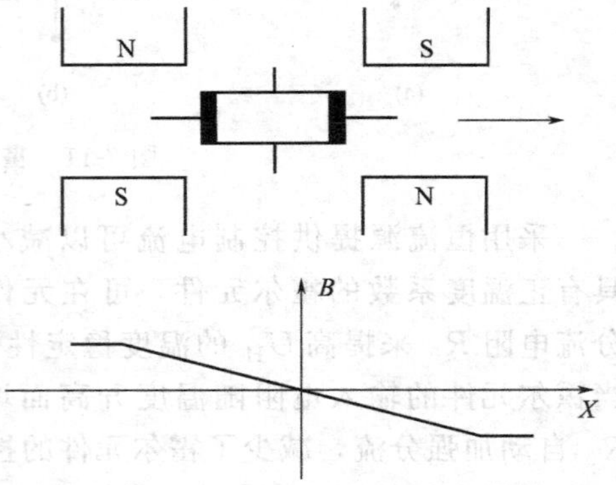

图 7-14　霍尔压力计核心部件

利用霍尔元件测量位移惯性小、反应速度快，可用来测量力、压力、压差、液位、流量等。

7.3　磁敏二极管和磁敏三极管

磁敏二极管是 20 世纪 70 年代迅速发展起来的一种新型磁敏器件，与霍尔元件相比具有灵敏度高、响应速度快等优点。用它可以判断磁场方向和磁场强度，因而在磁场测量、磁力探伤、转速测量、位移测量以及工业自动控制的各种触点开关，直流无刷电机和地震预报等方面得到了广泛的应用。其灵敏度比霍尔元件大一到两个数量级。

7.3.1　磁敏二极管的工作原理和主要特性

磁敏二极管的 P 型和 N 型电极由高阻材料制成，在 P、N 之间有一个较长的本征区 I。本征区 I 的一面磨成光滑的无复合表面（为 I 区），另一面打毛，设置成高复合区（为 r 区）因为电子-空穴对易于在粗糙表面复合而消失。

如图 7-15 所示，当磁敏二极管 P 区接电源正极，N 区接电源负极，磁敏二极管未受到外界磁场作用时，外加正向偏压后，大量的空穴从 P 区通过 I 区进入 N 区，同时也有大量

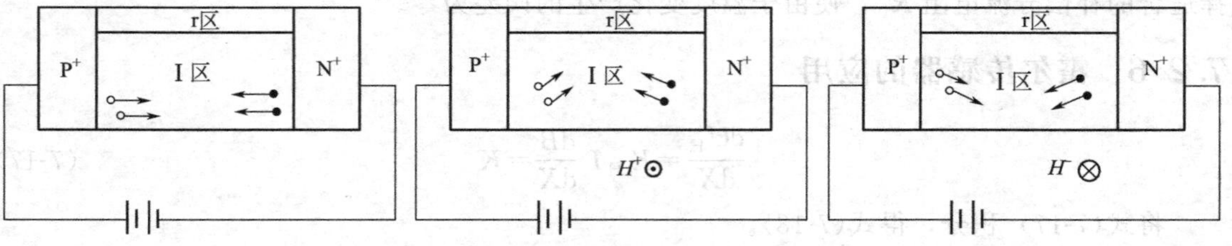

图 7-15　在给定的条件下磁敏二极管工作原理

电子注入P区，形成电流。只有少量电子和空穴在I区复合掉。

当磁敏二极管受到外界正向磁场作用时，电子和空穴受到洛仑兹力的作用而向r区偏转，由于r区的电子和空穴复合速度快，因此电子和空穴一进入r区就被复合掉。相应的I区的载流子密度减小，电流减小，电阻增加。而当I区电阻增加后，外加偏压分配在I区的电压增加，从而降低了在PI和NI结的电压，结电压的减小进一步减少载流子的注入，使得I区的电阻进一步增加，最终达到稳定状态。

当磁敏二极管受到外界反向磁场作用时，电子和空穴受到洛仑兹力的作用而向I区偏移，由于行程变长，载流子在I区的停留时间增加，复合减小。同时，因I区载流子密度增加，电流增加，电阻减小。导致正向偏压在I区的分压降低，而PI和NI结上的电压进一步增加，促使更多的载流子注入I区，进一步使电阻减小，最终达到稳定值。

利用磁敏二极管在磁场强度的变化下其电流发生变化，就可以实现磁电转换。

(1) 磁电特性

给定条件下，磁敏二极管的输出电压变化量和外加磁场的关系。如图7-16所示，给出的是单个磁敏二极管和互补使用时的磁电特性曲线。单个使用时，正向磁灵敏度要大于反向灵敏度；互补使用时，正向和反向特性曲线基本对称。在弱磁感应强度下，磁电特性有较好的线性度。

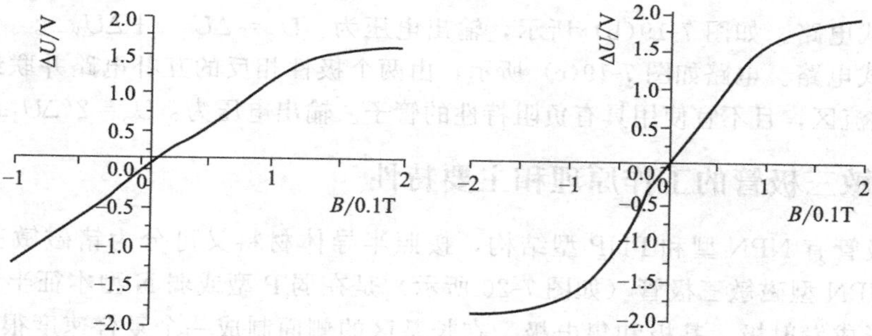

图7-16 磁敏二极管正向偏压和通过其电流的关系

(2) 伏安特性

磁敏二极管正向偏压与通过其上电流的关系。不同磁场强度H作用下，磁敏二极管伏安特性不同。锗磁敏二极管的伏安特性如图7-17所示。

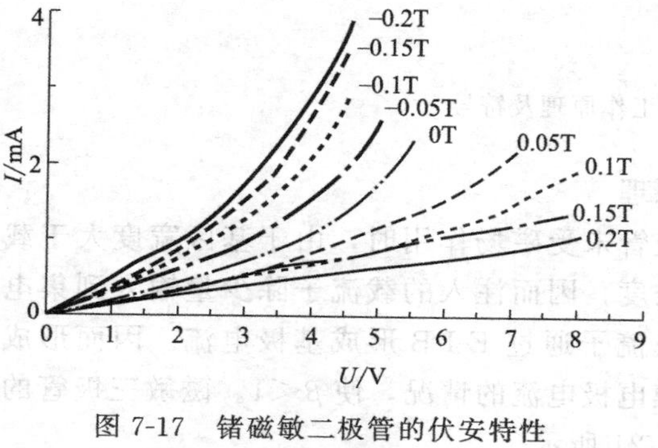

图7-17 锗磁敏二极管的伏安特性

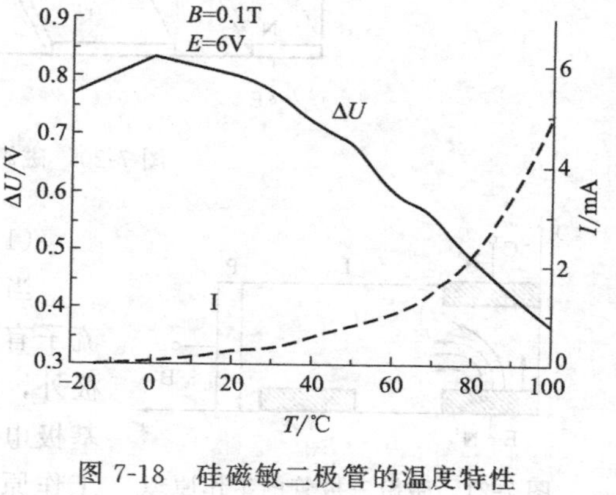

图7-18 硅磁敏二极管的温度特性

(3) 温度特性

在标准测试条件下，输出电压变化量随温度的变化规律，一般比较大。实际使用必须进行温度补偿。硅管的使用温度是－20～80℃，锗管是－20～60℃。硅磁敏二极管的温度特性如图7-18所示。

(4) 常用的补偿电路

① 互补式电路。为了补偿磁敏二极管的温度漂移，可以采用互补电路如图7-19(a)所示。取用两个特性相近的管子串联起来，按照磁极性相反的方法组合。

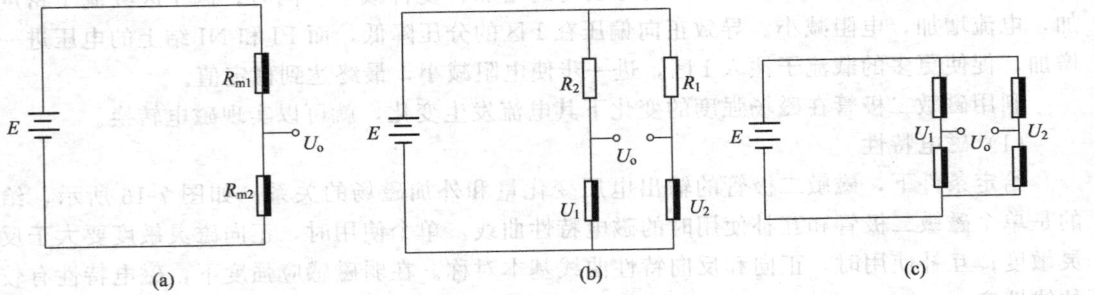

图7-19　磁敏二极管的温度补偿电路

② 差分式电路。如图7-19(b)所示，输出电压为：$U_o = \Delta U_{1+} + \Delta U_{2-}$。

③ 全桥式电路。电路如图7-19(c)所示，由两个极性相反的互补电路并联组成，工作点只能选在小电流区，且不宜使用具有负阻特性的管子。输出电压为：$U_o = 2(\Delta U_{1+} + \Delta U_{2-})$。

7.3.2　磁敏三极管的工作原理和主要特性

磁敏三极管有NPN型和PNP型结构，按照半导体材料又可分为锗磁敏三极管和硅磁敏三极管。NPN型磁敏三极管（如图7-20所示）是在弱P型或弱N型本征半导体上用合金法或扩散法形成发射极、基极和集电极，在长基区的侧面制成一个复合速度很高的r区。基区结构类似磁敏二极管，有高复合速率的r区和本征I区。长基区分为运输基区和复合基区。

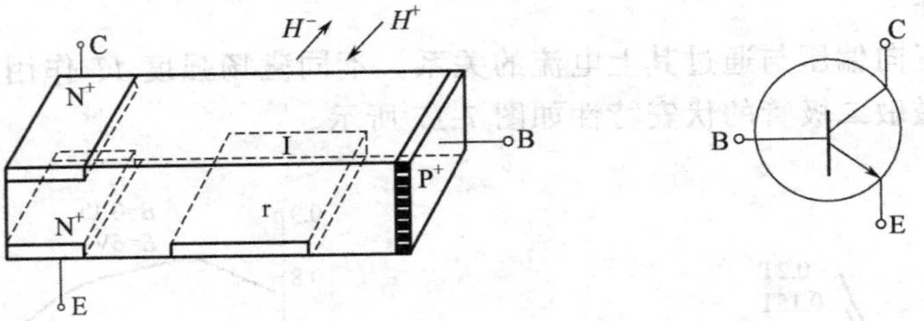

图7-20　磁敏三极管的工作原理及符号

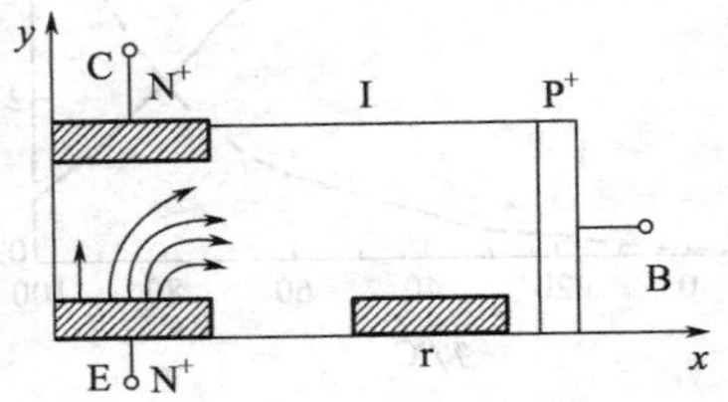

图7-21　磁敏三极管的工作原理

(1) 工作原理

当磁敏三极管未受磁场作用时，由于基区宽度大于载流子有效扩散长度，因而注入的载流子除少量输入到集电极外，大部分载流子通过E-I-B形成基极电流。因而形成基极电流大于集电极电流的情况，使$\beta<1$。磁敏三极管的工作原理如图7-21所示。

当受到正向磁场（H^+）作用时，由于磁场的作用，洛仑兹力使载流子偏向发射结的一侧，导致集电极电流显著下降，当反向磁场（H^-）作用时，在 H^- 的作用下，载流子向集电极一侧偏转，使集电极电流增大，如图 7-22 所示。

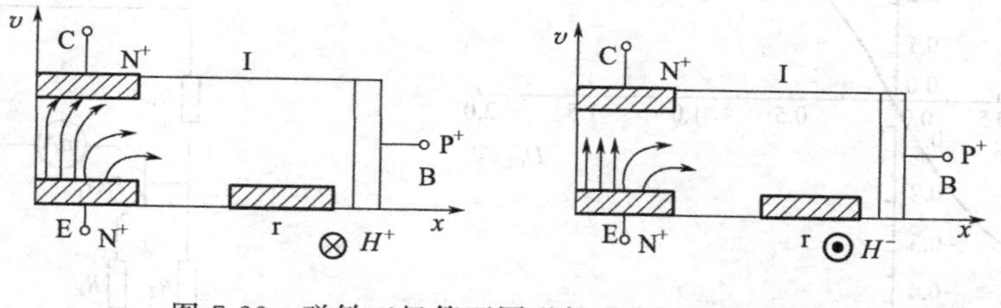

图 7-22　磁敏三极管不同磁场方向下工作原理

由此可知：磁敏三极管在正、反向磁场作用下，其集电极电流出现明显变化。这样就可以利用磁敏三极管来测量弱磁场、电流、转速、位移等物理量。

（2）伏安特性

图 7-23(a) 是磁敏三极管在无外加磁场条件下的伏安特性曲线，与普通晶体管的伏安特性曲线类似。由图 7-23(b) 可知，在基极恒流条件下（$I_b=3\text{mA}$），磁感应强度为 0.1T 时，集电极电流变化。

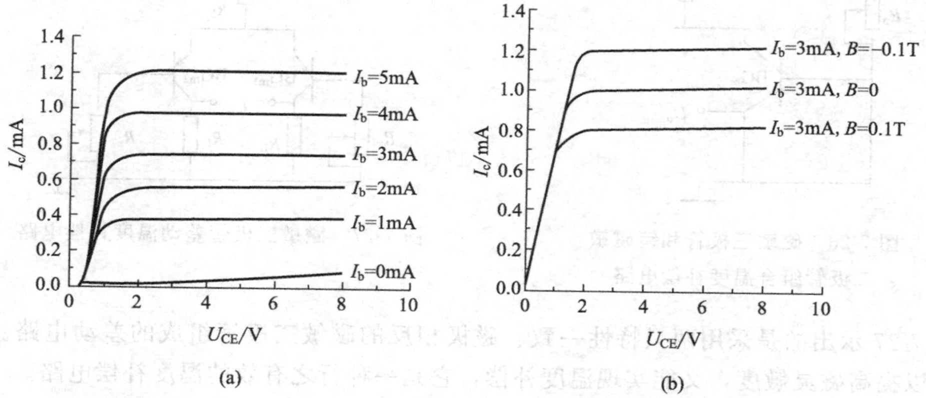

图 7-23　磁敏三极管不同磁场强度伏安特性曲线

（3）磁电特性

磁敏三极管的磁电特性是应用的基础，图 7-24 为国产 NPN 型 3BCM（锗）磁敏三极管的伏安特性曲线，在弱磁场作用下，曲线接近一条直线。

（4）温度特性及其补偿

磁敏三极管对温度比较敏感，使用时必须进行温度补偿。对于锗磁敏三极管如 3ACM、3BCM，其磁灵敏度的温度系数为 0.8%/℃；硅磁敏三极管（3CCM）磁灵敏度的温度系数为−0.6%/℃。

对于硅磁敏三极管，因其具有负温度系数，可用正温度系数的普通硅三极管来补偿因温度而产生的集电极电流的漂移。具体补偿电路如图 7-25 所示。

当温度升高时，BG_1 管集电极电流 I_C 增加。导致 BG_m 管的集电极电流也增加，从而补偿了 BG_m 管因温度升高而导致 I_C 的下降。

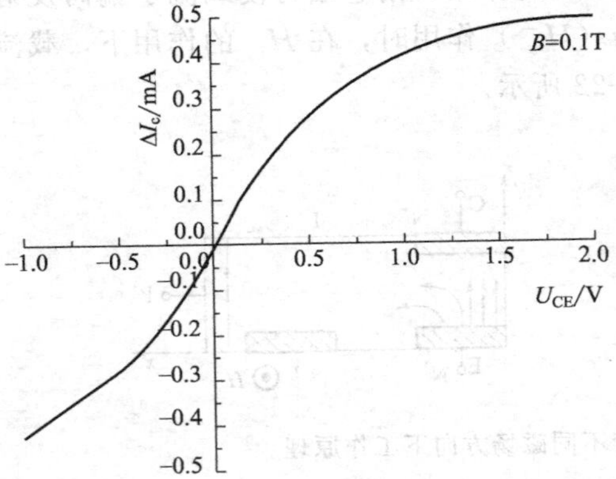

图 7-24　国产 NPN 型 3BCM 磁敏三极管伏安特性曲线

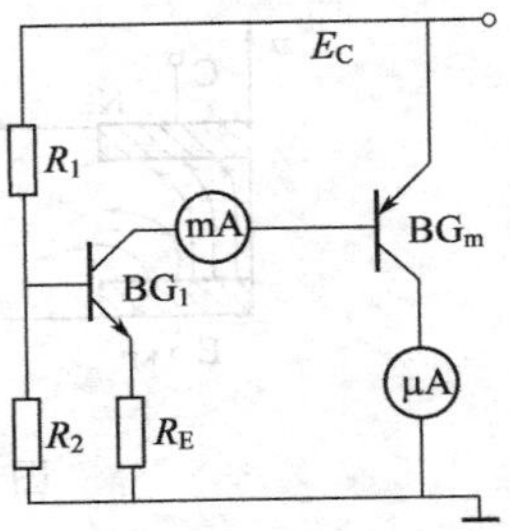

图 7-25　磁敏三极管温度补偿电路

利用锗磁敏二极管电流随温度升高而增加的这一特性，使其作为硅磁敏三极管的负载，从而当温度升高时，可补偿硅磁敏三极管的负温度漂移系数所引起的电流下降，如图 7-26 所示。

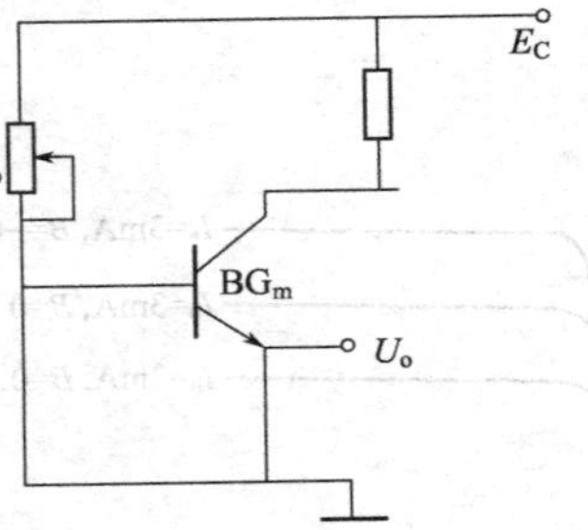

图 7-26　磁敏三极管和锗磁敏二极管组合温度补偿电路

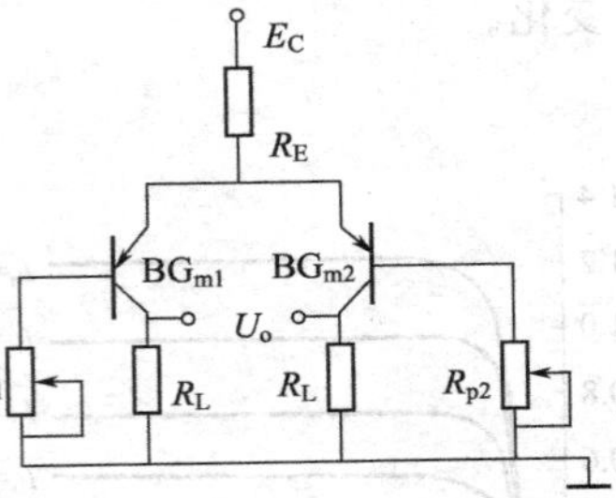

图 7-27　磁敏三极管差动温度补偿电路

图 7-27 示出的是采用两只特性一致、磁极相反的磁敏三极管组成的差动电路。这种电路既可以提高磁灵敏度，又能实现温度补偿，它是一种行之有效的温度补偿电路。

（5）频率特性

3BCM 锗磁敏三极管对于交变磁场的频率响应特性为 10kHz。

（6）磁灵敏度

磁敏三极管的磁灵敏度有正向灵敏度 h_+ 和负向灵敏度 h_- 两种，其定义如式(7-19)所示。

$$h_{\pm}=\left|\frac{I_{CB\pm}-I_{C0}}{I_{C0}B}\right|\times 100\%/0.1T \tag{7-19}$$

7.4 巨磁电阻磁传感器

磁性金属和合金一般都有磁电阻效应。强磁性材料在受到外加磁场作用时引起的电阻变化，称为磁电阻效应。不论磁场与电流方向平行还是垂直，都将产生磁电阻效应。一般强磁性材料的磁电阻率（磁场引起的电阻变化与未加磁场时电阻之比）在室温下小于8%，在低温下可增加到10%以上。

巨磁电阻效应是1988年发现的一种磁致电阻效应，由于相对于传统的磁电阻效应大一个数量级以上，因此名为巨磁电阻（Giant Magneto Resistance，GMR）。

巨磁电阻效应自发现以来即引起各国企业界及学术界的高度重视，GMR效应已成为当前凝聚态物理研究的热点之一。它不仅具有重要的科学意义，而且更重要的是，它具有多方面的应用价值。目前的应用领域主要有磁传感器、随机存储器和高密度读出磁头等方面。GMR传感器在自动化技术、家用电器、卫星定位、导航、汽车工业、医疗等方面都具有广泛的应用前景。

7.4.1 电子自旋

(1) 斯特恩-盖拉赫实验（Stern-Gerlach，1922年）

如图7-28所示，当使基态（$I=0$）的银原子束通过不均匀磁场时，基态银原子沉积到两个不同的区域，即银原子束分裂成两束，具有两个态，这表明基态银原子存在磁矩，而这个磁矩在任何方向上的投影仅取两个值。由于银原子处于基态，故磁矩不可能是轨道运动产生的，因此，只能是电子本身产生的，这个磁矩称为内禀磁矩，与之相联系的角动量称为电子自旋，斯特恩-盖拉赫实验直接证实了半整数角动量的存在。

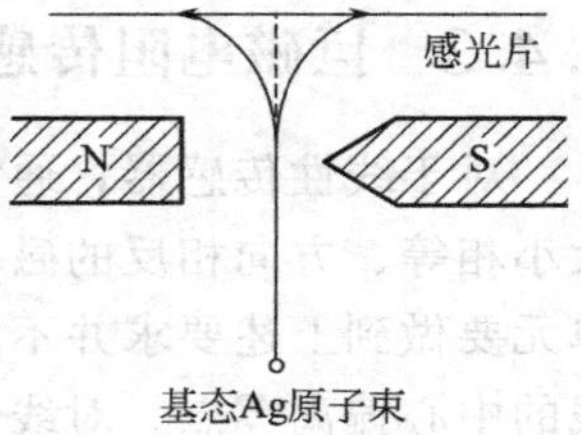

图7-28 斯特恩-盖拉赫实验

(2) 乌伦贝克-古德斯密特假设（G. Uhlenbeck-S. Goudsmit）

1925年两人合作根据实验结果提出电子自旋的假设。

① 电子具有自旋角动量$\boldsymbol{S}$，它在空间任何方向上的投影值（测量值）仅取两个值，例如Z方向

$$\boldsymbol{S}_z=\pm\frac{\hbar}{2} \tag{7-20}$$

式中，$\hbar$为狄拉克常数。

② 电子具有自旋，实验发现，它也具有自旋磁矩（内禀磁矩）$\boldsymbol{M}_s$，它与自旋角动量关系是

$$\boldsymbol{M}_s=-\frac{e}{\mu}\boldsymbol{S} \tag{7-21}$$

$-e$和μ分别是电子的电荷和质量，$\boldsymbol{M}_s$在空间任何方向上的投影值（测量值）仅取两个值

$$\boldsymbol{M}_{sz}=-\frac{e}{\mu}\boldsymbol{S}_z=\pm\frac{e\hbar}{2\mu}\equiv\pm\boldsymbol{M}_B\text{(玻尔磁子)} \tag{7-22}$$

电子自旋与轨道角动量的不同之处。

a. 电子自旋纯粹是一种量子特征，它没有对应的经典物理量，不能由经典物理量获得其算符。电子自旋虽具有角动量的力学特征，但不能像轨道角动量那样表达成坐标和动量的函数，即电子自旋是电子内部状态的反映，它是描述微观粒子的又一个动力学变量，是继n、l、m之后的描写电子自身状态的第四个量。

b. 电子自旋值不是$\hbar$的整数倍而只能是$\hbar/2$。

c. 电子自旋的回转磁比率$\boldsymbol{M}_{sz}/\boldsymbol{S}_z=-e/\mu$，它是电子轨道运动回转磁比率$\boldsymbol{M}_{Lz}/\boldsymbol{L}_z=$

$-e/2\mu$的两倍。

7.4.2 常见的磁电阻体系

GMR 效应是指外磁场的作用在于改变材料内部磁序组态。1986 年，德国的格伦柏格首先在 Fe/Cr/Fe 多层膜中观察到反铁磁层间耦合（即当非磁性金属 Cr 薄层的厚度合适时，它两边的 Fe 薄层的磁化方向是相反的）。这种薄膜一般处于高电阻状态，因为传导电子有两种自旋取向，每种取向的电子容易穿过磁矩排列和自身自旋方向相同的那个膜层，而在通过磁矩排列和自身自旋方向相反的那个膜层时会受到强烈的散射作用，即没有哪种自旋状态的电子可以穿越两个磁性层，这在宏观上就产生了高电阻状态。当在多层膜上外加磁场后，膜内磁矩排列与外场相同，则有一半的自旋状态的电子通过多层膜，从而使多层膜呈现低电阻状态。

目前，已发现具有 GMR 效应的材料主要有多层膜、颗粒膜、纳米颗粒合金薄膜、磁性隧道结和氧化物超巨磁电阻薄膜五大类。

7.4.3 巨磁电阻传感器的检测电路

对于线性传感器，通常希望能有高的灵敏度、比较大的线性范围和零偏置工作点，即对大小相等、方向相反的磁场能得到正负相反的输出信号。但实际上单个自旋阀电阻条的传感单元要做到上述要求并不容易，这是因为自由层和被钉扎层之间的耦合作用通常使磁电阻曲线的中心偏离零点。对线性传感器而言，常采用的传感单元是一个四桥臂的惠斯通电桥，如图 7-29 所示。

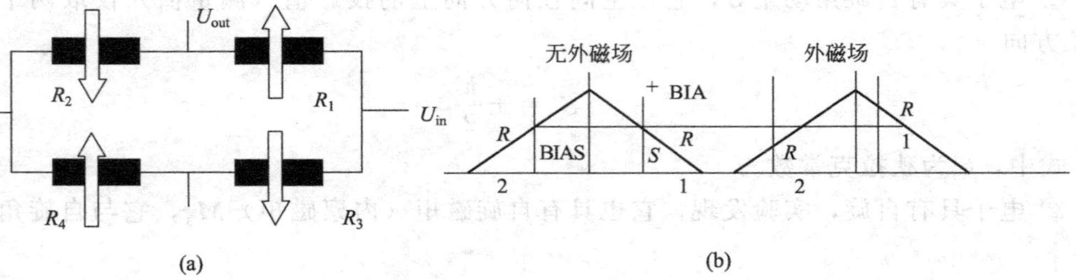

图 7-29 GMR 检测电路

图 7-29 中的四个电阻的钉扎场的方向不一样，分为两组，R_1 和 R_4 为一组自旋阀电阻，钉扎场的方向朝上；R_2 和 R_3 为另一组自旋阀电阻，钉扎场的方向朝下，与 R_1 和 R_4 的成 180°。而外磁场的方向与钉扎场的方向平行。在探测时线性电桥两端加电源，通过测量桥臂中间两个节点的电压差来实现对外磁场的探测。当外磁场变化时，R_1、R_4 和 R_2、R_3 的电阻变化趋势相反，这样两个节点的电位变化趋势相反。这种结构要比单个自旋阀电阻的 GMR 单条传感器要复杂一些，但是它在零磁场下输出为零，可以得到关于零点对称的输出曲线，在线性传感器的设计中应用广泛。

4 个电阻采用相同的电阻特性的材料。设定电阻 $R_1=R_2=R_3=R_4=R$，电阻变化为 ΔR。则电桥的输出电压为：$U_{out}=U_{in}\dfrac{R+\Delta R}{R+\Delta R+R-\Delta R}-U_{in}\dfrac{R-\Delta R}{R+\Delta R+R-\Delta R}=U_{in}\dfrac{\Delta R}{R}$。

7.4.4 GMR 传感器应用实例

位移检测系统在机械制造工业和其他工业的自动检测技术中占有很重要的位。目前的位移检测系统根据原理主要有电位器式、电阻应变式、电容式、栅式、磁栅式等，其中，磁栅式的抗振动和抗冲击性能高，适宜在水、油、尘、高温等恶劣环境下应用，而且结构简单、体积较小、成本较低，在精密制造行业中的应用尤为广泛。

磁栅尺位移检测系统又称磁栅数显卡尺，主要包括三个部分：磁栅、GMR 磁栅尺传感器和信号处理电路。

图 7-30 为磁栅尺位移检测系统的原理图。在尺子上覆盖一层磁性薄膜，磁极分布如图所示。GMR 磁栅尺传感器在磁栅上移动时，在原点复位，向左向右移动时，通过判断两个 GMR 电桥的输出电压变化判断方向。最终输出信号随着传感器位置的移动发生改变，系统将传感器的输出信号转变为位移输出值，最后数显输出。

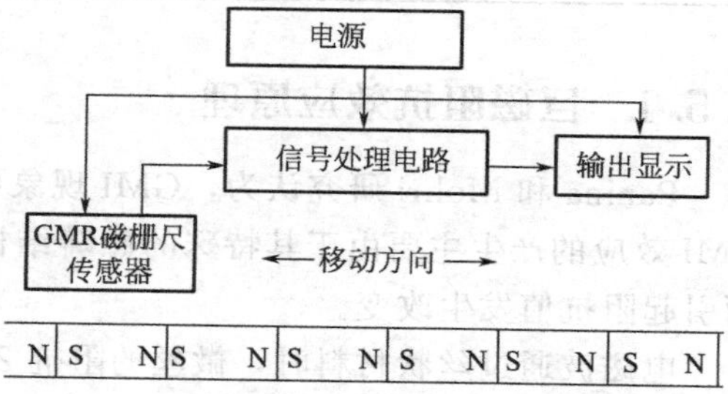

图 7-30 磁栅尺位移检测系统的原理图

7.5 巨磁阻抗磁传感器

1988 年，Baibich 等人在 Fe/Cr 超晶格多层膜中发现了巨磁电阻效应（Gaint Magneto-Resistance，GMR），将磁灵敏度从原有霍尔元件和磁阻元件的 0.1%/Oe 提高到 1%/Oe。1994 年，IBM 公司首次把 GMR 材料用于制造 GMR 自旋阀结构读出磁头（GMRSV），当年就获得了每平方英寸 10 亿位（$1Gb/in^2$）的 HDD 面密度世界纪录，1995～1996 年，IBM 产的 HDD 面密度继续领先，达到了 $5Gb/in^2$。作为传感器，GMR 材料具有功耗小、可靠性高、成本低等优点，但是在实际运用过程中，金属多层膜材料的 GMR 效应不是十分显著，灵敏度不高，极大限制了其更广泛的应用。

1992 年，Mohri 等人在测量了 FeCoSiB 非晶丝的磁滞回线后，发现 FeCoSiB 非晶丝磁滞回线面积很大，具有较好的软磁性。在通入高频交流电时，沿非晶丝的轴向加入恒定磁场后，非晶丝两端的电压变化很大。从而发现非晶丝具有较强的磁敏感性，定义为磁电感（Magneto Inductive，MI）效应。由于，该现象具有比 GMR 现象更高的磁敏感性，同时又具有较好的温度稳定性，引起了各国科学家的注意，纷纷开展 MI 现象的研究。很快，人们发现随着电流频率的增加，非晶丝的磁电阻和磁电感由于受趋肤效应的影响，变化十分明显，1995 年，M. Noda 开始用磁阻抗（Magneto Impedance，MI）描述实验现象。后来，最终定义成为巨磁阻抗（Giant Magneto Impedance，GMI）现象。

开始，人们的研究重点集中在钴基软磁非晶丝，但很快将研究范围扩展到薄带、薄膜及铁基纳米晶材料，并研制出了各种基于 GMI 效应的传感器。表 7-1 给出了各种磁传感器的比较。与普通的传感器相比，基于 GMI 效应的传感器具有响应速度快，灵敏度高，尺寸小，无磁滞等优点。此外，基于 GMI 效应的磁传感器探头检测的是磁通量而不是磁通量的变化，同时与被测面是非接触的，比 GMR 磁头有更大的空隙，这对探测微观世界、小颗粒等磁信息方面有着更大的优势，因而具有更广阔的应用前景。

表 7-1 各种磁传感器的比较

传感器	探测头尺寸	测量精度	响应速度	功耗
霍尔传感器	10～100μm	(80000±4)A/m	1MHz	10mW
磁阻传感器	10～100μm	(8000±8)A/m	1MHz	10mW
巨磁阻传感器	10～100μm	(1600±0.8)A/m	1MHz	10mW
磁通门传感器	10～20mm	240A/m±80μA/m	5kHz	1W
磁阻抗传感器	1～2mm	240A/m±80μA/m	1MHz	10mW

7.5.1 巨磁阻抗效应原理

Panina 和 Mohri 研究认为，GMI 现象可以利用趋肤效应等经典的电磁学理论进行解释，GMI 效应的产生主要由于其特殊的磁畴结构在交变磁场和轴向磁场的共同作用下发生变化而引起阻抗值发生改变。

电磁波通过丝状材料时，微丝的阻抗 Z 可表示成

$$Z=R_{dc}ka\frac{J_0(ka)}{2J_1(ka)} \tag{7-23}$$

式中，$ka=\frac{a(1-j)}{\delta}$，$\delta=\sqrt{\frac{2\rho}{\omega\mu}}$，$R_{dc}=\frac{\rho l}{\pi a^2}$是微丝的直流电阻。

式(7-23) 是微丝阻抗表示式的一般形式，δ 是趋肤深度，在频率很低时（$\delta\gg a$，$|ka|\ll 1$）和频率很高时（$\delta\ll a$，$|ka|\gg 1$），Z 可分别表示为式(7-26) 和式(7-30)。

低频时，$J_0(ka)$ 和 $J_1(ka)$ 可近似表示为

$$J_0(ka)=1-\frac{(ka)^2}{4} \tag{7-24}$$

$$J_1(ka)=\frac{ka}{2}-\frac{(ka)^2}{4} \tag{7-25}$$

将 $J_0(ka)$、$J_1(ka)$ 代入阻抗表达式，可得到

$$Z=R_{dc}+j\omega L_i$$

式中，L_i 是元件的内电感，其表达式为 $L_i=\frac{\mu l}{8\pi}[H]$。可以看出，$L_i$ 与元件的半径无关，仅由磁导率和长度决定。此时，GMI 效应主要表现为磁电感效应。

用 L_i 的表达式来表示 Z 的一般表达式，则有

$$Z=-j\omega L_i\frac{4J_0(ka)}{kaJ_1(ka)} \tag{7-26}$$

当频率很高时，趋肤效应显著（$\delta\ll a$，$|ka|\gg 1$）。

Bessel 函数的近似式可写为

$$J_0(x)=\left(\frac{2}{\pi x}\right)^{\frac{1}{2}}\cos\left(x-\frac{\pi}{4}\right) \tag{7-27}$$

$$J_1(x)=\left(\frac{2}{\pi x}\right)^{\frac{1}{2}}\sin\left(x-\frac{\pi}{4}\right) \tag{7-28}$$

那么有

$$\frac{J_0(ka)}{J_1(ka)}=\cot\left(ka-\frac{\pi}{4}\right)=-j \tag{7-29}$$

因此，Z 表示为

$$Z=\frac{4\omega\delta L_{\mathrm{i}}}{ka}=R_{\mathrm{dc}}\frac{a}{2\delta}+\mathrm{j}\omega L_{\mathrm{i}}\ \frac{2\delta}{a}=\frac{a}{2\sqrt{s\rho}}R_{\mathrm{dc}}(H_{\mathrm{j}})\sqrt{\omega\mu} \tag{7-30}$$

从式(7-30) 可以看出，由于趋肤效应，元件的阻抗不仅电抗分量与 ω、μ 有关，电阻分量也与 ω、μ 有关。

对微丝 GMI 效应的理论解释可以按照不同频率段进行近似解释。

(1) 低频下的巨磁电感现象

具有环向磁畴结构的非晶丝，当外磁场小于各向异性场时，对圆周磁化过程的主要贡献来自畴壁位移，这样就会产生局部涡流，一般情况下，可以忽略这种微观涡流。

随着驱动电流频率的提高，磁化过程包括畴壁移动和磁矩转动两个过程。在低频下，磁导率随轴向磁场的变化主要是与涡流产生的畴壁位移阻尼有关，当轴向磁场不断增强，微丝逐渐被饱和磁化，畴壁位移阻尼增加，畴壁移动被抑制，磁导率下降。

在低频下，阻抗中的电阻电压所占比例很大，一般都在 90%以上，为将磁电感分量分离出来，可采用高通滤波器将电阻电压去掉，而得到单纯的电感电压，使测量灵敏度得到大幅度提高。

(2) 高频下的巨磁阻抗现象

在高频下，磁导率随轴向磁场的变化主要与磁矩转动阻尼有关。阻抗的计算要按式(7-30)进行。此时，阻抗的电感和电抗分量都与环向磁导率有关，受轴向磁场影响。高频下，轴向磁场使磁矩发生偏转，交变磁场使磁矩围绕新的偏转方向做螺旋运动，轴向磁场从零开始增加时，磁矩转动过程开始成为主要的磁化现象，环向磁导率和阻抗值开始增加。当轴向磁场大小接近轴向各向异性场大小的时候，磁矩转动在交流磁场的作用下开始增强，环向磁导率达到最大值，出现双峰现象。轴向磁场进一步增强，磁化过程开始逐渐对交流磁场的幅值敏感，磁矩转动开始受到抑制，环向磁导率开始降低，阻抗减小。当样品被饱和磁化后，样品内部的磁矩转动受轴向磁场的抑制作用，驱动电流产生的交流磁场起次要的磁化作用，此时阻抗值不再发生变化。

7.5.2 巨磁阻抗传感器典型电路

1993 年，K. Kawashima 等人设计并实现了 MI 传感器的基本电路，如图 7-31 所示，图中，H_{b} 为偏置直流磁场，H_{ex} 为被测量磁场，a-wire 为非晶丝，e_{L} 为不同非晶丝上电压输出，E_{o} 为总输出电压，$f=100\mathrm{kHz}$，$I=30\mathrm{mA}$，非晶丝长度 $L=2\mathrm{mm}$，测量精度达到 8×

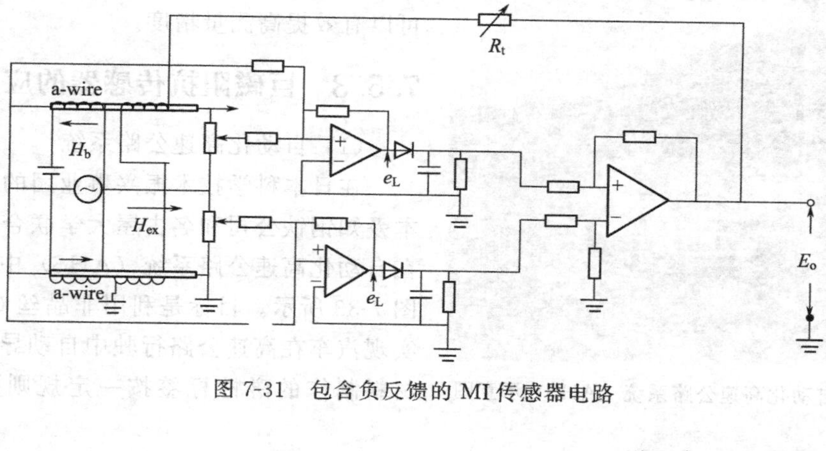

图 7-31 包含负反馈的 MI 传感器电路

10^{-4}A/m。该电路由 MI 检测电路、直流磁场偏置电路、低通滤波电路、放大反馈电路等部分构成。在该电路中，各部分电压表达式如式(7-31) 所示。

$$|e_{L1}|=E_m-k(H_{ex}-H_b)^2 \tag{7-31}$$
$$|e_{L2}|=E_m-k(H_{ex}+H_b)^2$$
$$-E_o=|e_{L1}|-|e_{L2}|=4kH_bH_{ex}$$

(1) MI 检测电路

MI 检测电路如图 7-32(a) 所示，通过并联电路检测电压 e_L，其输出波形如图 7-32(b) 所示。从电路可以看出，由于磁电感效应，非晶丝的阻抗值减少，从而电压 e_L 降低，在 $H_{ex}=200$A/m 时，电压下降到原来的 30%左右。

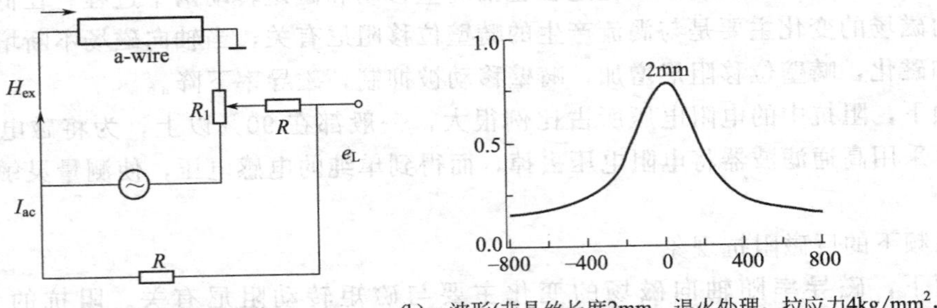

(a) MI效应检测电路

(b) e_L波形(非晶丝长度2mm，退火处理，拉应力4kg/mm²，同时450℃加热20s；横轴为H_{ex}，单位为A/m，纵轴为$|e_L|/|e_L(H_{ex}=0)|$)

图 7-32　MI 检测电路

(2) 直流磁场偏置电路

改电路主要提供直流偏置磁场 H_b，通过改变 H_b 的大小，造成 e_{L1}和 e_{L2}变化的幅度具有差值，该差值信号作为差动放大电路的输入信号。

(3) 低通滤波电路

由二极管和 RC 并联电路相连构。二极管的功能是削去正弦波的负半周，只剩半波，再利用 RC 并联电路滤掉电压中的高频分量，保留其低频分量。

(4) 放大反馈电路

反馈电路由反馈线圈构成，其作用通过输出的电压 E_o控制反馈线圈中的磁场的大小，对 H_b 进行平衡，修正 E_o和 H_{ex}的线性关系，从而得到线性曲线，该曲线的斜率为 $4kH_b$，通过提高 H_b 和 k（k 由电路参数计算得出）可以有效提高测量精度。

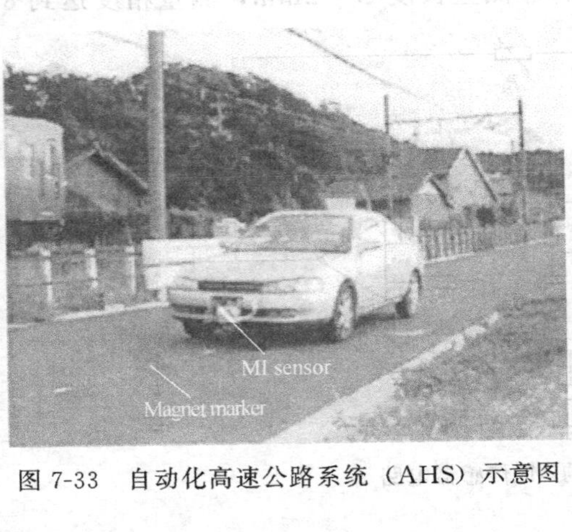

图 7-33　自动化高速公路系统（AHS）示意图

7.5.3　巨磁阻抗传感器的应用

(1) 自动化高速公路系统

在日本科学技术振兴事业团的支持下，日本爱知钢铁公司和名古屋大学联合开发非晶丝在自动化高速公路系统（AHS）中的应用，如图 7-33 所示。目标是利用非晶丝 GMI 传感器实现汽车在高速公路行驶中自动导航。用永磁材料制作的磁性标签按一定规则固定在路面上，用非晶丝制作的开关型GMI传感器安装在汽车上。汽车在行驶中借助传感器对磁性标签的跟踪实现自动导航功能。在这类应用中，传感器抗环境干扰能力尤为重要。据称，爱知钢铁公司开发的专用GMI传感器已经解决了相关问题。

（2）心磁信号检测

黄衍标等人根据心电、心磁信号之间的相关性，利用 nT 级分辨率的巨磁阻抗传感器测量人体心磁信号。利用一个可同步测量人体心磁信号和心电信号的实验装置进行数据采集，并以此为基础设计了一种算法同时对采集的原始心磁信号和心电信号进行采样、傅里叶变换、频谱分析、滤波等处理，最后提取人体心磁信号。信号采集系统如图7-34所示。

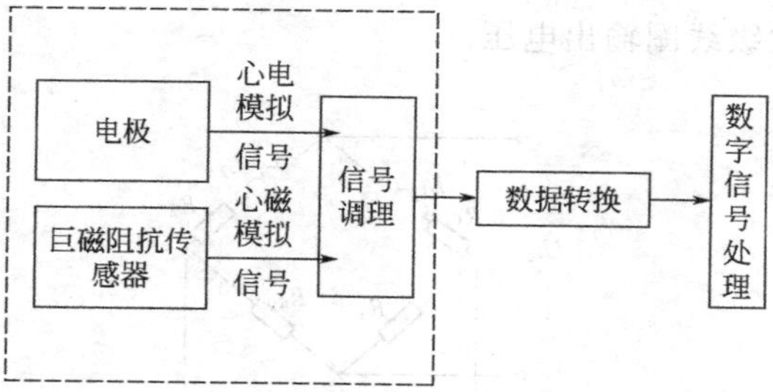

图7-34 基于巨磁阻抗传感器的心磁信号采集系统

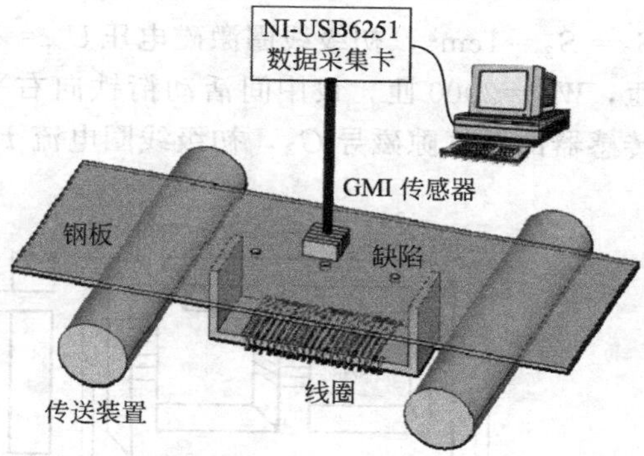

图7-35 带钢漏磁无损检测系统示意图

系统通过获取人体心电、心磁模拟信号，对信号进行初步滤波、放大等信号调理，并将数据转换为数字信号，然后进行傅里叶变换、功率谱分析和数字滤波等处理，滤除噪声信号后，最终提取出心磁信号。

（3）钢板漏磁无损检测

漏磁检测原理是利用材料的高磁导率，通过检磁材料中由于缺陷的存在而引起磁导率的改变来检测缺陷。GMI传感器敏感方向与样板平面垂直，检测的是竖直样板平面方向的漏磁场。由线圈提供一个稳定的静磁场，当带钢通过传感器正下方时，没有缺陷的位置通过时，引起的磁场变化较小。当有缺陷的位置通过时，由于局部磁导率发生变化，通过的磁力线分布会发生改变，导致局部磁场增强，从而可以检测到一个较强的磁场值，进而判断带钢存在一个缺陷。带钢漏磁无损检测系统如图7-35所示。

7.6 本章小结

磁电式传感器是通过磁电作用将被测量（如振动、位移、转速等）转换成电信号的一种传感器。磁电式传感器有许多种，它们工作原理并不完全相同，各有各的特点，本章主要介绍如下五种磁电式传感器。

① 变磁阻式传感器。介绍了电感式传感器、差动变压器式传感器、电动式传感器的工作原理，由于原理公式复杂，为加深对原理的理解，用实际例子对原理进行解释。

② 霍尔传感器。讲述了霍尔磁敏传感器的工作原理，进行了特性分析、霍尔元件的误差及补偿分析，最后讲述了霍尔传感器的应用。

③ 磁敏二极管和磁敏三极管。讲述了这两种磁敏传感器的工作原理及特性分析。

④ 巨磁电阻磁传感器。这是一种较新的传感器，本章简述了巨磁电阻磁传感器概念、电子自旋原理，并列举了巨磁电阻磁传感器的应用。

⑤ 巨磁阻抗磁传感器。介绍了新型巨磁阻抗效应原理、典型电路及巨磁阻抗磁传感器的应用。

习 题

1. 在E型差动变压器装置（见图7-36）中，已知初始位置时$\delta_0=\delta_1=\delta_2=1$mm，$S_1=S_2=S_3=1\text{cm}^2$，初级线圈激磁电压$U_{sr}=10$V，$f=400$Hz，初、次级线圈分别为$W_1=1000$匝，$W_2=2000$匝，设中间活动衔铁向右平行移动0.1mm（忽略铜电阻，漏电阻）试求该传感器的总气隙磁导G_δ，初级线圈电流I_1和次级线圈输出电压。

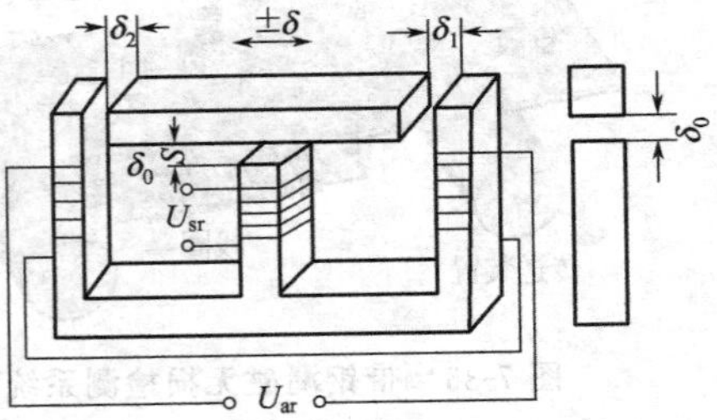

图7-36 习题1图

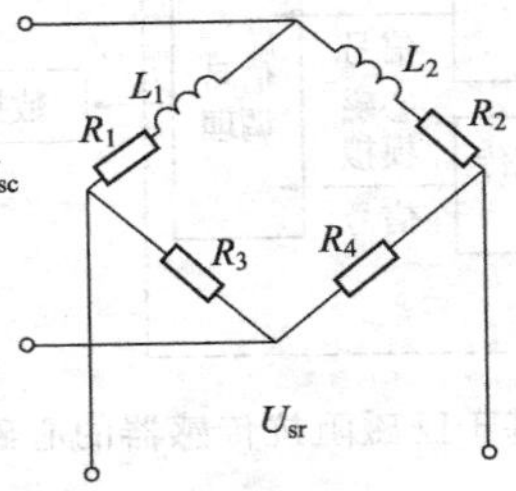

图7-37 习题2图

2. 有一只差动电位移传感器，已知电源电压$U_{sr}=4$V，$f=400$Hz，传感器线圈铜电阻与电感量分别为$R=40\Omega$，$L=30$mH，用两只匹配电阻设计成四臂等阻抗电桥，如图7-37所示，试求：

（1）匹配电阻R_3和R_4的值；

（2）当$\Delta Z=10\Omega$时，分别接成单臂和差动电桥后的输出电压值。

3. 简述霍尔传感器的测量原理。

4. 简述霍尔传感器温度补偿方法。

5. 简述磁敏二极管和三极管的工作原理。

6. 简述感应式磁敏传感器的工作原理。

第8章
热电式传感器

知识要点

本章将介绍热电偶、热电阻和半导体温度传感器的基本概念、工作原理。最后以半导体温度传感器的应用为例，设计构成一套温度测量装置。通过本章学习读者要掌握有关热电偶、热电阻和半导体温度传感器的基本概念；掌握三类热电式传感器的基本工作原理；掌握热电偶的基本定律、基本类型、温度补偿方法、使用热电偶的测温方法；掌握热电阻的内部引线方式及其适用场合；掌握半导体温度传感器特性。掌握这类传感器的工作原理以及测量电路的设计方法。

本章知识结构

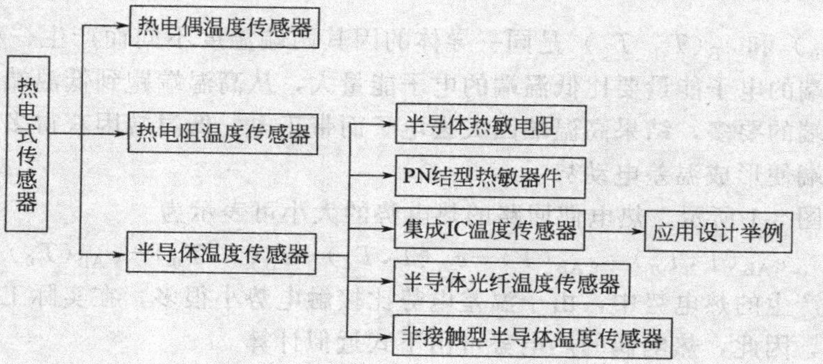

8.1 热电偶温度传感器

8.1.1 热电偶的基本性质

把两种不同金属导体 A 和 B 接成闭合回路，如果两端温度不同（设 $T \neq T_0$），则在回路中就会产生热电势。这种由于温度不同而产生电动势的现象称为热电效应。两端的温差越大，产生的热电势也越大。温度高的接点称为热端（或工作端），温度低的接点称为冷端

（或自由端）。

如图 8-1 所示，$e_{AB}(T)$ 表示导体 A、B 的接点在温度 T 时形成的接触电势，$e_{AB}(T_0)$ 表示导体 A 和 B 的结点在温度 T_0 时形成的接触电势；$e_A(T, T_0)$ 表示导体 A 两端温度为 T、T_0 时形成的温差电势，$e_B(T, T_0)$ 表示导体 B 两端温度为 T、T_0 时形成的温差电势。$e_{AB}(T)$ 和 $e_{AB}(T_0)$ 是由于两种不同导体的自由电子密度不同而在接触处形成的电动势。接触电动势的数值取决于两种不同导体的材料特性和接触点的温度。接触电动势 $e_{AB}(T)$ 可表示为

$$e_{AB}(T)=\frac{kT}{e}\ln\frac{n_A(T)}{n_B(T)} \tag{8-1}$$

式中，k 为玻尔兹曼常数，$k=1.38\times10^{-23}$J/K；e 为电子电荷量，$e=1.602\times10^{-19}$C；n_A和 n_B分别为导体 A 和 B 的电子密度。

温差电势可表示为

$$e_A(T,T_0)=\int_{T_0}^{T}\sigma_A\mathrm{d}T \tag{8-2}$$

式中，σ_A为导体 A 的汤姆逊（Thomson）系数，它表示导体 A 两端温差为 1℃时产生的温差电势，其值与材料性质和两端温差有关。

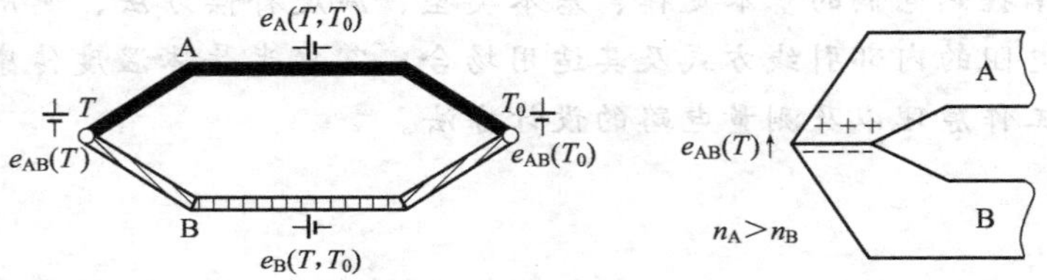

图 8-1　热电效应

$e_A(T, T_0)$ 和 $e_B(T, T_0)$ 是同一导体的因其两端温度不同而产生一种电动势，其工作原理是高温端的电子能量要比低温端的电子能量大，从高温端跑到低温端的电子数比从低温端跑到高温端的要多，结果高温端因失去电子而带正电，低温端因获得多余的电子而带负电，在导体两端便形成温差电动势。

因此，如图 8-1 所示，热电偶回路的热电势的大小可表示为

$$e_{AB}(T,T_0)=e_{AB}(T)-e_A(T,T_0)+e_B(T,T_0)-e_{AB}(T_0)$$

在热电偶产生的热电势中，由于温差电势比接触电势小很多，在实际工业应用时常常忽略温差电动势，因此，热电偶的热电势可由下式近似计算

$$e_{AB}(T,T_0)=e_{AB}(T)-e_A(T,T_0)+e_B(T,T_0)-e_{AB}(T_0)\approx e_{AB}(T)-e_{AB}(T_0)$$
$$=\frac{kT}{e}\ln\frac{n_A(T)}{n_B(T)}-\frac{kT_0}{e}\ln\frac{n_A(T_0)}{n_B(T_0)} \tag{8-3}$$

对于热电势，有以下四点说明。

① 影响因素取决于材料和接点温度，与形状、尺寸等无关。

② 两热电极相同时，总电动势为 0。

③ 两接点温度相同时，总电动势为 0。

④ 对于已选定的热电偶，当参考端温度 T_0 恒定时，$e_{AB}(T_0)=C$（常数），则总的热电势就只与温度 T 成单值函数关系，即

$$e_{AB}(T,T_0)=f(T)-f(T_0)=f(T)-C=\varphi(T)$$

可见，只要测出 $e_{AB}(T, T_0)$ 的大小，就能得到被测温度 T，这就是利用热电偶测温的原理。

热电偶用于测温目的基本性质可归结为以下五条。

（1）等值定律

用两种不同的金属组成闭合电路，如果两端温度不同，则会产生热电动势。其大小取决于两种金属的性质和两端的温度，与金属导线尺寸、导线途中的温度及测量热电动势在电路中所取位置无关。

（2）均匀导体定律

如用同一种金属组成闭合电路，则不管截面是否变化，也不管在电路内存在什么样的温度梯度，电路中都不会产生热电动势。

（3）中间导体定律

在热电偶接入第三种金属导体，只要接入金属导体的两端温度相同，该导体的接入就不会使热电偶回路的总热电动势发生变化。

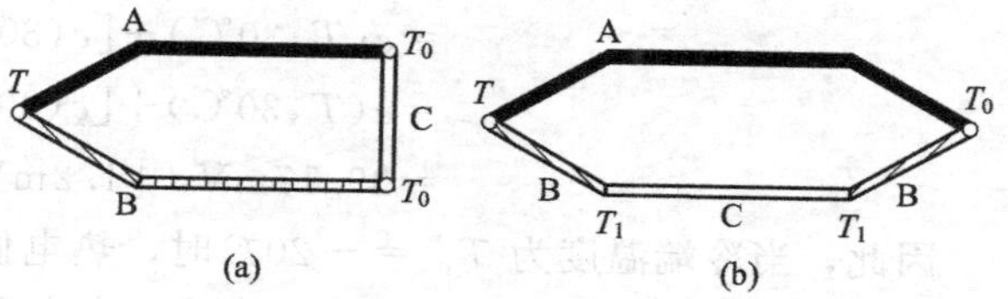

图 8-2　中间导体定律

证明如下。

如图 8-2 所示的热电偶回路中，回路中总热电势为：

$$\begin{aligned} e_{ABC}(T,T_0) &= e_{AB}(T)+e_B(T,T_0)+e_{BC}(T_0)+e_C(T_0,T_0)+e_{CA}(T_0)+e_A(T_0,T) \\ &= e_{AB}(T)+e_{BC}(T_0)+e_{CA}(T_0)+[e_B(T,T_0)+e_C(T_0,T_0)+e_A(T_0,T)] \end{aligned}$$

式中，前三项 $e_{AB}(T)$、$e_{BC}(T_0)$ 和 $e_{CA}(T_0)$ 为接触电势，后三项 $e_B(T, T_0)$、$e_C(T_0, T_0)$ 和 $e_A(T_0, T)$ 为温差电势。

将式(8-1) 和式(8-2) 代入上式，可得：

$$\begin{aligned} e_{ABC}(T,T_0) &= \frac{kT}{e}\ln\frac{n_A(T)}{n_B(T)}+\frac{kT_0}{e}\ln\frac{n_B(T_0)}{n_C(T_0)}+\frac{kT_0}{e}\ln\frac{n_C(T_0)}{n_A(T_0)}+\left(\int_{T_0}^{T}\sigma_B\mathrm{d}T+\int_{T_0}^{T_0}\sigma_C\mathrm{d}T+\int_{T}^{T_0}\sigma_A\mathrm{d}T\right) \\ &= \frac{kT}{e}\ln\frac{n_A(T)}{n_B(T)}+\frac{kT_0}{e}\ln\frac{n_B(T_0)}{n_A(T_0)}+\left(\int_{T_0}^{T}\sigma_B\mathrm{d}T+\int_{T}^{T_0}\sigma_A\mathrm{d}T\right) \\ &= e_{AB}(T)+e_{BA}(T_0)+e_B(T,T_0)+e_A(T_0,T) \end{aligned}$$

由于存在 $e_{AB}(T)=-e_{BA}(T)$ 和 $e_A(T,T_0)=-e_A(T_0,T)$ 的变换关系，上式可变为：

$$e_{ABC}(T,T_0)=e_{AB}(T)-e_{AB}(T_0)+e_B(T,T_0)-e_A(T,T_0)$$

从而推导出下式成立：

$$e_{ABC}(T,T_0)=e_{AB}(T,T_0) \tag{8-4}$$

利用热电偶进行测温，必须在回路中引入连接导线和仪表，接入导线和仪表后不会影响回路中的热电势。

（4）中间温度定律

热电偶 A、B 在接点温度为 T、T_0 时的热电势 $e_{AB}(T, T_0)$，等于热电偶 A、B 在接点温度为 T、T_C 的热电势 $e_{AB}(T, T_C)$ 和接点温度为 T_C、T_0 的热电势 $e_{AB}(T_C, T_0)$ 的代数和，即：

$$e_{AB}(T,T_0)=e_{AB}(T,T_C)+e_{AB}(T_C,T_0) \tag{8-5}$$

（5）标准导体（电极）定律

如果两种导体分别与第三种导体组成的热电偶所产生的热电势已知，则由这两种导体组成的热电偶所产生的热电势也就已知，这个定律称为标准导体定律。

【**例 8-1**】 用镍铬-镍硅热电偶测炉温。当冷端温度 $T_0=30℃$ 时，测得热电势为 $e(T, T_0)=39.17\text{mV}$，若被测温度不变，而冷端温度为 $T_0^*=-20℃$，则该热电偶测得的热电势 $e(T, T_0^*)$ 为多少？已知该热电偶有 $e(30℃, 0℃)=1.2\text{mV}$，$e(-20℃, 0℃)=-0.77\text{mV}$。

解：根据中间温度定律：

$$e(T,T_0^*)=e(T,T_0)+e(T_0,T_0^*)$$

其中 $T_0=30℃$，$T_0^*=-20℃$。

$$\begin{aligned}e(T,T_0^*)&=e(T,T_0)+e(T_0,T_0^*)\\&=e(T,30℃)+e(30℃,-20℃)\\&=e(T,30℃)+[e(30℃,0℃)+e(0℃,-20℃)]\\&=e(T,30℃)+[e(30℃,0℃)-e(-20℃,0℃)]\\&=39.17\text{mV}+[1.2\text{mV}-(-0.77\text{mV})]=41.14\text{mV}\end{aligned}$$

因此，当冷端温度为 $T_0^*=-20℃$ 时，热电偶的热电势为 $e(T, T_0^*)=41.14\text{mV}$。可见，在使用热电偶测温度时，需要对冷端温度产生的影响进行补偿。

8.1.2 热电偶的材料和结构

适于制作热电偶的材料有 300 多种，其中广泛应用的有 40～50 种。国际电工委员会向世界各国推荐 8 种热电偶作为标准化热电偶。我国标准化热电偶也有 8 种，分别是：铂铑 10-铂（S）、铂铑 13-铂（R）、铂铑 30-铂铑 6（B）、镍铬-镍硅（K）、镍铬-康铜（E）、铁-康铜（T）、镍铬硅-镍硅（N）和铁-铜镍（J）。

为了保证热电偶可靠、稳定地工作，对它的结构要求如下：组成热电偶的两个热电极的焊接必须牢固；两个热电极之间彼此绝缘要好，以防短路；补偿导线与热电偶自由端的连接要方便可靠；保护套管应能保证热电极与有害介质充分隔离。

按热电偶用途不同来分，常制成以下几种结构：普通型热电偶、铠装热电偶、表面热电偶、薄膜式热电偶和快速消耗型热电偶。

如图 8-3 所示为普通热电偶的结构示意图，它由热电极、绝缘管（或绝缘子）、保护套管、接线盒等部分组成。热电偶在测量温度时，将测量端插入被测对象的内部，主要用于测量容器或管道内气体、蒸汽、液体等介质的温度。

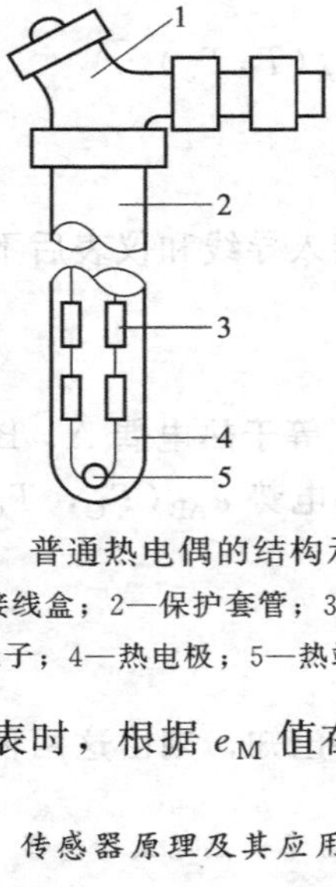

图 8-3 普通热电偶的结构示意图

1—接线盒；2—保护套管；3—绝缘子；4—热电极；5—热端

8.1.3 热电偶的分度表

不同金属组成的热电偶，温度与热电动势之间有不同的函数关系，一般通过实验的方法来确定，并将不同温度下测得的结果（每 10℃分挡）列成表格，编制出热电势与温度的对照表（即分度表），供查阅使用，中间值按内插法计算。

$$T_M=T_L+\frac{e_M-e_L}{e_H-e_L}(T_H-T_L) \tag{8-6}$$

式中，e_H、e_L 分别为热电偶分度表上查得的热电偶测量 T_H、T_L 温度时所产生的电动势。

查表时，根据 e_M 值在定位，查出 e_M 所在 10℃挡，该挡低温值为 T_L，高温值为 T_H。

T_L对应的热电动势为e_L，T_H对应的热电动势为e_H。显然，$T_H=T_L+10$，$T_H>T_M>T_L$。

8.1.4 热电偶的冷端温度补偿

当热端温度为T时，分度表所对应的热电势$e_{AB}(T,0)$与热电偶实际产生的热电势$e_{AB}(T,T_0)$之间的关系可根据中间温度定律得到，如式(8-7)所示。

$$e_{AB}(T,0)=e_{AB}(T,T_0)+e_{AB}(T_0,0) \tag{8-7}$$

由此可见，$e_{AB}(T_0,0)$是冷端温度T_0的函数，冷端温度受周围环境温度的影响，难以自行保持为0℃或某一定值。为减小测量误差，需对热电偶冷端人为采取一定措施，使其温度为恒定，或用其他方法进行校正和补偿。对热电偶冷端温度进行处理通常有以下四种方法。

(1) 热电偶补偿导线

热电偶一般做得较短，为350～2000mm。在实际测温时，需要把热电偶输出的电势信号传输到远离现场数十米远的控制室里的显示仪表或控制仪表，这样，冷端温度T_0比较稳定。

工程中常用的冷端温度补偿办法是采用一种补偿导线。在0～100℃温度范围内，要求补偿导线和所配热电偶具有相同的热电特性。

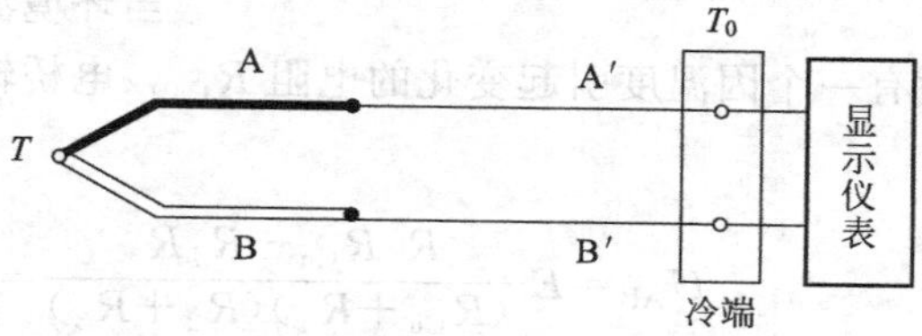

图 8-4 热电偶补偿导线应用

热电偶补偿导线的应用见图8-4，常用补偿导线的选配如表8-1所示。

表 8-1 热电偶补偿导线选用表

热电偶类型	补偿导线类型	补偿导线	
		正极	负极
铂铑$_{10}$-铂	铜-铜镍合金	铜	铜镍合金（镍的质量分数为0.6%）
镍铬-镍硅	Ⅰ型：镍铬-镍硅	镍铬	镍硅
镍铬-镍硅	Ⅱ型：铜-康铜	铜	康铜
镍铬-康铜	镍铬-康铜	镍铬	康铜
铁-康铜	铁-康铜	铁	康铜
铜-康铜	铜-康铜	铜	康铜

(2) 冷端0℃恒温法

在实验室及精密测量中，通常把冷端放入0℃恒温器或装满冰水混合物的容器中，以便冷端温度保持0℃；也可以将冷端放入盛油的容器内，利用油的热惰性保持冷端接近于室温；或者将容器制成带有水套的结构，让流经水套的冷却水来保持容器温度的稳定。但这是一种理想的补偿方法，在工业中使用极为不便。

(3) 冷端温度修正法

这种方法主要应用于实验室的测温，由于需要人工计算、查表，故不适合于工业过程测温。具体方法如下：当冷端温度T_0受环境因素影响而不等于0℃时，热电偶的测量电势值

$e_{AB}(T, T_0)$ 不能直接通过查分度表获得 T 的值，而通过测量冷端温度 T_0，再利用中间温度定律：

$$e_{AB}(T,0)=e_{AB}(T,T_0)+e_{AB}(T_0,0) \tag{8-8}$$

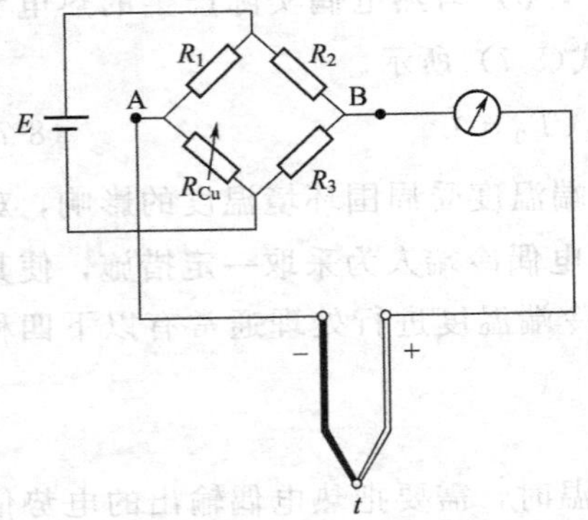

图 8-5　热电偶冷端温度自动补偿法

【例 8-2】 用镍铬-镍硅热电偶测量加热炉温度。已知冷端温度 $T_0=50℃$，测得热电势 $e_{AB}(T, T_0)$ 为 33.29mV，求加热炉温度。

解： 查镍铬-镍硅热电偶分度表得 $e_{AB}(50℃, 0℃)=2.023\text{mV}$，可得

$$e_{AB}(T,0)=e_{AB}(T,T_0)+e_{AB}(T_0,0)=33.29+2.023=35.313\ (\text{mV})$$

由镍铬-镍硅热电偶分度表得 $T=850℃$。

(4) 冷端温度自动补偿法（电桥补偿法）

图 8-5 是热电偶冷端温度自动补偿法的一种应用。当环境温度 T_0 升高时，热电势 $e_{AB}(T, T_0)$ 减小，电桥有一个因温度引起变化的电阻 R_{Cu}，电桥输出电压 U_{AB} 为：

$$U_{AB}=E\frac{R_2R_{Cu}-R_1R_3}{(R_{Cu}+R_1)(R_2+R_3)}=E\frac{R_2-\dfrac{R_1R_3}{R_{Cu}\uparrow}}{\left(1+\dfrac{R_1}{R_{Cu}\uparrow}\right)(R_2+R_3)}=\frac{\uparrow}{\downarrow}=\uparrow \tag{8-9}$$

导致电桥输出电压 U_{AB} 增大，这样可以保持

$$e_{AB}(T,T_0)+U_{AB}=\text{常数} \tag{8-10}$$

从而实现冷端温度自动补偿。

8.1.5　热电偶测温线路

8.1.5.1　测量单点的温度

对于应用热电偶来简单地测量某个点的温度值，其测温线路如图 8-6 所示。图 8-6(a) 为普通测温线路，热电偶后面加上补偿导线，用以延长到仪表室接显示仪表。图 8-6(b) 为带有温度补偿器的测温线路图，在图 8-6(a) 的基础上，在显示仪表前接上相应的温度补偿器。

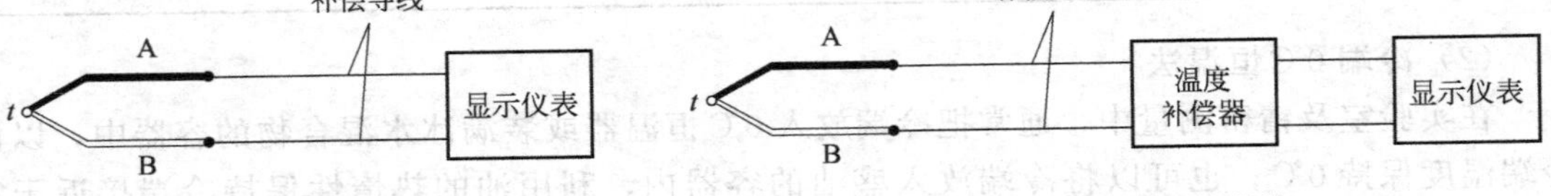

(a) 普通测温线路　　(b) 带温度补偿器的测温线路

图 8-6　热电偶单点温度的测量

8.1.5.2　测量两点间温度差（反向串联）

特殊情况下，热电偶可以串联或并联使用，但只能是同一分度号的热电偶，且冷端应在

同一温度下。如热电偶正向串联，可获得较大的热电势输出和提高灵敏度；在测量两点温差时，可采用热电偶反向串联；利用热电偶并联可以测量平均温度。图 8-7 是用热电偶测量两点的温度差的接线方式。

测量两点温度差的接线图如图 8-7 所示，由前面的相关理论可推出

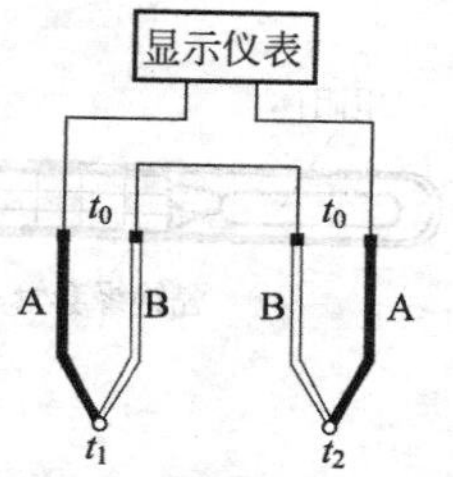

图 8-7　热电偶测量两点的温度差的接线方式

$$e_T = e_{AB}(t_1, t_0) - e_{AB}(t_2, t_0) = e_{AB}(t_1, t_2) \tag{8-11}$$

即可测两点间的温度差。

8.1.5.3　测量平均温度（并联或正向串联）

测量平均温度可采用热电偶的并联测温线路图，如图 8-8 所示，可得

$$e_T = \frac{e_1 + e_2 + e_3}{3} = \frac{e_{AB}(t_1, t_0) + e_{AB}(t_2, t_0) + e_{AB}(t_3, t_0)}{3}$$

$$= \frac{e_{AB}(t_1 + t_2 + t_3, 3t_0)}{3} = e_{AB}\left(\frac{t_1 + t_2 + t_3}{3}, t_0\right)$$

当有一只热电偶烧断时，难以觉察出来，当然，它也不会中断整个测温系统的工作。

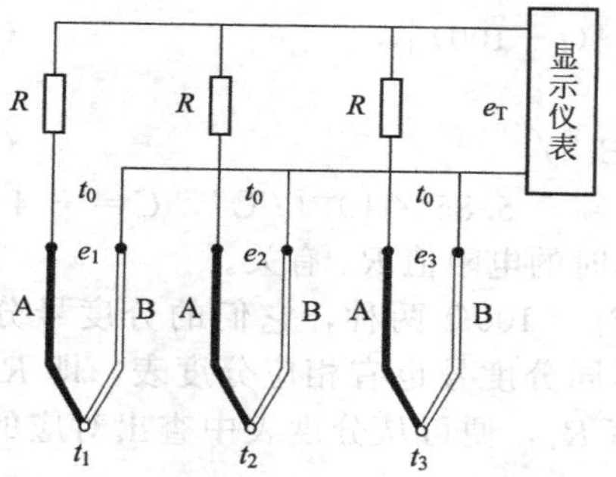

图 8-8　热电偶的并联测温线路图

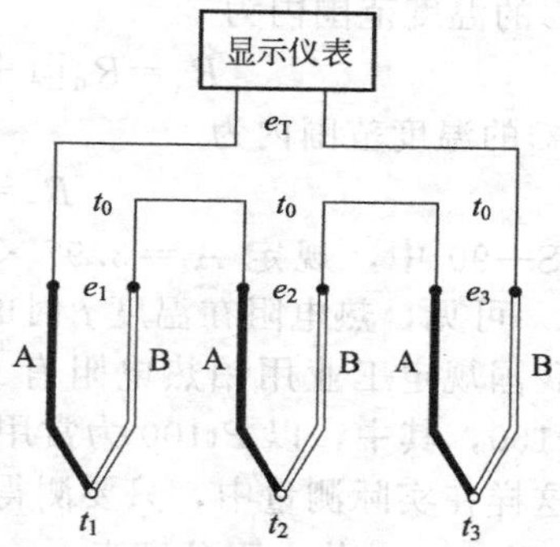

图 8-9　热电偶的串联测温线路图

测量平均温度也可采用热电偶串联的方式，如图 8-9 所示，可得

$$e_T = e_1 + e_2 + e_3 = e_{AB}(t_1, t_0) + e_{AB}(t_2, t_0) + e_{AB}(t_3, t_0)$$
$$= e_{AB}(t_1 + t_2 + t_3, 3t_0) = e_{AB}(t_1 + t_2 + t_3, t_0) \tag{8-12}$$

其优点是热电动势大，仪表的灵敏度大大增加，且避免了热电偶并联线路存在的缺点，可立即发现有断路。缺点是只要有一只热电偶断路，整个测温系统将停止工作。

8.2　热电阻温度传感器

热电阻温度传感器是利用导体的电阻值随温度变化而变化的原理进行测温的。物质的电阻率随温度变化而变化的现象称为热电阻效应。

热电阻广泛用来测量－200～850℃范围内的温度，少数情况下，低温可测量至 1K(1K＝－273℃)，高温达 1000℃。标准铂电阻温度计的精确度高，作为复现国际温标的标准仪器。

热电阻温度传感器结构如图 8-10 所示，电阻丝采用双线并绕法绕制在具有一定形状的云母、石英或陶瓷塑料支架上，支架起支撑和绝缘作用。

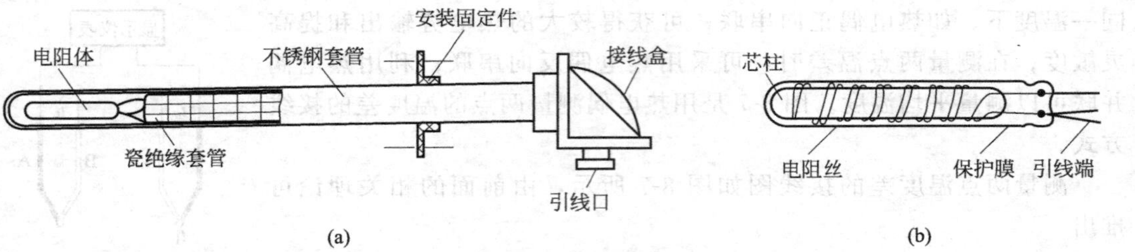

图 8-10　热电阻温度传感器结构图

8.2.1　常用热电阻

对用于制造热电阻的材料，要求具有尽可能大和稳定的电阻温度系数和电阻率、R-t 关系最好成线性、物理化学性能稳定、容易加工、价格尽量便宜等。

目前最常用的热电阻有铂热电阻和铜热电阻。

8.2.1.1　铂热电阻

铂热电阻的特点是精度高、稳定性好、性能可靠，所以在温度传感器中得到了广泛应用。

按 IEC 标准，铂热电阻的使用温度范围为 $-200\sim850$℃。铂热电阻的特性方程：在 $-200\sim0$℃的温度范围内为

$$R_t=R_0[1+At+Bt^2+Ct^3(t-100)] \tag{8-13}$$

在 $0\sim850$℃的温度范围内为

$$R_t=R_0(1+At+Bt^2) \tag{8-14}$$

在 ITS—90 中，规定 $A=3.97\times10^{-13}/℃$，$B=-5.85\times10^{-7}/℃^2$，$C=-4.22\times10^{-12}/℃^4$。可见，热电阻在温度 t 时的电阻值与 0℃时的电阻值 R_0 有关。

目前我国规定工业用铂热电阻有 $R_0=10\Omega$ 和 $R_0=100\Omega$ 两种，它们的分度号分别为 Pt10 和 Pt100，其中，以 Pt100 为常用。铂热电阻不同分度号也有相应分度表，即 R_t-t 的关系表，这样在实际测量中，只要测得热电阻的阻值 R_t，便可从分度表中查出对应的温度值。表 8-2 为 Pt100 热电阻分度表。

表 8-2　Pt100 热电阻分度表

分度号：Pt100　　　　$R_0=100\Omega$

温度/℃	0	10	20	30	40	50	60	70	80	90
	电阻/Ω									
−200	18.49									
−100	60.25	56.19	52.11	48.00	43.87	39.71	35653	31.32	27.08	22.80
0	100.00	96.09	92.16	88.22	84.27	80.31	76.33	72.33	68.33	64.30
0	100.00	103.90	107.79	111.67	115.54	119.40	123.24	127.07	130.89	134.70
100	138.50	142.29	146.06	149.82	153.58	157.31	161.04	164.76	168.46	172.16
200	175.84	179.51	183.17	186.82	190.45	194.07	197.69	201.29	204.88	208.45
300	212.02	215.57	219.12	222.65	226.17	229.67	233.17	236.65	240.13	243.59
400	247.04	250.48	253.90	257.32	260.72	264.11	267.49	270.86	274.22	277.56
500	280.90	284.22	287.53	290.83	294.11	297.39	300.65	303.91	307.15	310.38
600	313.59	316.80	319.99	323.18	326.35	329.51	332.66	335.79	338.92	342.03
700	345.13	348.22	351.30	354.37	357.37	360.47	363.50	366.52	369.53	372.52
800	375.51	378.48	381.45	384.40	387.34	390.26				

8.2.1.2　铜热电阻

在一些测量精度要求不高且温度较低的场合，可采用铜热电阻进行测温，它的测量范围

为$-50\sim150$℃。

铜热电阻在测量范围内其电阻值与温度的关系几乎是线性的，可近似表示为

$$R_t = R_0(1+\alpha t) \tag{8-15}$$

式中，$\alpha = 4.28 \times 10^{-3}$/℃。

铜热电阻有两种分度号，Cu50($R_0=50\Omega$)和Cu100($R_0=100\Omega$)。表8-3是Cu50铜热电阻的分度表，分度号为Cu50。

表 8-3 Cu50 铜热电阻的分度表

分度号：Cu100　　　　$R_0=50\Omega$

温度/℃	0	10	20	30	40	50	60	70	80	90
	电阻/Ω									
−0	50.00	47.85	45.70	43.55	41.40	39.24				
0	50.00	52.14	45.28	56.42	58.56	60.70	62.84	64.98	67.12	69.26
100	71.40	73.54	75.68	77.83	79.98	82.13				

铜热电阻的特点是电阻温度系数较大、线性好、价格便宜。缺点是电阻率较低、电阻体的体积较大、热惯性较大、稳定性较差，在100℃以上时容易氧化，因此只能用于低温及没有浸蚀性的介质中。

8.2.2 热电阻的测量电路

用热电阻传感器进行测温时，测量电路经常采用电桥电路。热电阻与检测仪表相隔一段距离，因此，热电阻的引线对测量结果有较大的影响。

热电阻内部引线方式有二线制、三线制和四线制三种，如图8-11所示。

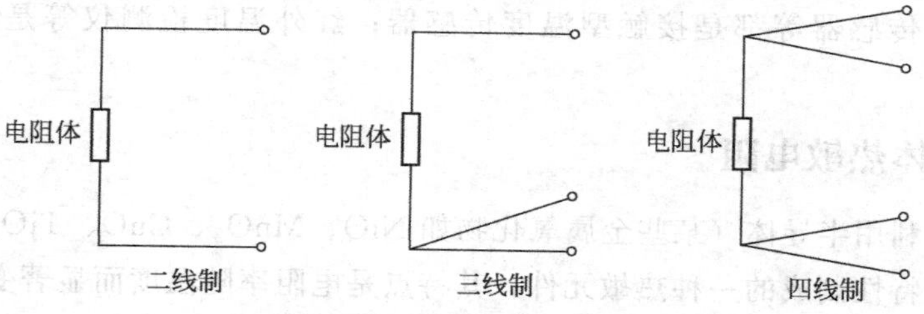

图8-11 热电阻内部引线方式图

对于不同的应用要求，可采用三种外围接线方式，如表8-4所示。

表 8-4 三种外围接线方式的应用

二线制	三线制	四线制
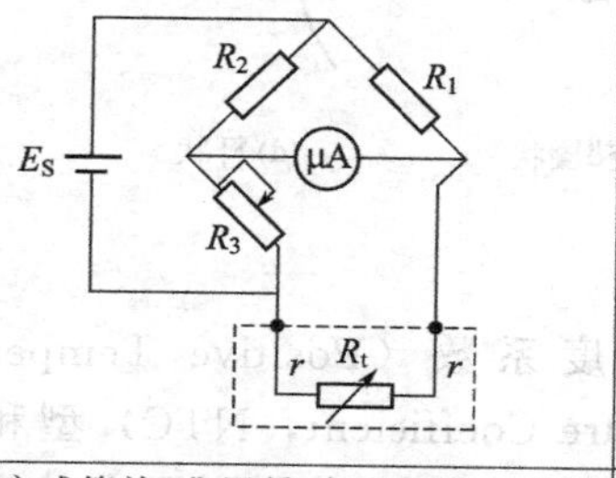	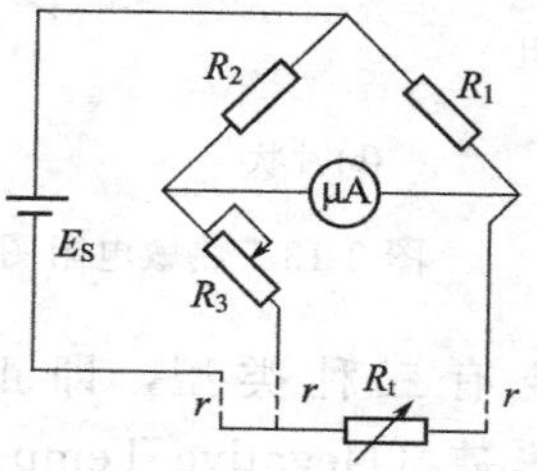	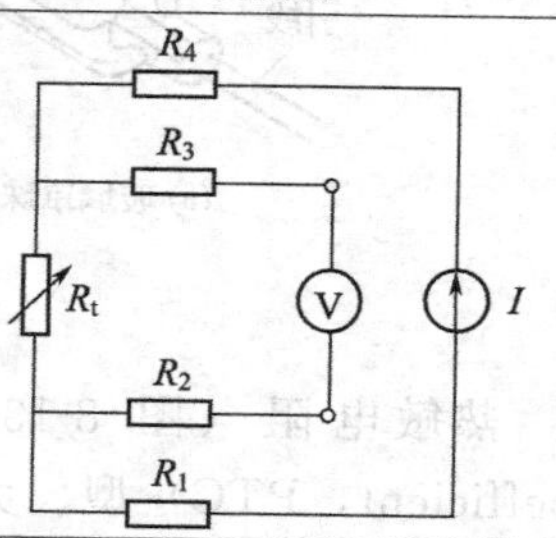
引线方式简单、费用低，但是引线电阻以及引线电阻的变化会带来附加误差。二线制适于引线不长、测温精度要求较低的场合	用于工业测量，一般精度	实验室用，高精度测量

图 8-12 是一个使用 Pt100 热电阻进行测温的信号调理电路图。8.2kΩ 电阻采用 0.1% 的精密电阻，假设要求温度测量范围为 −200～660℃，则热电阻 Pt100 的电阻变化范围为 18.5～333Ω。这样，调节 R_{P1}，使其达到 18.5Ω，其输出到放大器 A_1 负反馈端的电压约为 0.0203V，在整个测量范围内，热电阻输出到 A_1 放大器的信号为 0.0203～0.3512V，这样对于 A_1 放大器，差分输入信号范围为 0～0.3309V，经放大 10 倍后为 0～3.309V，这样就可以用 A/D 芯片进行采样或用仪表检测。

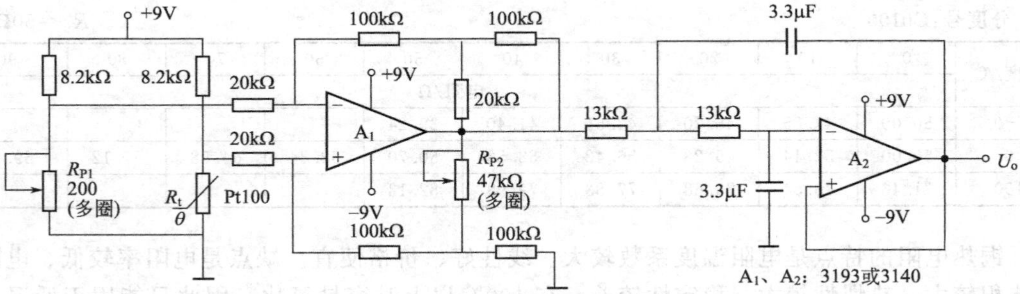

图 8-12　Pt100 测温信号调理电路图

8.3 半导体温度传感器

半导体温度传感器中，半导体热敏电阻、PN 结型热敏器件、集成（IC）温度传感器、半导体光纤温度传感器等都是接触型温度传感器；红外温度检测仪等是非接触型温度传感器。

8.3.1 半导体热敏电阻

热敏电阻是利用半导体（某些金属氧化物如 NiO、MnO_2、CuO、TiO_2）的电阻值随温度显著变化这一特性制成的一种热敏元件，其特点是电阻率随温度而显著变化。一般测温范围为 −50～+300℃。

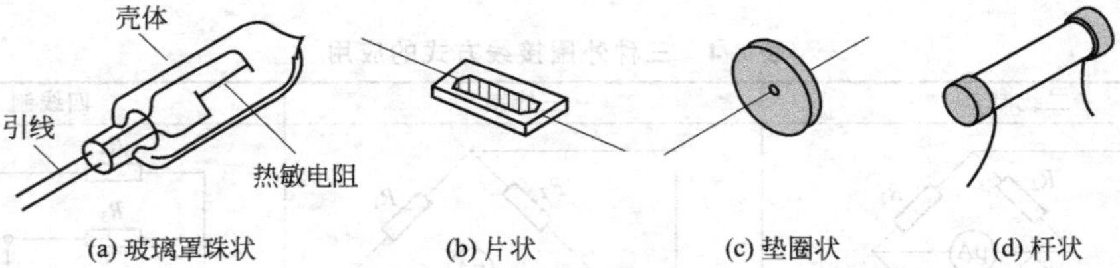

图 8-13　热敏电阻图

热敏电阻（图 8-13）主要有三种类型，即正温度系数（Positive Temperature Coefficient，PTC）型、负温度系数（Negative Temperature Coefficient，NTC）型和临界温度系数（Citical Temperature Resistor，CTR）型。PTC 和 CTR 型热敏电阻在某些温度范围内其电阻值会产生急剧变化，适用于某些狭窄温度范围内的特殊应用，而 NTC 热敏电阻可用于较宽温度范围的测量。热敏电阻的电阻-温度（R-t）特性曲线如图 8-14 所示。

8.3.1.1 基本特性

热敏电阻是非线性电阻，表为在电阻、温度的指数关系和电压、电流不符合欧姆定律。在热敏电阻的温度特性曲线中，白银电阻的阻值在100℃时只比0℃时大1.4倍，负温度系数热敏电阻的温度系数为（−2～−6）%/℃，缓慢型正温度系数的热敏电阻的温度系数为（1～10）%/℃，开关型正温度系数热敏电阻的温度系数为10%/℃以上。

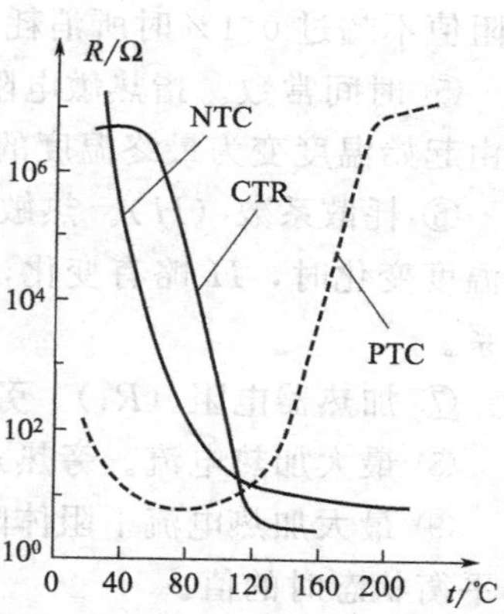

图 8-14 热敏电阻的电阻-温度特性曲线

在稳态情况下，热敏电阻上的电压和通过的电流之间的关系称为伏安特性。热敏电阻的典型伏安特性如图 8-15 所示。从图中可见，在小电流情况下，电压降和电流成正比，这一工作区是线性区，这一区域适合温度测量。随着电流增加，电压上升变缓，曲线呈非线性，这一工作区是非线性正阻区。当电流超过一定值以后，曲线向下弯曲，出现负阻特性，电流引起热敏电阻自身发热、升温，阻值减小，所以，电压反而降低，称为负阻区。

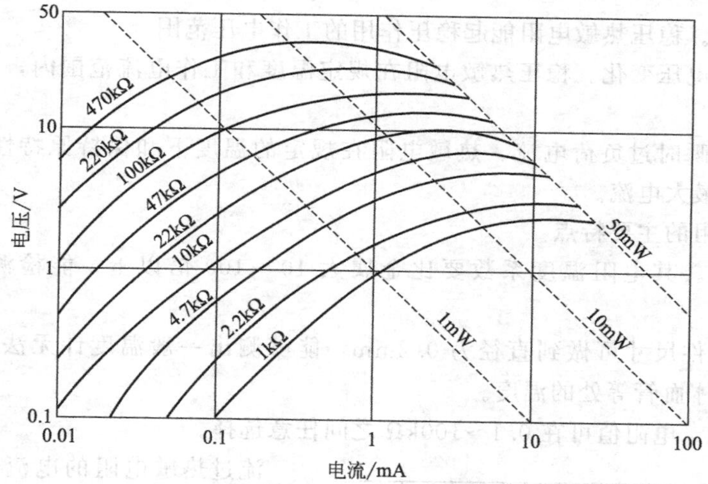

图 8-15 热敏电阻的典型伏安特性

（1）热敏电阻的主要参数

① 标称电阻值（R_{25}）。热敏电阻上标出的25℃时的电阻值。

② 材料系数（B）。描述负温度系数热敏电阻材料物理特性的一个常数。B 值大小取决于材料的激活能（ΔE）。

$$B=\Delta E/2K$$

式中，K 为波尔兹常数。

在工作温度范围内，B 值并不是一个严格的常数，随温度的增大而略微增大。

③ 额定功率（P_E）。热敏电阻在规定的技术条件下，长时连续负荷所允许的消耗功率，在此功率下，电阻体自身的温度不应超过最高的工作温度，即热敏电阻在规定的技术条件下长时间连续工作所允许的最高温度。

④ 测量功率（P_c）。热敏电阻在规定的环境温度下，电阻体受测量电源的加热而引起的

电阻值不超过 0.1%时所消耗的功率。

⑤ 时间常数。指热敏电阻的热惰性。在无功率状态下，当环境温度突变时，电阻体温度由起始温度变为最终温度的 63.2%所需要的时间。

⑥ 耗散系数（H）。热敏电阻温度变化 1℃时所消耗的功率。在工作温度范围内，当环境温度变化时，H 略有变化，H 的大小与热敏电阻的结构形状和所处的介质种类、状态有关系。

⑦ 加热器电阻（R_t）。旁热式热敏电阻的加热器在规定的温度范围内的电阻值。

⑧ 最大加热电流。旁热式热敏电阻的加热器上允许通过的最大电流。

⑨ 最大加热电流下阻体阻值。旁热式热敏电阻的加热器工作在最大电流时，电阻达到热平衡状态时的值。

⑩ 耦合系数（K）。使用不同的加热方法（直热或旁热），使旁热式热敏电阻的电阻体达到相同的阻值时，其电阻体（直热）功率 P_1 与加热器（旁热）功率 P_2 之比。

⑪ 热电阻值（R_H）。旁热式热敏电阻在加热器上通过给定的工作电流时，电阻体达到热平衡状态的电阻值。

⑫ 绝缘电阻（R_j）。热敏电阻的电阻体与加热器或电阻体与密封外壳之间的绝缘电阻值。

⑬ 稳压范围。稳压热敏电阻能起稳压作用的工作电压范围。

⑭ 最大允许电压变化。稳压热敏电阻在规定温度和工作电流范围内，允许电压波动的最大值。

⑮ 最大允许瞬时过负荷电流。热敏电阻在规定的温度下和保持原特性不变的条件下，瞬时所能承受的最大电流。

（2）热敏电阻的主要特点

① 灵敏度高。其电阻温度系数要比金属大 10～100 倍以上，能检测出 10^{-6}℃温度变化。

② 小型。元件尺寸可做到直径为 0.2mm，能够测出一般温度计无法测量的空隙、腔体、内孔、生物体血管等处的温度。

③ 使用方便。电阻值可在 0.1～100kΩ 之间任意选择。

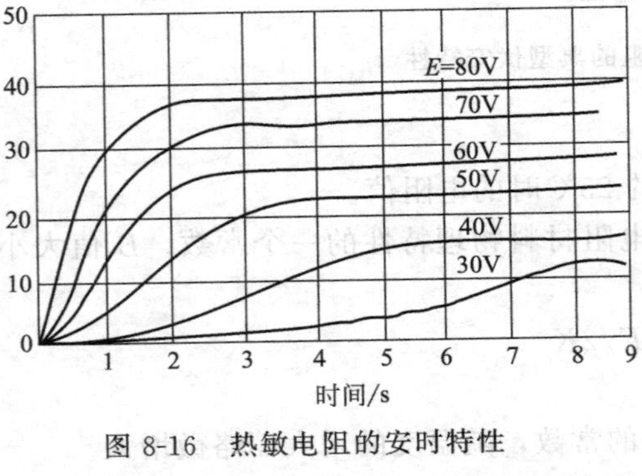

图 8-16　热敏电阻的安时特性

流过热敏电阻的电流与时间的关系称为安时特性，如图 8-16 所示。由图 8-16 可知热敏电阻在不同电压下电流达到稳定最大值所需要的时间。

目前，半导体热敏电阻还存在一定缺陷。

① 互换性和稳定性还不够理想，比不上金属热电阻。

② 非线性严重，且不能在高温下使用，因而限制了其应用领域。

8.3.1.2　NTC 热敏电阻

NTC 热敏电阻是由一些金属氧化物，如钴、锰、镍、铜等过渡金属的氧化物采用不同比例的配方，经高温烧结而成，然后采用不同的封装形式制成珠状、片状、杆状、垫圈状等各种形状。

与金属热电阻比较，NTC热敏电阻具有以下特点。

① 有很大的负电阻温度系数，因此其温度测量的灵敏度也比较高。

② 体积小。目前最小的珠状热敏电阻的尺寸可达 $\phi 0.2\text{mm}$，故热容量很小，可作为点温、表面温度以及快速变化温度的测量。

③ 具有很大的电阻值（100～0.1MΩ），因此可以忽略线路导线电阻和接触电阻等的影响，特别适用于远距离的温度测量和控制。

④ 制造工艺比较简单，价格便宜。半导体热敏电阻的缺点是温度测量范围较窄。

热敏电阻的温度系数 α_t 定义如下。

$$\alpha_t=\frac{1}{R_t}\times\frac{dR_t}{dt}=-\frac{B}{t^2} \tag{8-16}$$

由式(8-16) 可以看出，α_t 随温度降低而迅速增大。α_t 决定热敏电阻在全部工作范围内的温度灵敏度。NTC热敏电阻的测温灵敏度比金属热电阻的高很多，例如，B 值为4000K，当 $t=293.15\text{K}(20℃)$ 时，NTC热敏电阻的 $\alpha_t=4.7\%/℃$，约为铂电阻的12倍。

8.3.1.3 PTC热敏电阻

在工作温度范围内，阻值随着温度升高而增加的热敏电阻称为正温度系数热敏电阻，简称PTC元件。

PTC元件主体的主要材料是钛酸钡，掺入能改变居里点温度的物质和极微量的导电杂质，经研磨、压型、高温烧结，最后成为复合钛酸盐的N型半导瓷。

PTC元件在达到一个特定的温度前，电阻值随温度变化缓慢；当超过这个温度时，阻值剧增，发生阻值剧增变化的这点温度称居里点温度，是PTC元件的主要技术指标之一。

在PTC元件的主体材料钛酸钡中掺入锶，可使居里点温度在120℃以下；如果掺入铅，可使居里点温度在120℃以上；如果不掺入任何东西，居里点温度保持在120℃；如果同时掺入锶和钡，就可得到补偿型PTC元件。

PTC元件应用较广，可用于温度补偿、电动机过流保护、自动温度调节和控制、恒温发生器。其基本特性如下。

① 电阻-温度特性。表示PTC电阻（取对数）与温度的关系，有两种类型。

a. 缓慢型（补偿型或A型）。PTC元件具有一般的线性电阻-温度特性，其温度系数在+(3～8)%/℃，可广泛应用于温度补偿、温度测量、温度控制、晶体管过流保护。

b. 开关型（B型）。又称临界PTC元件，在温度达到居里点后，其阻值急剧上升，温度系数可达+(15～60)%/℃以上，可用于晶体管电路以及电动机、线圈的过流保护。电动机及变压器的电流控制。各种电路设备的温度控制和控制、温度报警及恒温发热体等。

② 伏安特性（静态特性）。表示当PTC元件施加电压后，因本身的自热功能，所产生的内热和外热达到平衡后电压和电流的关系。电流增加到最大，元件表面温度也增加到最大，元件自动调节温度，所以PTC元件可以作为恒温加热元件，用于保温器、电热器和恒温槽等。

当PTC正常工作时，流过它的电流小于它的额定电流的最大值时，PTC有限制大电流作用；当电路在正常状态时，PTC元件处于低阻状态，如电路出现故障或因过载有大电流通过时，PTC处于高阻状态。

③ 电流-时间特性。表示PTC元件的自热和外部热耗散达到平衡之前的电流与时间的

关系。在 PTC 元件施加某一电压的瞬间，由于初值较小，电流迅速上升；随着时间的推移，因 PTC 元件的自热功能，进入正温电阻特性区域，阻值急剧增加，电流大幅下降，最后达到稳定状态。电流达到稳定状态的时间取决于 PTC 元件的热容量、耗散系数和外加电压等。根据这种特性，PTC 可广泛应用于电机启动、继电器接点保护、定时器、彩色电视机自动消磁等。

8.3.1.4 热敏电阻基本测温的电路

下面分析热敏电阻（NTC 热敏电阻）测温的基本电路。为了取得热敏电阻的阻值和温度成比例的电信号，需要考虑它的直线性和自身加热问题。图 8-17 示出了热敏电阻的基本连接电路。

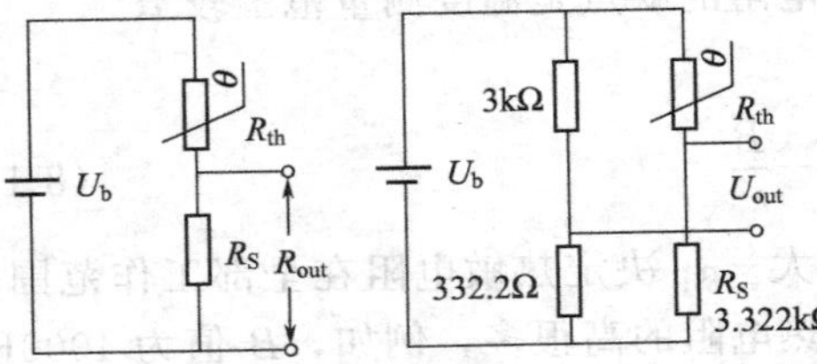

图 8-17 热敏电阻的基本连接电路

$$U_{out}=\frac{U_bR_S}{R_{th}+R_S} \tag{8-17}$$

对于负温度系数的热敏电阻（NTC 型）在 0～100℃温度范围内有如式(8-18) 所示关系。

$$R=Ae^{\frac{B}{t}} \tag{8-18}$$

式中，R 为温度 t 时的阻值，Ω；t 为温度，K；A、B 为取决于材料和结构的常数（其中，A 的量纲为 Ω，B 的量纲为 K）。进一步可推出式(8-19)。

$$R=R_0e^{B\left(\frac{1}{t}-\frac{1}{t_0}\right)} \tag{8-19}$$

式中，R 为任意温度 t 时热敏电阻的阻值；t 为任意温度，K；R_0 为标准温度 t_0 时的阻值；B 为负温度材料系数，也称为 B 常数。

为了使输出 U_{out} 与温度有近似的线性关系，可以适当调整 R_S，使得特性曲线通过 0℃、50℃、100℃三个温度点。

从 $U_{out}(50)\times2=U_{out}(0)+U_{out}(100)$ 的关系，利用各点热敏电阻的阻值可求出 R_S 值。

$$R_S=\frac{2R_{th0}R_{th100}-R_{th0}R_{th50}-R_{th50}R_{th100}}{2R_{th50}+R_{th100}+R_{th0}} \tag{8-20}$$

将热敏电阻的三个温度点的阻值 $R_{th0}=30.0\text{k}\Omega$，$R_{th50}=4.356\text{k}\Omega$，$R_{th100}=1.017\text{k}\Omega$ 代入式(8-20) 后得到 $R_S=3.322\text{k}\Omega$。

另外考虑热敏电阻自身加热问题，需用桥路进行补偿。使用桥路时，关键问题是桥路供电电压如何确定，热敏电阻如何选择。选取输出功率最大时热敏电阻值，根据给定功率求出桥路电压。

$$P=\left(\frac{U}{R_{th}+R_S}\right)^2R_{th} \tag{8-21}$$

对式(8-21) 求导，可得，当 $R_{th}=R_S$ 时输出功率最大。根据精度，若功率为 0.05mW，则 $U_b=1.4\text{V}$，由此可确定桥路各参数值。

另外，为了在较宽的范围内实现线性化，可采用模拟电路参数设定法，把热敏电阻传感器接入图 8-18 所示放大器电路中的 R_t 位置上，则电路输出电压为

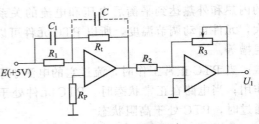

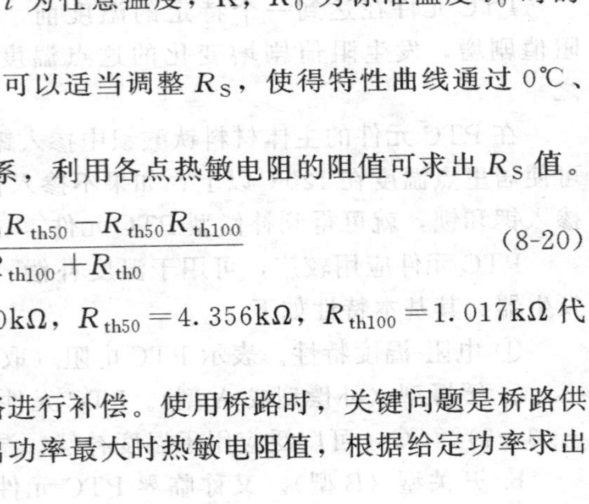

图 8-18 放大器电路

$$U_1=\frac{R_3E}{R_1R_2}R_t \tag{8-22}$$

将式(8-19) 代入式(8-22) 得

$$U_1=\frac{R_3E}{R_1R_2}R_0\mathrm{e}^{B\left(\frac{1}{t}-\frac{1}{t_0}\right)} \tag{8-23}$$

由式(8-23) 可见，温度 t 与输出电压为非线性关系，需采用对数电路和除法电路串联的方法线性化该电路的输出值。线性化电路原理图如图 8-19 所示。该电路的分析如下。

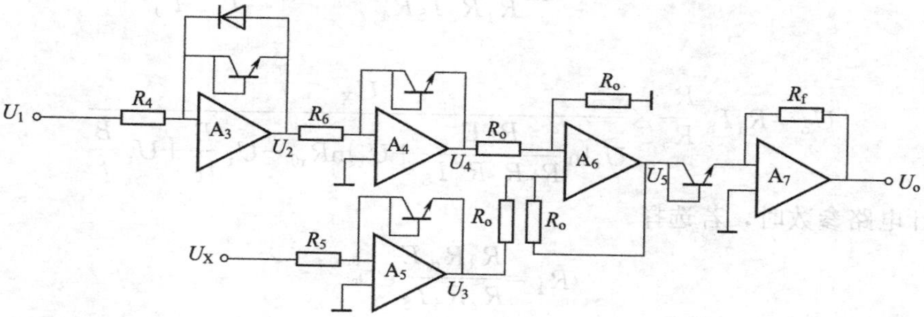

图 8-19 线性化电路原理图

$$U_1=\frac{R_3}{R_2}\times\frac{R_t}{R_1}E \qquad U_2=-U_t\ln\frac{U_1}{I_SR_4}$$

$$U_4=-U_t\ln\frac{U_2}{I_SR_6} \qquad U_3=-U_t\ln\frac{U_X}{I_SR_5}$$

$$U_5=U_4-U_3 \qquad U_o=-R_f\mathrm{e}^{\frac{U_5}{U_t}}I_S$$

$U_t=\dfrac{kt}{q}\approx 26\text{mV}$ $\quad I_S$ 为三极管发射级反向饱和电流

联立以上各式及式(8-19)，其中式(8-19) 改写为 $R_t=R_{t0}\mathrm{e}^{B\left(\frac{1}{t}-\frac{1}{t_0}\right)}$，可得

$$U_o=-R_fI_S\mathrm{e}^{\frac{U_4-U_3}{U_t}}$$

$$U_o=-R_fI_S\mathrm{e}^{\frac{U_t\ln\frac{U_X}{I_SR_5}-U_t\ln\frac{U_2}{I_SR_6}}{U_t}}$$

$$U_o=-R_fI_S\mathrm{e}^{\ln\frac{U_X}{I_SR_5}-\ln\frac{U_2}{I_SR_6}}$$

$$U_o=-R_fI_S\mathrm{e}^{\ln\frac{\frac{U_X}{I_SR_5}}{\frac{-U_t\ln\frac{U_1}{I_SR_4}}{I_SR_6}}}$$

$$U_o=R_fI_S\frac{R_6}{R_5}\times\frac{U_X}{U_t\ln\dfrac{U_1}{I_SR_4}}$$

$$U_o=R_fI_S\frac{R_6}{R_5}\times\frac{U_X}{U_t\ln\dfrac{\dfrac{R_3}{R_1}\times\dfrac{E}{R_2}R_{t0}e^{B\left(\frac{1}{t}-\frac{1}{t_0}\right)}}{I_SR_4}}$$

$$U_o=R_fI_S\frac{R_6}{R_5}\times\frac{1}{U_t}\times\frac{U_X}{\ln\left[\dfrac{R_3E}{R_1R_2I_SR_4}R_{t0}e^{B\left(\frac{1}{t}-\frac{1}{t_0}\right)}\right]}$$

$$U_o=R_fI_S\frac{R_6}{R_5}\times\frac{U_X}{U_t}\times\frac{1}{\ln\dfrac{R_3E}{R_1R_2I_SR_4}+\ln R_{t0}+\dfrac{B}{T}-\dfrac{B}{T_0}}$$

解得

$$U_o=R_fI_S\frac{R_6}{R_5}\times\frac{U_X}{U_t\ln\dfrac{R_3E}{R_1R_2R_4I_S}+U_t\ln R_{t0}-U_t\dfrac{B}{t_0}+U_t\dfrac{B}{t}} \tag{8-24}$$

在设计电路参数时，若选择

$$R_1=\frac{R_3R_{t0}E}{R_2R_4I_S}e^{-\frac{B}{t_0}} \tag{8-25}$$

使式(8-24) 分母中前三项的代数和等于零，则有

$$U_o=\frac{R_fR_6I_SU_X}{R_5U_tB}t \tag{8-26}$$

即得到了输出电压 U_o 与被测温度 t 成线性的关系式。

8.3.1.5 利用两个热敏电阻，求出其温度差的电路

在温度测量中，测量温度的绝对值一般能测量到 0.1℃左右的精度，要测到 0.01℃的高精度是很困难的。但是，如果在具有两个热敏电阻的桥式电路中，在同一温度下调整电桥平衡，当两个热敏电阻所处环境温度不同，测量温度差时，精度可以大大提高。图 8-20 示出这种求温度差的电路图。

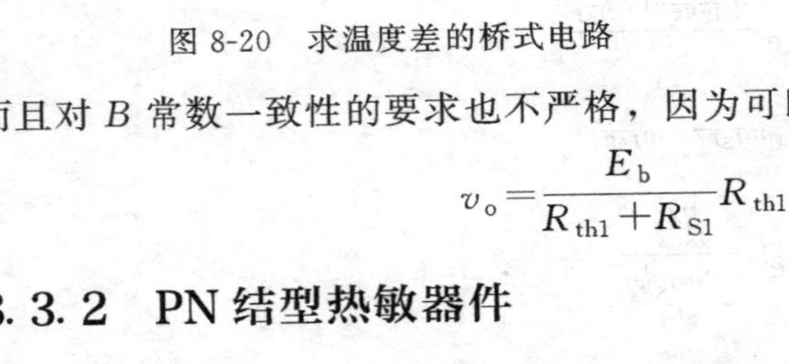

图 8-20　求温度差的桥式电路

图 8-20(a) 所示电路的测温范围较小，而且两个热敏电阻的 B 常数（取决于材质和结构的常数）应该一致，但灵敏度高，其输出为：

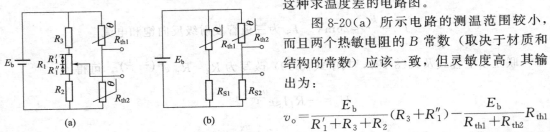

$$v_o=\frac{E_b}{R_1'+R_3+R_2}(R_3+R_1'')-\frac{E_b}{R_{th1}+R_{th2}}R_{th1}$$

图 8-20(b) 所示电路的测温范围较大，而且对 B 常数一致性的要求也不严格，因为可以用 R_S 来适当调整，其输出为

$$v_o=\frac{E_b}{R_{th1}+R_{S1}}R_{th1}-\frac{E_b}{R_{S2}+R_{th2}}R_{th2}$$

8.3.2 PN 结型热敏器件

利用半导体二极管、晶体管、晶闸管等的伏安特性与温度的关系可做出温敏器件（传感器）。PN 结型热敏器件特点如下。

① 它与热敏电阻一样具有体积小、反应快的优点。

② 线性较好且价格低廉，在不少仪表里用来进行温度补偿。

③ 特别适合对电子仪器或家用电器进行过热保护，也常用于简单的温度显示和控制。

④ 只能用来测量150℃以下的温度。

⑤ 分立元件型PN结温度传感器也存在互换性和稳定性不够理想的缺点，集成化PN结温度传感器则把感温部分、放大部分和补偿部分封装在同一管壳里，性能比较一致，而且使用方便。

8.3.2.1 晶体二极管PN结热敏器件

下面是根据二极管正向压降与温度关系，求出温度变化表达式。根据半导体器件原理，流经晶体二极管PN结的正向电流 I_D 与PN结上的正向压降 U_D 有如下关系。

$$I_D = I_S e^{\frac{qU_D}{kT}} \tag{8-27}$$

式中，q 为电子电荷量；k 为玻耳兹曼常数；T 为热力学温度；I_S 为反向饱和电流，它可写为

$$I_S = BT^{\eta} e^{-\frac{qU_{g0}}{kT}} \tag{8-28}$$

式中，qU_{g0} 为半导体材料的禁带宽度；B、η 为两个常数，其数值与器件的结构和工艺有关。

对式(8-27) 取对数，并考虑式(8-28)，有

$$U_D = \frac{kT}{q}\ln I_D + U_{g0} - \frac{kT}{q}\ln B - \frac{kT}{q}\eta \ln T \tag{8-29}$$

对式(8-29)，若能求出温度变化1℃时的正向压降值，则可方便求出温度值。对式(8-29)两边取导数，得到PN结正向压降对温度的变化率为

$$\frac{dU_D}{dT} = \frac{k}{q}\ln I_D - \frac{k}{q}\ln B - \frac{k}{q}\ln T - \frac{k}{q}\eta$$

$$U_D = \frac{kT}{q}\ln I_D + U_{g0} - \frac{kT}{q}\ln B - \frac{kT}{q}\eta \ln T \tag{8-30}$$

由式(8-29) 和式(8-30) 得到温度灵敏度为

$$\frac{dU_D}{dT} = -\left(\frac{U_{g0} - U_D}{T} + \eta \frac{k}{q}\right)$$

$k = 8.63 \times 10^{-5}$ eV/K，对硅半导体 $U_{g0} =$ 1.172V，设 $U_D = 0.65$V，$T = 300$K，有

$$\frac{dU_D}{dT} = -2\text{mV/K} \tag{8-31}$$

温度每升高1℃，正向压降为2mV，应用该特性可接近热力学温度零度。

硅二极管正向电压的温度特性如图8-21所示。显而易见，在40～300K有良好的线性。

二极管测温电路利用二极管VD、R_1、R_2、R_3 和 R_W 组成一电桥电路，再用运算放大器把电桥输出电信号放大，起到阻抗变换作用，可提高信号的质量。

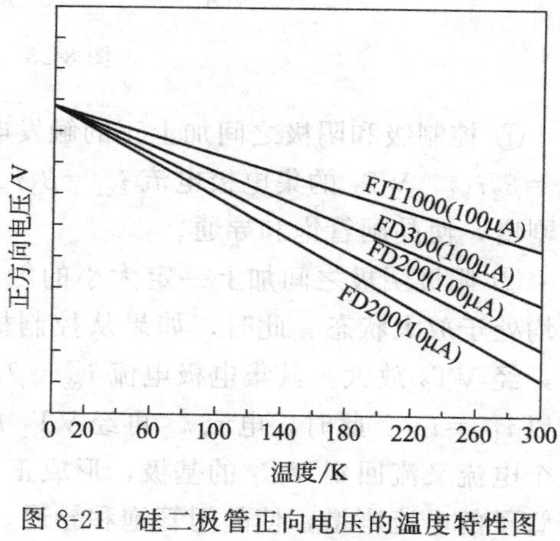

图 8-21 硅二极管正向电压的温度特性图

【例 8-3】 图 8-22 所示测温电路，要求测量范围为 $-20\sim80$℃，经放大器放大后为 $0\sim5$V，试选择 R_4、R_5、R_6、R_f 的电阻值。

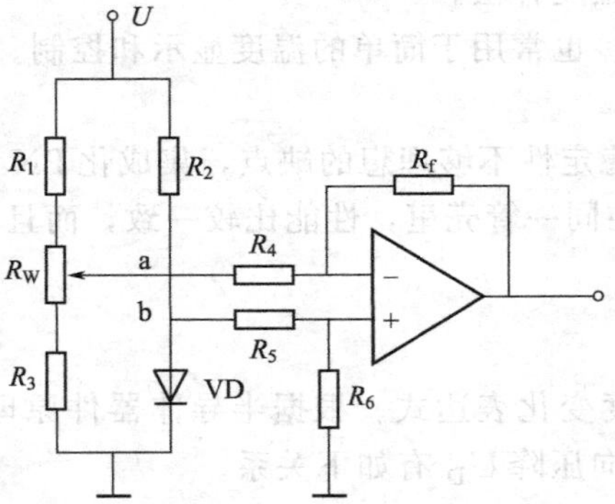

图 8-22 二极管测温电路

解： 根据式(8-31)可知二极管温度测量公式为

$$\frac{dU_D}{dT}=-2\text{mV/K}$$

当温度为 -20℃时，二极管输出电压为 506mV；当温度为 80℃时，二极管输出电压为 706mV，信号变化了 200mV。

调节 R_W，使 -20℃时运放输入电压为 0mV；80℃时输入电压为 200mV，要得到 $0\sim5$V 的电压输出，则放大倍数应定为 25 倍。

取 $R_4=R_5$，$R_6=R_f$，则有

$$U_o=-\frac{R_f}{R_4}(U_a-U_b)$$

$$\frac{R_f}{R_4}=25$$

这样，$R_4=R_5=10\text{k}\Omega$，$R_6=R_f=250\text{k}\Omega$，采用 0.1%的精密电阻即可实现。

8.3.2.2 晶闸管（可控硅）热敏开关

晶闸管是 P1N1P2N2 四层三端结构元件，共有三个 PN 结（J1、J2、J3），分析原理时，可以把它看成由一个 PNP 管和一个 NPN 管所组成，其等效图如图 8-23 所示。晶闸管的两种工作状态如下。

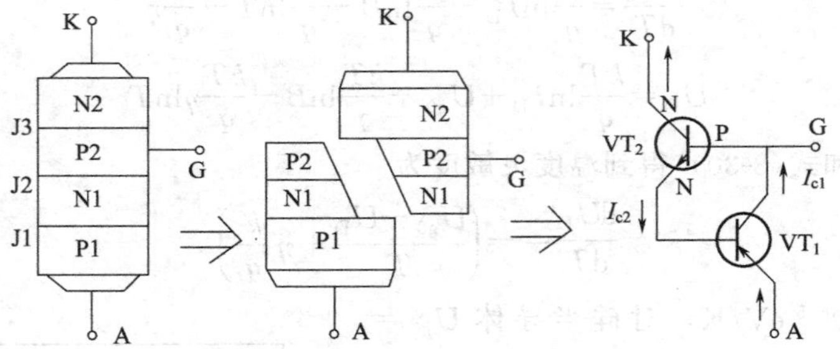

图 8-23 晶闸管结构和等效图

① 控制级和阴极之间加上正的触发电压。G 正向触发；VT_2 便有 i_{b2} 流过；集电极电流 $i_{c2}=\beta_2 i_{b2}$；VT_1 的集电极电流 $i_{c1}=\beta_1 i_{c2}=\beta_1\beta_2 i_{b2}$；$i_{c1}=i_{b2}$，形成正反馈，两个管子的电流剧增，使晶闸管饱和导通。

② 阳极阴极之间加上一定大小的触发电压。当阳极 A 加上正向电压时，VT_1 和 VT_2 管均处于放大状态。此时，如果从控制极 G 输入一个正向触发信号，VT_2 便有基流 i_{b2} 流过，经 VT_2 放大，其集电极电流 $i_{c2}=\beta_2 i_{b2}$。因为 VT_2 的集电极直接与 VT_1 的基极相连，所以 $i_{b1}=i_{c2}$。此时，电流 i_{c2} 再经 VT_1 放大，于是 VT_1 的集电极电流 $i_{c1}=\beta_1 i_{b1}=\beta_1\beta_2 i_{b2}$。这个电流又流回到 VT_2 的基极，形成正反馈，使 i_{b2} 不断增大，如此正反馈循环的结果是两个管子的电流剧增，使晶闸管饱和导通。

由于 VT_1 和 VT_2 所构成的正反馈作用，所以一旦晶闸管导通，即使控制极 G 的电流消失了，晶闸管仍然能够维持导通状态，由于触发信号只起触发作用，没有关断功能，所以，这种晶闸管是不可关断的。由于晶闸管只有导通和关断两种工作状态，所以它具有开关特性，这种特性需要一定的条件才能转化，如表 8-5 所示。

表 8-5　晶闸管导通和关断条件

状　态	条　件	说　明
从关断到导通	阳极电位高于阴极电位 控制极有足够的正向电压和电流	两者缺一不可
维持导通	阳极电位高于阴极电位 阳极电流大于维持电流	两者缺一不可
从导通到关断	阳极电位低于阴极电位 阳极电流小于维持电流	任一条件即可

结型热敏器件另一种类型是利用晶闸管元件的热开关特性制成的晶闸管热敏开关，是一种无触点热开关元件。

晶闸管热敏开关元件具有温度传感和开关两种特性，开关温度可通过调整栅极电阻上的外加电压进行控制，导通状态具有自保持能力，并能通过较大电流。

图 8-24 为晶闸管热敏开关元件（SW-T）用于控温的原理图。在设定温度下处于关闭状态，设定温度由 R_P 调整。由于 RC 电路的相移作用，流经 C_1、R_1、R_2 的电流相位较电源电压超前，故晶闸管（SCR）VD_{Z1} 从电源的零相位开始导通，并向负载提供半波电功率。当温度超过设定温度时，晶闸管热敏开关（T·Thy）导通致使晶闸管（SCR）VD_{Z1} 截止，从而达到控温作用。

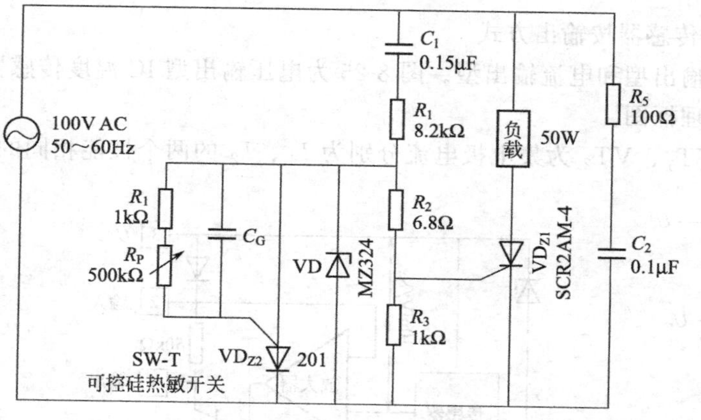

图 8-24　晶闸管热敏开关元件用于控温的原理图

8.3.3 集成（IC）温度传感器

集成电路（IC）温度传感器（例如 AD590、LM35）是近期开发的，是把温度传感器与后续的放大器等用集成化技术制作在同一基片上而成的，集传感与放大为一体的功能器件。

（1）IC 温度传感器的基本特性

IC 温度传感器的基本特性如下。

① 可测得线性输出电流（1μA/K）。

② 检测温度范围（−55～150℃）。

③ 测量精度为±1℃。

④ 无调整时也可使用。

⑤ 直线性很好，满量程非线性偏离±0.5℃。

⑥ 使用电源范围广（+4～+30V）。

它的缺点是灵敏度较低。

（2）IC温度传感器的设计原理

对于集电极电流比一定的两个晶体管，其U_{BE}之差ΔU_{BE}与温度有关。

根据晶体管原理，处于正向工作状态的晶体三极管，其发射极电流与发射结压降很好地符合下列关系，两个晶体管的发射结正向压降分别为

$$U_{BE1}=\frac{kT}{q}\ln\frac{I_{E1}}{I_{se1}} \tag{8-32}$$

$$U_{BE2}=\frac{kT}{q}\ln\frac{I_{E2}}{I_{se2}} \tag{8-33}$$

则两个晶体管发射结压降差

$$\Delta U_{BE}=U_{BE1}-U_{BE2}=\frac{kT}{q}\ln\frac{I_{E1}I_{se2}}{I_{E2}I_{se1}} \tag{8-34}$$

式(8-34)表明ΔU_{BE}与热力学温度T成正比。选择特性相同的两个晶体管，则$I_{se1}=I_{se2}$，两个晶体管的电流放大系数也应相同，当两个晶体管的集电极电流分别为I_{C1}、I_{C2}时，ΔU_{BE}经后级放大器放大后，可使传感器的输出随温度产生10mV/℃的变化量。

$$\Delta U_{BE}=\frac{kT}{q}\ln\frac{I_{C1}}{I_{C2}} \tag{8-35}$$

（3）IC温度传感器按输出方式

可分为电压输出型和电流输出型。图8-25为电压输出型IC温度传感器原理图，图8-26为其放大器的原理框图。

图8-25中VT_1、VT_2为集电极电流分别为I_1、I_2的两个性能相同的晶体管。

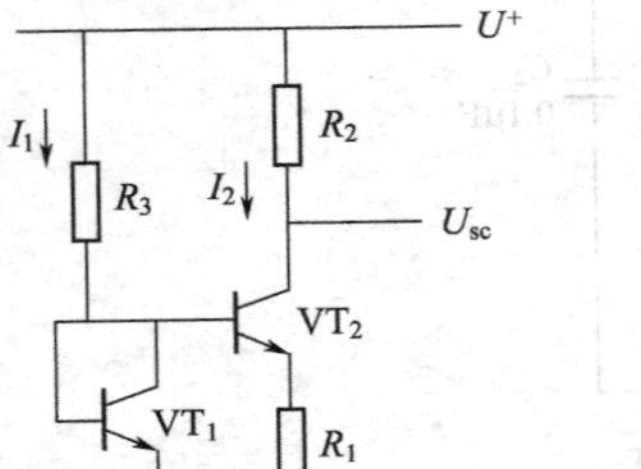

图8-25　电压输出型IC温度传感器原理图

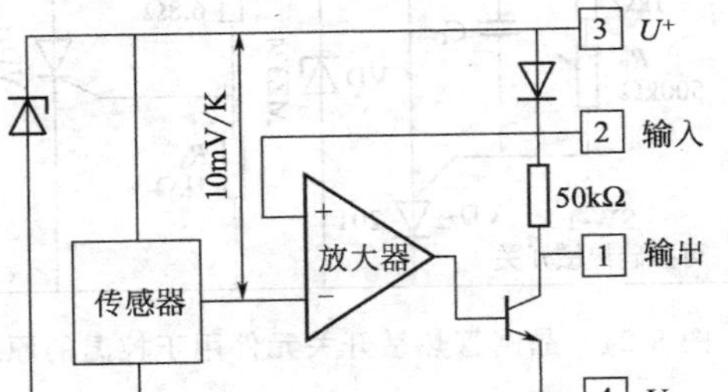

图8-26　电压输出型IC温度传感器放大器的原理框图

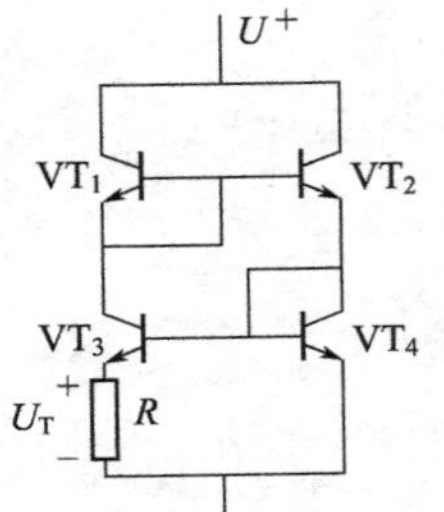

图8-27　电流输出型IC温度传感器原理图

电流输出型IC温度传感器原理图如图8-27所示。从图中不难看出

$$U_{BE1}=U_{BE2}, \qquad I_{C3}=I_{C4}$$

设计时，取VT_3发射极面积为VT_4发射极面积的8倍，于是根据式(8-35)得电阻R上的

电压输出为

$$U_{\mathrm{T}}=\frac{kT}{q}\ln 8=0.1792\mathrm{mV/K}$$

图 8-27 中，集电极电流由 U_{T}/R 决定，电路中流过的电流为流过 R 的电流的 2 倍。取 $R=358\Omega$，则可获得灵敏度为 $1\mu\mathrm{A/K}$ 的温度传感器。

IC 温度传感器的一大特点是应用很方便。图 8-28 示出了最简单的热力学温度计（开尔文温度计）。如果把它的刻度换算成摄氏、华氏温度刻度，就可以制成各种温度计了。图 8-29 示出了用串联电路测量低温度的电路图。图 8-30 示出了用并联电路测量平均温度值的电路图。

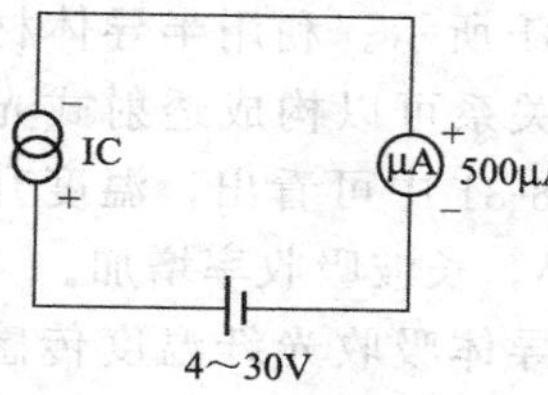

图 8-28　开尔文温度计电路图

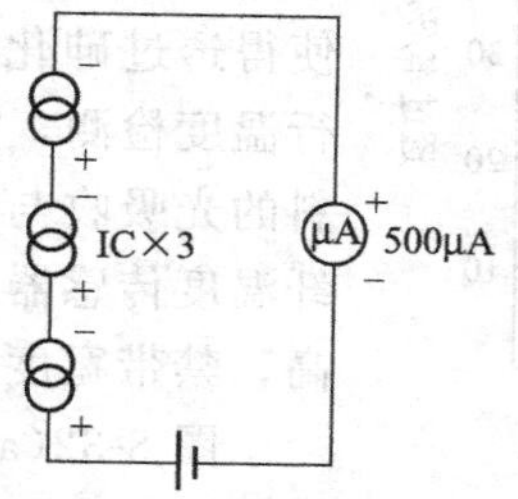

图 8-29　低温测量温度计电路图

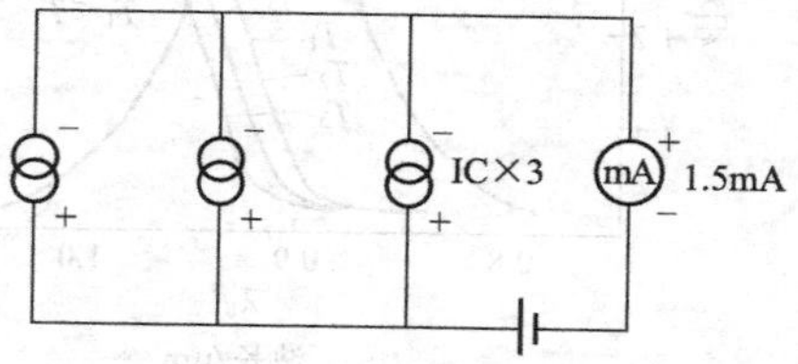

图 8-30　测量平均温度的电路图

8.3.4　半导体光纤温度传感器

光纤温度检测技术是近些年发展起来的一项新技术，由于光纤本身具有电绝缘性好、不受电磁干扰、无火花、能在易燃易爆的环境中使用等优点而越来越受到人们的重视，各种光纤温度传感器发展极为迅速。

目前研究的光纤温度传感器主要利用相位调制、热辐射探测、荧光衰变、半导体吸收、光纤光栅等原理。根据半导体材料的吸收光谱特性所设计的光纤温度传感器作为一种强度调制的传光型光纤传感器，除了具有光纤传感器的一般优点之外，还具有成本低、结构简单、可靠性高等优点，非常适合于输电设备和石油井下等现场的温度监测，近年来获得了广泛的研究。这种感器有两种形式，一种是透射式，另一种是反射式。所用光源大多是半导体发光二极管（LED）。下面介绍半导体吸收光纤温度传感器的工作原理。

半导体介质的吸收特性可用 Lambert 吸收定律表示。

$$I(\lambda,x)=I(\lambda,0)\mathrm{e}^{-\alpha(\lambda)x} \tag{8-36}$$

式中，$I(\lambda,0)$ 为入射光强；x 为介质厚度；α 为吸收系数。例如，材料 GaAs 的吸收系数可表示为

$$\alpha=A(h\upsilon-E_{\mathrm{g}})^{1/2}\qquad h\upsilon\geqslant E_{\mathrm{g}} \tag{8-37}$$

式中，A 为与材料有关的常数；h 为普朗克常数；υ 为光频率；E_{g} 为禁带宽度。E_{g} 随温度变化而变化，根据 M. B. Panish 的研究，在 20～973K 范围内，下式成立。

$$E_{\mathrm{g}}=E_{\mathrm{g}}(0)-\frac{\gamma T^{2}}{\beta+T} \tag{8-38}$$

式中，T 为热力学温度；$E_{\mathrm{g}}(0)$ 为热力学温度为 0 时对应的禁带能量，eV；γ 为经验常数，eV/K；β 为经验常数，K。

对于材料 GaAs，$E_{\mathrm{g}}(0)=1.522\mathrm{eV}$，$\gamma=5.8\times10^{-4}\mathrm{eV/K}$，$\beta=300\mathrm{K}$。

于是可求得引起吸收的波长

$$\lambda_g=\frac{hc}{E_g}=\frac{hc}{E_g(0)-\frac{\gamma T^2}{\beta+T}} \tag{8-39}$$

式(8-39) 表明 λ_g 与温度之间并非线性关系，其变化率为

$$\frac{\partial\lambda_g}{\partial t}=hc\gamma\frac{T^2+2T\beta}{[\beta E_g(0)+TE_g(0)-\gamma T^2]^2} \tag{8-40}$$

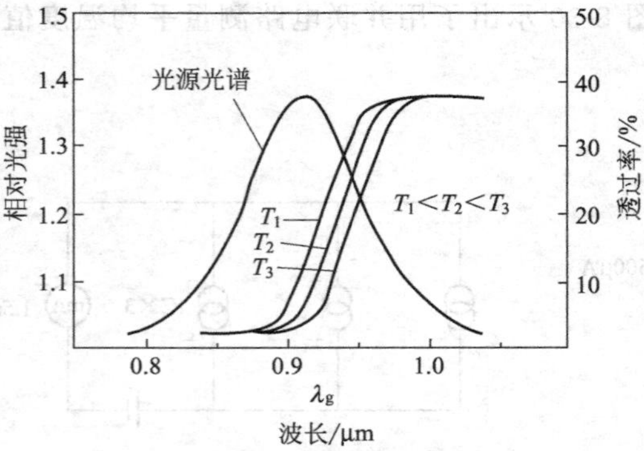

图 8-31　半导体材料的吸收特性

在光谱分布为 $P(\lambda)$ 的光源光波入射下，随着温度的升高，砷化镓材料带隙能量将减小，从而透过率曲线 $T(\lambda)$ 向长波方向移动，使得透过砷化镓的光能量减小。据此可以进行温度检测，如图 8-31 所示。利用半导体材料的光吸收与温度的关系可以构成透射式光纤温度传感器，从图 8-31 中可看出，温度升高，禁带宽度 E_g 减小，长波吸收率增加。

图 8-32(a) 为半导体吸收光纤温度传感器测温原理图。在输入光纤和输出光纤之间夹一片厚度约零点几毫米的半导体材料，并用不锈钢管加以固定，如图 8-32(b) 所示。

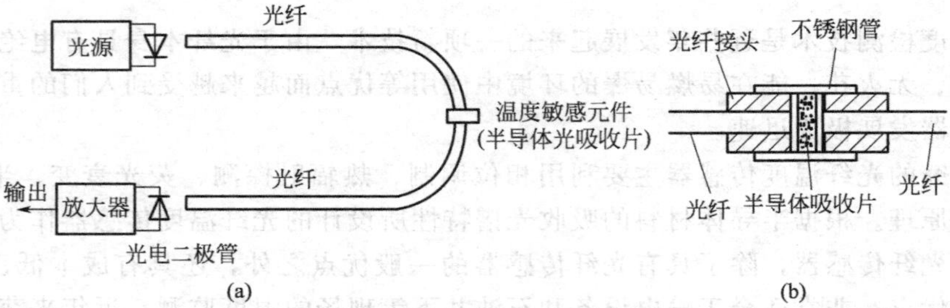

图 8-32　半导体吸收光纤温度传感器的测温原理图

温度升高，禁带宽度 E_g 减小，长波吸收率增加，光检测器光强变化。

8.3.5　非接触型半导体温度传感器

温度为 T 的物体对外辐射的能量 E 与波长 λ 的关系可用普朗克定律描述，即

$$E(\lambda T)=\varepsilon_T C_1\lambda^{-5}e^{\left(\frac{C_2}{\lambda T}-1\right)^{-1}} \tag{8-41}$$

式中，ε_T 为物体在温度 T 之下的辐射率（也称为黑度系数，当 $\varepsilon_T=1$ 时，物体为绝对黑体）；C_1 为第一辐射常数（第一普朗克常数），$C_1=3.7418\times10^{-16}\,W\cdot m^2$；$C_2$ 为第二辐射常数（第二普朗克常数），$C_2=1.4388\times10^{-2}\,m\cdot K$。

根据斯特藩-玻耳兹曼定律，将式(8-41) 在波长自 0 到无穷大进行积分，当 $\varepsilon_T=1$ 时可得物体的辐射能

$$\int_0^{\infty}E(\lambda T)d\lambda=\sigma_b T_b^4 \tag{8-42}$$

式中，σ_b 为黑体的斯特藩-玻耳兹曼常数，$\sigma_b=5.7\times10^{-8}\,W/(m^2\cdot K^4)$；$T_b$ 为黑体的

温度。

一般物体都不是黑体，其辐射率 ε_T 不可能等于1，而且普通物体的辐射率不仅和温度有关，且和波长有关，即 $\varepsilon_T = f(\lambda T)$，其值很难求得。虽然如此，辐射测温方法可避免与高温被测体接触，测温不破坏温度场，测温范围宽，精度高，反应速度快，既可测近距离小目标的温度，又可测远距离大面积目标的温度。辐射能与温度的关系通常用实验方法确定。

黑体的辐射规律之中还有维恩位移定律，即辐射能量的最大值所对应的波长 λ_m 随温度的升高向短波方向移动，用公式表达为

$$\lambda_m = \frac{2898}{T}\ (\mu m) \tag{8-43}$$

利用以上各项特性构成的传感器，必须由透镜或反射镜将物体的辐射能会聚起来，再由热敏元件转换成电信号。常用的热敏元件有热电堆、热敏或光敏电阻、光电池或热释电元件。

透镜对辐射光谱有一定的选择性，例如光学玻璃只能透过 0.3～2.7μm 的波长，石英玻璃只能透过 0.3～4.5μm 的波长。热敏元件，尤其是光敏元件对光谱有选择性。这样就使得接收到的能量不可能是物体的全部辐射能，而只是部分辐射能。真正的全辐射温度传感器是不存在的。

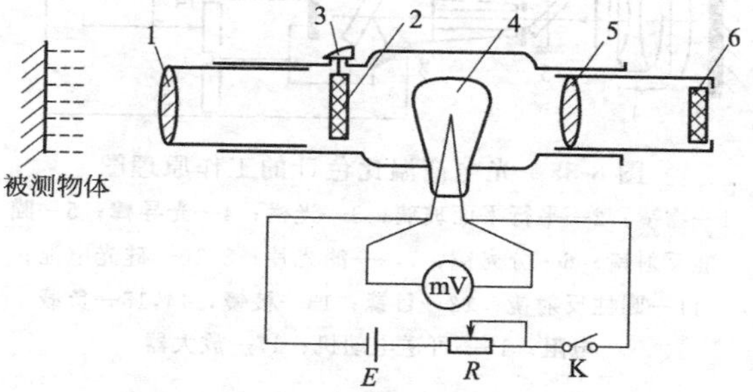

图 8-33 光学高温计的构造示意图

1—物镜；2—吸收玻璃；3—旋钮；4—光度灯；5—目镜；6—红色滤光片

图 8-33 是光学高温计的构造示意图，光学高温计是根据光度灯灯丝亮度与温度之间有对应关系的原理制成的。它用特制光度灯的灯丝发出的亮度与受热物体的亮度相比较的方法测得受热物体温度。当合上按钮开关 K 时，光度灯 4 的灯丝由电池供电。灯丝的亮度取决于流过灯丝的电流大小，调节滑线电阻 R 可改变流过灯丝的电流，也就调节了灯丝的亮度。毫伏计用来测量灯丝两端的电压，由于该电压随着流过灯丝的电流的变化而变化，而电流又决定灯丝的亮度，所以毫伏计的指示值间接反映了灯丝的亮度。目镜 5 移动到可以清晰地看到光度灯灯丝的影像的位置。物镜 1 移动到可以清晰看到被测物体的影像的位置，并使物体影像和灯丝的影像处于同一平面上。这样就可以将灯丝的亮度与被测物体的亮度相比较。当被测物体比灯丝亮时，灯丝相对变暗。当灯丝和被测物体一样亮时，灯丝的影像就消失在被测物体的影像中。这时毫伏计指出的温度就相当于被测物体的温度。

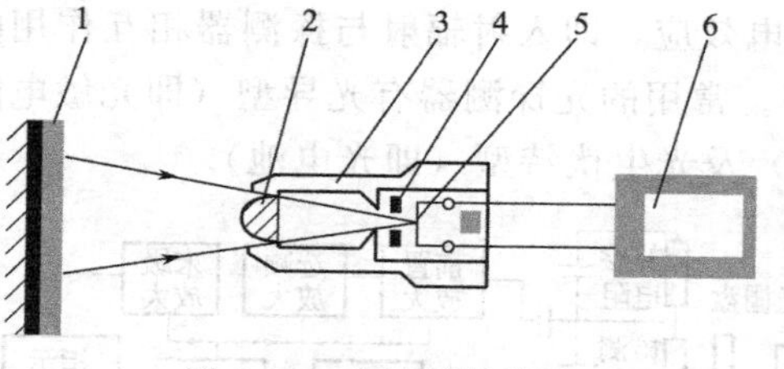

图 8-34 全辐射温度计

1—被测物体；2—物镜；3—辐射感温器；4—补偿光栏；5—热电堆；6—显示仪表

图 8-34 示出的是全辐射温度计，它由辐射感温器、显示仪表及辅助装置构成。被测物体的热辐射能量经物镜聚集在热电堆（由一组微细的热电偶串联而成）上并转换成热电势输出，其值与被测物体的表面温度成正比，用显示仪表进行指示记录。图 8-34 中，补偿光栏由双金属片控制，当环境温度变化时，光栏相应调节照射在热电堆上的热辐射能量，以补偿因温度变化影响热电势数值而引起的误差。

由式(8-42)可知，辐射的总能量与T^4成正比。所有物体的全辐射率ε_T均小于1，则其辐射能量与温度之间的关系表示为$E_0=\varepsilon_T\sigma_b T_b^4$(W/m)。一般全辐射温度计选择黑体作为标准体来分度仪表，此时所测的是物体的辐射温度，即相当于黑体的某一温度T_P。在辐射感温器的工作谱段内，当表面温度为T_P的黑体之积分辐射能量和表面温度为T的物体之积分辐射能量相等时，即$\sigma_b T_P^4=\varepsilon_T\sigma_b T^4$，则物体的真实温度为

$$T=T_P\sqrt[4]{1/\varepsilon_T} \tag{8-44}$$

因此，当已知物体的全发射率ε_T和辐射温度计指示的辐射温度T_P，就可算出被测物体的真实表面温度。

图8-35所示为光电高温比色计的工作原理图。被测对象经物镜1成像于光栏3，经光导棒4投射到分光镜6上，它使长波（红外线）辐射线透过，而使短波（可见光）部分反射。透过分光镜的辐射线再经滤光片9将残余的短波滤去，而后被红外光电元件硅光电池10接收，转换成电量输出。由分光镜反射的短波辐射线经滤光片7将长波滤去，长波被可见光硅光电池8接收，转换成与波长、亮度成函数关系的电量输出。将这两个电信号输入自动平衡显示记录仪，进行比较得出光电信号比，即可读出被测对象的温度值。光栏3前的平行平面玻璃2将一部分光线反射到瞄准反射镜5上，再经圆柱反射镜11、目镜12和棱镜13便能从观察系统中看到被观测对象的状态，以便校准仪器的位置。

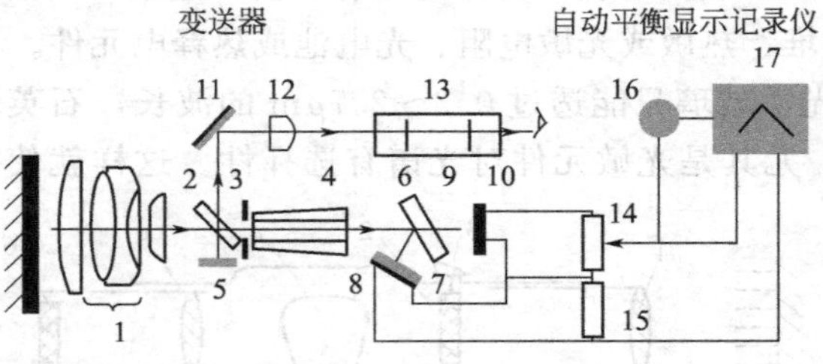

图8-35　光电高温比色计的工作原理图

1—物镜；2—平行平面玻璃；3—光栏；4—光导棒；5—瞄准反射镜；6—分光镜；7,9—滤光片；8,10—硅光电池；11—圆柱反射镜；12—目镜；13—棱镜；14,15—负载电阻；16—可逆电动机；17—放大器

光电高温比色计属非接触测量，量程为800～2000℃，精度为0.5%，响应速度由光电元件及二次仪表记录速度而定。其优点是测温准确度高，反应速度快，测量范围宽，可测目标小，测量温度更接近真实温度，环境的粉尘、水气、烟雾等对测量结果的影响小。可用于冶金、水泥、玻璃等工业部门。

红外温测也是基于辐射原理来测温的。红外探测器是红外探测系统的关键元件。目前已研制出几十种性能良好的探测器，大体可分为两类。

① 热探测器。基于热电效应，即入射辐射与探测器相互作用引起探测元件的温度变化，进而引起探测器中与温度有关的电学性质变化。常用的热探测器有热电堆型、热释电型及热敏电阻型。

② 光探测器（量子型）。它的工作原理基于光电效应，即入射辐射与探测器相互作用时激发电子。光探测器的响应时间比热探测器短得多。常用的光探测器有光导型（即光敏电阻型，常用的光敏电阻有PbS、PbTe及HgCdTe等）及光生伏特型（即光电池）。

目前用于辐射测温的探测器已有长足进展。我国许多单位可生产硅光电池、钽酸钾热释电元件，薄膜热电堆热敏电阻及光敏电阻等。

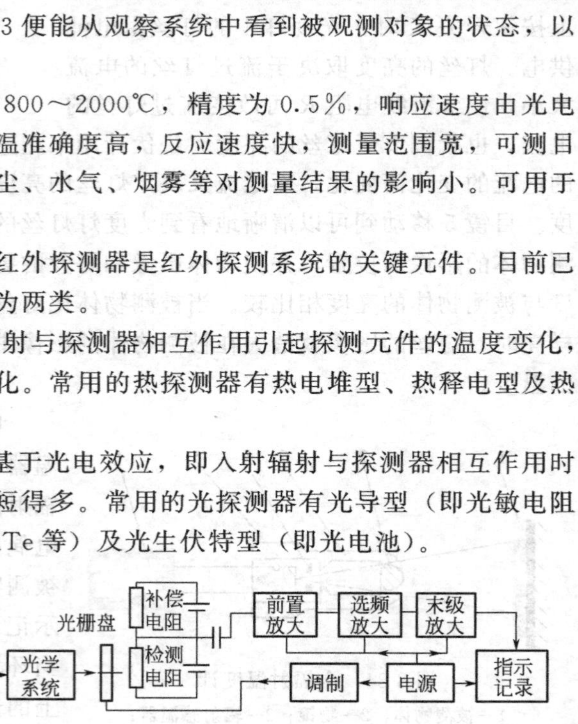

图8-36　红外测温仪工作原理图

图8-36示出的是红外测温仪工作原

理图。被测物体的热辐射线由光学系统聚焦，经光栅盘调制为一定频率的光能，落在热敏电阻探测器上，经电桥转换为交流电压信号，放大后输出显示或记录。光栅盘由两片扇形光栅板组成，一块固定，一块可动，可动板受光栅调制电路控制，并按一定频率正、反向转动，实现开（透光）、关（不透光），使入射线变为一定频率的能量作用在探测器上，表面温度测量范围为0～600℃，时间常数为4～10ms。

图8-37示出的是红外热像仪的工作原理图，红外热像仪测温基于被测物体的红外热辐射，它能在一定宽温域做不接触、无害、实时、连续的温度测量。被测物体的温度分布形成肉眼看不见的红外热能辐射，经红外热像仪转化为电视图像或照片，其工作原理如图8-36所示。光学系统收集辐射线，经滤波处理后将景物图形聚集在探测器上，光学机械扫描包括两个扫描镜组：垂直扫描和水平扫描。扫描器位于光学系统和探测器之间，当镜子摆动时，从物体到达探测器的光束也随之移动，物点与物像互相对应。然后探测器将光学系统逐点扫描所搜集的景物温度空间分布信息变为按时序排列的电信号，经过信号处理后，由显示器显示出可见图像、物体温度的空间分布情况。

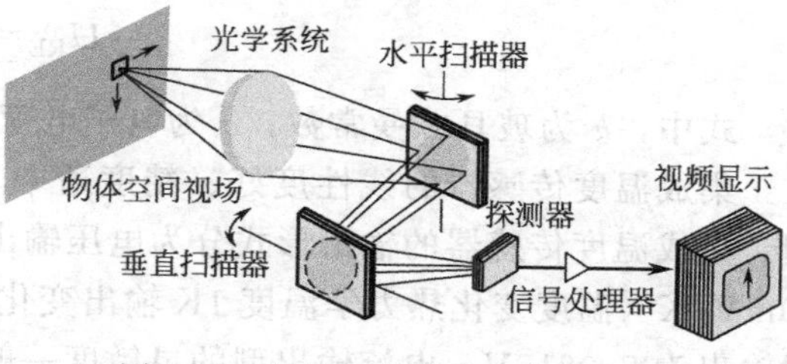

图8-37　红外热像仪的工作原理图

目前许多国家都已有热像仪的产品出售，如日本的JTG-JA型热像仪，其测温范围为0～1500℃，并分为三个测量段：0～180℃，适于测量机床温度场；100～500℃和300～1500℃，适于测量工件或刀具的温度场。温度分辨率为0.2℃，视场为20°×25°。瑞典的AGA680型热像仪、美国Barnes公司的74C型热像仪都达到较高的水平。我国研制的红外热像仪已用于机械设备的热变形研究中。

8.4 半导体传感器应用设计实例

8.4.1 设计任务

利用AD590温度传感器和MCS-51单片机技术设计制作一个显示室温的数字温度计。测量误差为±1℃，两位LED数码管显示。

8.4.2 设计要求

参考下面利用半导体温度传感器AD590和单片机技术设计制作显示室温的数字温度计的设计提示与分析，请自选另外型号的温度传感器来进行设计，设计内容包括以下五部分。

① 详细了解所选用的温度传感器的工作原理、工作特性等。

② 设计合理的信号调理电路。

③ 用单片机和A/D芯片进行信号的采样等相关处理，要有Protel画的硬件接线原理图，利用C语言在单片机开发软件中编写相关程序，并对单片机的程序做详细解释。

④ 列出制作该装置的元器件，制作实验板，并调试运行成功。

⑤ 详细的设计说明书一份。

8.4.3 设计提示与分析

8.4.3.1 AD590温度传感器简介

AD590是一种集成温度传感器（类似的芯片还有LM35等），其实质是一种半导体集成电路。它利用晶体管的B-E结压降的不饱和值U_{RE}与热力学温度T和通过发射极电流I的下述关系实现对温度的检测。

$$U_{RE}=\frac{kT}{q}\ln I$$

式中，k为玻耳兹曼常数；q为电子电荷绝对值。

集成温度传感器的线性度好、精度适中、灵敏度高、体积小、使用方便，得到广泛应用。集成温度传感器的输出形式分为电压输出和电流输出两种。电压输出型的灵敏度一般为10mV/K（温度变化热力学温度1K输出变化10mV），温度为0K时输出为0，温度为25℃时输出为2.9815V。电流输出型的灵敏度一般为1μA/K，25℃时输出298.15μA。

AD590是美国模拟器件公司生产的单片集成两端温度传感器。它主要特性如下。

① 流过器件的电流的微安数等于器件所处环境温度的热力学温度（开尔文）度数，即

$$I_T/T=1(\mu A/K)$$

式中，I_T为流过器件（AD590）的电流，μA；T为热力学温度，K。

② AD590的测量范围为−55～+150℃。

③ AD590的电源电压范围为4～30V。电源电压从4V变为6V，电流I_T变化1μA，相当于温度变化1K。AD590可以承受44V正向电压和20V的反向电压，因而器件反接也不会损坏。

④ 输出电阻为710MΩ。

⑤ AD590在出厂前已经校准，精度高。AD590共有I、J、K、L、M五挡。其中，M挡精度最高，在−55～+150℃范围内，非线性误差为±0.3℃；I挡误差较大，误差为±10℃时，应用时应校正。

由于AD590的精度高、价格低、不需辅助电源、线性度好，因此常用于测量和热电偶的冷端补偿。

8.4.3.2 测温电路

传感器前端信号调理电路如图8-38所示，要求的测量范围为室温，这里定为0～80℃。0℃时，A点输出电压为273.2mV；80℃时，A点输出电压为(273.2+80)mV。调整B点的电压使之为273.2mV，这样就可以得到差分电压信号U_{AB}与温度的关系为1mV/℃。经过传感器前端调整后的信号U_{AB}要经过放大才能够被单片机采样。图中，LM336提供2.5V参考电压源。

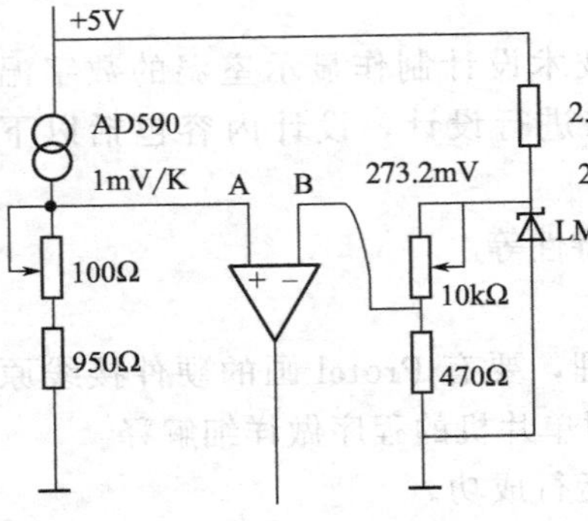

图8-38 AD590信号调理电路

这里预定采用通用MCS-51单片机和ADC0809芯片进行数据采样、处理。ADC0809是一个8通道8位ADC芯片，预计采样为0～5V的标准信号，对应采样结果为0～255，基本能满足设计要求（范围为0～80℃，误差为±1℃）。信号数据在测量系统中流程变化如表8-6所示。

表 8-6　测量数据在系统中流程变化

温度/℃	0	80
U_{AB}差分信号/mV	0	80
放大后信号/V	0	2
单片机采样结果	0	2/2.5×255=204
单片机显示	0	204×80/204=80

表 8-6 中，假定放大后温度信号数据取值范围为 0～2V，单片机接入通道参考电压为 2.5V，故 0～2.5V 的信号相应被转换为 0～255 这 256 个数据，单片机显示温度数据等于单片机采样结果乘上 80 后再除去 204。

这里要求出差分电压信号 U_{AB}放大成为预采样的标准信号（0～2V）的增益。$G=\frac{2000}{80}=25$，放大器可选用 LM318、LM741、OP07 等运算放大器。另外就是用仪表放大器（仪用放大器），如仪用的放大器 AD620（在一般信号放大的应用中，通常只要差动放大电路即可满足要求。然而基本的差动放大电路精密度较差，且差动放大电路上改变放大增益时，必须调整两个电阻，影响整个信号放大精确度使过程更加复杂，仪表放大器则无上述的缺点，简单来说就是使用方便、简单，缺点是价格高），这里就选用该芯片作为放大器。该芯片引脚如图 8-39 所示。

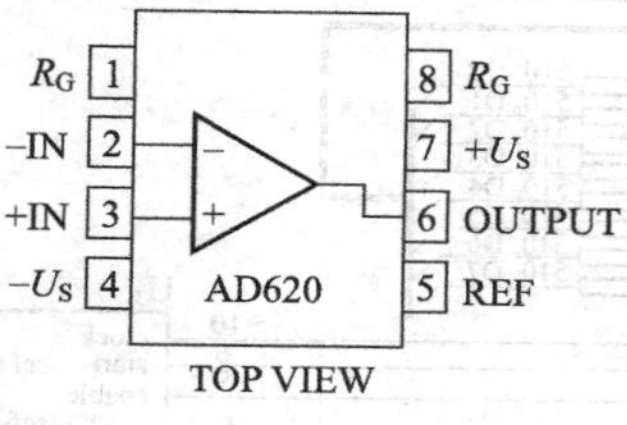

图 8-39　AD620 芯片引脚图

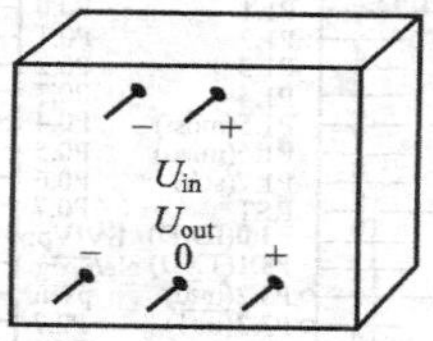

图 8-40　SR5D12/100 芯片引脚图

由该芯片的资料可知 $G=\frac{49.4\text{k}\Omega}{R_G}+1$ 和 $R_G=\frac{49.4\text{k}\Omega}{G-1}$，这样可求出 $R_G=2058.333\Omega$。采用 103 微调电位器接在 R_G 上即可。因为 AD620 工作需要±12V 的电压接在 $+U_S$ 和 $-U_S$ 上，这里采用一个直流电压模块 SAPS 的 SR5D12/100，如图 8-40 所示，它需要 5V 电压供电，输出为+12V 和−12V 的电压。这样传感器信号调理电路就基本完成了，如图 8-41 所示。

当 $T=0$℃时，$V_o=0$V；当 $T=80$℃时，$V_o=2$V，即灵敏度为 25mV/℃。

8.4.3.3　温度数据采集和处理

因 ADC0809 的参考电压为 $U_{REF}=2.5$V，单片机从 ADC0809 上采样的接口数据 N 还原为要显示的温度数据 T 的计算式为

$$\frac{80}{204}=\frac{T}{N}\Rightarrow T=N\times\frac{80}{204}$$

单片机采样显示电路原理图如图 8-42 所示。由图 8-42 可知：P0 口直接与 ADC0809 的数据线相连接，P0 口的低三位通过锁存器 74LS373 连接到 ADDA、ADDB、ADDC，锁存器的锁存信号是 89C52 的 ALE 信号。89C52 的 ALE 信号直接连接到 ADC0809 的 CLK 管脚，给 ADC0809 提供 666kHz 的时钟信号。

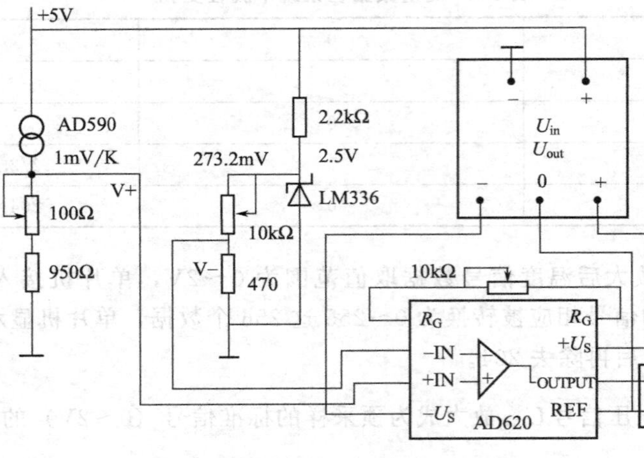

图 8-41　AD620 信号调理电路

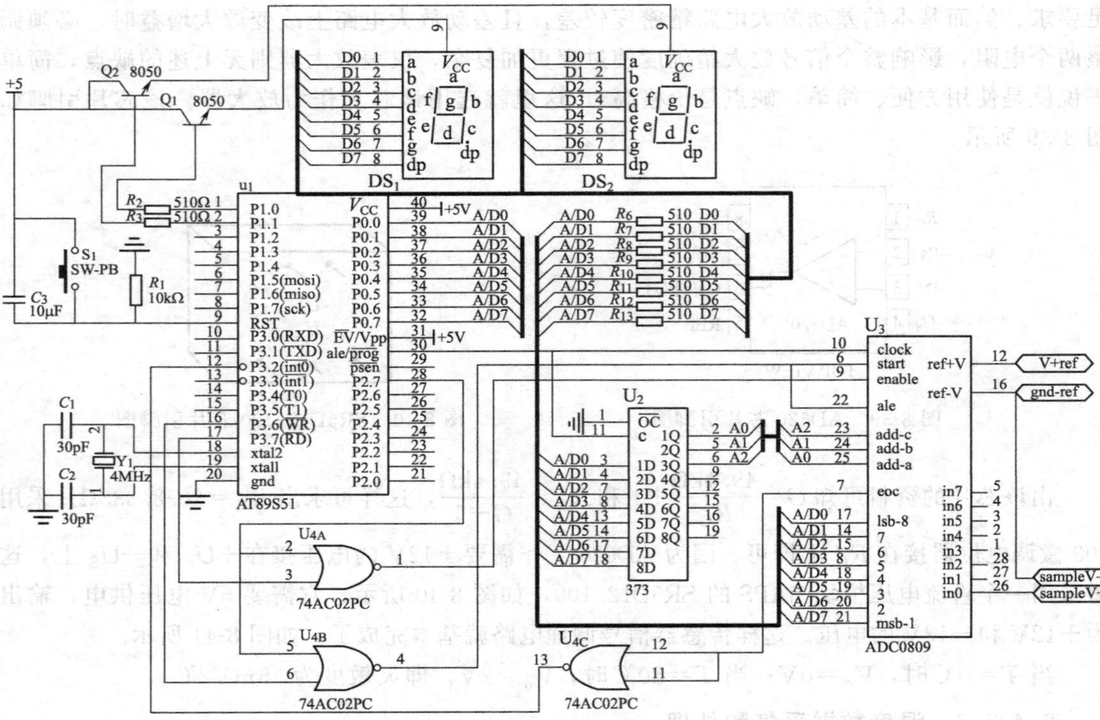

图 8-42　单片机采样显示电路原理图

P2.7 口作为读写口的选通地址。片外 A/D 转换通道的地址为 7FF8H～7FFFH。在软件编制时，令 P2.7(A15)＝0，A0、A1、A2 给出被选择的模拟通道地址，执行一条输出指令，就产生一个正脉冲，锁存通道地址和启动 A/D 转换；执行一条输入指令，读取 A/D 转换结果。

可采用延时等待 A/D 转换结束方式，分别对 8 个通道模拟信号轮流采样一次，并依次将结果存放在数据存储器。

也可以采用 8051 的中断方式的接口来编写程序（ADC0809 的 EOC 接 8051 的 INT0），此时可以将 ADC0809 作为外扩的并行 I/O 口，由 P2.7 口和 WR 口脉冲同时有效来启动 A/D 转换，通道选择端 A、B、C 分别与地址线 A0、A1、A2 相连，其端口地址分别为 7FF8H～7FFFH。A/D 转换结束信号 EOC 经反相后，接 80C51 的外部中断管脚。

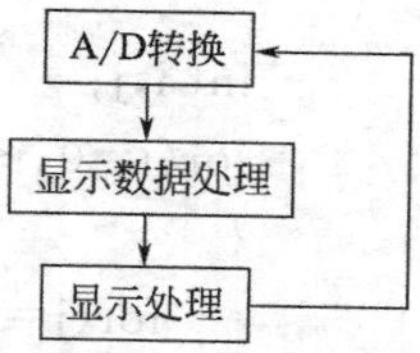

图 8-43　主程序框图

8.4.3.4　单片机程序编制

下面是用等待查询 P3.2/int0 脚的变化来实现整个测量采样、显示的程序。用 MedWin 编译，在实验板上运行是成功的，主程序框图如图 8-43 所示。源程序及解释如下。

```
//****************************头文件*************************//
#include <stdio.h>
#include <reg51.h>
#include <absacc.H>
//*****************简化变量类型定义*********************//
#define uint unsigned int
#define uchar unsigned char
#define in0ad XBYTE[0x7ff8]  //设置 ADC0809 的通道 0 地址,要大写 XBYTE,否则错误
//*********共阳数码管阳极选通管脚定义************//
sbit P1_0=P1^0;
sbit P1_1=P1^1;
sbit ad_busy=P3^2;  //可以不用中断 int1,是 P3.2 口变为 1
                    //EOC=0,正在进行转换;EOC=1,转换结束
uchar LED_code[10]={0x03,0x9f,0x25,0x0d,0x99,0x49,0x41,0x1f,0x01,0x09};//共阳数码管编码
uint integer[8],data1,data2;//保存 ADC0809 的 8 个通道转换数据数组和显示温度的数据
//*********采集结果放在指针中的 A/D 采集函数***************//
void ad0809(void)
{
    uchar i;
    uchar xdata *ad_adr;
    ad_adr =&in0ad;              //指针初始值指向 ADC0809 通道 0 的地址值
    for (i=0;i<8;i++)            //处理 8 通道
      {
       *ad_adr=0;      //启动转换,一个向外部写操作,相当于输出指令 P2.7=0,WR=0
      i=i;             //延时等待 EOC 变低
      i=i;
      while (ad_busy==1);  //查询等待转换结束,当 ad_busy 为高电平,则往下执行
      integer[i]= *ad_adr;  //保存转换后的数据到数组中
      ad_adr++;
      }
}
void delayms(uint x)        //延时,给显示用
```

```
{
    int i,j;                //
    for(i=0;i<x;i++)
    {
        for(j=0;j<250;j++);
    }
}
void getdata()//得到显示数据
{  int temp;                //
temp=integer[0] * 80/204; //0<temp<80
data1=temp/10;            //除取整数,例如 24/10=2
data2=temp%10;            //除取余数,例如 24%10=4
}
void main()
{
uchar P0_LED_code1,P0_LED_code2;
data1=0;
data2=0;
P1=0;
P0=0;
for (;;)
{
    ad0809();  //采样 ADC0809 通道的值
    getdata();
        P1_0=1;                  //高位位选信号
        P0_LED_code1=LED_code[data1]; //段选码送 P0 口
        P0=P0_LED_code1; //点亮 LED
        delayms(30); //延时
        P1_0=0;
        P1_1=1;                  //低位位选信号
        P0_LED_code2=LED_code[data2];
        P0=P0_LED_code2;
        delayms(30);
        P1_1=0;
    }
}
```

8.5 本章小结

本章讲解关于热电式传感器的工作原理及有关的应用。具体介绍了如下知识点。

① 热电偶温度传感器的性质、结构、冷端补偿方法、测温线路。

② 热电阻温度传感器的介绍以及测量电路。

③ 半导体热敏电阻的基本特性、测温电路、PN结型传感器、集成温度传感器、半导体光纤温度传感器、非接触半导体温度传感器的原理与结构。

④ 半导体温度传感器应用设计，举例构成一套温度测控系统。

习 题

1. AD581是一个精密稳压电源，可以将15V转换成10V电压。AD590是一种集成温度传感器，其两端在4～30V的外加电压下有线性电流（电流变化量为1μA/K）输出，例如室温20℃时，经过其的电流值为（273.2+20）μA。如图8-44所示是设计的一种应用系统，当温度为0℃时，输出信号U_o为0V；当温度为100℃时，输出电压为10V，请设计R_1+R_2和R_3+R_4的电阻值。

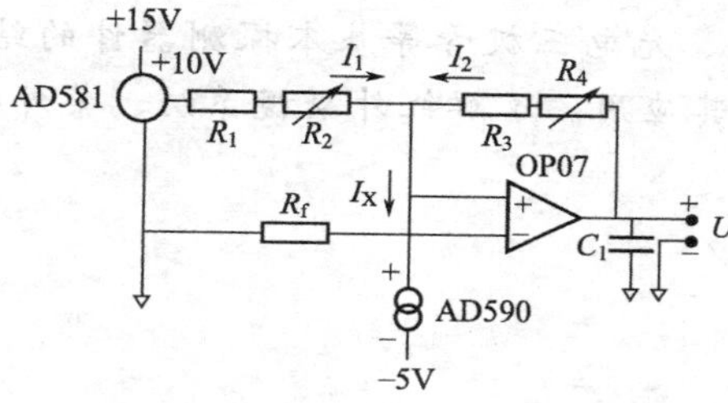

图8-44 习题1图

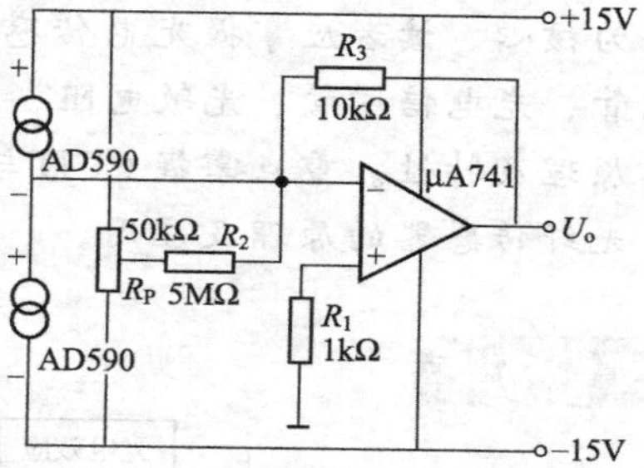

图8-45 习题2图

2. AD590是一种集成温度传感器，其两端在4～30V的外加电压下，有线性电流（1μA/K）输出。如图8-45示出的是采用AD590测量两点温差的原理图，分析所测温度差与输出U_o的关系（图中，R_P用于调零，分析时可不用考虑）。

第9章 光电传感器

知识要点

通过本章学习，让读者理解光电传感器以多种光电效应为理论基础，以光电探测器件为核心。读者应掌握光电传感器的总体组成、工作原理，光电探测的物理基础，光电管、光电倍增管、光敏电阻、光电二极管、光电三极管等基本探测器件的结构、工作原理及特性。重点掌握CCD与CMOS及其应用。了解红外凝视系统、紫外探测器、光纤传感器的原理及应用。

本章知识结构

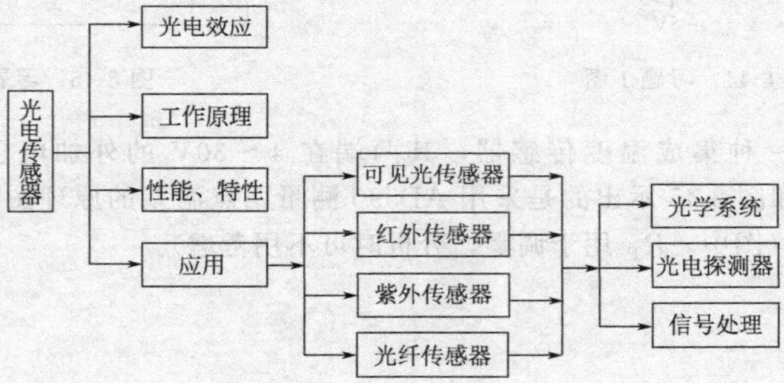

9.1 概述

一般来说，光电传感器是指把光信号转换成电信号的部件（器件），或者说它首先把被测量的变化转换成光信号的变化，然后借助光电探测器进一步将光信号转换成电信号。前一种含义与光电探测器相似，是狭义的光电传感器；后一种含义是广义的光电传感器。因此在不同的应用领域往往有不同的含义，可能相互混淆或等同，这是值得引起注意的。但不管在哪个领域，光电探测器是光电传感器的核心器件。因此，本章主要以光电探测器为出发点来进行讲解。

这里，光电传感器主要是指由光学系统（元件）、光电探测器、信号处理三个基本部分组成的部件（器件）。其基本功能是把被测信号通过光电转换的形式直接或间接转变成电信号。光电传感器种类繁多，还处在不断发展之中，分类方法多种多样，典型的有 CCD 图像传感器、红外凝视系统（红外传感器）、紫外传感器、光纤传感器、激光传感器等。光电传感器具有精度高、反应快、非接触等优点，而且可测参数多，传感器的结构简单，形式灵活多样，因此，光电传感器在检测、控制等领域中应用非常广泛。

9.2 光电探测器的物理基础

9.2.1 光电探测的物理效应及其特性表示

探知一个客观事物的存在及其特性，一般都是通过测量对探测者所引起的某种效应来完成的。对光辐射（即光频电磁波）量的测量也是这样。在光电子技术领域，光电探测器有它特有的含义。大多数光电探测器都是把光辐射量转换成电量来实现对光辐射的探测的，即便直接转换量不是电量，通常也总是把非电量（如温度、体积等）再转换为电量来实施测量。从这个意义上说，凡是把光辐射量转换为电量（电流或电压）的光探测器，都称为光电探测器。很自然，了解光辐射对光电探测器产生的物理效应是了解光探测器工作的基础。

光电探测器的物理效应通常分为两大类：光子效应和光热效应。每一大类中又可分为若干细目，如表 9-1 所列。

表 9-1 光电探测器的物理效应

效应				相应的探测器
光子效应分类	外光电效应	光阴极发射电子	正电子亲和势光阴极	光电管
			负电子亲和势光阴极	
		光电子倍增	气体繁流倍增	充气光电管
			打拿极倍增	光电倍增管
			通道电子倍增	像增强管
	内光电效应	光电导(本征和非本征)		光导管或光敏电阻
		光生伏特	PN 结和 PIN 结(零偏)	光电池
			PN 结和 PIN 结(反偏)	光电二极管
			雪崩	雪崩光电二极管(APD)
			肖特基势垒	肖特基势垒光电二极管
			异质结	
		光电磁		光电磁探测器
		光子牵引		光子牵引探测器
光热效应分类	测辐射热计		负电阻温度系数	热敏电阻测辐射热计
			正电阻温度系数	金属测辐射热计
			超导	超导远红外探测器
	温差电			热电偶、热电堆
	热释电			热释电探测器
	其他			高莱盒、液晶等

(1) 光电效应

光电效应是光照射到某些物质上，使该物质的电特性发生变化的一种物理现象，可分为外光电效应和内光电效应两类。

外光电效应是指在光线作用下物体内的电子逸出物体表面向外发射的物理现象。

内光电效应又分为光电导效应和光生伏特效应两类。光电导效应是指半导体材料在光照下禁带中的电子受到能量不低于禁带宽度的光子的激发而跃迁到导带，从而增加电导率的现象。能量对应于禁带宽度的照射光子的波长称光电导效应的临界波长。光生伏特效应是指光线作用使半导体材料产生一定方向电动势的现象。光生伏特效应又可分为势垒效应（结光电效应）和侧向光电效应。势垒效应的原理是在金属和半导体的接触区（或在PN结）中，电子受光子的激发脱离势垒（或禁带）的束缚而产生电子空穴对，在阻挡层内电场的作用下，电子移向N区外侧，空穴移向P区外侧，形成光生电动势。侧向光电效应是当光电器件敏感面受光照不均匀时，受光激发而产生的电子空穴对的浓度也不均匀，电子向未被照射部分扩散，引起光照部分带正电、未被光照部分带负电的一种现象。

基于外光电效应的光电敏感器件有光电管和光电倍增管；基于光电导效应的有光敏电阻；基于势垒效应的有光电二极管和光电三极管；基于侧向光电效应的有反转光敏二极管。

(2) 热释电效应

所谓热释电效应，是指该种材料中自发极化的强度随温度的变化而变化的效应。电介质在外加电场的作用下会产生电极化的现象，即会使电介质的一个表面带有正电荷而另一个表面带有负电荷。

9.2.2 光热效应和光子效应的区别

所谓光子效应，是指单个光子的性质对产生的光电子起直接作用的一类光电效应。探测器吸收光子后，直接引起原子或分子的内部电子状态的改变。光子能量的大小直接影响内部电子状态改变的程度。因为，光子能量是 $h\nu$（h 是普朗克常数，ν 是光波频率）。所以，光子效应就对光波频率表现出选择性，在光子直接与电子相互作用的情况下，其响应速度一般比较快。

光热效应和光子效应完全不同。探测元件吸收光辐射能量后，并不直接引起内部电子状态的改变，而是把吸收的光能变为晶格的热运动能量，引起探测器元件温度上升，温度上升的结果又使探测元件的电学性质或其他物理性质发生变化。所以，光热效应与单光子能量 $h\nu$ 的大小没有直接关系。原则上，光热效应对光波频率没有选择性，只是在红外波段上，材料吸收率高，光热效应也就强烈，所以广泛用于对红外辐射的探测。因为温度升高是热积累的结果，所以光热效应的响应速度一般比较慢，而且容易受环境温度变化的影响。

9.2.3 光电探测器的特性表示法

光电探测器的性能参数主要的有积分灵敏度 R、光谱灵敏度 R_λ、频率灵敏度 R_f、量子效率 η、通量阈 P_{th} 和噪声等效功率 NEP、归一化探测度 D^* 等。

(1) 积分灵敏度 R

光电器件对连续辐射通量的响应程度定义为反应程度 U 与入射到光电器件上的辐射通

量Φ之比，即$R=U/\Phi$。值得一提的是，积分灵敏度一般是依据标准辐射源的辐射来测定的，光电器件类型不同，所用标准辐射源也不同。

（2）光谱灵敏度R_λ

光谱电流灵敏度$R_{i\lambda}=\frac{di_\lambda}{dP_\lambda}$，光谱电压灵敏度$R_{u\lambda}=\frac{du_\lambda}{dP_\lambda}$。$di_\lambda$、$du_\lambda$为信号电流、信号电压，$dP_\lambda$为辐射功率。如果$R_\lambda$是常数，则相应的探测器为无选择性探测器，如光热探测器；反之，则为选择性探测器，如光子探测器。

（3）频率灵敏度R_f

如果入射光是强度调制的，在其他条件不变下，光电流将随调制频率f的升高而下降，这时的灵敏度称为频率灵敏度R_f。

（4）量子效率η

表示激发的电子数速率$\frac{dn_{电}}{dt}$和探测器吸收的光子数速率$\frac{dn_{光}}{dt}$之比。

$$\eta=\frac{\frac{dn_{电}}{dt}}{\frac{dn_{光}}{dt}}$$

（5）通量阈P_{th}

指探测器所能探测的最小光信号功率。通常认为当信号光电流i_S等于噪声电流i_n时，刚刚能测量到光电流存在。定义通量阈：$P_{th}=\frac{i_n}{R_i}$，R_i为探测器输入电阻。

（6）噪声等效功率NEP

NEP定义为单位信噪比时的信号光功率。噪声等效功率越小，探测器探测微弱信号的能力越强。$NEP=P_{th}=P_S|_{(SNR)_i=1}=P_S|_{(SNR)_u=1}$。

（7）归一化探测度D^*

定义$D^*=\frac{\sqrt{A\Delta f}}{NEP}$，其中$A$为探测器光敏面积，$\Delta f$为测量带宽。$D^*$大的探测器，其探测能力越好。考虑到光谱响应特性，一般给出D^*值时注明相应波长λ、光辐射调制频率f及测量带宽Δf，即$D^*(\lambda,f,\Delta f)$。

（8）其他参数

光电探测器还有其他一些特性参数，在使用时必须予以注意，例如光敏面积、探测器电阻、电容等。特别是极限工作条件，正常使用时都不容许超过这些指标，否则会影响探测器的正常工作，甚至使探测器损坏。通常规定了工作电压、电流、温度以及光照功率允许范围等，使用时应特别加以注意。

（9）光谱特性

在入射光照度一定时，光电器件的相对灵敏度随光波波长的变化而变化，一种材料只对一定波长范围的入射光敏感，这就是光谱特性。

（10）频率特性

频率特性表征光电器件的动态性能，反映了交变光照下器件的输出特性，用响应时间来表示。

（11）伏安特性

在一定的光照下，对光电器件所加端电压与光电流之间的关系称为伏安特性。它是传感器设计时选择电参数的依据。使用时应注意不要超过器件最大允许的功耗。

(12) 温度特性

光电器件随所处环境温度的变化，其光电效应的外在表现会发生变化。

9.3 光电探测器

9.3.1 光电管

光电管原理是光电效应。光电管一般有两种类型，一种是半导体材料类型的，如光敏二极管，例如楼道用光控开关，它的工作原理是利用半导体的光敏特性制造的光接收器件，当光照强度增加时，PN结两侧的P区和N区因本征激发产生的少数载流子浓度增多，如果二极管反偏，则反向电流增大，因此，光电二极管的反向电流随光照的增加而上升。光电二极管是一种特殊的二极管，它工作在反向偏置状态下。常见的半导体材料有硅、锗等。还有一种是电子管类型的光电管，它的工作原理是用碱金属（如钾、钠、铯等）做成一个曲面，作为阴极，另一个极为阳极，两极间加上正向电压。这样，当有光照射时，碱金属产生电子，就会形成一束光电子电流，从而使两极间导通；光照消失，光电子流也消失，使两极间断开。这里主要介绍电子管类型的光电管。光电管的基本特性如下。

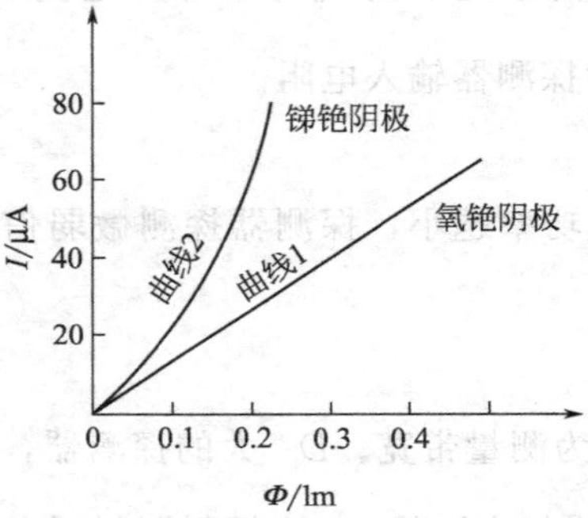

图 9-1 光电管的光照特性

(1) 光照特性

通常指当光电管的阳极和阴极之间所加电压一定时，光通量与光电流之间的关系，如图 9-1所示。曲线 1 表示氧铯阴极，光照特性成线性关系；曲线 2 表示锑铯阴极，光照特性成非线性关系。光照特性曲线的斜率（光电流与入射光光通量之比）称为光电管的灵敏度。

(2) 光谱特性

由于光阴极对光谱有选择性，因此光电管对光谱也有选择性。保持光通量和阴极电压不变，阳极电流与光波长之间的关系称为光电管的光谱特性。

一般对于光电阴极材料不同的光电管，有不同的红限频率 ν_0，对应不同的光谱范围。同一光电管对于不同频率的光的灵敏度不同。

对不同波长区域的光，应选用不同材料的光电阴极——光谱响应范围，如图 9-2 所示，例如：锑铯阴极，其红限 $\lambda_0=700\text{nm}$，它对紫外线和可见光范围的入射光灵敏度比较高，适用于白光光源和紫外光源。对红外光源，常用氧铯阴极。

(3) 伏安特性

伏安特性指在一定的光照射下，对光电管的阴极所加电压与阳极所产生的电流之间的关系，是应用光电传感器的主要依据参数，如图 9-3 所示。

当极间电压高于 50V 时，光电流开始饱和，所有的光电子都达到了阳极。真空光电管一般工作于饱和部分。

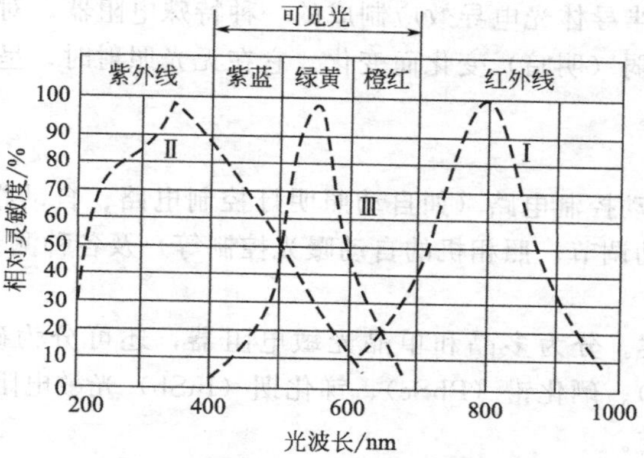

图 9-2　不同材料的光谱特性曲线

Ⅰ—氧铯阴极光谱特性；Ⅱ—锑铯阴极光谱特性；Ⅲ—正常人的眼睛视觉特性

9.3.2　光电倍增管

光电倍增管是一种能将微弱的光信号转换成可测电信号的光电转换器件。它是一种具有极高灵敏度和超快时间响应的光探测器件。

光电倍增管是一种真空器件。它由光电发射阴极（光阴极）和聚焦电极、电子倍增极及电子收集极（阳极）等组成。典型的光电倍增管按入射光接收方式可分为端窗式和侧窗式两种类型。图 9-4 所示为端窗型光电倍增管的剖面结构图。其主要工作过程如下：当光照射到光阴极时，光阴极向真空中激发出光电子。这些光电子按聚焦极电场进入倍增系统，并通过进一步的二次发射得到的倍增放大。然后把放大后的电子用阳极收集，作为信号输出。

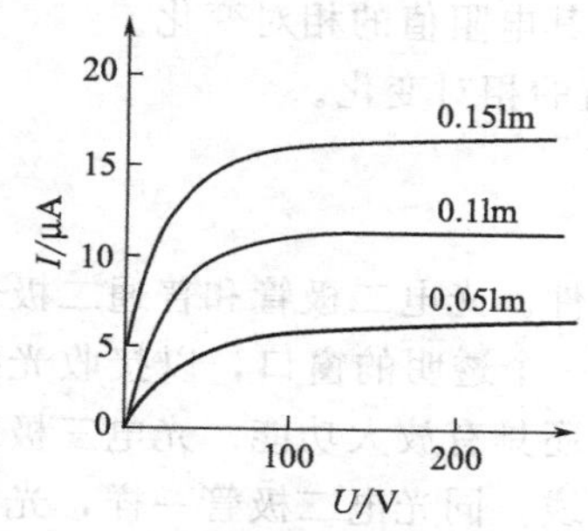

图 9-3　光电管的伏安特性曲线

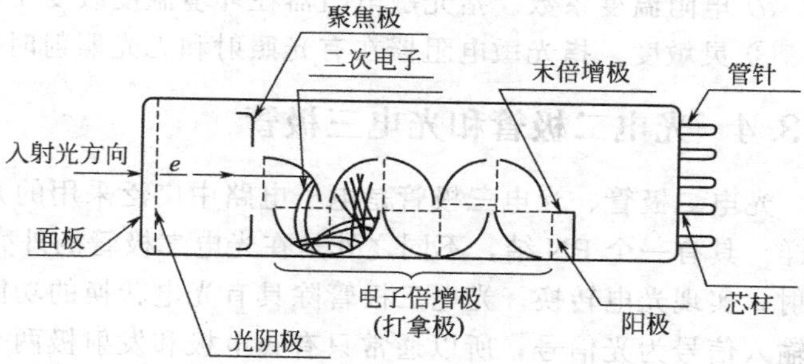

图 9-4　端窗型光电倍增管的剖面图

因为采用了二次发射倍增系统，所以光电倍增管在探测紫外、可见和近红外区的辐射能量的光电探测器中，具有极高的灵敏度和极低的噪声。另外，光电倍增管还具有响应快速、成本低、阴极面积大等优点。

9.3.3　光敏电阻

（1）结构

通常由光敏层、玻璃基片（或树枝防潮膜）和电极等组成。

（2）特性

光敏电阻器是利用半导体光电导效应制成的一种特殊电阻器，对光线十分敏感，它的电阻值能随着外界光照强弱（明暗）变化而变化。它在无光照射时，呈高阻状态；当有光照射时，其电阻值迅速减小。

（3）作用与应用

广泛应用于各种自动控制电路（如自动照明灯控制电路、自动报警电路等）、家用电器（如电视机中的亮度自动调节、照相机的自动曝光控制等）及各种测量仪器中。

（4）种类

① 按制作材料分类。分为多晶和单晶光敏电阻器，还可分为硫化镉（CdS）、硒化镉（CdSe）、硫化铅（PbS）、硒化铅（PbSe）、锑化铟（InSb）光敏电阻器等。

② 按光谱特性分类。

a. 可见光光敏电阻器。主要用于各种光电自动控制系统、电子照相机、光报警等。

b. 紫外光光敏电阻器。主要用于紫外线探测仪器。

c. 红外光光敏电阻器。主要用于天文、军事等领域的有关自动控制系统。

（5）主要参数

① 亮电阻。指光敏电阻器受到光照射时的电阻值，单位为 kΩ。

② 暗电阻。指光敏电阻器在无光照射（黑暗环境）时的电阻值，单位为 MΩ。

③ 最高工作电压。指光敏电阻器在额定功率下所允许承受的最高电压，单位为 V。

④ 亮电流。指光敏电阻器在规定的外加电压下受到光照射时所通过的电流，单位为 mA。

⑤ 暗电流。指在无光照射时，光敏电阻器在规定的外加电压下通过的电流，单位为 mA。

⑥ 时间常数。指光敏电阻器从光照跃变开始到稳定亮电流的 63%时所需的时间，单位为 s。

⑦ 电阻温度系数。指光敏电阻器在环境温度改变 1℃时，其电阻值的相对变化。

⑧ 灵敏度。指光敏电阻器在有光照射和无光照射时电阻值的相对变化。

9.3.4 光电二极管和光电三极管

光电二极管、光电三极管是电子电路中广泛采用的光敏器件。光电二极管和普通二极管一样，具有一个 PN 结，不同之处是在光电二极管的外壳上有一个透明的窗口，以接收光线照射，实现光电转换。光电三极管除具有光电转换的功能外，还具有放大功能。光电三极管因输入信号为光信号，所以通常只有集电极和发射极两个管脚线。同光电二极管一样，光电三极管外壳也有一个透明窗口，以接收光线照射。

光电二极管与光电三极管外壳形状基本相同，其判定方法如下：遮住窗口，选用万用表 $R\times1$k 挡，测两管脚引线间正、反向电阻，均为无穷大的为光电三极管；正、反向阻值一大一小者为光电二极管。

光电二极管检测：首先根据外壳上的标记判断其极，外壳标有色点的管脚或靠近管键的管脚为正极，另一管脚为负载。如无标记，可用一块黑布遮住其接收光线信号的窗口，将万用表置 $R\times1$k 挡，测出正极和负极，同时测得其正向电阻应在 10～20kΩ 间，其反向电阻应为无穷大，表针不动。然后去掉遮光黑布，光电二极管接收窗口对着光源，此时，万用表表针应向右偏转，偏转角度大小说明其灵敏度高低，偏转角度越大，灵敏度越高。

光电三极管检测：光电三极管管脚较长的是发射极，另一管脚是集电极。检测时，首先用一块黑布遮住接收光线的窗口，将万用表置 $R\times1$k 挡，两表笔任意接两管脚，测得表针都不动（电阻无穷大），再移去遮光布，万用表指针向右偏转至 15～35kΩ，向右偏转的角度越大，说明其灵敏度越高。

光电二极管和三极管的性能主要由伏安特性、光照特性、光谱特性、响应时间、温度特性和频率特性等来描述。

9.3.5 光电池

光电池是利用光生伏特效应直接把光能转变成电能的器件，又称为太阳能电池。光电池常用的材料是硅和硒，也可以使用锗、硫化镉、砷化镓和氧化亚铜等。目前，应用最广、最有发展前途的是硅光电池。

硅光电池是用单晶硅制成的，在一块 N 型硅片上用扩散的方法掺入一些 P 型杂质而形成一个大面积的 PN 结，P 层很薄，从而使光线能穿透并照到 PN 结上，如图 9-5 所示。

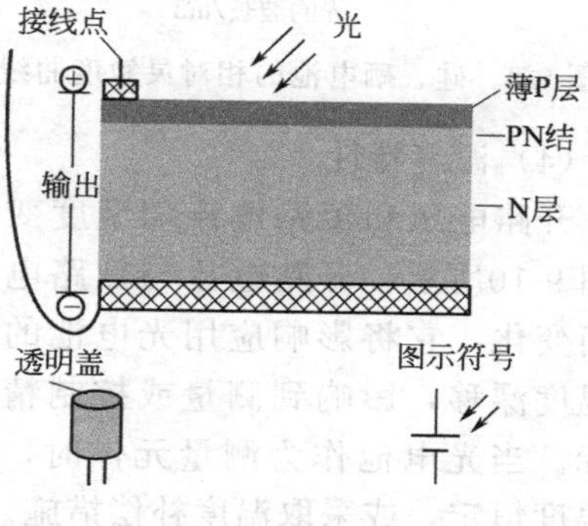

图 9-5　硅光电池构造原理和图示符号

光电池基本特性如下。

（1）光照特性

① 开路电压曲线。光生电动势与照度之间的特性曲线，当照度为 2000lx 时，趋向饱和。

② 短路电流曲线。光电流与照度之间的特性曲线，如图 9-6 所示。

③ 短路电流。指外接负载远小于光电池内阻时流过负载的电流。

负载电阻 R_L 越小，光电流与照度的线性关系越好，且线性范围越宽，如图 9-7 所示。

（2）光谱特性

硒光电池在可见光谱范围内有较高的灵敏度，峰值波长在 500nm 附近，适宜测可见光。硅光电池应用的范围为 400～1200nm，峰值波长在 800nm 附近，因此可在很宽的范围内应用，如图 9-8 所示。

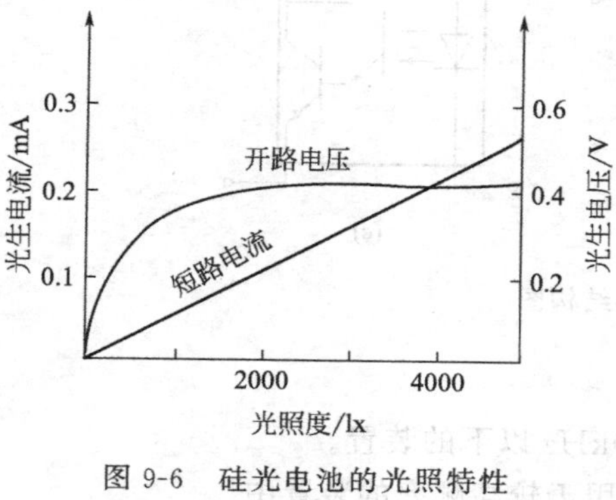

图 9-6　硅光电池的光照特性

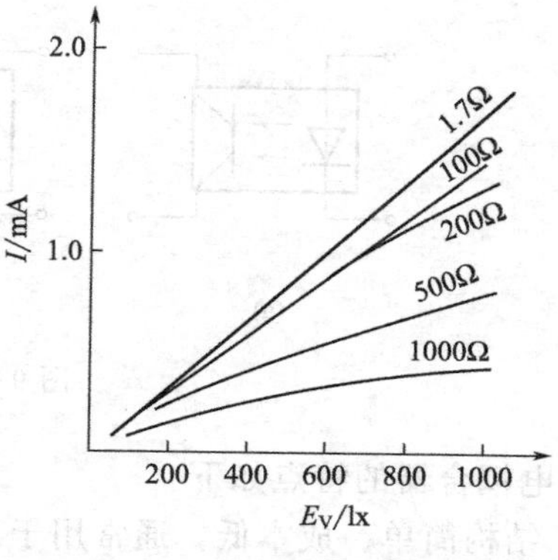

图 9-7　硅光电池光照特性与负载的关系

（3）频率特性

光电池作为测量、计数、接收元件时，常采用调制光输入。光电池的频率特性就是指输出电流随调制光频率变化的关系。频率特性与材料、结构尺寸和使用条件等有关。由于光电池 PN 结面积较大，极间电容大，故频率特性较差。硅光电池具有较高的频率响应，而硒光电池则较差，如图 9-9 所示。

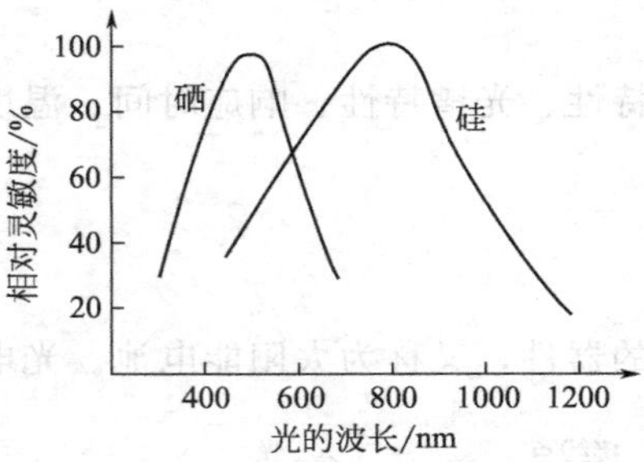

图 9-8　硅、硒电池的相对灵敏度曲线

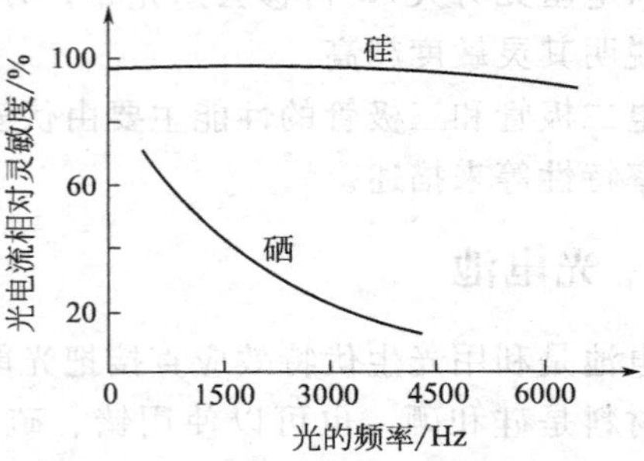

图 9-9　硅、硒电池的光电流相对灵敏度曲线

(4) 温度特性

开路电压和短路电流随温度变化的关系如图 9-10所示。开路电压与短路电流均随温度而变化，它将影响应用光电池的仪器设备的温度漂移，影响到测量或控制精度等主要指标。当光电池作为测量元件时，最好能保持温度恒定，或采取温度补偿措施。

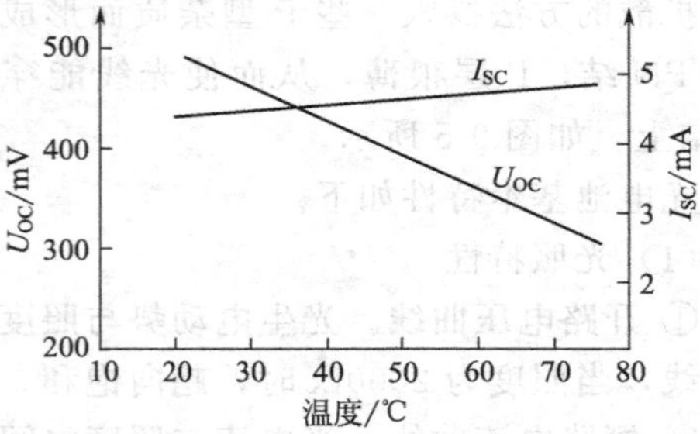

图 9-10　硅光电池的温度特性曲线

9.3.6　光电耦合器件

光电耦合器是发光元件和光电传感器同时封装在一个外壳内组合而成的转换元件，如图 9-11 所示。以光为媒介进行耦合来传递电信号，可实现电隔离，在电气上实现绝缘耦合，因而提高了系统的抗干扰能力。由于它具有单向信号传输功能，因此适用于数字逻辑中开关信号的传输和在逻辑电路中作为隔离器件及不同逻辑电路间的接口。图 9-12 为光电耦合器实物示意图。

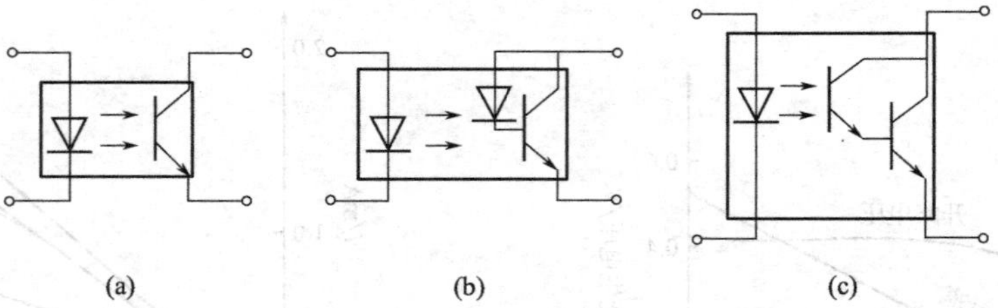

图 9-11　光电耦合器结构图

光电耦合器的特点如下。

① 结构简单、成本低，通常用于工作频率为 50kHz 以下的装置。

② 采用高速开关管构成的高速光电耦合器，适用于较高频率的装置中。

③ 采用放大三极管构成的高传输效率的光电耦合器，适用于直接驱动和较低频率的装置中。

此外，还有 PIN 型硅光电二极管、雪崩式光电二极管（APD）、半导体色敏传感器、光电闸流晶体管、达林顿光电三极管、光导摄像管、热释电探测器等。

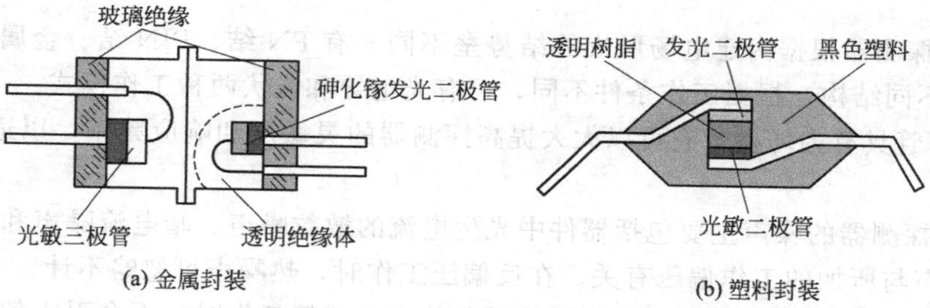

图 9-12 光电耦合器实物示意图

9.4 各类光电探测器的性能特点

9.4.1 光电子发射探测器的特点

① 光电子发射探测器是利用外光电效应制成的器件，其基本原理是光辐射能使光阴极产生光电子发射，一般在真空玻壳内工作，其特点是光谱响应范围窄、灵敏度高、惰性小、噪声低、供电电压高、抗震性差。

真空光电管的积分灵敏度约为数十 μA/lm，充气光电管约 100～300μA/lm，光电倍增管约为 1～100A/lm。

② 使用时，对入射光通量范围应有选择，不宜用强光照射，光照过强时，光电线性关系会变差，而且容易使光电阴极疲劳，缩短寿命。

③ 工作电流不宜过大，光电倍增管的工作电流为零点几微安到数十微安，工作电流过大，不仅会缩短寿命，而且会烧伤阴极面，使二次发射材料性能下降，增益降低。

④ 用于测量交变光通量时，负载电阻不宜过大，否则频率特性变差。

⑤ 为了得到较大的线性输出电压，应选用阳极特性平直线段范围宽的管子，并接较大的负载电阻。

9.4.2 光电导探测器的特点

① 利用光激发使半导体光电导发生变化而制作的器件称为光电导探测器。光电导探测器具有内增益的特性，内增益与器件材料性质和外加电场大小有关。

② 光电导探测器响应范围根据器件材料不同可从可见光、近红外延伸至远红外，而且与工作温度有关，冷却可以使光谱响应曲线的峰值和长波限向长波方向移动，同时可提高器件的灵敏度。

③ 光电导探测器的噪声主要有热噪声、g-r 噪声和 1/f 噪声。在常用频率范围以 g-r 噪声和热噪声为主，降低器件工作温度可以大大减小噪声。

④ 光电导探测器是均质型器件，没有极性之分，工作时必须外加偏压（偏流），并应注意选择正确工作温度和最佳偏压（偏流），以便充分发挥器件性能。

⑤ 光电导探测器的灵敏度与工作频带宽度是矛盾的，追求灵敏度高，往往要牺牲带宽，在设计电路时要注意到这一点。

9.4.3 光伏探测器的特点

① 光伏探测器根据内建电场形成的结势垒不同，有 PN 结、PIN 结、金属-半导体的肖特基势垒等不同结构。根据工作条件不同，可有光电导和光伏两种工作模式。

② APD 管具有内增益，它可以大大提高探测器的灵敏度和响应频率，以适应微弱光信号探测。

③ 光伏探测器的噪声主要包括器件中光生电流的散粒噪声、暗电流噪声和器件热噪声。器件的总噪声与所加的工作偏压有关。在反偏压工作时，热噪声可忽略不计。

④ 光伏探测器可以工作于零偏与反偏两种状态。零偏工作时，不会引入偏置电路噪声，还可以简化前级电子电路，是常用的偏置方式；反偏工作时，可以降低器件的热噪声及散粒噪声，并可减小器件电容，此外，还可得到较高的探测率和相应频率。

⑤ 光伏探测器的响应速度比光电导探测器快，响应速度主要取决于负载电阻和结电容所构成的时间常量 τ。负载电阻大，输出电压大，但 τ 会变大，响应变慢；反之，负载电阻小，输出电压会降低，但 τ 会变小，响应速度变快。

⑥ 与光电导探测器一样，光伏探测器的灵敏度与频带宽度之积为一常量，在使用时要综合考虑。同时，器件的各种参量基本上都与温度有关。降低探测器工作温度会减小暗电流和噪声，提高电路的稳定性。

9.4.4 热探测器的特点

① 热探测器是一类基于光辐射与物质相互作用的热效应制成的器件。它的光谱响应范围宽而且平坦，但对于交变光信号来说，热探测器是一种窄带响应器件，其响应速度一般较低，而且速度与响应率之积为一常量的结论对热探测器也成立。因此，选用器件时要综合考虑。

② 由半导体材料制成的温差热电堆，响应率高，但机械强度较差，使用时必须十分当心。它的功耗很小，测量辐射时，应对所测的辐射强度范围有所估计，不要因电流过大烧毁热端的黑化金箔。保存时，输出端不能短路，要防止电磁感应。

③ 测辐射热计响应率也较高，光敏面采取制冷措施后，响应率会进一步提高，但它的机械强度也较差，易破碎。流过它的偏置电流不能大，避免电流产生的焦耳热影响灵敏面的温度。

④ 热释电器件是目前最受重视的热探测器，其机械强度、响应率、响应速度都很高。在使用这类器件时要特别注意以下几点：只能测量交变辐射，对恒定辐射无响应；机械振动会引起振动噪声，使用时应避免振动；热释电探测器输出阻抗高（$10^{10}\sim10^{15}\Omega$），在使用时必须接高阻抗负载和高输入阻抗的放大器。

9.5 光电成像器件

光电探测器和光电成像器件都基于光电转换原理，两者均是把光信号转化成电信号，但前者一般用于点探测或多点探测；而后者能够提供空间上的二维图像，不仅要求有高的灵敏度、低噪声，而且要有高的空间信息分辨率，其结构复杂，甚至可能涉及电子扫描、成像、聚焦和荧光屏发光等问题。

随着科技的不断发展，人们观察世界的能力越来越强，出现了各类光电成像器件。光电成像器件有很多种，按器件结构可分为像管、真空摄像管、固体成像器件；按灵敏范围分为可见光、红外、紫外、X 射线成像器件。像管包括变像管和像增强器。像管能在暗环境中把人眼不易观察或观察不到的物体转换成可见光图像，而真空摄像管能把各种图像信号转换成电信号，以供记录、储存、传输。变像管能把非可见光，如红外、紫外、X 射线等转化成可见光，如红外变像管、紫外变像管。像增强器主要是指把微弱的可见光图像亮度增强，变成人眼可以观察到的图像，也称为微光管。红外变像管和像增强器用于夜视条件下的光电成像，属于夜视器件。

光电成像器件广泛应用于夜间瞄准、夜间飞行、夜间观察、侦察、预警、制导、摄像、摄影、工业控制、天文观察、医疗、航空、航天等，在军用和民用领域都有着重要的应用。

9.6 CCD 与 CMOS 及其应用

人类通过视觉器官所得到的信息量约占人能摄取的总信息量的 80% 以上。CCD（Charge Coupled Device，电荷耦合器件）和 CMOS（Complementary Metal Oxide Semiconductor，互补金属氧化物半导体）传感器是当前被普遍采用的两种图像传感器，两者都是利用感光二极管进行光电转换将光像转换为电子数据。自 20 世纪 60 年代末期美国贝尔实验室开发出 CCD 固体摄像器件以来，CCD 技术在图像传感、信号处理、数字存储等方面得到了迅速发展。然而随着 CCD 固体摄像器件的广泛应用，其不足之处逐渐显露出来：生产工艺复杂、功耗较大、价格高、不能单片集成和有光晕、拖尾等不足之处。

为此，人们又开发出了另外几种固体图像传感器，其中最有发展潜力的是采用标准 CMOS 集成电路工艺制造的 CMOS 图像传感器。实际上，早在 20 世纪 70 年代初，国外就已经开发出了 CMOS 图像传感器，但因成像质量不如 CCD，一直无法与之相抗衡。20 世纪 90 年代初，随着超大规模集成电路工艺技术的飞速发展，CMOS 图像传感器在单芯片内集成了 A/D 转换、信号处理、自动增益控制、精密放大和存储等功能，从而极大地改善了设计系统的复杂性、降低了成本，因而显示出强劲的发展势头。此外，CMOS 图像传感器还具有低功耗、单电源、低工作电压（3.3～5.0V）、无光晕、抗辐射、成品率高、可对局部像素随机访问等突出优点。因此，CMOS 图像传感器重新成为研究开发的热点。在军民两用领域，已经同 CCD 图像传感器形成强有力的竞争态势。

9.6.1 CCD 工作原理及其应用特点

CCD 是一种金属氧化物半导体结构的器件，其基本结构是一种密排的 MOS（Metal-Oxide-Semiconductor，金属-氧化物-半导体）电容器，能够存储由入射光在 CCD 像敏单元激发出的光信息电荷，并能在适当相序的时钟脉冲驱动下，把存储的电荷以电荷包的形式定向传输转移，实现自扫描，完成从光信号到电信号的转换。这种电信号通常是符合电视标准的视频信号，可在电视屏幕上复原成物体的可见光像，也可以将信号存储在磁带机内，或输入计算机，进行图像增强、识别、存储等处理。因此，CCD 器件是一种比较理想的摄像器件，在很多领域中有广泛的应用。

一个完整的 CCD 器件由光敏单元、转移栅、移位寄存器及一些辅助输入、输出电路组成。CCD 工作时，在设定的积分时间内由光敏单元对光信号进行取样，将光的强弱转换为各光敏单元的电荷多少。取样结束后，各光敏元电荷由转移栅转移到移位寄存器的相应单元中。移位寄存器在驱动时钟的作用下，将信号电荷顺次转移到输出端。将输出信号接到示波器、图像显示器或其他信号存储、处理设备中，就可对信号进行再现或存储处理。由于CCD光敏元可做得很小（约10μm），所以它的图像分辨率很高。

构成CCD的基本单元是MOS（金属-氧化物-半导体）结构。CCD的基本功能是电荷的存储和电荷的转移。工作时，需要在金属栅极上加一定的偏压，形成势阱，以容纳电荷，电荷的多少与光强成线性关系。电荷读出时，在一定相位关系的移位脉冲作用下，从一个位置移动到下一个位置，直到移出CCD，经过电荷-电压变换，转换为模拟信号。由于在CCD中，每个像元的势阱容纳电荷的能力是有一定限制的，所以如果光照太强，一旦电荷填满势阱，电子将产生溢出现象。另外，电荷的读出是从一个位置到下一个位置的电荷转移过程，所以存在电荷的转移效率和转移损失问题。

9.6.1.1 CCD的MOS结构及存储电荷原理

CCD的基本单元是MOS电容器，这种电容器能存储电荷，其结构如图9-13所示。以P型硅为例，在P型硅衬底上通过氧化在表面形成SiO_2层，然后在SiO_2上淀积一层金属作为栅极，P型硅里的多数载流子是带正电荷的空穴，少数载流子是带负电荷的电子。当金属电极上施加正电压时，其电场能够透过SiO_2绝缘层对载流子进行排斥或吸引。于是带正电的空穴被排斥到远离电极处，剩下的带负电的少数载流子紧靠SiO_2层，形成负电荷层（耗尽层），电子一旦进入，由于电场作用就不能复出，故又称为电子势阱。

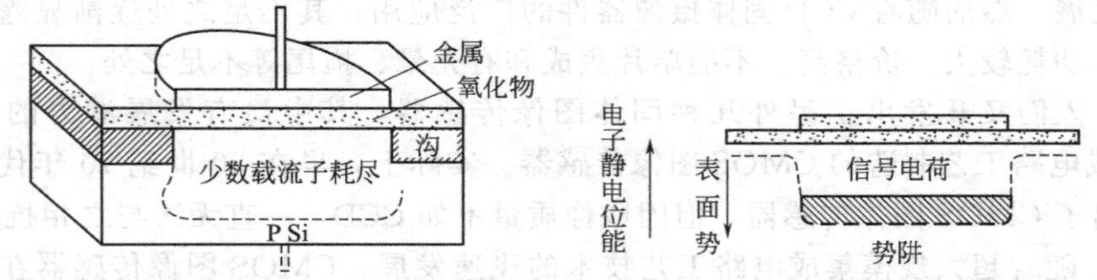

(a) 用作少数载流子储存单元的MOS电容器剖面图　　(b) 有信号电荷的势阱

图 9-13　CCD结构和工作原理图

当器件受到光照时（光可从各电极的缝隙间经过SiO_2层射入，或经衬底的薄P型硅射入），光子的能量被半导体吸收，产生电子-空穴对。这时，出现的电子被吸引、存储在势阱中，这些电子是可以传导的。光越强，势阱中收集的电子越多；光弱则反之。这样就把光强与电荷的数量联系起来，实现了光与电的转换。而势阱中收集的电子处于存储状态，即使停止光照，一定时间内也不会损失，这就实现了对光照的记忆。

总之，上述结构实质上是个微小的MOS电容，用它构成像素，既"可感光"，又可留下"潜影"。感光作用是靠光强产生的电子电荷积累，潜影是各个像素留在各个电容里的电荷不等而形成的，若能设法把各个电容里的电荷依次传送到输出端，再组成行和帧，并经过"显影"，就实现了图像的传递。

9.6.1.2 电荷的转移与传输

CCD的移位寄存器是一列排列紧密的MOS电容器，它的表面由不透光的铝层覆盖，以实现光屏蔽。由上面讨论可知，MOS电容器上的电压越高，产生的势阱越深。当外加电压一定时，势阱深度随阱中的电荷量增加而线性减小。利用这一特性，通过控制相邻MOS电容器栅极电压高低来调节势阱深浅。制造时，将 MOS 电容紧密排列，使相邻的 MOS 电容势阱相互沟通。认为相邻 MOS 电容两电极之间的间隙足够小（目前工艺可做到 0.2μm），在信号电荷自感生电场的库仑力推动下，就可使信号电荷由浅处流向深处，实现信号电荷转移。

为了保证信号电荷按确定路线转移，通常 MOS 电容阵列栅极上所加电压脉冲为严格满足相位要求的二相、三相或四相系统的时钟脉冲。下面分别介绍三相和二相 CCD 结构及工作原理。

（1）三相 CCD 传输原理

简单的三相 CCD 结构如图 9-14 所示。每一级也叫一个像元，有三个相邻电极，每隔两个电极的所有相应电极（如 1,4,7,…；2,5,8,…;3,6,9,…）都接在一起，由 3 个相位相差 120°的时钟脉冲 Φ_1、Φ_2、Φ_3 来驱动，故称三相 CCD。图 9-14(a) 为断面图；图 9-14(b) 为俯视图；图 9-14(d) 给出了 Φ_1、Φ_2、Φ_3 三相时钟之间的变化。在时刻 t_1，第一相时钟 Φ_1 处于高电压，Φ_2、Φ_3 处于低压，这时，第一组电极（1，4，7，…）下面形成深势阱，在这些势阱中可以储存信号电荷，形成电荷包，如图 9-14(c) 所示。在 t_2 时刻，Φ_1 电压线性减少，Φ_2 为高电压，在第一组电极下的势阱变浅，而第二组电极（2,5,8,…）下形成深势阱，信息电荷从第一组电极下面向第二组转移，直到 t_3 时刻，Φ_2 为高压，Φ_1、Φ_3 为低压，信息电荷全部转移到第二组电极下面。重复上述过程，信息电荷可从 Φ_2 转移到 Φ_3，然后从 Φ_3 转移到 Φ_1 电极下的势阱中，当三相时钟电压循环一个时钟周期时，电荷包向右转移一级（一个像元），以此类推，信号电荷由电极 1,2,3,…，N 向右移，直到输出。

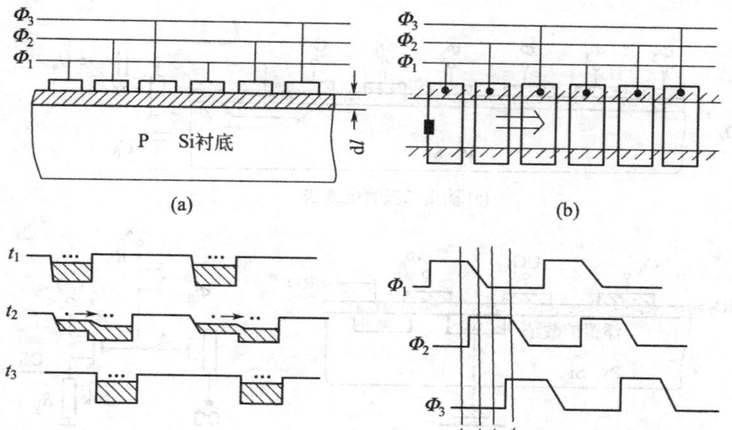

图 9-14 三相 CCD 结构

（2）二相 CCD 传输原理

CCD 中的电荷定向转移是靠势阱的非对称性实现的。在三相 CCD 中是靠时钟脉冲的时序控制，形成非对称势阱。但采用不对称的电极结构也可以引进不对称势阱，从而变成二相驱动的 CCD。目前实用 CCD 中多采用二相结构。实现二相驱动的方案如下。

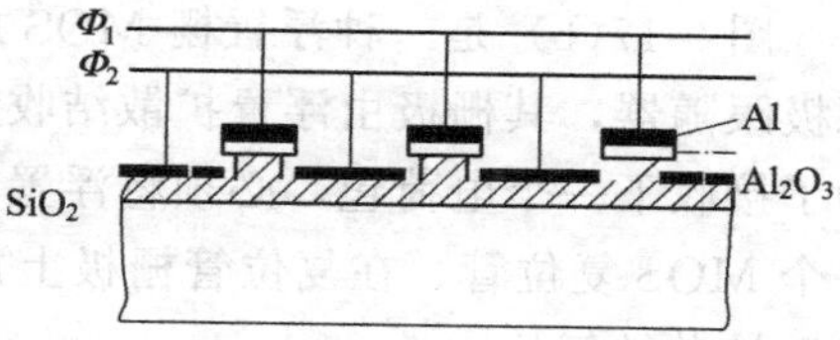

图 9-15 采用阶梯氧化层电极形成的二相结构

① 阶梯氧化层电极（图 9-15）。由图 9-15 可见，

此结构将一个电极分成两部分，其左边部分电极下的氧化层比右边的厚，则在同一电压下，左边电极下的势阱浅，自动起到了阻挡信号倒流的作用。

② 设置势垒注入区（图 9-16）。对于给定的栅压，势阱深度是掺杂浓度的函数。掺杂浓度高，则势阱浅。采用离子注入技术使转移电极前沿下衬底浓度高于别处，则该处势阱就较浅，所有电荷包都将只向势阱的后沿方向移动。

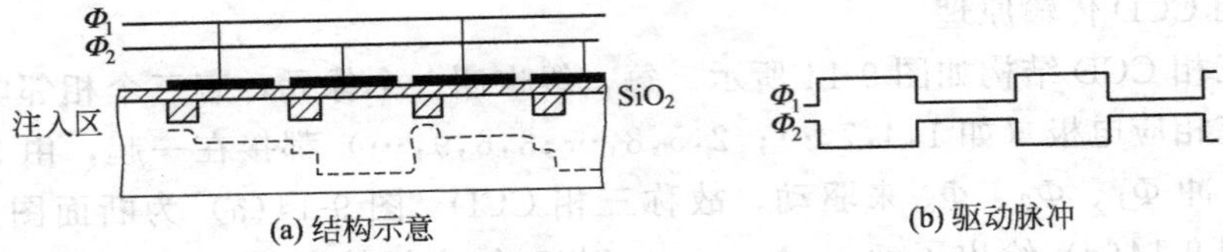

图 9-16 采用势垒注入区形成二相结构

9.6.1.3 电荷读出方法

CCD 的信号电荷读出方法有两种：输出二极管电流法和浮置栅 MOS 放大器电压法。

图 9-17(a) 在线列阵末端衬底上扩散形成输出二极管，当二极管加反向偏置时，在 PN 结区产生耗尽层。当信号电荷通过输出栅 OG 转移到二极管耗尽区时，将作为二极管的少数载流子而形成反向电流输出。输出电流的大小与信息电荷大小成正比，并通过负载电阻 R_L 变为信号电压 U_o 输出。

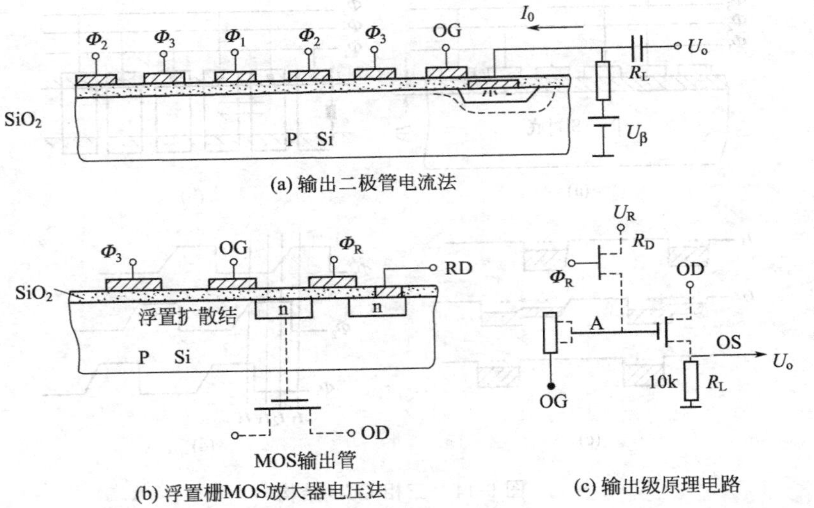

图 9-17 电荷读出方法

图 9-17(b) 是一种浮置栅 MOS 放大器读取信息电荷的方法。MOS 放大器实际是一个源极跟随器，其栅极由浮置扩散结收集到的信号电荷控制，所以源极输出随信号电荷变化。为了接收下一个电荷包，必须将浮置栅的电压恢复到初始状态，故在 MOS 输出管栅极上加一个 MOS 复位管。在复位管栅极上加复位脉冲 Φ_R，使复位管开启，将信号电荷抽走，使浮置扩散结复位。

图 9-17(c) 为输出级原理电路，由于采用硅栅工艺制作浮置栅输出管，可使栅极等效电容 C 很小。如果电荷包的电荷为 Q，A 点等效电容为 C，输出电压为 U_o，A 点的电位变化

$\Delta U=-Q/C$，因而可以得到比较大的输出信号，起到放大器的作用，称为浮置栅 MOS 放大器电压法。

图 9-18 为 TCD 1206UD 的结构示意图，它为一双通道二相驱动的线阵 CCD 器件，共有 2160 个光敏元。奇数光敏元与其中一列移位寄存器相连，偶数光敏元与另一列移位寄存器相连。移位寄存器的像元数量与光敏元数量相同，相邻像元中的一个与光敏元相连，并接 Φ_1 脉冲，另一个不直接与光敏元连接，接 Φ_2 脉冲，如图 9-16 所示。

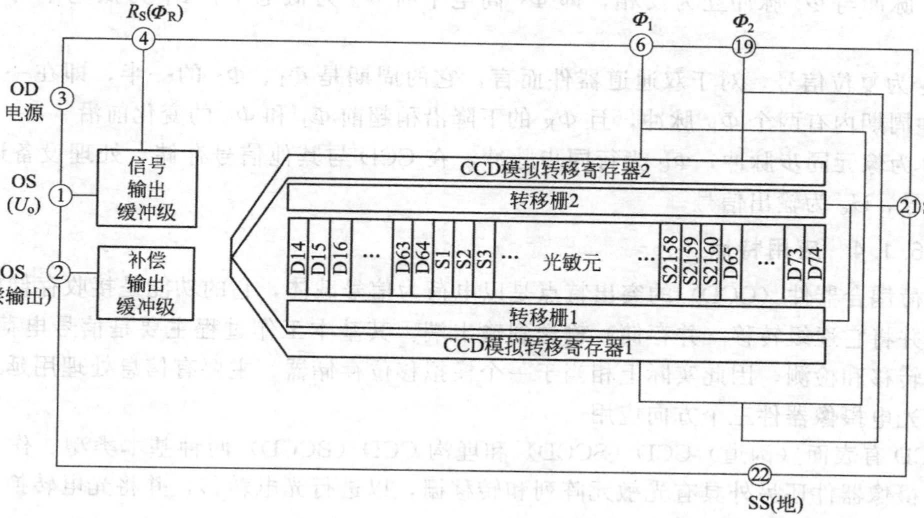

图 9-18 TCD 1206UD 的结构示意图

图 9-19 为各路脉冲波形图。SH 信号加在转移栅上。当 SH 为高电平时，正值 Φ_1 为高电平，移位寄存器中的所有 Φ_1 电极下均形成深势阱，同时，SH 的高电平使光敏元 MOS 电容存储势阱与 Φ_1 电极下的深势阱相通，光敏 MOS 电容中的信号电荷包迅速向上下两列移位寄存器中与 Φ_1 连接的 MOS 电容转移；SH 为低电平时，光敏元与移位寄存器的连接中断，此时光敏元在外界光照作用下产生与光照对应的电荷，而移位寄存器中的信号电荷在

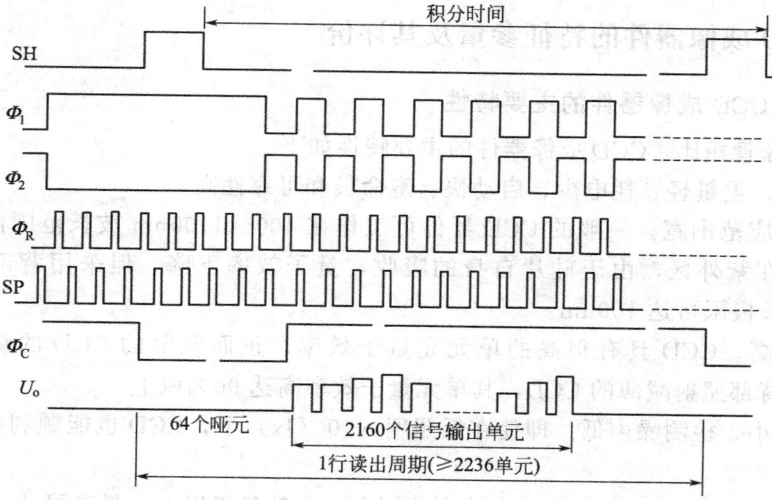

图 9-19 各路脉冲波形图

Φ_1、Φ_2 时钟脉冲作用下由右向左转移，在输出端将上下两列信号按原光敏元采集的顺序合为一列后，由输出端输出。

由于结构上的安排，输出电路首先输出 13 个虚设单元的暗电流信号（暗信号），再输出 51 个暗信号，接着输出 2160 个有效信号，之后再输出 10 个暗电流信号，接下去输出两个奇偶检测信号，然后可输出多余的暗电流信号。由于该器件为双列并行传输的器件，所以在一个 SH 周期中至少要有 1117 个 Φ_1 脉冲，即 $T_{SH}>1117T_1$。

Φ_2 脉冲与 Φ_1 脉冲互为反相，即 Φ_1 高电平时 Φ_2 为低电平，Φ_1 为低电平时 Φ_2 为高电平。

Φ_R 为复位信号，对于双通道器件而言，它的周期是 Φ_1、Φ_2 的一半，即在一个 Φ_1 或 Φ_2 脉冲周期内有两个 Φ_R 脉冲，且 Φ_R 的下降沿稍超前 Φ_1 和 Φ_2 的变化前沿。

SP 为像元同步脉冲，Φ_C 为行同步脉冲，在 CCD 与其他信号存储、处理设备连接时作同步信号，U_o 为输出信号。

9.6.1.4 应用特点

电荷耦合器件（CCD）的突出特点是以电荷为信号载体，它的功能是接收存储模拟电荷信号，并将它逐级转移（并存储）输送到输出端。其基本工作过程主要是信号电荷的产生、存储、转移和检测，因此实际上相当于一个模拟移位存储器。主要有信息处理用延迟线、存储器和光电摄像器件三个方向应用。

CCD 有表面（沟道）CCD（SCCD）和埋沟 CCD（BCCD）两种基本类型。作为图像传感器用摄像器件还另外具有光敏元阵列和转移栅，以进行光电转移，并将光电转换的信号电荷转移到 CCD 转移电极下。

CCD 图像传感器的结构和工作原理决定了这类器件有以下优点。

① CCD 是一种固体化器件，体积小、重量轻、可靠性高、寿命长。

② 图像畸变小、尺寸重现性好。

③ 具有较高的空间分辨率。

④ 光敏元间距的几何尺寸精度高，可获得较高的定位精度和测量精度。

⑤ 具有较高的光电灵敏度和较大的动态范围。

9.6.2 CCD 成像器件的特征参量及其评价

9.6.2.1 CCD 成像器件的主要特性

与真空摄像管相比，CCD 成像器件的主要特性如下。

① 体积小、重量轻、耗电少、启动快、寿命长和可靠性高。

② 光谱相应范围宽。一般的 CCD 器件可工作在 400～1100nm 波长范围内。最大响应约为 900nm。在紫外区，由于硅片自身的吸收，量子效率下降，但采用背部照射减薄的 CCD，工作波长极限可达 100nm。

③ 灵敏度高。CCD 具有很高的单元光量子效率，正面照射的 CCD 的量子效率可达 20%，若采用背部照射减薄的 CCD，其单元量子效率高达 90%以上。

④ 暗电流小，检测噪声低。即使在低照度（10^{-2}lx）下，CCD 也能顺利完成光电转换和信号输出。

⑤ 动态响应范围宽。CCD 的动态响应范围在 4 个数量级以上，最高可达 8 个数量级。

⑥ 分辨率高。线阵器件已有 7000 像元以上，可分辨最小尺寸为 7μm；面阵器件已达

4096 像元以上，CCD 摄像机分辨率已超过 1000 线以上。

⑦ 与微光像增强器级连，低照度下可采集信号。

⑧ 有抗过度曝光性能。过强的光会使光敏元饱和，但不会导致芯片毁坏。

9.6.2.2 特征参量类别

为了全面评价 CCD 成像器件的性能及应用，制定一系列特征参量。具体有四类特征参量：表征器件总体性能的特征参数、表征器件内部性能的特征参数、表征器件工作环境适应性的特征参数。

① 表征器件总体性能的主要特征参量有：像素数、CCD 几何尺寸（总尺寸及像元尺寸）、帧频、光谱特性、信噪比、MTF 和分辨率、动态范围、非均匀性、暗电流、质量、功耗与可靠性（寿命）及接口。

② 表征器件内部性能的主要特征参量有：转移效率和转移损失率、工作频率（时钟频率的上、下限）、光电转换特性与响应度、响应时间及噪声。

③ 表征器件工作环境适应性的主要特征参量有：工作温度范围、储存温度范围、相对湿度、振动与冲击、抗霉菌、强辐射等。

④ 转移效率 η 和转移损失率 ε。在一定的时钟脉冲驱动下，设电荷包的原电量为 Q_0，转移到下一个势阱时的电量为 Q_1，则转移效率 η、转移损失率 ε 分别为

$$\eta = Q_1/Q_0 \tag{9-1}$$

$$\varepsilon = (Q_0 - Q_1)/Q_0 \tag{9-2}$$

一个电荷量为 Q_0 的电荷包，经过 n 次转移后的输出电荷量应为

$$Q_n = Q_0 \eta_n \tag{9-3}$$

总效率

$$\eta_n = Q_n/Q_0 \tag{9-4}$$

一个器件的总效率太低时，就失去了实用价值，一定的 η 值，限定了器件的最大位数（如表 9-2 所示），这一点对器件的设计者及使用者都是十分重要的。

表 9-2 总效率随 η 值的变化（三相 1024 位器件）

η	0.99900	0.99950	0.99990	0.99995	0.99999
Q_n/Q_0	0.1289	0.3591	0.8148	0.9027	0.9797

值得注意的是：转移损失并不是部分信号电荷的消失，而是损失的那部分电荷在时间上的滞后。其后果不仅仅是信号的衰减，更有害的是滞后的那部分电荷叠加到后面的电荷包上，引起传输信息的失真（CCD 传输信号的拖尾情况）。

9.6.3 CCD 的工程技术应用

9.6.3.1 CCD 的七个主要应用领域

（1）小型化黑白、彩色 TV 摄像机

这是面阵 CCD 应用最广泛的领域，例如：日本松下 CDT 型超小型 CCD 彩色摄像机，直径为 17mm，长为 48mm，使用超小型镜头，重量为 54g。典型 TV 用 IS（图像传感器）尺寸为 7mm×9mm，480×380 像元等。

（2）传真通信系统

用 1024～2048 像元的线阵 CCD 作传真机，可在不到 1s 内完成 A4 稿件的扫描。

（3）光学字符识别

IS 代替人眼，把字符变成电信号，进行数字化，然后用计算机识别。

(4) 广播 TV

用固态图像传感器（Solid State Imaging Sensor，SSIS）代替光导摄像管。1986 年柯达公司已推出 140 万像素的 IS，尺寸为 7mm×9mm，比当时电视图像信号强 4 倍以上。

(5) 工业检测与自动控制

这是 IS 应用量很大的一个领域，统称机器视觉应用。

① 在钢铁、木材、纺织、粮食、医药、机械等领域作零件尺寸的动态检测及产品质量、包装、形状识别、表面缺陷或粗糙度检测。

② 在自动控制方面，主要作计算机获取被控信息的手段。

③ 还可作机器人视觉传感器。

(6) 可用于各种标本分析（如血细胞分析仪）、眼球运动检测、X 射线摄像、胃镜、肠镜摄像等。

(7) 天文观测

① 天文摄像观测。

② 从卫星遥感地面，如：美国用 5 个 2048 位 CCD 拼接成 10240 位长取代 125mm 宽侦察胶卷，作地球卫星传感器。

③ 航空遥感、卫星侦察，如 1985 年欧洲空间局首次在 SPOT 卫星上使用大型线阵 CCD 扫描，地面分辨率提高到 10m。

此外，还有军事上的应用，如微光夜视、导弹制导、目标跟踪、军用图像通信等。

9.6.3.2 尺寸测量

(1) 微小尺寸的检测（10～500μm）

① 原理。如图 9-20 所示。

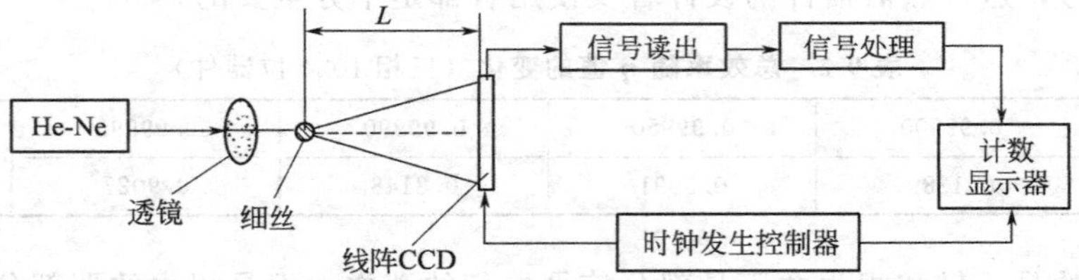

图 9-20 CCD 微小尺寸测量原理图

用衍射的方法对细丝、狭缝、微小位移、微小孔等进行测量，如图 9-21 所示。

当满足远场条件（$L \gg d^2/\lambda$，L 为被测细丝到 IS 光敏面的距离）时，根据夫琅和费衍射公式可得到

$$d = K\lambda/\sin\theta \qquad (9\text{-}5)$$

式中，d 为细丝直径；K 为暗纹周期，$K=\pm1,2,3\cdots$；λ 为激光波长；θ 为被测细丝到第 K 级暗纹的连线与光线主轴的夹角。

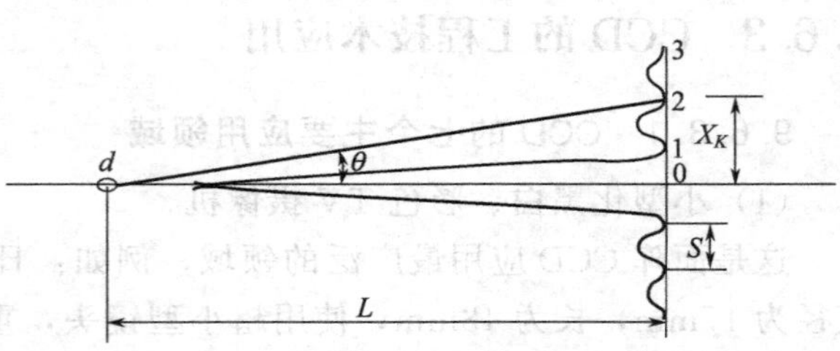

图 9-21 衍射法测量微小尺寸原理图

当 θ 很小时（即 L 足够大时）$\sin\theta \approx \tan\theta = X_K/L$。

代入式(9-5) 得

$$d=\frac{K\lambda L}{X_K}=\frac{\lambda L}{X_K/K}=\frac{\lambda L}{S} \tag{9-6}$$

式中，S 为暗纹周期，$S=X_K/K$；（X_K 为第 K 级暗纹到光轴的距离），则测细丝直径 d 转化为用 CCD 测 S 的误差分析。

$$\Delta d=\frac{L}{S}\Delta\lambda+\frac{\lambda}{S}\Delta L+\frac{\lambda L}{S^2}\Delta S \tag{9-7}$$

由于激光波长误差 $\Delta\lambda$ 很小（$<10^{-5}\lambda$），可忽略不计，则

$$\Delta d=\frac{\lambda}{S}\Delta L+\frac{\lambda L}{S^2}\Delta S \tag{9-8}$$

例如，He-Ne 激光 $\lambda=632.8\text{nm}$，$L=(1000\pm0.5)\text{mm}$，$d=500\mu\text{m}$，则根据式(9-6) 有

$$S=\frac{\lambda L}{d}=\frac{632.8\times10^{-6}\times10^3}{5\times10^2\times10^{-3}}=1.265\ (\text{mm})$$

根据 CCD 像元，可取 $\Delta S=10\mu\text{m}$，测量误差为

$$\Delta d=\frac{\lambda}{S}\Delta L+\frac{\lambda L}{S^2}\Delta S=\frac{\lambda}{S}\left(\Delta L+\frac{L}{S}\Delta S\right)=\frac{632.8\times10^{-6}}{1.265}\left(0.5+\frac{1000\times10\times10^{-3}}{1.265}\right)$$

$$=4.2\ (\mu\text{m})$$

丝越细，测量精度越高（d 越小，S 越大），甚至可达到 $\Delta d=10^{-2}\mu\text{m}$。

② S（暗纹周期）的测量方法，如图 9-22 所示。

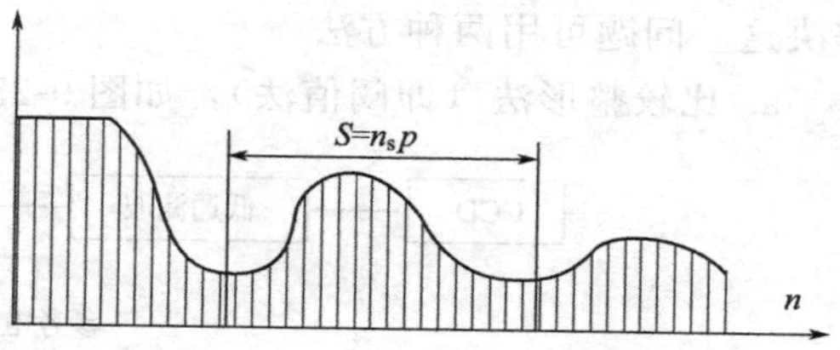

图 9-22　暗纹周期的测量示意图

图像传感器 IS 输出的视频信号经放大器 A 放大，再经峰值保持电路 PH 和采样保持电路 S/H 处理，变成方形波，送到 A/D 转换器进行逐位 A/D 转换，最后读入计算机内进行数据处理，如图 9-23 所示。判断并确定两暗纹之间的像元数 n_s，则暗纹周期 $S=n_s p$（p 为图像传感器的像元中心距），代入式(9-6) 算得 d。

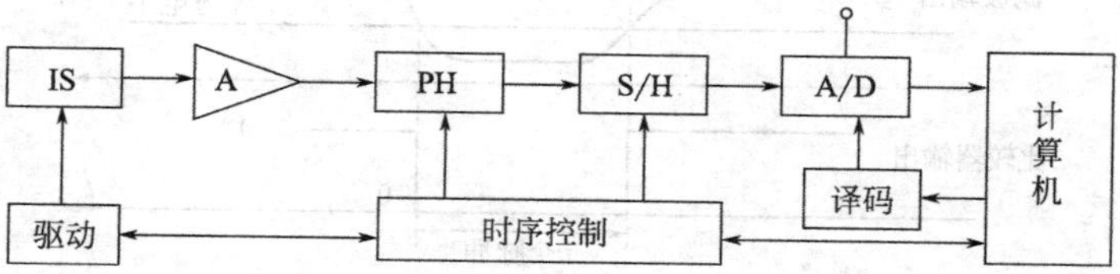

图 9-23　激光测微装置电路框图

（2）小尺寸的检测

小尺寸的检测是指待测物体可与光电器件尺寸相近的场合。

① 原理，如图 9-24 所示。

$$L=\frac{np}{\beta}=\left(\frac{a}{f'}+1\right)np \tag{9-9}$$

因为

$$\frac{1}{a}-\frac{1}{b}=\frac{1}{f'}\quad（成像公式）\tag{9-10}$$

$$\beta=\frac{b}{a}=\frac{np}{L} \tag{9-11}$$

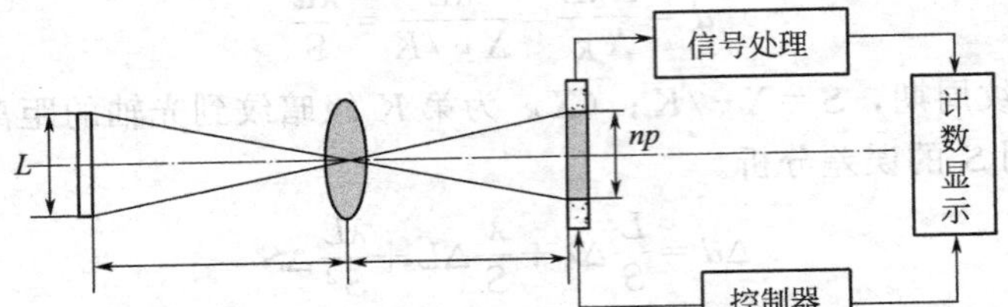

图 9-24　小尺寸检测原理图

解得
$$L=\frac{np}{\beta}=\left(\frac{a}{f'}+1\right)np$$

式中，f'为透镜焦距；a 为物距；b 为像距；β 为放大倍率；n 为像元数；p 为像元间距。

② 信号处理。光电 IS 中，被物体遮住和受到光照部分的光敏单元输出有着显著区别，可以把它们的输出看成 0、1 信号。通过对输出为 0 信号进行计数，即可测出物体的宽度，这就是信号的二值化处理。

实际应用时，物像边缘明暗交界处实际光强是连续变化的，而不是理想的阶跃跳变，要解决这一问题可用两种方法。

a. 比较整形法（即阈值法），如图 9-25 和图 9-26 所示。

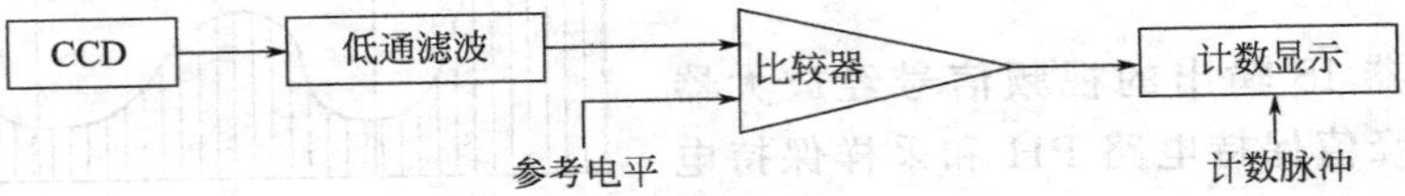

图 9-25　比较整形法原理图

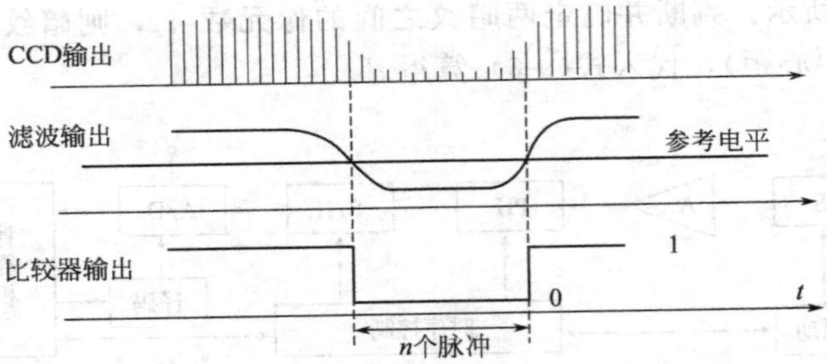

图 9-26　比较整形法信号时序波形图

在低电平期间对计数脉冲进行计数，从而得到 np。

ⓐ 固定阈值法，如图 9-27 所示。

将 CCD 输出的视频信号送入电压比较器的同相输入端，比较器的反相输入端加上可调的电平就构成了固定阈值二值化电路。当 CCD 视频信号电压的幅度稍大于阈值电压（电压比较器的反相输入端电压）时，电压比较器输出为高电平（为数字信号 1）；当 CCD 视频信号小于或等于

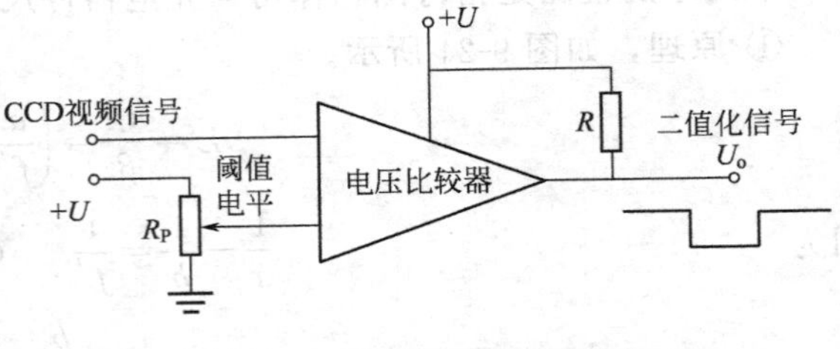

图 9-27　固定阈值法原理图

阈值电压时，电压比较器输出为低电平（为数字信号 0）。CCD 视频信号经电压比较器后输出的是二值化方波信号。

调节阈值电压，方波脉冲的前、后沿将发生移动，脉冲宽度发生变化。当 CCD 视频信号输出含有被测物体直径的信息时，可以通过适当调节阈值电压获得方波脉冲宽度与被测物体直径的精确关系，这种方法常用于 CCD 测径仪中。

固定阈值法要求阈值电压稳定、光源稳定、驱动脉冲稳定，对系统提出较高要求。浮动阈值法可以克服这些缺点。

ⓑ 浮动阈值法，如图 9-28 所示。浮动阈值法使电压比较器的阈值电压随测量系统的光源或随 CCD 输出视频信号的幅值浮动。这样，当光源强度变化引起 CCD 输出视频信号起伏变化时，可以通过电路将光源起伏或 CCD 视频信号的变化反馈到阈值上，使阈值电位跟着变化，从而使方波脉冲宽度基本不变。

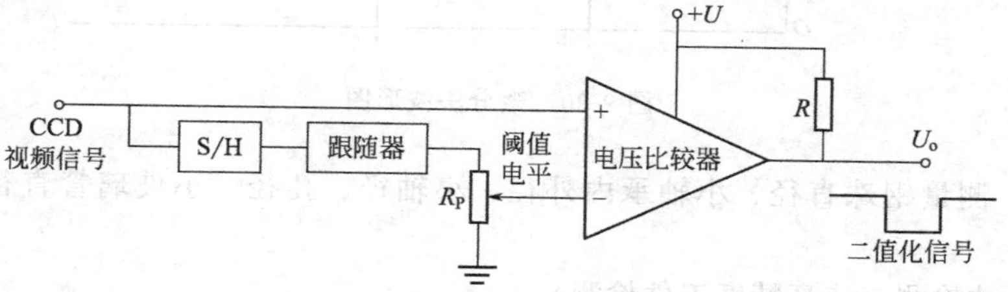

图 9-28　浮动阈值法原理图

b. 微分法。因为被测对象边沿处输出脉冲的幅度具有最大变化斜率，因此，若对低通滤波信号进行微分处理，得到的微分脉冲峰值点坐标即为物像的边沿点，如图 9-29 所示。

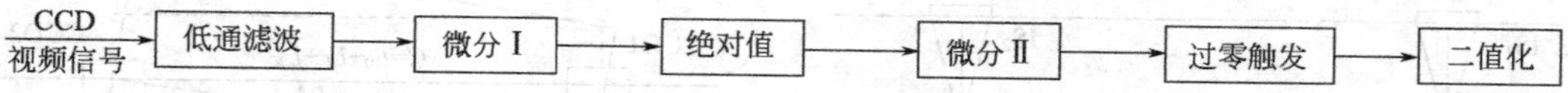

图 9-29　微分法原理框图

用这两个微分脉冲峰值点作为计数器的控制信号，在两个峰值点间对计数脉冲计数，即可测出物体宽度，如图 9-30 所示。

将 CCD 视频输出的调幅脉冲信号经采样保持电路或低通滤波后变成连续的视频信号（第一条波形）；将连续的视频信号信经过微分电路Ⅰ微分，输出是视频信号的变化率，信号电压的最大值对应于视频信号边界过渡区变化率最大的点［A 点、A′点］。在视频信号的下降沿产生一个负脉冲，在上升沿产生一个正脉冲（第二条波形）。将微分Ⅰ输出的两个极性相反的脉冲信号送给取绝对值电路，经该电路将微分Ⅰ输出的信号变成同极性的脉冲信号（第三条波形），信号的幅值点对应于边界特征点；将同极性的脉冲信号送入微分电路Ⅱ，再次微分获得对应绝对值最大处的过零信号（第四条波形）。过零信号再经过零触发器，输出两个下降边沿对应于过零点的脉冲信号（第五条波形）。用这两个信号的下降沿去触发一个触发器，便可获得视频信号起始和终止边界特征的方波脉冲及二值化信号（第六条波形）。其脉冲宽度为图像 AA′间的宽度。

这套方法可由硬件电路完成，也可由数字信号处理方法（CCD 直接进行 A/D 同步采样，再用计算机进行数字处理，省去了滤波及以后的环节）软件完成。

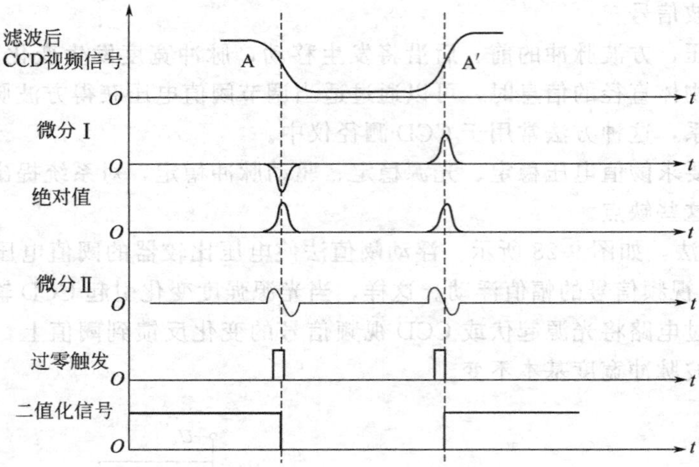

图 9-30　微分法波形图

③ 例子。测量钢珠直径、小轴承内外径、小轴径、孔径、小玻璃管直径、微小位移、机械振动等。

(3) 大尺寸检测（或高精度工件检测）

对于大尺寸工件或测量精度要求高的工件，可采用“双眼”系统检测物体的两个边沿视场，如图 9-31 所示。这样，可用较低位数的传感器达到较高的测量精度。

$$L_{\mathrm{L}}(\text{或 } L_{\mathrm{X}})=\frac{np}{\beta} \tag{9-12}$$

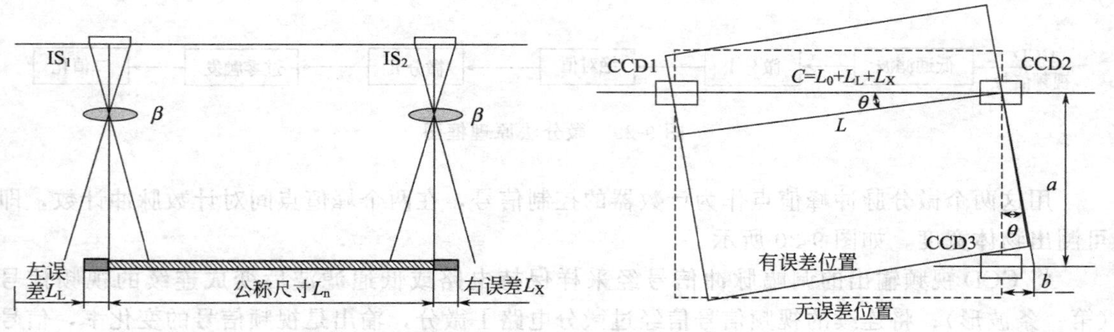

图 9-31　高精度“双眼”工件检测示意图

单个像元代表的实际尺寸 $L_{\mathrm{L}}/np=1/\beta$，当 L_{L} 很大时，成缩小的像（$\beta<1$），且 L_{L} 越大，则每个像元代表的实际尺寸也越大，精度就差。分辨率 $R=P/\beta$（P 为像元中心距），L_{L}（或 L_{X}）$=nR$。

缩小视场（只测 L_{L} 或 L_{X}）可提高 β，增大分辨率 R，提高精度。

考虑钢板水平偏转 θ，用 CCD3 测出 b。

$$\theta=\arctan(b/a) \tag{9-13}$$

钢板宽度为

$$L=(L_0+L_{\mathrm{L}}+L_{\mathrm{X}})\cos\theta \tag{9-14}$$

【例 9-1】 若 $L=1700\text{mm}$，$\theta=5^\circ$，求不考虑角度误差 θ 时的测量误差。

解：$C=L/\cos\theta=1700/\cos5^\circ=1706.49$（mm），则 $\Delta L=C-L=6.49\text{mm}$。

可见，不考虑角度误差是不能准确测量的。又如：若 $\Delta L=1\text{mm}$，则 $\cos\theta=L/(L+\Delta L)=1700/1701$，可得 $\theta=1.96^\circ$。

9.6.3.3 工件表面质量（粗糙度、伤痕、污垢）检测

（1）CCD 采集系统原理

工件表面质量检测原理图如图 9-32 所示。

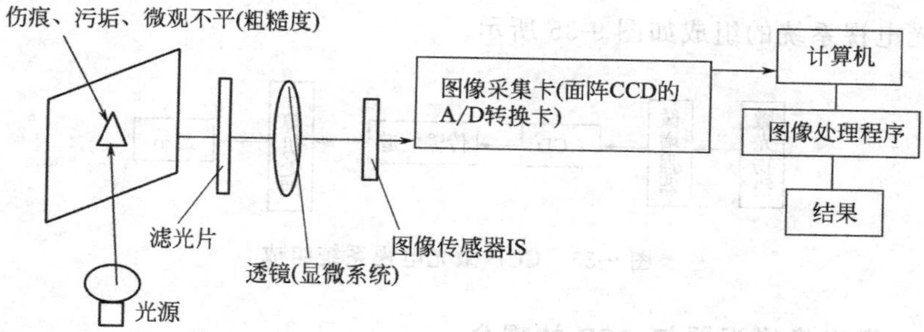

图 9-32 工件表面质量检测原理图

工件粗糙度是微观不平度的表现，各种等级的粗糙度对光源的反射强度是不同的，根据这种差别，可用计算机处理得到粗糙度的等级。

伤痕或污垢表现为工件表面的局部与其周围的 CCD 输出幅值具有差别。采用面阵 CCD 采样，利用计算机进行图像处理可得到伤痕或污垢的大小。

以上方法偏重软件，把比较、校正、显示等硬件环节给省去了。

（2）工件表面质量检测——光切显微镜原理

工件表面质量检测——光切显微镜原理图如图 9-33 所示。测量方法示意如图 9-34 所示。

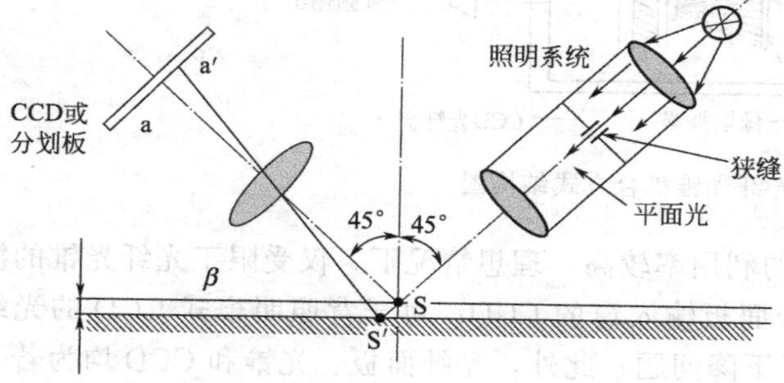

图 9-33 工件表面质量检测——光切显微镜原理图

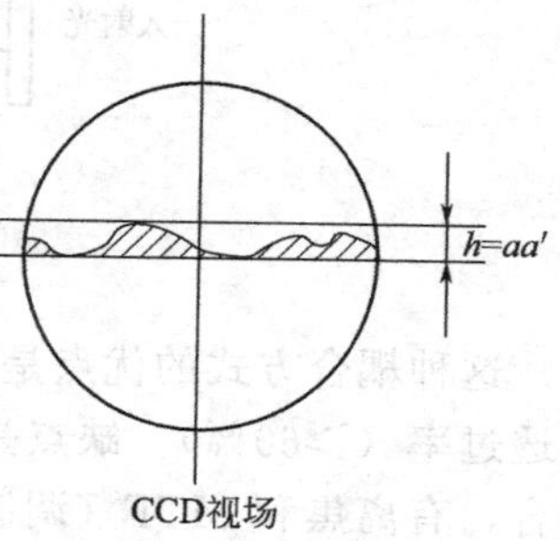

图 9-34 测量方法示意

工件粗糙度（轮廓最大高度 R_Y）实际峰谷高由 H 计算。

$$H=SS'\cos45^\circ=\frac{SS'}{\sqrt{2}}=\frac{h}{\beta\sqrt{2}}\quad(\beta\text{ 为物镜放大率})\tag{9-15}$$

用 CCD 测得 h，可得粗糙度 H。

9.6.4 CCD图像传感器在微光电视系统中的应用

近30年来，CCD图像传感器的研究取得了惊人的进展，它已经从最初简单的8像元移位寄存器发展至具有数百万至上千万像元。随着观察距离的增加和要求在更低照度下进行观察，对微光电视系统的要求越来越高，因此必须研制新的高灵敏度、低噪声的摄像器件，CCD图像传感器灵敏度高和低光照成像质量好的优点正好迎合了微光电视系统的发展趋势。作为新一代微光成像器件，CCD图像传感器在微光电视系统中发挥着关键的作用。

9.6.4.1 CCD微光电视系统的组成

CCD微光电视系统的组成如图9-35所示。

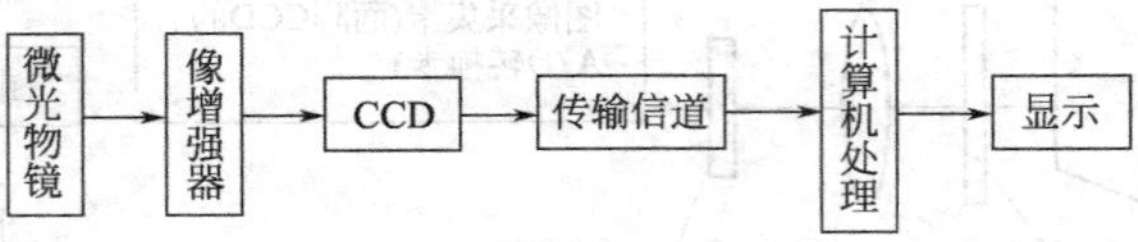

图9-35 CCD微光电视系统组成

9.6.4.2 微光像增强器与CCD的耦合

单独的高灵敏度CCD器件虽然可以在低照度环境下工作，但要将CCD单独应用于微光电视系统还有难度。因此，可以将微光像增强器与CCD进行耦合，让光子在到达CCD器件之前使光子先得到增益。微光像增强器与CCD耦合方式有三种。

(1) 光纤光锥耦合方式

光纤光锥也是一种光纤传像器件，它一头大，另一头小，利用纤维光学传像原理，可将微光管光纤面板荧光屏（通常有效孔径Φ为18mm、25mm或30mm）的输出经增强的图像耦合到CCD光敏面（对角线尺寸通常是12.7mm或16.9mm）上，从而可达到微光摄像的目的，如图9-36所示。

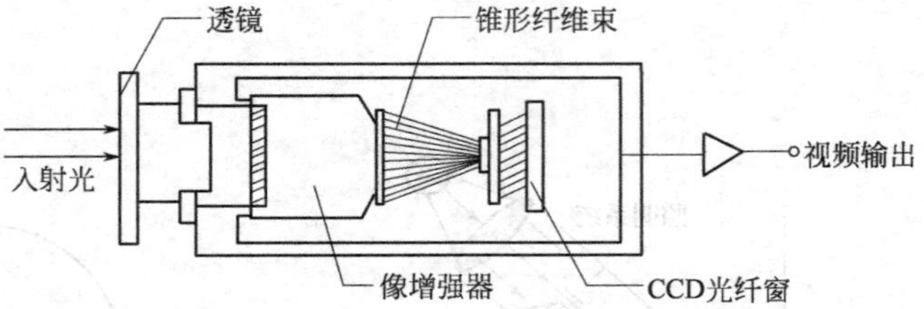

图9-36 光纤光锥耦合方式结构图

这种耦合方式的优点是荧光屏光能的利用率较高，理想情况下，仅受限于光纤光锥的漫射透过率（≥60%）。缺点是需要带光纤面板输入窗的CCD；对于背照明模式CCD的光纤耦合，有离焦和MTF（调制传递函数）下降问题；此外，光纤面板、光锥和CCD均为若干个像素单元阵列的离散式成像元件，因而，三阵列间的几何对准损失和光纤元件本身的瑕疵对最终成像质量的影响等都是值得认真考虑并严格对待的问题。

(2) 中继透镜耦合方式

采用中继透镜也可将微光管的输出图像耦合到CCD输入面上。其优点是调焦容易、成像清晰、对正面照明和背面照明的CCD均可适用；缺点是光能利用率低（≤10%）、仪器尺寸稍大、系统杂光干扰问题需特殊考虑和处理。

(3) 电子轰击式 CCD（即 EBCCD 方式）

前两种耦合方式的共同缺点是微光摄像的总体光量子探测效率低及亮度增益损失较大，加之荧光屏发光过程中的附加噪声，使系统的信噪比不甚理想。为此，人们发明了电子轰击式 CCD（EBCCD），即把 CCD 做在微光管中，代替原有的荧光屏，在额定工作电压下，来自光阴极的（光）电子直接轰击 CCD。实验表明，每 3.5eV 的电子就可在 CCD 势阱中产生一个电子-空穴对；10kV 工作电压下，增益达 2857。如果采用缩小倍率电子光学倒像管（例如倍率 $m=0.33$），则可进一步获得 10 倍的附加增益，即 EBCCD 的光子-电荷增益可达 10^4 以上。而且，精心设计、加工、装调的电子光学系统可以获得较前两种耦合方式更高的 MTF 和分辨率特性，无荧光屏附加噪声。因此，如果选用噪声较低的 DFGA-CCD 并入 $m=0.33$ 的缩小倍率倒像管中，有望实现景物照度 $\leqslant 2\times 10^{-7}$lx 光量子噪声受限条件下的微光电视摄像。

微光电视系统的核心部件是微光像增强器与 CCD 器件的耦合。中继透镜耦合方式的耦合效率低，较少采用。光纤光锥耦合方式适用于小成像面 CCD。

耦合 CCD 器件的性能由微光像增强器和 CCD 两者决定，光谱响应和信噪比取决于前者，暗电流、惰性、分辨力取决于后者，灵敏度则与两者都有关。

9.6.4.3 存在的问题及解决的途径

从微光成像的要求考虑，最主要的是要提高器件的信噪比。为此，应降低器件噪声（即减少噪声电子数）和提高信号处理能力（即增加信号电子的数量）。可以采用制冷 CCD 和电子轰击式 CCD 两种方法。其主要目的是在输出信噪比为 1 时尽可能减少成像所需的光通量。

满足电视要求（50～60fps[1]）的 CCD 在室温下有明显的暗电流，它将使噪声电平增加。在消除暗电流尖峰的情况下，暗电流分布的不均匀也会在输入光能减少时产生一种噪声的“固定图形”。此外，在高帧率工作时，还不希望减少每个像元信号的利用率。器件制冷会使硅中的暗电流明显改善。每冷却 8℃，噪声将下降一半。用普通电气制冷到 −20～−40℃ 时，暗电流为室温下的 1/100～1/1000 倍，但这时其他噪声就变得很突出了。尽管 CCD 图像传感器至今被公认为低照度成像最有前景的器件，尤其在小信号的情况下，对低照度成像系统电荷转移效率不是主要限制，主要限制还是输出放大器和低噪声输出检测器，因此，必须了解成像的低噪声检测情况，配合制冷，采用浮置栅放大器的低噪声输出，CCD 的检测效果才会更为理想。

9.6.5 CMOS 传感器的基本原理及其主要性能指标

为了掌握和应用 CMOS，必须了解 CMOS 的基本原理及其性能指标。

9.6.5.1 CMOS 的基本原理

CMOS 图像传感器的像素结构主要有两种：无源像素图像传感器（PPS）和有源像素图像传感器（APS），其结构如图 9-37 所示。PPS 出现于 1991 年之前。从 1992 年至今，APS 发展日益迅猛。由于 PPS 信噪比低、成像质量差，目前应用的绝大多数 CMOS 图像传感器都采用 APS 结构。APS 结构的像素内部包含一个有源器件，该放大器在像素内部具有放大和缓冲功能，具有良好的消噪功能，且电荷不需要像 CCD 器件那样经过远距离移位到达输

---

[1] fps，帧/秒。

出放大器，因此避免了所有与电荷转移有关的 CCD 器件的缺陷。值得一提的是，CMOS 图像传感器新技术已有 C3D 技术和 FoveonX3 技术等。

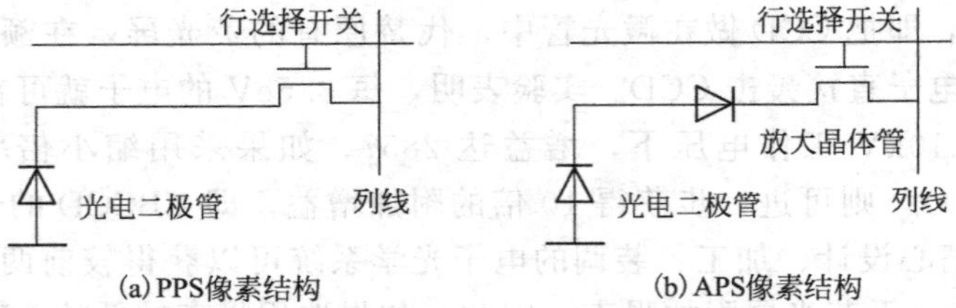

图 9-37　CMOS 的两种像素结构

由于每个放大器仅在读出期间被激发，将经光电转换后的信号在像素内放大，然后用 X-Y 地址方式读出，提高了固体图像传感器的灵敏度。APS 像素单元有放大器，它不受电荷转移效率的限制，速度快，图像质量较 PPS 得到明显改善。但是，与 PPS 相比，APS 的像素尺寸较大、填充系数小，其设计填充系数典型值为 20%～30%。

一个典型的 CMOS 图像传感器的总体结构如图 9-38 所示。在同一芯片上集成有模拟信号处理电路、I^2C(Inter-Integrated Circuit，集成电路总线) 控制接口、曝光/白平衡等控制、视频时序产生电路、A/D 转换电路、行选择、列选及放大、光敏单元阵列。片上模拟信号处理电路主要执行 CDS(Correlated Double Sampling，相关双取样电路) 功能。片上 A/D 转换器可以分为像素级、列级和芯片级几种情况，即每一个像素有一个 A/I 转换器、每一列像素有一个 A/I 转换器，或者每一个感光阵列有一个 A/D 转换器。由于受芯片尺寸的限制，像素级的 A/I 转换器不易实现。CMOS 芯片内部提供了一系列控制寄存器，通过总线编程（如 I^2C 总线）来对自动增益、自动曝光、白色平衡、γ 校正等功能进行控制，编程简单、控制灵活。直接输出的数字图像信号可以很方便地和后续处理电路接口，供数字信号处理器对其进行处理。

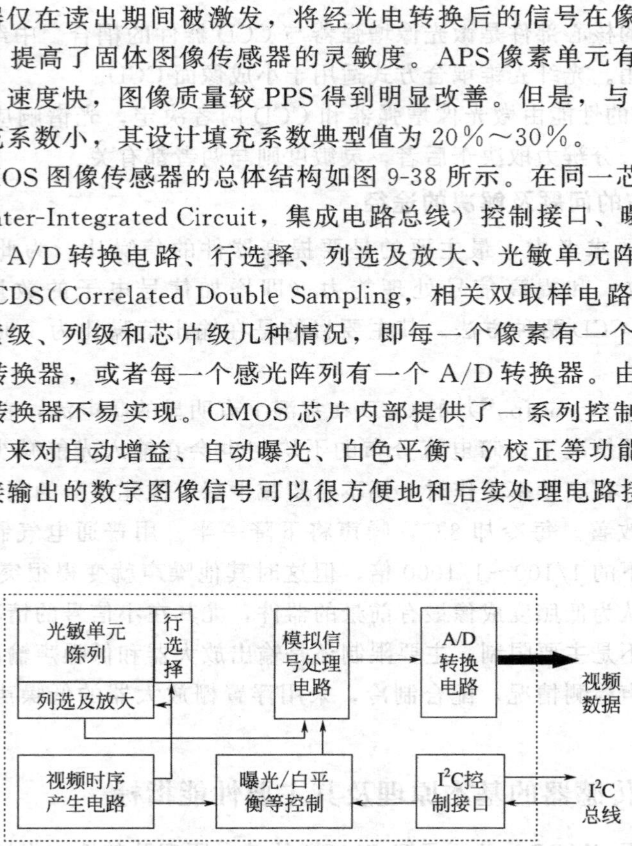

图 9-38　CMOS 图像传感器总体结构框图

9.6.5.2　CMOS 传感器的主要性能指标

表 9-3 是一个 2048 面阵 CMOS 的部分性能指标参数。

表 9-3　2048 面阵 CMOS 的部分性能指标

总像元数	2048(H)×2048(V)	功耗	100mW@60fps;450mW@500fps
像元尺寸	7μm×7μm	数字响应度	500bits/(lx·s)
有效像元数	2048(H)×2048(V)	动态范围	72dB

续表

主芯片尺寸	14mm×14mm	供应电压	+3.3V
光学格式	1in	工作温度范围	−55～+125℃
输出最大帧频	500fps	器件封装形式	145—PIN 陶瓷 PGA((Pin Grid Array)封装
输出典型帧频	60fps,120fps,500fps	输出最大数据率	528Mb/s(f=66MHz)

衡量 CMOS 的性能的指标参数很多，表 9-3 只是其一部分指标。下面就 CMOS 器件的主要性能指标作进一步分析。

(1) 传感器尺寸

CMOS 图像传感器的尺寸越大，则成像系统的尺寸越大。目前，CMOS 图像传感器的常见尺寸有 1in、2/3in、1/2in、1/3in、1/4in 等。

(2) 像素总数和有效像素数

像素总数是衡量 CMOS 图像传感器的主要技术指标之一。CMOS 图像传感器的总体像素中被用来进行有效的光电转换并输出图像信号的像素为有效像素。显而易见，有效像素数隶属于像素总数集合。有效像素数目直接决定了 CMOS 图像传感器的分辨能力。

(3) 最小照度

最小照度是指在使用最大光圈增益、摄取特定目标时视频信号输出幅度为 100IRE 所对应的入射光的最小值。

(4) 动态范围

动态范围由 CMOS 图像传感器的信号处理能力和噪声决定，反映了 CMOS 图像传感器的工作范围。参照 CCD 的动态范围，其数值是输出端的信号峰值电压与均方根噪声电压之比，通常用 dB 表示。

(5) 灵敏度

图像传感器对入射光功率的响应能力被称为响应度。对于 CMOS 图像传感器来说，通常采用电流灵敏度来反映响应能力，电流灵敏度 S_d（单位：mA/W）也就是单位光功率所产生的信号电流：

$$S_d=\frac{I_S}{P_S} \tag{9-16}$$

式中，P_S 是入射光功率；I_S 是信号电流，取有效值，即均方根值。有些文献或器件手册中也会采用电压响应度来反映响应能力。电压响应度 R_V 定义为图像传感器的输出信号电压 V_S 与入射光功率 P_S 之比，即单位光功率所产生的信号电压：

$$R_V=\frac{V_S}{P_S} \tag{9-17}$$

光辐射能流密度在光度学中常用照度来表示，可以利用关系式 $1W/m^2=20lx$。对于一定尺寸的 CMOS 图像传感器而言，电压响应度可用 V/(lx·s) 表示，电流灵敏度可用 A/(lx·s) 表示。

(6) 分辨率

分辨率是指 CMOS 图像传感器对景物中明暗细节的分辨能力。通常用调制传递函数 (MTF) 来表示，同时也可以用空间频率 lp/mm 来表示。由于 CMOS 图像传感器是离散采样器件，由尼奎斯特定理可知，它的极限分辨力为空间采样频率的一半。如果某一方向上的像元间距为 d，则该方向上的空间采样频率为 $1/d$（单位为 lp/mm），其极限分辨力将小于 $1/2d$（单位为 lp/mm）。因此 CMOS 图像传感器的有效像素数（行或列）以及 CMOS 传感器的尺寸（行或列）是衡量分辨率的重要的相关指标。由此可以得到极限分辨率(行或列)= $\frac{\text{有效像素数(行或列)}}{2\times\text{传感器尺寸(行或列)}}$(lp/mm)。

(7) 光电响应不均匀性

CMOS 图像传感器是离散采样型成像器件，光电响应不均匀性定义为 CMOS 图像传感器在标准的均匀照明条件下，各个像元的固定噪声电压峰峰值与信号电压的比值，记为 PRNU，即

$$PRNU=\frac{FPN}{Signal}\times 100\% \tag{9-18}$$

固定模式噪声（FPN）是指非暂态空间噪声，产生的原因包括像素与色彩滤波器之间的不匹配、列放大器的波动、PGA 与 ADC（数模转换器）之间的不匹配等。FPN 可以是耦合的或非耦合的。行范围耦合类 FPN 噪声也可以由较差的共模抑制造成。在实际的应用中，由于受到测量的约束，常常将上面的定义等效为：在标准的均匀照明条件下，各个像元的输出电压中的最大值（V_{max}）与最小值（V_{min}）的差同各个像元输出电压的平均值（V_o）的比值，即

$$PRNU=\frac{V_{max}-V_{min}}{V_o}\times 100\% \tag{9-19}$$

由于每个像元的输出电压直接对应于输出的灰度值，所以在这里将像元集合中的灰度最大数据作为灰度最大值，记为 G_{max}；将像元集合中的灰度最小数据作为灰度最小值，记为 G_{min}；将像元集合中的灰度数据的平均值作为平均灰度值，记为 G_o。则上面的计算公式可以通过像元的灰度数据来表示：

$$PRNU=\frac{G_{max}-G_{min}}{G_o}\times 100\% \tag{9-20}$$

(8) 光谱响应特性

CMOS 图像传感器的信号电压 V_S 和信号电流 I_S 是入射光波长 λ 的函数。光谱响应特性就是指 CMOS 图像传感器的响应能力随波长的变化关系，它决定了 CMOS 图像传感器的光谱范围。通常可以选用光谱特性曲线来描述，其横坐标是波长，纵坐标是灵敏度。CMOS 图像传感器的光谱响应的含义与一般的光电探测器的光谱响应相同，指的是相对的光谱响应。CMOS 图像传感器的光谱响应范围是由光敏面的材料决定的，本征硅的光谱响应范围大约在 0.4～1.1μm 之间。

9.6.6 CCD 和 CMOS 传感器的比较及发展趋势

CCD 和 CMOS 是目前两类主流图像传感器，对其进行制造工艺、性能差异的比较，了解其发展趋势，对于掌握、应用这两类图像传感器进行系统设计是必要的。

9.6.6.1 制造工艺的差异

CCD 和 CMOS 的制造工艺，都是基于 MOS 的构造，不过从细节来看，两者还是有很大差异的。表 9-4 虽然不能完全符合任何图像传感器，但是以最常用的隔行转移方式 CCD 图像传感器及使用 0.35～0.5μm 设计法则的 CMOS 图像传感器为例进行了比较。CCD 的制

造工艺是以光电二极管与CCD的构造为中心，为了垂直益处与电子快门，大部分使用N型基板。此外，为了驱动CCD必须使用相当高的电压，除了形成较厚的栅极绝缘膜外，同时CCD转移电极也是多层重叠的构造。在Al遮光膜下，垂直CCD为了达到充分遮光，抑制漏光，不进行平坦化。

表 9-4 制造工艺与特性比较

	CCD图像传感器	CMOS图像传感器
制造工艺	实现光电二极管、CCD特有的构造	基于DMOS(Depletion MOS)LSI的标准制造工艺
基板、阱	N型基板、P-well	P型基板、N-well
元件分离	LOCOS(Local Oxidation of Silicon)或注入杂质	LOCOS
栅极绝缘膜	较厚(50～100nm)	较薄(约10nm或以下)
栅极电极	2～3Poly-Si(重叠构造)	1～2Poly-Si(多晶硅)
层间膜	重视遮光性、光谱特性的构造、材料	重视平坦性
遮光膜	Al,W	Al
配线	1层(与遮光膜共用)	2～3层

对CMOS图像传感器，虽然也使用N型基板，但大多数依照标准的CMOS制造工艺使用P型基板。又由于使用以低电压动作的MOS晶体管，因此形成的栅极绝缘膜较薄。栅极电极使用硅化物类材料，为了达到多层配线的目标，层间膜需要进行平坦化。

9.6.6.2 性能差异

CCD与CMOS传感器是当前成像设备普遍采用的两种图像传感组件。两种传感器都是利用感光二极管进行光与电转换，将图像信号转换为数字信号，它们的根本差异在于传送信号数据的方式不同。由于信息传送方式不同，CCD与CMOS传感器在效能与应用上存在诸多差异（如表9-5所示），这些差异主要具体表现在以下12个方面。

表 9-5 CCD与CMOS图像传感器比较

类别	CCD	CMOS
生产线	专用	通用
成本	高	低
集成状况	低,需外接芯片	单片高度集成
电源	多电源	单一电源
抗辐射	弱	强
电路结构	复杂	简单
灵敏度	优	良
信噪比	优	良
图像	顺次扫描	同时读取
红外线	灵敏度低	灵敏度高
动态范围	>70dB	>70dB
模型体积	大	小

① 灵敏度。灵敏度代表传感器的光敏单元收集光子产生电荷信号的能力。CCD图像传感器灵敏度较CMOS图像传感器高30%～50%。这主要因为CCD的感光信号以行为单位传

输，电路占据像素的面积比较小，这样像素点对光的感受就高些；而CMOS传感器的每个像素由多个晶体管与一个感光二极管构成（含放大器与A/D转换电路），使得每个像素的感光区域只占据像素本身很小的表面积，像素点对光的感受就低。CCD像素单元耗尽区深度可达10nm，具有可见光及近红外光谱段的完全收集能力。CMOS图像传感器由于采用0.18～0.5mm标准CMOS工艺，且采用低电阻率硅片须保持低工作电压，像素单元耗尽区深度只有1～2nm，导致像素单元对红光及近红外光吸收困难。

② 动态范围。动态范围表示器件的饱和信号电压与最低信号阈值电压的比值。在可比较的环境下，CCD动态范围较CMOS高。主要由于CCD芯片物理结构决定通过电荷耦合，电荷转移到共同的输出端的噪声较低，使得CCD器件噪声可控制在极低的水平。CMOS器件由于其芯片结构决定它具有较多的片上放大器、寻址电路、寄生电容等，导致器件噪声相对较大，这些噪声即使通过采用外电路进行信号处理、芯片冷却等手段，CMOS器件的噪声仍不能降到与CCD器件相当的水平。CCD的低噪声特性是由其物理结构决定的。

③ 噪声。CCD的特色在于充分保持信号在传输时不失真（有专属通道设计），透过每一个像素集合至单一放大器上做统一处理，可以保持资料的完整性；相对地，CMOS的设计中每个像素旁就直接连着ADC（放大兼模拟/数字信号转换器），信号直接放大并转换成数字信号。CMOS的制造工艺较简单，没有专属通道的设计，因此必须先放大再整合各个像素的资料。所以CMOS计算出的噪点要比CCD多，这将会影响到图像品质。

④ 功耗。CMOS传感器的图像采集方式为主动式，即感光二极管所产生的电荷会直接由晶体管放大输出；而CCD传感器为被动式采集，需外加电压让每个像素中的电荷移动，除了在电源管理电路设计上的难度更高之外，高驱动电压更使其功耗远高于CMOS传感器。CMOS传感器使用单一电源，耗电量非常小。

⑤ 响应速度。由于大部分相机电路可与CMOS图像传感器在同一芯片上制作，信号及驱动传输距离缩短，电感、电容及寄生延迟降低，信号读出采用X-Y寻址方式，CMOS图像传感器工作速度优于CCD。通常的CCD由于采用顺序传输电荷，组成相机的电路芯片有3～8片，信号读出速率不超过70MPixels/s。CMOS图像传感器的设计者将模数转换（ADC）做在每个像素单元中，使CMOS图像传感器信号读出速率可达1000MPixels/s以上，比CCD图像传感器快很多。

⑥ 响应均匀性。由于硅片工艺的微小变化、硅片及工艺加工引入缺陷、放大器变化等导致图像传感器光响应不均匀。响应均匀性包括有光照和无光照（暗环境）两种环境条件。CMOS图像传感器由于每个像素单元中均有开环放大器，器件加工工艺的微小变化导致放大器的偏置及增益产生可观的差异，且随着像素单元尺寸进一步缩小，差异将进一步扩大，使得在有光照和暗环境两种条件下CMOS图像传感器的响应均匀性较CCD有较大差距。

⑦ 集成度。CMOS图像传感器可将光敏元件、图像信号放大器、信号读取电路、模数转换器、图像信号处理器及控制器等集成到一块芯片上。

⑧ 驱动脉冲电路。CMOS芯片内部集成了驱动电路，极大地简化了硬件设计，同时也降低了系统功耗。

⑨ 带宽。CMOS具有低的带宽、并增加了信噪比。还有一个固有的优点是防模糊（Blooming）特性。在像素位置内产生的电压先是被切换到一个纵列缓冲区内，再被传送到输出放大器中。由于电压是直接被输出到放大器中去，就不会发生传输过程中的电荷损耗以及随后产生的图像模糊现象。不足之处是每个像素中的放大器的阈值电压都有着细小差别，这种不均匀性会引起“固定模式噪声”。

⑩ 访问灵活性。CMOS具有对局部像素图像的编程进行随机访问的优点。如果只采集很小区域的窗口图像，则可以很高的帧频，这是CCD图像传感器很难做到的。

⑪ 分辨率。CMOS传感器比CCD传感器具备更加复杂的像素，这使得它的像素尺寸难以实现CCD传感器的标准，为此，在比较尺寸一样的CCD传感器与CMOS传感器的情况下，CCD传感器可以做得更密，通常有着更高的分辨率。

⑫ 成本。由于CMOS的集成度高，单个像素的填充系数远低于CCD。而且从成本上来说，由于CMOS传感器采用半导体电路最常用的CMOS工艺，可以轻易地将周边电路，如自动增益控制（Automatic Gain Control，AGC）、CDS、时钟、数字信号处理（Digital Signal Processing，DSP）等，集成到传感器芯片中，因此可以大大地减少外围芯片的费用。此外，CCD应用电荷传递数据的情况下，倘若存在一个不可以工作的像素，那么会阻碍传输整排的数据。为此，与CMOS传感器相比，CCD传感器的成品率更加难以控制。

9.6.6.3 CCD与CMOS的发展趋势

从CMOS与CCD的应用及技术发展看，未来的发展趋势存在以下两种可能。

（1）CMOS可能逐渐成为主流

CMOS与90%的其它半导体都采用相同标准的芯片制造技术，而CCD则需要一种极其特殊的制造工艺，故CCD的制造成本高得多。由此看来，具有较高解像率、制作成本低得多的CMOS器件将会得到发展。随着CMOS图像传感器技术的进一步研究和发展，过去仅在CCD上采用的技术正在被应用到CMOS图像传感器上，CCD在这些方面的优势也逐渐黯淡，而CMOS图像传感器自身的优势正在不断发挥，其光照灵敏度和信噪比可达到甚至超过CCD。基于此，可以预测，CMOS图像传感器将会在很多领域取代CCD图像传感器，并开拓出新的更广阔的市场。

（2）CCD与CMOS技术互相结合

研究人员做成了CCD和CMOS混合的图像传感器——BCMD（体电荷调制器件），兼有CCD和CMOS技术两者的优点，即低成本和高性能。BCMD传感器利用了这两种传感器的长处但不继承它们的缺点，因而消除了许多障碍。主要优点有：①消除了CCD图像传感器的驱动要求；②可以实现单片系统集成和简化的电源设计，成本低；③暗电流很小，暗电流的减小得益于所谓的表面态锁定技术；④低噪声，是由于采用了相干性双取样电路，这种电路能有效抑制由于器件失配而引起的像素固定模式噪声和消除复位噪声；⑤采用工业标准的5V和3.3V电源，淘汰了CCD所需的复杂、昂贵的非标准电源电压。

具体来说，CCD和CMOS的发展趋势如下。

（1）CCD器件的发展趋势

经过30多年的发展，CCD图像传感器从最初的8像元移位寄存器发展至今已具有数百万至上千万像元。由于CCD具有很大的潜在市场和广阔的应用前景，因此近年来国际上在这方面的研究工作相当活跃。近些年出现了超级CCD（Super CCD）技术、X3CCD（多层感色CCD）技术、四色滤光CCD技术等。从CCD的技术发展趋势来看，主要有以下几个方向。

① 高分辨率。CCD像元数已从100万提高到了4000万像元以上，大面阵、小像元的CCD摄像机层出不穷。

② 高速度。在某些特殊的高速瞬态成像场合，要求CCD具有更高的工作速度和灵敏度。CCD的频率特性受电荷转移速度的限制，时钟脉冲电压变化太大，电荷来不及完全转

移，致使转移效率大幅度降低。为保证器件具有较高转移效率，时钟电压变化必须有一个上限频率，即CCD的最高工作频率。因此，提高电荷转移效率和提高器件频率特性是提高CCD质量的关键。

③ 微型、超小型化。微型、超小型化CCD的发展是CCD技术向各个领域渗透的关键。随着国防科技、生物医学工程、显微科学的发展，十分需要超小型化的CCD传感器。

④ 新型器件结构。为提高CCD像传感器性能，扩大其使用范围，就需要不断地研究新的器件结构和信号采集、处理方法，以便赋予CCD图像传感器更强功能。在器件结构方面，有帧内线转移CCD（FIT CCD）、虚像CCD（VP CCD）、亚电子噪声CCD（NSE CCD）、时间延迟积分CCD（TDI-CCD）、电子倍增CCD（EMCCD）等。

⑤ 微光CCD。由于夜空的月光和星光辐射主要是可见光和近红外光，其波段正好是在硅CCD的响应范围，因此CCD刚一诞生，美国以TI、仙童为代表的一些公司就开始研制微光CCD，如增强型CCD（ICCD）。目前的微光CCD最低照度可达10^{-6}lx，分辨率优于510TVL。

⑥ 多光谱CCD器件。除可见光CCD以外，红外及微光CCD技术也已得到应用。正在研究X射线CCD、紫外CCD、多光谱红外CCD等，都将拓展CCD应用领域。

（2）CMOS器件的发展趋势

CMOS图像传感器的研究热点主要有以下几个方面。

① 多功能、智能化。传统的图像传感器仅局限于获取被摄对象的图像，而对图像的传输和处理需要单独的硬件和软件来完成。由于CMOS图像传感器在系统集成上的优点，可以从系统级水平来设计芯片。如可以在芯片内集成相应的功能部件应用于特定领域，如某公司开发的高质量手机用摄像机，内部集成了ISP（Image Signal Processing），并整合了JPEG图像压缩功能。也可以从通用角度考虑，在芯片内部集成通用微处理器。为了消除数字图像传输的瓶颈，还可以将高速图像传输技术集成到同一块芯片上，形成片上系统型数字相机和智能CMOS图像传感器。另外，在新的图像处理算法、体系结构、电路设计以及单片PDC（Programmable Digital Camera）的研究方面取了一些令人瞩目的成果。

② 高帧速率。由于CMOS图像传感器具有访问灵活的优点，所以可以通过只读出感光面上感兴趣的很小区域来提高帧速率。同时，CMOS图像传感器本身在动态范围和光敏感度上的提高也有利于帧速率的提高。

③ 宽动态范围。有研究将用于CCD的自适应敏感技术用于CMOS传感器中，使CMOS传感器的整个动态范围可达84dB以上，并在芯片上进行了实验。还致力于将CCD的工作模式用于CMOS图像传感器中。

④ 高分辨率。CMOS图像传感器最高分辨率已达3170像素×2120像素（约616万像素）以上。

⑤ 低噪声技术。用于科学研究的高性能CCD能达到的噪声水平为3～5个电子，而CMOS图像传感器则为300～500个电子。有实验室采用APS技术的图像传感器能达到14个电子。

⑥ 模块化、低功耗。由于CMOS图像传感器便于小型化和系统集成，所以可以根据特定应用场合，将相关的功能集成在一起，并通过优化设计进一步降低功耗。

总之，CMOS图像传感器正在向高灵敏度、高分辨率、高动态范围、集成化、数字化、智能化的“片上相机”解决方案方向发展。芯片加工工艺不断发展，从0.5μm→0.35μm→0.25μm→0.18μm，接口电压也在不断降低，从5V→3.3V→2.5V/3.3V→1.8V/3.3V。研究人员致力于提高 CMOS 图像传感器的综合性能，缩小单元尺寸，调整 CMOS 工艺参数，将数字信号处理电路、图像压缩、通信等电路集成在一起，并制作滤色片和微透镜阵列，以实现低成本、低功耗、低噪声、高度集成的单芯片成像微系统。随着数字电视、可视通信产品的增加，CMOS 图像传感器的应用前景一定会更加广阔。

9.7 红外凝视成像系统及应用

在红外成像系统中，多采用红外焦平面探测器阵列，它相对于单元探测器和线列探测器具有体积小、功耗低、探测器面宽、可同时监视多个目标等优点。由于红外焦平面探测器阵列由排成矩阵形的许多微小探测单元组成，在一次成像时间内可对一定的区域成像，真正实现了即时成像，采用红外焦平面探测器阵列的无光机扫描机构的系统又叫红外凝视成像系统。换句话说，这种系统完全取消了光机扫描，采用元数足够多探测器面阵，使探测器单元与系统观察范围内的目标一一对应。所谓红外焦平面探测器列阵，就是将红外探测器与信号处理电路结合在一起，并将其设置在光学系统焦平面上。而凝视是指红外探测器响应景物或目标的时间与取出列阵中每个探测器响应信号所需的读出时间相比很长，探测器“看”景物时间很长，而取出每个探测器的响应信号所需的时间很短，即久看快取就称为凝视。

由于景物中的每一点对应一个探测器单元，列阵在一个积分时间周期内对全视场积分，然后由信号处理装置依次读出。由此，在给定帧频条件下，红外凝视成像系统的采样频率取决于所使用的探测器数目，而信号通道频带只取决于帧频。在红外凝视成像系统中，以电子扫描取代光机扫描，从而显著改善了系统的响应特性，简化了系统结构，缩小了体积减小了重量，提高了系统的可靠性，给使用者带来极大的方便。

9.7.1 红外凝视成像系统的组成和工作原理

红外凝视成像系统一般由红外光学系统、红外焦平面探测器阵列、信号放大和处理、显示记录系统等组成。其组成方框图如图 9-39 所示。

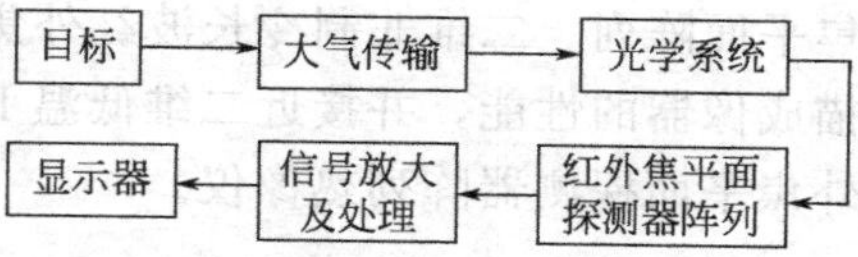

图 9-39 红外凝视成像系统组成方框图

由于红外辐射的特有性能，使得红外成像光学系统具有以下特点。

① 红外辐射源的辐射波段位于 1μm 以上的不可见光区，普通光学玻璃对 2.5μm 以上的光波不透明，而在所有可能透过红外波段的材料中，只有几种材料有需要的机械性能，并能得到一定的尺寸，如锗、硅等，这就大大限制了透镜系统在红外光学系统设计中的应用，使反射式和折反射式光学系统占有比较重要的地位。

② 为了探测远距离的微弱目标，红外光学系统的孔径一般比较大。

③ 8～14μm 波段的红外光学系统必须考虑衍射效应的影响。

④ 在各种气象条件，或在抖动和振动条件下具有稳定的光学性能。

红外成像光学系统应该满足物像共轭位置、成像放大率、一定的成像范围，以及在像平面上有一定的光能量和反映物体细节的能力（分辨率）的基本要求。

在红外凝视成像系统中，红外焦平面探测器阵列作为辐射能接收器，通过光电变换作用，将接收的辐射能变为电信号，再将电信号放大、处理，形成图像。红外焦平面探测器阵列是构成红外凝视成像系统的核心器件。红外焦平面探测器阵列可分为两大类：制冷焦平面探测器阵列和非制冷焦平面探测器阵列。制冷红外焦平面探测器阵列是当今使用最多的红外焦平面探测器阵列，为了探测很小的温差，降低探测器的噪声，以获得较高的信噪比，红外探测器必须在深冷的条件下工作，一般为77K或更低。为了使探测器传感元件保持这种深冷温度，探测器都集成于杜瓦瓶组件中。杜瓦瓶尺寸虽小，但由于制造困难，所以价格特别昂贵。杜瓦瓶实际上就是绝热的容器，类似于保温瓶。如图9-40所示为通用探测器/杜瓦瓶组件的剖视图。冷指贴向探测器，并使之冷却（这种冷指是一种用气罐或深冷泵冷却至深冷的元件），透过红外线的杜瓦瓶起到真空密封的作用。图9-40中还有冷屏（或冷阑），它是杜瓦组件不可分割的一部分。冷屏后表面上的低温呈不均匀分布（尽管只比探测器阵列的温度略高），因此会发射少许热能，或不发射。冷屏的作用是限制探测器观察的立体角。另外，还有气体节流式制冷器、斯特林循环制冷器和半导体制冷器等，制冷器的制冷原理主要有相变制冷、焦耳-汤姆逊效应制冷、气体等熵膨胀制冷、辐射热交换制冷和珀尔帖效应制冷。采用何种制冷器，需视系统结构、所用探测器类型和使用环境而定。

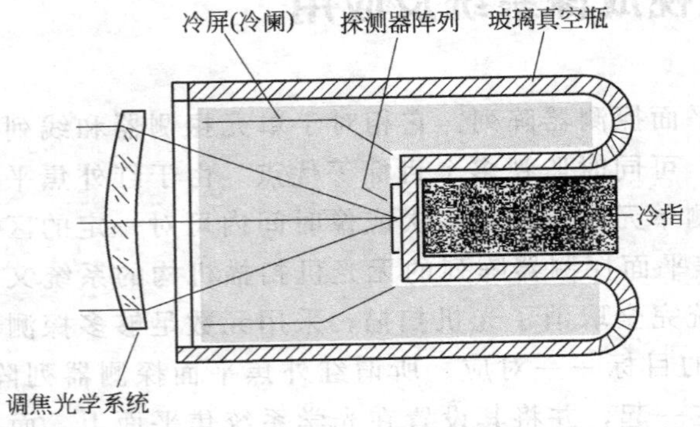

图 9-40　通用探测器/杜瓦瓶组件剖视图

而中波红外焦平面探测器阵列是最成熟的探测器产品，最早的PtSi中波红外焦平面探测器阵列已逐渐由InSb和碲镉汞（MCT）中波红外焦平面（FPA）探测器阵列所取代。长波红外焦平面探测器阵列主要有MCT，它是今后研究和发展的热点之一。研究与开发非制冷焦平面探测器阵列技术、产品以及应用是当前红外技术的热点之一，自1991年美国防御部门解密以来，非制冷的IRFPA（红外焦平面阵列）及其在红外成像光学系统中的应用已取得惊人成就。有三种非制冷热敏探测器原理进行了研究开发，最成熟的是混合型铁热电效应焦平面阵列。二维非制冷长波红外焦平面阵列（LW IRFPA）成像器性能已超过低温线阵扫描成像器的性能，并接近二维低温IRFPA成像器的性能。市场上已出现大量商用非制冷红外焦平面探测器阵列热像仪。

9.7.2　凝视成像系统的优点

以前使用的单元扫描成像方法不适合制作更高级的红外成像光学系统，即使使用一维线阵探测器，也受到限制。首先是线阵探测器仍需采用二维扫描，使系统结构复杂，而凝视型焦平面阵列，由于取消了光机扫描机构，减小了体积和质量，结构紧凑；其次，凝视型焦平面探测器单元有较长积分时间，因而有更高的灵敏度。

此外，与扫描型系统相比，凝视型焦平面阵列（简称凝视型焦平面）还具备以下优点。

① 提高了信噪比和热灵敏度。

② 最大限度发挥探测器的快速性能。

③ 简化信号处理，提高可靠性。

④ 可以批量生产，易于形成规模。

9.7.3 应用

红外成像技术是世界先进国家都在竞相研究和发展的高新技术，红外成像具有很强的抗干扰能力，它可以穿透薄雾、黑夜、伪装等，并具有一定的目标识别能力，而且可以提供24h全天候的服务。红外成像探测器可探测到具有0.01℃温差，甚至更低温差的目标，它在军用和民用领域都占有相当重要的位置。

红外成像光学系统靠探测目标与景物之间的辐射温差来产生景物的图像，它不需要借助红外光源和夜天光，是全被动式的，不易被对方发现和干扰。随着计算机技术的发展，很多红外成像光学系统都带有完整的软件系统，可实现图像处理、图像运算等功能，以改善图像质量。红外成像光学系统产生的信号可以转换为全电视信号，实现与电视兼容，使其具有与电视系统一样的优越性，如可以多人同时观察、录像等。而且它还能透过伪装，探测出隐蔽的热目标。由于红外成像光学系统本身的特点，使它在战略预警、战术报警、侦察、观瞄、导航、制导、遥感、气象、医学、搜救、森林防火、冶金和科学研究等军事和民用的许多领域中都得到了广泛的应用。

9.8 紫外探测器件及应用

紫外（UV）光是波长为10～400nm的电磁波，介于可见光和X射线之间，可分为近紫外、中紫外、远紫外、极远紫外。大气对紫外具有以下特性。

① 大气中的氧气强烈吸收波长小于200nm的紫外光，所以只有在太空中存在这个波长的紫外光。

② 大气中的臭氧层对200～300nm波长的紫外光也强烈吸收，因而在太阳紫外光中，这个波段也几乎完全被吸收了，所以被称为日盲区，此波段被人们所利用。

③ 太阳辐射的近紫外波段（300～400nm）能较多地透过地球大气层，因而该波段被称为大气的紫外窗口，由于经过大气层的强烈散射，所以在大气层中，近紫外光是均匀散射的。

根据以上三个特性，在紫外光应用时，真空紫外只在天文和空间研究中有用，军事上则利用其余两个特性。在日盲区，由于军事目标（如飞机和火箭的尾焰）的紫外辐射强于太阳的紫外辐射，所以利用该辐射来进行对空目标探测；在近紫外区，地面或近地面的军事目标（如直升机）挡住了大气散射的太阳紫外光，因而在均匀的紫外光背景上形成一个暗点，利用这个暗点可以进行制导或探测，目前，被动紫外光军事应用研究中都是利用这两个特点。

采用紫外光波工作的好处是：在此波段中，自然界很少有产生虚假信号的辐射源，因此检测到的大量信号都是人为产生的，这样就减轻了信号处理的负担，减少了必须处理的检测目标数量。虽然导弹羽烟中的紫外光波含量低于红外光波几个数量级，但仍有足够的能量供重要的战术告警使用，紫外检测的难点是得到所需的对无用波长强力衰减的滤波特征传感器。

紫外成像器件有真空型的像增强器和固体成像器件。紫外像增强器自20世纪80年代以来，成为一种新型的高性能光电探测器，为导弹羽烟紫外辐射的探测提供了一种先进的探测器。与传统的像管结构比较，微通道板（MCP）结构的像增强器有响应速度快、抗电磁干扰能力强、结构紧凑、体积小、质量轻等优点，图像读出方便，实现了紫外探测成像，具有高分辨率、高灵敏度的优点。紫外像增强器的结构与微光像增强器相似，主要有两种型号，即近贴型和倒像型。与微光像增强器相比，其差别主要在于光电阴极不同。紫外像增强器的光谱响应主要取决于光电阴极的材料。

早在20世纪50年代，人们开始了对紫外探测技术的研究。紫外探测技术是继红外探测技术和激光探测技术之后发展起来的一军民两用光电探测技术。紫外探测技术在医学、生物学等领域有着广泛应用，特别是在皮肤病诊断方面有着独特的应用效果，利用紫外探测技术在检测诊断皮肤病时可直接看到病变细节；也可用它来检测癌细胞、微生物、血色素、白细胞、红细胞、细胞核等，这种检测不但迅速、准确，而且直观、清楚。但是，由于电子器件的灵敏度低，一直未能广泛应用。直到20世纪90年代，开发出雪崩倍增靶（HARP）摄像管，使得紫外摄像器件获得了较高的灵敏度和较合适的光谱范围，紫外摄像器件也因此而获得广泛的应用。

由于HARP摄像管本身体积大，功耗大、工作电压高，所以，由它组装的紫外成像系统的体积也较大，而且功耗和成本高，因此限制了紫外成像系统的应用。基于这种情况，在紫外探测技术领域，人们一直在开发和研究能满足应用需要的紫外探测器、紫外传感器、紫外CCD等固体紫外摄像器件，并且取得了较大进展。在军事上，它主要用于紫外告警、紫外通信、紫外/红外复合制导和导弹探测等方面。

9.8.1 紫外探测器件

9.8.1.1 紫外线传感器

一种可准确测量太阳紫外线的传感器已市场出售。该传感器装有两个刻度仪，一个用来显示日光浴者的皮肤类型（因为不同的皮肤类型的抗辐射能力不同）；另一个刻度仪是显示护肤指数的，即日光浴者使用的防晒器的效能指数。使用这种传感器可以测量出太阳紫外强度、对皮肤或浴衣的照射量以及日光照射时间的安全量；还可以使日光浴者当场测出紫外线对皮肤的辐射程度，并能告诉人们什么时候的日光最适合日光浴。

9.8.1.2 紫外CCD

紫外（UV）光子在硅中的吸收系数是很高的。由于CCD是MOS结构器件，SiO_2栅介质和多晶硅栅对UV光子均有较高的吸收系数，UV光子几乎不能到达硅衬底，因此，CCD用于UV光子探测是非常困难的。为了避免UV光子在CCD表面多层结构中被吸收，目前采用的方法如下。

① 在CCD表面积淀一层对UV光子敏感的磷光特质，并通过适当选择磷光物质（可以选择晕苯），将紫外信息转换成与CCD光谱响应相对应的波长。当受波长小于0.4μm（400nm）的紫外光辐射激发时，晕苯发出荧光，在可见光谱的绿光波段，峰值接近500nm。CCD在覆盖晕苯前后的光谱响应如图9-41所示。

② 采用背面照射方式。要形成电荷载流子的产生区和收集区，CCD衬底必须减薄，减薄后的厚度典型值约为10μm。当然，减薄工艺及随后进行的精细处理增加了制作难度，但对UV探测而言，是值得的。背面减薄引起的一个主面难题是在硅的腐蚀表面通常有高浓度的复合中心。UV光子在近硅背表面处被吸收，以产生电子空穴对，许多光电子在被收集到CCD正面之前已被复合掉。为了解决此问题，通过注入层很浅的P层（在已减薄的CCD背面形成）的方法可产生一个附加电场，从而将光生电子驱赶到正面而不被复合掉。当然，

注入后再进一步进行高温处理对器件不利，但可以采用快速激光退火来解决。

③ 采用深耗尽 CCD 方法。采用轻掺杂、高电阻率衬底，CCD 栅下的耗尽区被扩展至硅片背面。由背面入射的 UV 光子产生的电子被耗尽区中的电场扫进正面。这种深耗尽 CCD 方法不仅避免了多晶硅栅的吸收，而且避免了常规掺杂浓度背照 CCD 必需的减薄。耗尽 CCD 方法的另一优点是硅片后的高温工序可以进行，并可获得各种各样的钝化结构。

图 9-41 给出了 CCD 表面淀积磷光体前后的光谱响应。图 9-42 给出深耗尽 CCD 的剖面结构。背面注入的 P^+ 层可通过降低器件暗电流和增加量子效率来改善 CCD 背面的特性。这种深耗尽 CCD 衬底的厚度大约为 150μm，电阻率为 4～10k$\Omega \cdot$cm。

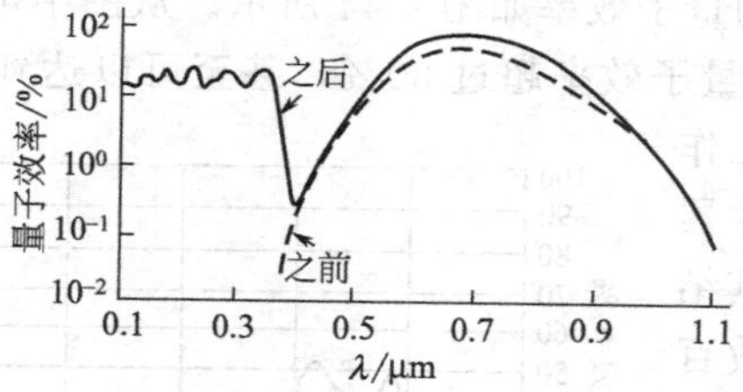

图 9-41　覆盖晕苯前后 CCD 光谱响应图

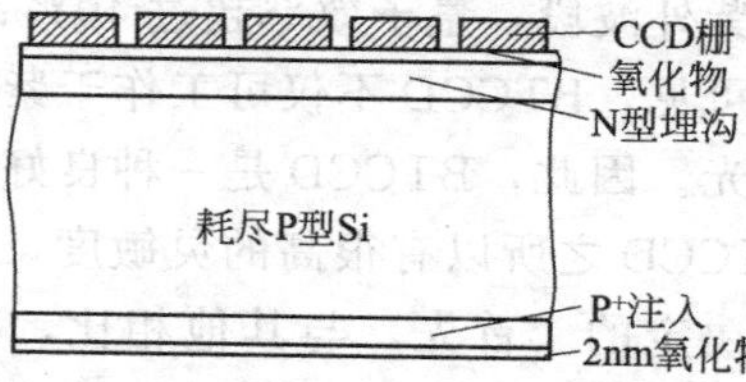

图 9-42　高电阻率衬底深耗尽 CCD 的剖面结构

深耗尽 CCD 方法的缺点是暗电流大，暗电流随空间电荷区的体积线性增加。在室温时，暗电流较大，但暗电流将随温度的降低显著下降。对大多数学科的 UV 应用来说，都很容易实现制冷，因而暗电流不再是一个问题。

紫外 CCD 是将硅 CCD 减薄后涂荧光物质，再紫外光耦合进器件的，它可使器件具有在波长从真空紫外到近红外波段摄像的能力。256×256 像元 GaN 紫外 CCD 是把 GaN 紫外光探测器与硅 CCD 多路传输器通过铟柱倒装互连而成的混合紫外 CCD。从发展趋势来看，随着 GaN、SiC 和 AlGaN 紫外光探测器工艺技术的不断改善，GaN、SiC 和 AlGaN 紫外 CCD 将是今后紫外成像器件的主要发展方向，并将广泛用于军民两用领域，特别是在军事上（如紫外告警、紫外通信、紫外/红外复合制导等）的应用更将引起军方的极大关注。

紫外 CCD 摄像机是以 δ（delta）掺杂 CCD 技术为基础的，它包括一个 2.5nm 厚的硅掺杂层，该掺杂层用分子束外延（MBE）技术生长在一个薄的 CCD 背面，δ 掺杂能增强对由 UV 光子照射产生的电子的探测能力，效率几乎可达 200%，为增强 0.3～0.7μm 波段探测的灵敏度，可在传感器阵列上涂抗反射涂层，这样可使激活区的画面传递达到 256×512 像元，有效速度为 30fps，为便于摄像机操作，其中还可装入实用的电子部件。

一种紫外固体摄像器件——薄型背照式电荷耦合器件（Back Thinned Charge Coupled Device，BTCCD）由于采用了特殊的制造工艺和特殊的锁相技术，不仅具有固体摄像器件的一般优点，而且具有噪声低、灵敏度高、动态范围大的优点。BTCCD 是一种薄型背照式摄像器件，它主要由三部分组成：垂直 CCD 移位寄存器、水平 CCD 移位寄存器和锁定放大器。在时钟脉冲驱动下，信号电荷由垂直 CCD 移位寄存器一步一步输送到水平 CCD 移位寄存器，再由锁相（定）放大器变换成电压信号输出，其框图如图 9-43 所示。其中，锁相放大器作用较重要，它有很高的电荷-电压变换灵敏度和很低的噪声，因而它的信噪比和灵敏度都很高。

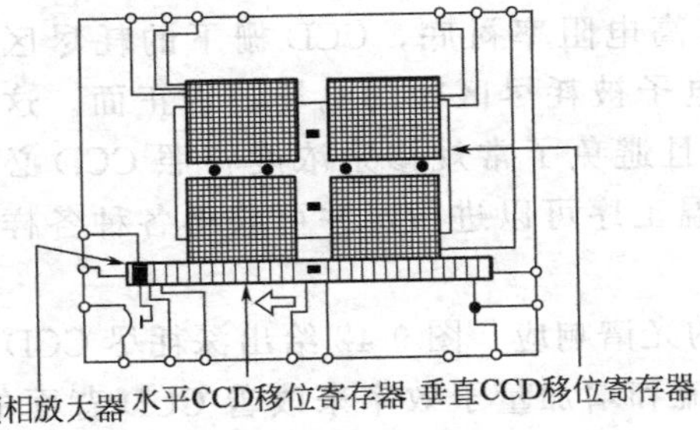

图 9-43　BTCCD 框图

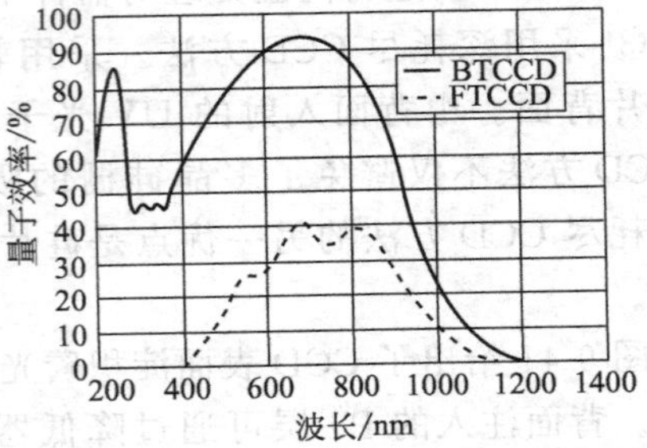

图 9-44　固体摄像机在紫外波段的量子效率

BTCCD 有很高的紫外光灵敏度，在紫外波段的量子效率如图 9-44 所示。从图中可以看到，在紫外波段，量子效率超过 40%；可见光波段量子效率超过 80%，甚至可以达到 90%左右。可见，BTCCD 不仅可工作于紫外光，也可工作于可见光。因此，BTCCD 是一种良好的宽波段摄像器件。BTCCD 之所以有很高的灵敏度，这主要是由其结构特点决定的。首先，与其他相比，硅层厚度从数百微米减薄到 20μm 以下；其次，它采用背照式结构，因此紫外光不必再穿越钝化层。

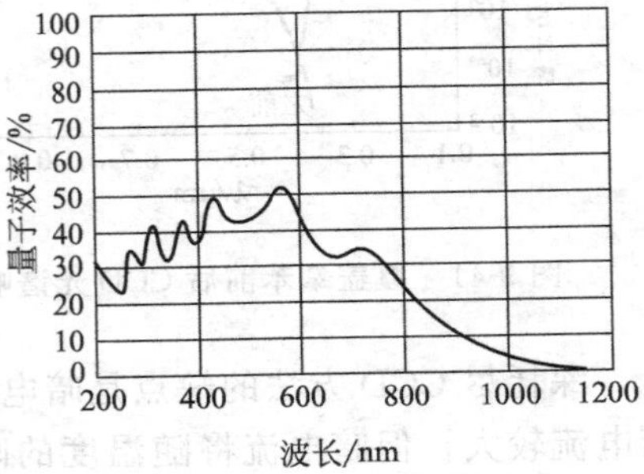

图 9-45　紫外线 MOS 摄像器件量子效率

另外，紫外线 MOS 摄像器件的结构比较简单，制造也相对容易。它的量子效率如图9-45所示。它在紫外区的量子效率可达 30%，并有较高的紫外光灵敏度。

BTCCD 摄像器和 MOS 摄像器的比较如表 9-6 所列。从表 9-6 看到，BTCCD 确有很高的性能。

表 9-6　BTCCD 和 MOS 摄像器的比较

参　　数	MOS 器件	BTCCD	单　　位	备　　注
暗电流	160	110	pA/cm^2	25℃
电荷/电压变换增益	0.03	10	μV/电子	
噪声	3000	15	电子	0℃
饱和电荷	3×10^8	6×10^5	电子	
噪声等价曝光量	1.6	0.0075	pJ/cm^2	600nm
饱和曝光量	160	0.3	nJ/cm^2	600nm
动态范围	1×10^5	4×10^4		

9.8.2　紫外器件的主要应用

9.8.2.1　紫外制导

尽管红外制导是目前导弹的主流制导方式，但随着红外对抗技术的日趋成熟，红外制导导弹的功效将受到严重威胁。为了反红外对抗技术，制导技术正在向双色制导方面发展，其中也包括红外/紫外双色制导方式。在受到敌方红外干扰时，仍可使用紫外探测器探测目标的紫外辐射，并把导弹导引至目标地点，以进行攻击。利用红外/紫外双色制导技术，白天飞机反射的日光的紫外波段功率很强，则用紫外波段跟踪目标；夜晚紫外波段辐射功率小于红外辐射，则自动切换成红外波段跟踪目标。美国的毒制导弹就采用紫外/红外复合寻的器，法国的西北风导弹也采用多元红外/紫外复合寻的制导方式。

9.8.2.2 紫外告警

开发紫外线感应材料技术，有望把导弹预警系统发出的错误警报降低到最低限度，并减少传感器的复杂性和成本。目前使用的 AAR-57 和 AAR-54 等被动式导弹预警系统必须设法区分由来袭导弹发出的紫外线和诸如太阳等无威胁的紫外线源。

一种诸如铝镓氮（AlGaN）的新型探测材料对火箭发动机发出的、太阳射线中没有的一种窄波段紫外线非常敏感。这种技术将使导弹预警系统能够探测出从上方飞来的导弹，并使探测紫外线的导弹预警系统更加有效地为地面武器系统预警。这种新材料将大大增加导弹的探测范围，并降低传感器的成本。

为了应对导弹的威胁，导弹入侵报警器是必要的设备。目前的导弹入侵报警主要采用雷达工作的主动式报警和包括红外、激光和紫外告警为主的被动式报警。

紫外告警探测器是通过探测导弹尾焰中的紫外线辐射来探测目标的。表 9-7 列出了低空时使用不同燃料的导弹的尾焰辐射特征。可以看出，任何尾焰中都含有近紫外（NUV）和中紫外（MUV）线，这为紫外导弹告警提供了可能，国外已研制成功了多种紫外报警器。紫外告警系统在问世不到 10 年的时间内就发展了两代产品，十余种型号，从而迅速成为机载导弹逼近告警系统的重点发展方向。

表 9-7 低空（5km 以下）火箭尾焰的特征辐射

燃料类型	发射机制	波长范围	备　注
液胺/氮的氧化物	CO＋O 化学发光 OH 化学发光	V、NUV、MUV NUV	V 为可见光 NUV 为近紫外光 MUV 为中紫外光
铝化混合固体燃料	Al_2O_3 微粒热致发光 Al_2O_3 微粒散射 CO＋O 化学发光 OH 化学发光	V、NUV、MUV V、NUV V、NUV、MUV NUV	
烃类/液氧	烟尘热致发光 OH 化学发光 CO＋O 化学发光 CH、C_2 燃料碎片的化学发光	V、NUV、MUV NUV V、NUV、MUV V、NUV	V 为可见光 NUV 为近紫外光 MUV 为中紫外光
液氢/液氧	生成 H_2O 化学发光	V、NUV、MUV	

紫外告警系统最显著的特点是将响应波段置于太阳光的中紫外盲区，由于在这个波段内几乎没有自然光辐射，因而背景噪声非常小，从而减轻了信号处理的负担，使得紫外告警系统能将虚告警率控制在很低的程度。美国研制的第一代紫外型导弹逼近告警系统是以光电倍增管为探测器的；而第二代紫外型导弹逼近告警系统（MAWS）则以多元或面阵器件为核心探测器。

紫外告警利用太阳光谱盲区的紫外波段探测导弹的光焰与羽焰，由于它对太阳光和普通灯光均不敏感，因而虚警率低；同时它不需要低温冷却，不扫描，告警器体积小、重量轻。所以，紫外告警以其独特的优势日益博得人们的青睐，在导弹逼近告警系统的发展中占有极其重要的地位。随着紫外传感器技术的不断完善。紫外告警系统将为导弹告警提供更有效的手段。

9.8.2.3 紫外干扰

红外/紫外双色制导导弹的出现，必然导致红外/紫外双色干扰技术的发展，紫外干扰的关键是研制出具有足够强的紫外辐射和火药装添的具有紫外干扰能力的干扰弹。

9.8.2.4 紫外通信

紫外通信是一种具极大发展潜力的新型通信方式。它具备了许多其他常规通信方式所没有的优点，如低窃听率、抗干扰性高、位辨率低、全天候工作等，所以受到对通信保密性、机动性要求较高的部门的广泛重视。

9.8.2.5 紫外探测技术

紫外探测方法很多，大致可分为三类，如表 9-8 所列，紫外探测技术的关键问题如下。

表 9-8 紫外探测方法一览表

分类	方法	基本原理	应用
1	荧光转换法	荧光效应 光谱匹配和校正	一般探测和计算
2	分光光度法	色散分光、干涉滤光、光电探测	探测、计算、标定
3	卫星遥感法	吸收和散射理论	航天研究、环境探测

(1) 紫外线大气传输理论和散射模型的建立

紫外线大气传输理论、散射模型以及仿真系统的建立是关键问题之一。在众多的紫外应用领域，尤其是军事应用中，无论是主动式的紫外通信、紫外干扰还是被动式的紫外制导、紫外告警，均涉及紫外在大气中的传输问题。目前，国内人们的注意力绝大多数集中在可见光与红外辐射特性及其大气传输特性的研究上。对紫外传输特性的研究很少。加之紫外传输涉及多次散射的复杂问题，因此，紫外线大气传输理论和散射模型建立的研究就成为紫外探测及应用技术的关键问题之一。

(2) 高灵敏度紫外探测器件的研制

高灵敏度、低噪声紫外探测器件的研制是紫外探测技术的另一关键。目前，紫外探测器有紫外真空二极管、分离型紫外光电倍增管（UVPMT）、成像型紫外变像管、紫外增强器及紫外摄像管等类型。而新的一种带微通道的光电倍增管（MCPPMT）具有响应速度快、抗磁场干扰能力强、体积小、重量轻且供电电路简单等特点。目前带有 MCP 结构的近贴式聚焦型紫外变像管、增强器以及与之相应的自扫描阵列已经出现，并被用于紫外探测卫星、空间防务及火箭、导弹尾焰紫外探测等方面。

另外，在固体紫外探测器件方面也有发展，目前增强型硅光电二极管、GaAsP 和 GaP 加膜紫外固体器件、GaN 紫外探测器、紫外 CCD（UVCCD）等器件都已在开发研究之中。

(3) 低噪声信息处理系统

低噪声信息处理系统的形成是紫外探测技术的又一关键问题。紫外探测系统一般是一个微弱信号接收处理系统，常常要经过信号采集、光电转换和放大、调制解调以及编码-解码等过程，抗干扰和去噪声问题尤为突出。对于来自多方面的噪声（如热噪声、散粒噪声、低频噪声、放大器噪声等），必须进行有效处理（如相关处理、锁定放大、信号平均、自适应噪声抵消、低噪声前置放大、抑制电磁感应与静电感应等），以降低噪声、提高系统信噪比。单光子计数对极弱光来说是一个非常有效的探测技术，人们常常使用该方法来解决紫外探测问题。

此外，在民品市场，紫外探测器也同样具有广泛应用。就紫外像增强管而言，由它作为核心器件构成的成像仪在公安刑侦部门极为有用，比如：在刑事犯罪现场，用该成像仪可在非渗透性的光滑表面，如陶瓷、打蜡的地板、油漆家具表面、相片等表面观察到反差加强的犯罪分子遗留下的无色汗液指纹，如果外接监视器，则可在海关、考古、环保等领域用于摄取有用信息。另外，光电倍增管及其他器件在生物医学、天文研究、同步辐射、光谱分析、粒子探测以及闪光照相等诸多领域也将得到广泛应用。

紫外探测技术是继激光探测技术和红外探测技术之后发展起来的又一种新颖探测技术。应用紫外探测技术的主要有紫外探测器和紫外摄像器件，近年来该技术发展很快，至今已研制出了紫外 MOS 图像传感器、GaN/AlGaN 异质结 PIN 光电二极管阵列、SiC 和 GaN 紫外探测器、紫外 CCD 以及用于紫外摄像 BTCCD 和 PtSi-SBIRF-PA 等。紫外 CCD 的研究进展慢于可见光和红外 CCD 的原因是紫外辐射与半导体工艺材料之间的相互作用的许多问题才开始解决，但随着研究工作的不断深入，特别是 GaN/AlGaN 异质结 PIN 光电二极管阵列的问世，将加速 GaN/AlGaN 紫外摄像器件的发展速度。紫外探测技术是近几年来研究最热门的军民两用光电探测技术之一，是一种被动式探测技术。随着紫外探测器和紫外摄像器件制造技术的不断发展，紫外探测技术必将成为重要的军事装备技术之一。

9.9 光纤传感器及其应用

9.9.1 光纤传感器的背景

许多类别的传感器在各个领域已经得到了广泛的应用，随着新一代传输媒介光纤的问世，传感器类别得到进一步的拓展，出现了光纤传感器。

1977 年，美国海军研究所（NRL）开始执行由查尔斯 · M · 戴维斯（Charles M Davis）博士主持的 Foss（光纤传感器系统）计划，这被认为是光纤传感器问世的日子。而早期的光纤传感器因为存在着诸如价格昂贵、技术不够成熟等问题，而在工程实际上应用较少，一般只在实验室中做一些研究之类的尝试。然而与传统传感器相比，光纤传感器有着一系列独特的优点：它可以在强电磁干扰、高温高压、原子辐射、易爆、化学腐蚀等恶劣条件下使用，高灵敏度及低损耗的优点使其用途广泛。正是由于光纤传感器的这些特点及价值，科学家们开始对其进行大量的研究与改进，并取得了一系列重大的成果。1978 年，加拿大渥太华通信研究中心［Canadian Communications Research Centre（CRC），Ottawa，Ont，Canada］Hill K. O. 成功地在光导纤维上刻上周期性的光栅，从而产生了第一根光纤光栅。1988 年，Meltz G. 发明了光纤光栅紫外光（Ultraviolet Light）侧写入技术，开创了光纤光栅实用化的新纪元，使得光纤传感器开始走向实用化、商业化。到了 20 世纪 90 年代，更多的光纤传感器（FOS）不断商业化，比较常见的有压力应力传感器、液体流量传感器、温度湿度传感器、电流电压传感器、化学传感器等。

9.9.2 光纤导光原理

光纤是用光透射率高的电介质（如石英、玻璃、塑料等）构成的光通路。光纤的结构如图 9-46 所示，它由折射率 n_1 较大（光密介质）的纤芯和折射率 n_2 较小（光疏介质）的包层构成的双层同心圆柱结构。

光的全反射现象是研究光纤传光原理的基础。根据几何光学原理，当光线以较小的入射角 θ_1 由光密介质 1 射向光疏介质 2（即 $n_1>n_2$）时（见图 9-47），则一部分入射光将以折射角 θ_2 折射入介质 2，其余部分仍以 θ_1 反射回介质 1。

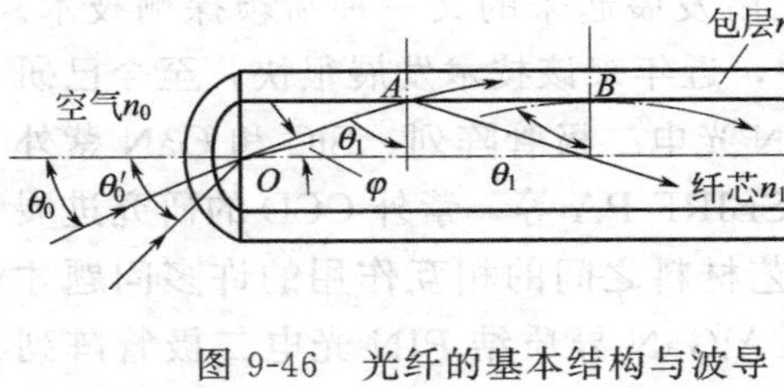

图 9-46　光纤的基本结构与波导

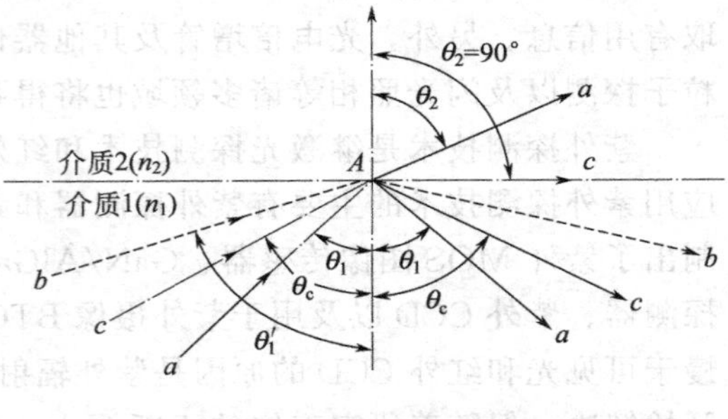

图 9-47　光在两介质界面上的折射和反射

依据光折射和反射的斯涅尔（Snell）定律，有

$$n_1\sin\theta_1=n_2\sin\theta_2 \tag{9-21}$$

当 θ_1 角逐渐增大，直至 $\theta_1=\theta_c$，透射入介质 2 的折射光也逐渐折向界面，直至沿界面传播（$\theta_2=90°$）。$\theta_2=90°$时的入射角 θ_1 称为临界角 θ_c，由式(9-21)有

$$\sin\theta_c=\frac{n_2}{n_1} \tag{9-22}$$

由图 9-46 和图 9-47 可见，当 $\theta_1>\theta_c$ 时，光线将不再折射入介质 2，而在介质（纤芯）内产生连续向前的全反射，直至由终端面射出，这就是光纤传光的工作基础。

同理，由图 9-46 和 Snell 定律可导出光线由折射率为 n_0 的外界介质（空气 $n_0=1$）射入纤芯时实现全反射的临界角（始端最大入射角）为

$$\sin\theta_c=\frac{1}{n_0}\sqrt{n_1^2-n_2^2}=NA \tag{9-23}$$

式中，NA 为数值孔径，它是衡量光纤集光性能的主要参数，表示无论光源发射功率多大，只有 $2\theta_c$ 张角内的光，才能被光纤接收、传播（全反射）。NA 越大，光纤的集光能力越强。产品光纤通常不给出折射率，而只给出 NA。石英光纤的 $NA=0.2\sim0.4$。

9.9.3　光纤传感器的组成及工作原理

光纤传感器（Fiber Optical Sensor）一般由光源、光导纤维、光传感器元件、光调制机构和信号处理器等部分组成。其工作原理是：光源发出的光经光导纤维进入光传感元件，而在光传感元件中受到周围环境场的影响而发生变化的光再进入光调制机构，由其将光传感元件测量、检测的参数调制成幅度、相位、偏振等信息，这一过程也称为光电转换过程，最后利用微处理器，如频谱仪等进行信号处理。其结构如图 9-48 所示。

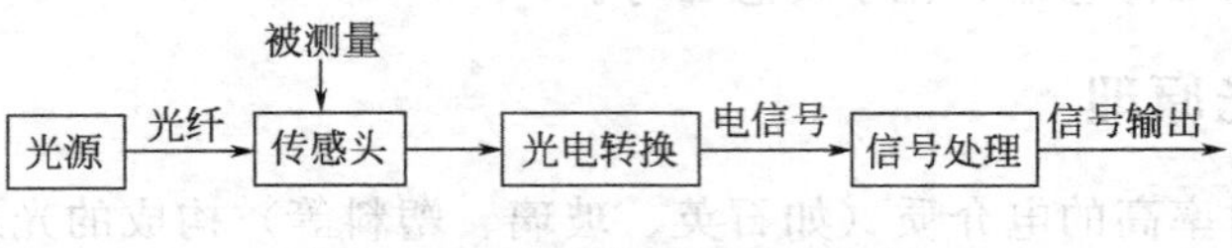

图 9-48　光纤传感器的结构图

光纤传感器用于将被测量的信息转变为可测的光信号，具有信息调制和解调功能。被测量对光纤传感器中光波参量进行调制的部位称为调制区，光检测及信号处理部分称为解调区。当光源所发出的光耦合进光纤，经光纤进入调制区后，在调制区内受被测量影响，其光学性质发生改变（如光的强度、频率、波长、相位、偏振态等发生改变），成为被调制的信号光。经过光纤传输到光检测器，光检测器接收进来的光信号并进行光电转换，输出电信号。最后，信号处理系统对电信号进行处理得出被测量的相关参数，也就是解调。

9.9.4 光纤传感器分类

光纤传感器有多种分类方法，按光纤与光的作用原理可分为本征型和非本征型；按光纤内传输的模式数量可分为单模器件和多模器件；按信号在光纤中被调制的不同方式还可将光纤传感器分为强度调制、相伴调制、偏振态调制、频率调制和波长调制等多种不同类型。

（1）按光纤在传感器的作用分类

这里，把光纤传感器分为三大类：一类是功能型光纤传感器（Function Fiber Optic Sensor），又称 FF 型光纤传感器，如图 9-49 所示；另一类是非功能型光纤传感器（Non-Function Fiber Optic Sensor），又称 NF 型光纤传感器，如图 9-50 所示。前者利用光纤本身的特性，把光纤作为敏感元件，所以又称传感型光纤传感器；后者利用其他敏感元件感受被测量的变化，光纤仅作为光的传输介质，用来传输来自远处或难以接近场所的光信号，因此，也称传光型光纤传感器。还有一类为拾光型光纤传感器。

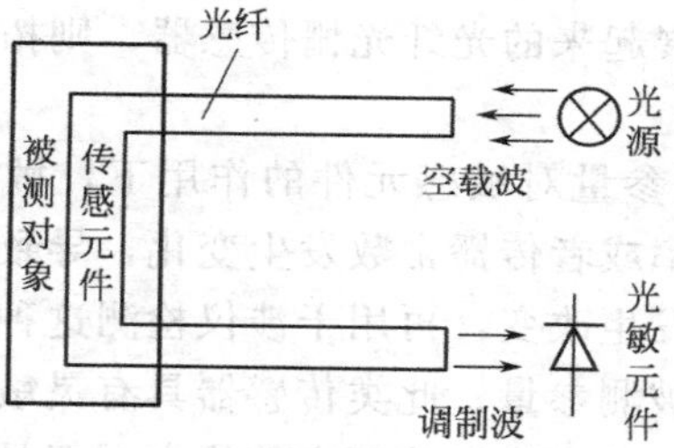

图 9-49 功能型光纤传感器示意图

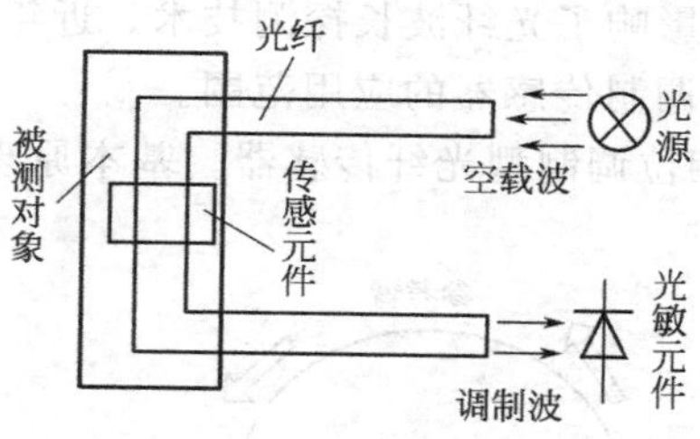

图 9-50 非功能型光纤传感器示意图

① 功能型光纤传感器。亦称作全光纤型光纤传感器，光源耦合的发射光纤和光探测器耦合的接收光纤是一根连续光纤，具有“传”和“感”两种功能，被测参量通过直接改变光纤的某些传输特征参量对光波实施调制。此类传感器结构紧凑、灵敏度高，但是需要用到特殊的光纤及先进的传感技术，比如光纤陀螺仪、光纤水听器等。

② 传光型光纤传感器。传光型光纤传感器的光纤仅仅起到传导光波的作用，其调制区在光纤之外，发射光纤与接收光纤不具有连续性，其原理为光照射在外加的调制装置（敏感元件）上受被测参量调制。这类传感器的优点是结构简单、成本低、容易实现，但灵敏度要低于功能型光纤传感器。目前已商用化的光纤传感器大多属于传光型光纤传感器。

③ 拾光型光纤传感器。拾光型光纤传感器利用光纤作为探头，接收由被测对象辐射的光或者被其反射、散射的光并传输到光检测器，经过信号处理得出被测参量。光纤激光多普勒测速仪就是典型的拾光型光纤传感器。早在 19 世纪 80 年代，光纤激光多普勒测速仪就被应用在动物的脉动血流速度的实时测量上。后来，Tajikawa T 等研制了一种新型的光纤激光多普勒测速传感器。它所能够测量的流体的浊度比以往所测流体都要高至少 5 倍，实现了不透明流体局部速度的测量。此外，多普勒测速仪还被应用于列车的速度测量等。反射式光

纤温度传感器亦是拾光型光纤传感器的代表之一。以氧化锌（ZnO）薄膜为敏感材料制作的反射式光纤温度传感器在室温至500℃范围内的温度曲线线性拟合度可在99.3%以上，其理论测温范围可为10～1000K。

(2) 按光波调制方式分类

根据被外界信号调制的光波物理特征参量的变化情况，可分为强度调制型、相位调制型、频率调制型、波长调制型以及偏振态调制型光纤传感器5种。

① 强度调制型光纤传感器。强度调制是光纤传感中相对简单且使用广泛的调制方法。其基本原理为：被测参量对光纤中的传输光进行调制使光强发生改变，然后通过检测光强的变化（即解调）实现对待测参量的测量。

强度调制型光纤传感器大多基于反射式强度调制。这类传感器结构简单、成本低、容易实现，但容易受光源强度波动的影响。强度调制型光纤传感器开发应用较早，近年来的研究也在不断突破创新。

② 频率调制型光纤传感器。光频率调制，是指被测参量对光纤中传输光的频率进行调制，通过频率偏移来检测出被测参量。目前，频率调制型光纤传感器大多用于测量位移和速度。

③ 波长调制型光纤传感器。被测量的信号通过选频、滤波等方式来改变传输光的波长，这类调制方式称为光波长调制。传统的光波长调制光纤传感器有基于游标效应的级联光纤Fabry-Perot干涉仪温度传感器。虽然该传感器的测温范围小（20～25℃），但其极高的灵敏度使其能够满足某些特殊要求，如一些需要精确温度控制的科学仪器。光源和频谱分析器的性能极大影响了光纤波长探测技术。近年来迅速发展起来的光纤光栅传感器，则拓展了功能型光波长调制传感器的应用范围。

④ 相位调制型光纤传感器。基本原理：在被测参量对敏感元件的作用下，敏感元件的折射率或者传播常数发生变化，导致传输光的相位发生改变，再用干涉仪检测这种相位变化得出被测参量。此类传感器具有灵敏度高、响应快、动态测量范围大等优点，但是对光源和检测系统的精密度要求高。比较典型的相位调制型光纤传感器有Mach-Zehnder（马赫-曾德尔）干涉仪型、Sagnac干涉仪型和Michlson干涉仪型等。马赫-曾德尔干涉仪如图9-51所示。

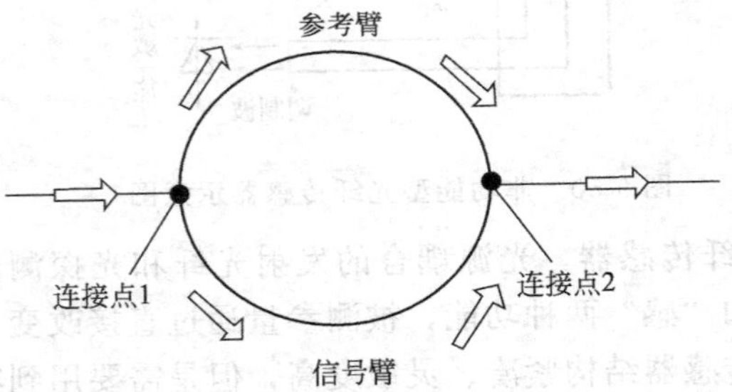

图9-51　马赫-曾德尔干涉仪示意图

⑤ 偏振态调制型光纤传感器。偏振态调制型光纤传感器不受光源强度影响、结构简单、灵敏度高。利用法拉第效应的电流传感器是其主要应用领域之一。有人曾利用法拉第效应设计了偏振态调制型光纤智能电流传感器，实现电流的数字化、智能化实时测量。此外，还有基于Pockels效应的电压传感器，可直接测量高电位电极与无电容分压器的接地电极之间的电场强度，可在8～12kV电压范围内具有良好的线性关系；基于光弹效应的压力传感器能实现相对精确的压力测量，平均相对误差可降低到3.61%；基于高双折射率的光纤温度传感器，温度灵敏度系数可达7.51×10^{-6}数量级，与其他基于双折射光子晶体光纤温度传感器相比，具有较高的灵敏度。一种基于高双折射光子晶体光纤的静水压传感器，其灵敏度可以随着光纤长度的增大而提高，检测范围较宽。

(3) 按目标分布情况分类

根据检测目标的分布情况，可分为点式、准分布式和分布式光纤传感器。

① 点式光纤传感器。点式光纤传感器只能对某一点上的物理量进行感应，光纤上仅连接一个尺寸极小的敏感元件，一般为传光型光纤传感器。这类传感器的优缺点明显，检测性能较高，却无法对待测物体进行多点分布检测。

② 准分布式光纤传感器。准分布式光纤传感器可对目标同时进行多点检测，光纤上连接多个点式光纤传感器。典型的准分布式光纤传感器应用案例有光纤水听器列阵和光纤光栅阵列传感器。准分布式光纤传感器的优点是能够进行同时多点传感，是光纤传感的一个重要发展趋势。然而，目前的准分布式光纤传感器能够同时传感的点位数量是有限的。

③ 分布式光纤传感器。分布式光纤传感器整根光纤都属于敏感元件，光纤既是传感器，又是传输信号的介质，适用于检测结构的应变分布。例如应用于土木工程中的大型结构，可以快速、无损地测量结构的位移、内部或表面应力等重要参数。根据沿着光纤的光波参量分布，同时获取传感光纤区域内随时间和空间变化的待测量分布信息，可实现大范围、长距离、长时间的连续传感。

目前主要的分布式光纤传感器类型主要有 Fabry-Perot 干涉型光纤传感器、光纤布拉格光栅传感器以及 Mach-Zehnder 干涉型光纤传感器等。工程应用中，分布式光纤传感技术可以连续不间断地动态监测目标物的受力变化情况，监测结果准确度高、抗干扰能力强。但是，该技术依旧存在一些问题，如：分布式解调设备造价高昂，目前国内调节器多依靠进口；关于传感技术的相关理论的规范缺乏，没有一套合理且标准的评价体系为检测结果提供理论支撑。

9.9.5 光纤传感器的应用举例

(1) 反射式光纤位移传感器

反射式光纤位移传感器原理见图 9-52。光源经一束多股光纤将光信号传送至端部，并照射到被测物体上。另一束光纤接收反射的光信号，并通过光纤传送到光敏元件上，两束光纤在被测物体附近汇合。被测物体与光纤间距离变化，反射到接收光纤上，光通量发生变化。再通过光电传感器检测出距离的变化。

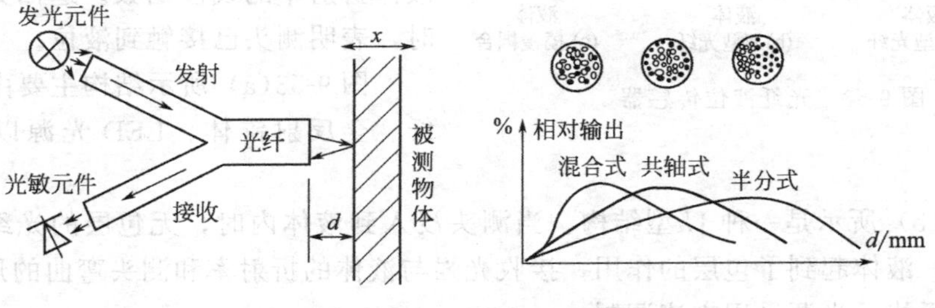

图 9-52 反射式光纤位移传感器原理

反射式光纤位移传感器一般将发射和接收光纤捆绑组合在一起，组合的形式有所不同，如：半分式、共轴式、混合式。混合式灵敏度高，半分式测量范围大反射式光纤位移传感器的工作原理如下。

由于光纤有一定的数值孔径，当光纤探头端紧贴被测物体时，发射光纤中的光信号不能反射到接收光纤中，光敏元件无光电信号；当被测物体逐渐远离光纤时，距离 d（见

图 9-52）减小，发射光纤照亮被测物体的表面积越来越大，接收光纤照亮的区域越来越大，当整个接收光纤被照亮时，输出达到最大，相对位移输出曲线达到光峰值；被测体继续远离时，光强开始减弱，部分光线被反射，输出光信号减弱，曲线下降，进入后坡区。

讨论：

a. 前坡区。输出信号的强度增加快，这一区域位移输出曲线有较好的线性度，可进行小位移测量，如微米级测量。

b. 后坡区。信号随探头和被测体之间的距离增加而减弱，该区域可用于距离较远而灵敏度、线性度要求不高的测量。

c. 光峰区。信号有最大值，值的大小决定被测表面的状态，光峰区域可用于表面状态测量，如工件的光洁度或光滑度。

深层土体水平位移测量是光纤位移传感器的主要应用之一，但传统的深层土体水平位移测量方法通常采用倾角罗盘分段测量的方法，然后人工读数，需要很长的时间，往往存在较大误差，且抗干扰性和长期稳定性较差。有一种基于分布式光纤的水平位移监测技术，不仅克服了传统传感技术的缺点，而且可以实现分布式自动监测。试验表明，该分布式光纤传感器的测量结果与倾角罗盘之间的相对误差小于 8.0%。在微位移测量方面，有一种基于表面等离子体共振的新型光纤微位移传感器，这种微位移光纤传感器的检测范围可达 0～25μm，灵敏度最高可达 10.32nm/μm，分辨率至少为 2nm，几乎超越了所有其他光纤微位移传感器。

（2）光纤液位传感器

如图 9-53 所示为基于全内反射原理研制的液位传感器。它由 LED 光源、光电二极管、多模光纤等组成。它的结构特点是在光纤测头端有一个圆锥体反射器。当测头置于空气中，没有接触液面时，光线在圆锥体内发生全内反射而返回到光电二极管；当测头接触液面时，由于液体折射率与空气不同，全内反射被破坏，将有部分光线透入液体内，使返回到光电二极管的光强变弱，返回光强是液体折射率的线性函数。返回光强发生突变时，表明测头已接触到液位。

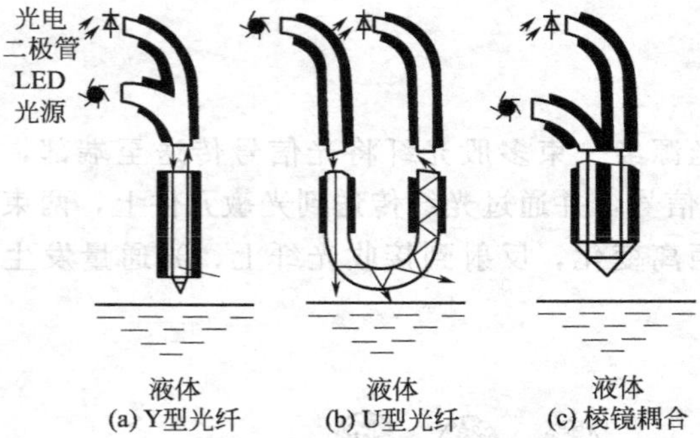

图 9-53　光纤液位传感器

图 9-53(a) 所示结构主要由一个 Y 型光纤、全反射锥体、LED 光源以及光电二极管等组成。

图 9-53(b) 所示是一种 U 型结构。当测头浸入到液体内时，无包层的光纤光波导的数值孔径增加，液体起到了包层的作用，接收光强与液体的折射率和测头弯曲的形状有关。为了避免杂光干扰，光源采用交流调制。

图 9-53(c) 示出的结构中，两根多模光纤由棱镜耦合在一起，它的光调制深度最强，而且对光源和光电接收器的要求不高。由于同一种溶液在不同浓度时的折射率不同，所以经过标定，这种液位传感器也可作为浓度计。光纤液位传感器可用于易燃、易爆场合，但不能探测污浊液体以及会黏附在测头表面的黏稠物质。

（3）光纤电流传感器

图 9-54 为偏振态调制型光纤电流传感器原理图。根据法拉第旋光效应，由电流所形

成的磁场会引起光纤中线偏振光的偏转，检测偏转角的大小，就可得到相应的电流值。

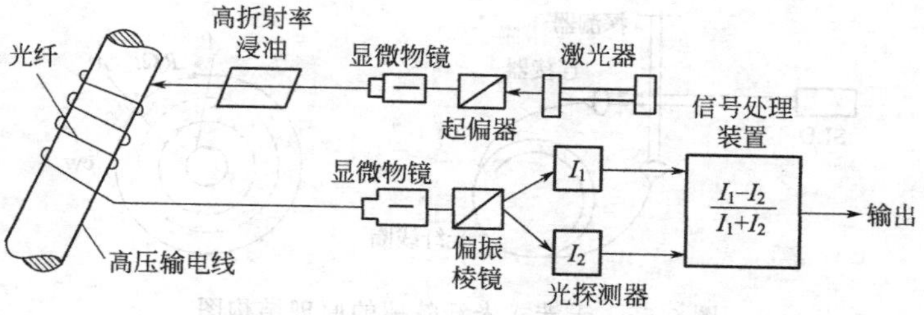

图 9-54　偏振态调制型光纤电流传感器原理图

(4) 光纤温度传感器

目前，光纤温度传感器大多为功能型光纤传感器。工作原理如图 9-55 所示：利用半导体材料的能量隙（能带宽度）随温度几乎成线性变化。敏感元件是一个半导体光吸收器，光纤用来传输信号。当光源的光以恒定的强度经光纤达到半导体薄片时，透过薄片的光强受温度的调制，透过光由光纤传送到探测器。温度 T 升高，半导体能带宽度 E_g 下降，材料吸收光波长向长波移动，长波吸收率增加，半导体薄片透过的光强度变化，光检测器光强变化。

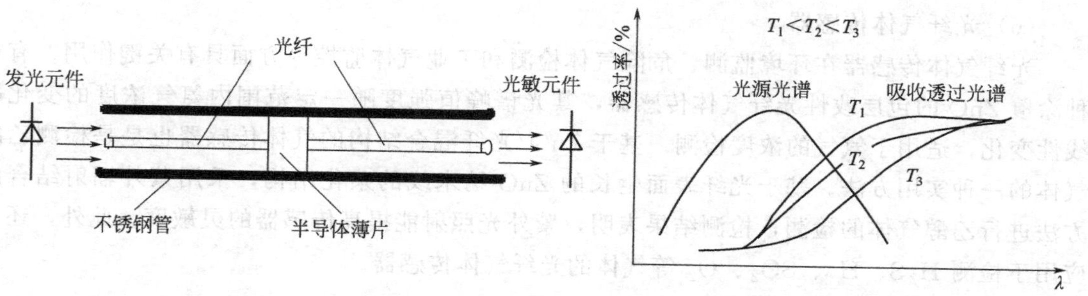

图 9-55　光纤温度传感器

有一种基于折射率随温度变化的双芯光纤温度传感器，该传感器将双芯光纤直接用作温度传感器，并进行数据传输。这种传感器可应用于公共安全和卫生系统。还有某高灵敏度光纤温度传感器，其适用于深井的温度探测，灵敏度可达 260nm/℃，分辨率可达 0.002℃。

(5) 光纤角速度传感器（光纤陀螺）

光纤角速度传感器又称光纤陀螺，其理论测量精度远高于机械和激光陀螺仪。以塞格纳克（Sagnac）效应为其物理基础，即当环形干涉仪旋转时，产生一个正比于旋转速率的相位差。

干涉式光纤陀螺（IFOG）的主体是一个 Sagnac 光纤干涉仪，如图 9-56 所示。光源（SLD）发出的光经分束器（coupler）分为两束后，进入一半径为 R 的单模光纤环（fiber coil）中，分别沿顺时针方向（cw）及逆时针方向（ccw）反向传输，最后同向回到分束器，形成干涉。显然，当环形光路相对于惯性参照系静止时，经顺、逆时针方向传播的光波回到分束器时有相同的光程，即两束光波的光程差等于 0；当环形光路绕垂直于所在平面并通过环心的轴以角速度 Ω 旋转时，则沿顺、逆时针方向传播的两列光波在环路中传播一周产生

的光程差为

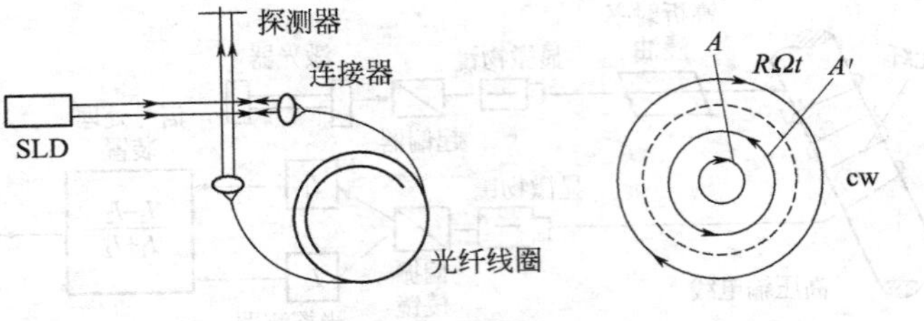

图 9-56　干涉式光纤陀螺的原理结构图

$$\Delta L = 2R\Omega t = \frac{4\pi R^2}{c} = \frac{4A}{c}\Omega \tag{9-24}$$

式中，A 为环形光路的面积，$A=\pi R^2$；c 为真空中的光速。

一个由 N 圈光纤组成的光纤环，相当于两列反向光波在环路中传播 N 周，产生总的 Sagnac 相移为

$$\Delta\varphi = K(N\Delta L) = \frac{2\pi}{\lambda} \times \frac{4NA}{c}\Omega = \frac{8\pi A\Omega}{\lambda c} = \frac{4\pi LR}{\lambda c}\Omega \tag{9-25}$$

式中，K 为波数；L 为绕在光纤环上的光纤总长度；λ 为真空中的波长。

根据式(9-25)，只要测得相移 $\Delta\varphi$，即可求出转动角速度 Ω。

(6) 光纤气体传感器

光纤气体传感器在环境监测、危险气体检测和工业气体监控等方面具有关键作用。有一种涂覆 ZnO 的包层改性光纤气体传感器，其光谱峰值强度随一定范围内氨气浓度的变化呈线性变化，适用于氨气的浓度检测。基于 ZnO/光纤混合结构的气体传感器也是是检测乙醇气体的一种实用方法。基于光纤表面生长的 ZnO 纳米线的杂化结构，采用紫外辐射结合的方法进行乙醇气体的检测，检测结果表明，紫外光照射能提高传感器的灵敏度。此外，还有应用于检测 H_2S、H_2、SO_2、O_2 等气体的光纤气体传感器。

9.9.6 光纤传感器的优点

光纤传感器是 20 世纪 70 年代发展起来的新型传感技术，与常规传感器相比，可以看出光纤传感器的传感原理表面上与电磁类传感器有着相似的思路，只不过电磁类传感器的电线或者测量空间的信息传播载体是电磁波，而光导纤维中的载体是光波，然而也正是由于光波的独特性质，使其具有以下突出优点。

① 光纤主要由电绝缘材料做成，工作时利用光子传输信息，因而不怕电磁场干扰；此外，光波易于屏蔽，外界光的干扰也很难进入光纤。故无电磁干扰（EMI）和射频干扰（RFI）的影响，可在各种电磁场复杂的环境中不受影响的工作。

② 光纤直径只有几微米到几百微米。而且光纤柔软性好，可深入到机器内部或人体弯曲的内脏等常规传感器不宜到达的部位进行检测。有较大的灵活性，可制成各种形状，并可用于各种危险、恶劣环境和探测微细变化。

③ 光纤集传感与信号传输于一体，利用它很容易构成分布式传感测量。

④ 其光信号不仅能直接感知，而且可与高度发展的电子装置相匹配，帮助其实现智能化、多功能化和远距离的实时监控。

光纤传感器的优点突出，发展极快。自1977年以来，已研制出多种光纤传感器，被测量遍及位移、速度、加速度、液位、应变、力、流量、振动、水声、温度、电流、电压、磁场和化学物质等。新的传感原理及应用正在不断涌现和扩大。

9.9.7 光纤传感器的发展趋势

传统的非功能型光纤传感器虽然具有技术成熟等多种优点，但其结构复杂，给制作过程带来了一定的困难。这种复杂的结构在试验过程中还会导致误差和稳定性问题。为了克服这些问题，近些年来随着技术的发展，以光纤本身固有特性为基础的光纤传感器，即功能型光纤传感器，得到了广泛的应用。将来，传统的非功能型光纤传感器将逐渐落后，由结构更为简单且精度更高的功能型光纤传感器取代。功能型光纤传感器必将进一步发展，影响社会发展以及人们生活的方方面面。另外，光纤传感器在特殊领域中的关键技术及应用应得到关注。20世纪90年代，国外就开展了光纤传感器在核电厂的应用研究，光纤传感器几乎能覆盖核电厂各种参数的测量。理论上，可以构建一个全光纤传感系统，从而充分发挥光纤传感器所具有的精度高、小型化、分布式、抗电磁干扰、本质安全等优势。未来，光纤-无线传感器网络技术可以实现远程实时监测、自动控制等，在许多领域将有宽阔的应用前景。

9.10 本章小结

① 光电传感器一般由光学系统（元件）、光电探测器、信号处理三个基本部分组成，基于新原理的光电传感器还处在不断发展之中。

② 光电探测器的物理效应通常分为两大类：光子效应和光热效应。在每一大类又可分为若干具体效应。由不同的效应产生相应的光电探测器和传感器。

③ 光电探测器的性能参数主要有：积分灵敏度R、光谱灵敏度R_λ、频率灵敏度R_f、量子效率η、通量阈P_{th}和噪声等效功率NEP、归一化探测度D^*等。具有光谱特性、频率特性、伏安特性、温度特性。

④ 作为光电传感器核心的光电探测器主要有：光电管、光电倍增管、光敏电阻、光电二极管、光电三极管、光电池、光电耦合器、雪崩式光电二极管、热释电探测器等。各类光电探测器的性能各有其特点。

⑤ CCD工作原理及其图像传感器与应用特点。与真空摄像管相比，CCD成像器件有其优越特性。CCD成像器件的特征参量。CCD的七个主要应用领域及其工程应用举例。

⑥ 红外凝视成像系统与紫外探测（传感）器件在军事领域受到越来越重视，应用越来越广。

⑦ 光纤传感器可分为功能型、非功能型和拾光型三大类，分类方法有多种，应用广泛。

习 题

1. 光电探测器的物理效应通常分为哪些类别？
2. 举例说明光电传感器的一般组成及工作原理。

3. 从光学波段来划分，常见光电传感器可分为哪几类？

4. 光纤传感器可分为哪些类别？一般由哪些主要部分组成？

5. 举例说明CCD图像传感器、红外凝视系统、紫外探测器、光纤传感器各自的应用领域。

6. 以CCD或CMOS图像传感器为核心设计一个应用产品，包括组成、工作原理及框图、技术指标、信号处理及电路选择、计算与结果分析等内容。

7. 通过查阅文献，试分析光纤陀螺的工作原理及组成、应用领域以及应用实例。

第10章

化学与生物传感器

知识要点

通过本章学习，使读者理解化学传感器和生物传感器的概念、分类、结构形式和理论基础。读者应掌握常见的气体传感器和湿度（湿敏）传感器的总体组成、工作原理、特性以及测量电路的设计方法，熟悉生物传感器的特点、基本组成、工作原理，了解生物传感器的发展趋势。重点掌握常见化学传感器和生物传感器的工程应用方法。

本章知识结构

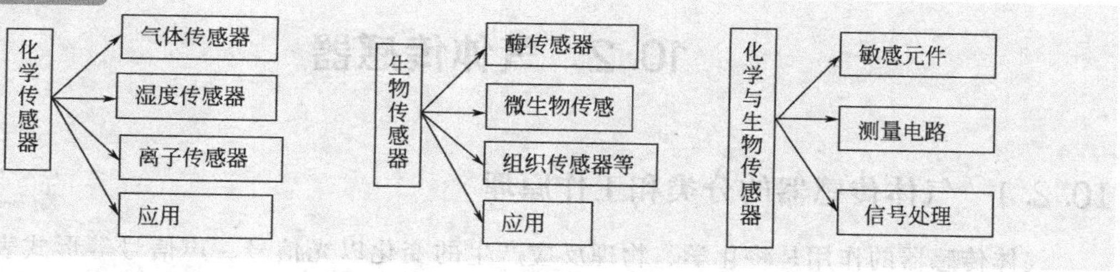

10.1 概述

10.1.1 化学传感器

化学传感器是对各种化学物质敏感并将其浓度转换为电信号进行检测的仪器。化学传感器具有对待测化学物质的形状或分子结构选择性俘获的功能（接受器功能）和将俘获的化学量有效转换为电信号的功能（转换器功能）。

按传感方式，化学传感器可分为接触式与非接触式化学传感器。化学传感器按结构形式分有两种：一种是分离型传感器，如离子传感器，液膜或固体膜具有接受器功能，膜完成电信号的转换功能，接受和转换部位是分离的，有利于对每种功能分别进行优化；另一种是组装一体化传感器，如半导体气体传感器，分子俘获与电流转换在同一部位进行，有利于化学传感器的微型化。

按检测对象，化学传感器分为气体传感器、湿度（湿敏）传感器、离子传感器。

传感器的传感元件多为氧化物半导体，有时在其中加入微量贵金属作增敏剂，增加对气体的活化作用。对于电子给予性的还原性气体如氢、一氧化碳、烃等，用N型半导体；对接受电子性的氧化性气体如氧，用P型半导体。将半导体以膜状固定于绝缘基片或多孔烧结体上，做成传感元件。气体传感器分为半导体气体传感器、固体电解质气体传感器、接触燃烧式气体传感器、晶体振荡式气体传感器和电化学式气体传感器。

湿度传感器是测定气氛中水气含量的传感器，分为电解质式、高分子式、陶瓷式和半导体式湿度传感器。

离子传感器是对离子具有选择响应的传感器。它基于对离子选择性响应的膜产生的膜电位。它是由离子选择性电极（ISE）与金属-氧化物-半导体场效应晶体管（MOSFET）组合而成，简称IS-FET。IS-FET是用来测量溶液（或体液）中的离子活度的微型固态电化学敏感器件。离子传感器的感应膜有玻璃膜、溶有活性物质的液体膜及高分子膜，使用较多的有聚氯乙烯膜。

10.1.2 生物传感器

生物传感器是对生物物质敏感并将其浓度转换为电信号进行检测的仪器。生物传感器的优点是对生物物质具有分子结构的选择功能。

化学传感器在矿产资源的探测、气象观测和遥测、工业自动化、医学远距离诊断和实时监测、农业生鲜保存和鱼群探测、防盗、安全报警和节能等各方面都有重要的应用。这里主要介绍气体传感器、湿度（湿敏）传感器、生物传感器的原理和应用实例。

10.2 气体传感器

10.2.1 气体传感器的分类和工作原理

气体传感器的作用是将化学、物理反应产生的变化以光信号、声信号等形式表现出来，以此来实现对反应物体种类和浓度的测量。

气体传感器的核心即为气敏材料，其电阻等物理、化学性能会随所接触气体的种类和浓度的变化而变化，通常分为小分子无机物气敏材料、高分子导电聚合物材料、纳米复合气敏材料等。基于气敏材料，通过各种加工工艺及封装技术，可以制备各种气体传感器件，以各类气体传感器为核心元件的气体检测仪器，是用于气体泄露浓度检测和气体浓度成分分析的仪器仪表，主要利用气体传感器来检测环境中存在的气体种类。按传感器原理分为：电化学式、半导体、催化燃烧式、光学式气体传感器等；从检测、监测气体类型上区分，还可以分为可燃气体检测报警器/气体分析仪、有毒有害气体检测报警器/分析仪、氧分析仪、呼出气体酒精含量分析仪等。

电化学式气体传感器的主要原理是把目标气体在电极处发生氧化或还原反应产生电流，根据电流强度线性变化获得气体浓度的气体传感器。电解液是电化学式气体传感器的重要组成部分，目前水基溶液是最常见的电化学式气体传感器的电解液，根据pH值，分碱性、酸性和中性三种电解液。水基电解液有着价格低廉、品种多样、使用方便、性能较好的优势，但也存在一定问题，比如一些气体在酸性电解液中不易被氧化；碱性电解液容易吸收空气中的二氧化碳使性能下降；中性电解液盐溶解度小，易结晶。随着电解液技术的进步，目前还形成了离子液体电解液、固体电解质和有机溶剂的新型电解液和电解液制备工艺。比较常见的电化学式气体传感器应用类型有原有电池型、恒定电位电解池型等。现阶段，使用电解液作为关健元件之一的电化学式气体传感器是检测有毒有害气体常用的传感器，具有响应范围宽、稳定性高、成本低廉等优点。

半导体气体传感器利用半导体作为气敏材料，其特点为灵敏度高、反应速度快，因此被广泛应用。并且在现阶段中，半导体气体传感器成为产量最多的传感器。半导体气体传感器按照气敏特点分为两大类：电阻式和非电阻式半导体气体传感器。

催化燃烧型气体传感器（如接触燃烧式气体传感器）主要的作用是检测可燃气体，该传感器工作的主要原理是催化燃烧的热效应原理。该类型传感器的检测元件和补偿元件进行配对而构成测量电桥，一般应用线径在微米级的高纯度金属线圈，并在其外包裹载体催化剂，型式一般设计为球体。满足反应温度的条件时，可燃气体会在检测元件表面，通过催化剂的催化作用产生化学燃烧反应，该燃烧反应不产生火焰，该反应释放出来的热量会使金属线圈温度增高，导致载体温度上升，相应的传感器内部的电阻也会有所升高，最终导致平衡电桥不再平衡，当平衡电桥不平衡的时候就会产生电信号变化，该信号是与可燃气体浓度线性相关的信号。因此与其说催化燃烧式是气体传感器，不如说它是个温度传感器，因此，为克服环境温度变化带来的干扰，催化元件会成对构成一个完整的元件，这一对中一个对气体有反应，另一个对气体无反应，而只对环境温度有反应，这样两个元件相互对冲就可以消除环境温度变化带来的干扰。

由于不同原子构成的分子会有独特的振动、转动频率，当其受到相同频率的光线照射时，就会发生吸收，从而引起光强的变化，通过测量吸光度的变化就可以测得气体浓度。光学式气体传感器就是利用特征光谱检测气体成份和浓度的传感器。根据光学原理将其分为红外吸收式、可见光吸收光度式、光干涉式、化学发光式等。一般情况下，一种气体分子会有多个特征吸收峰。一般通过滤光片单色器选择最佳目标波长。

具体来说，气体传感器主要有半导体传感器（电阻式和非电阻式）、绝缘体传感器（接触燃烧式和电容式）、电化学式（恒电位电解式、伽伐尼电池式），还有红外吸收型、石英振荡型、光纤型、热传导型、声表面波型等。

(1) 电阻式半导体气体传感器

电阻式半导体气体传感器的原理是气敏元件的电阻会随着气体的增多或减少发生变化，用电阻的变化情况来检验。亦即电阻式半导体气敏元件是根据半导体接触到气体时其阻值的改变来检测气体的浓度。

(2) 非电阻式半导体气体传感器

非电阻式半导体气体传感器是根据气敏元件中的电压或电流的变化而变，从而实现检测的目的。亦即非电阻式半导体气敏元件则是根据气体的吸附和反应使其某些特性发生变化对气体进行直接或间接的检测。

(3) 接触燃烧式气体传感器

接触燃烧式气体传感器基于强催化剂使气体在其表面燃烧时产生热量，使传感器温度上升，这种温度变化可使贵金属电极电导随之变化的原理而设计的。另外，与半导体传感器不同的是，它几乎不受周围环境湿度的影响。

接触燃烧式气体传感器利用与被测气体进行的化学反应中产生的热量与气体浓度的关系进行检测。传感器元件由铂丝和燃烧催化剂构成，铂线圈被埋在催化剂中。将元件加热到300～600℃，调节电路使其保持平衡。可燃性气体和元件接触燃烧，温度增高，元件的阻值

增加。如果 C 表示气体浓度，ΔT 表示元件升高的温度，则元件阻值改变 ΔR 为

$$\Delta R=\rho\Delta T=\rho aCq/h \tag{10-1}$$

式中，ρ 为铂丝的温度系数；q 为可燃性气体燃烧热；h 为元件的热容量；a 为由元件催化剂决定的常数。R 的变化破坏了电路的平衡，输出的不平衡电压或电流和可燃性气体的浓度成比例，气体的浓度可通过电压表或电流表指示。

接触燃烧式气体传感器廉价、精度低，但灵敏度较低，适合于检测 CH_4 等爆炸性气体，不适合检测如 CO 等有毒气体。

(4) 电容式气体传感器

电容式气体传感器根据敏感材料吸附气体后其介电常数发生改变，导致电容变化的原理而设计。主要利用两个电极之间的化学电位差，一个在气体中测量气体浓度，另一个是固定的参比电极。

(5) 电化学式传感器

电化学式传感器采用恒电位电解方式和伽伐尼电池方式工作。有液体电解质和固体电解质之分，而液体电解质又分为电位型和电流型。电位型利用电极电势和气体浓度之间的关系进行测量；电流型采用极限电流原理，利用气体通过薄层透气膜或毛细孔扩散作为限流措施，获得稳定的传质条件，产生正比于气体浓度或分压的极限扩散电流。

(6) 红外吸收型传感器

红外吸收型传感器当红外光通过待测气体时，气体分子对特定波长的红外光有吸收，其吸收关系服从朗伯-比尔（Lambert-Beer）吸收定律，通过光强的变化测出气体的浓度。

$$I=I_0\mathrm{e}^{-\alpha_\mathrm{m}LC+\beta+\gamma L+\delta} \tag{10-2}$$

式中，α_m 为摩尔分子吸收系数；C 为气体浓度；L 为光与气体的作用长度；β 为瑞利散射系数；γ 为米氏散射系数；δ 为气体密度波动造成的吸收系数；I_0、I 分别为输入、输出光强。

(7) 声表面波型传感器

声表面波型传感器的关键是 SAW（Surface Acoustic Wave）振荡器，它由压电材料基片和沉积在基片上不同功能的叉指换能器所组成，有延迟型和振子型两种振荡器。SAW 振荡器自身固有一个振荡频率，当外界待测量变化时，会引起振荡频率的变化，从而测出气体浓度。

10.2.2 常见气体传感器的原理与应用

10.2.2.1 一氧化碳气体传感器

一氧化碳传感器主要采用的是三点定电位的电化学原电池传感器。按敏感元件电解质性质的不同，主要分为胶体电解质 CO 敏感元件、固体电解质 CO 敏感元件和液体电解质 CO 敏感元件。从分析方法上分，主要有电化学法、电气法（热导式和半导式）、色谱法（层析法）、光学吸收法（红外吸收法和紫外吸收法）等。检测气体时，需要对气体传感器及相关特性有深入的了解和把握，传感器系统要求成本低、寿命长、容易操作和维护。达到实用化水准的 CO 传感器主要分为金属氧化物半导体型、电化学固体电解质型和电化学固体高分子电解质型三种类型。其他如触媒燃烧型、场效应晶体管型、石英晶体谐振型等则使用较少。这里介绍几种的一氧化碳传感器。

(1) 金属氧化物半导体型一氧化碳传感器

金属氧化物半导体型一氧化碳传感器由于其耐热性、耐蚀性强，材料成本低廉，元件制作工艺简单，再加上具有易于与微处理电路组合成气体监测系统，制作成便携式监测器等优点，广泛应用于监测家庭、工厂生产环境中有毒气体及可燃性、爆炸性气体场合。金属氧化物半导体型一氧化碳传感器的结构如图 10-1 所示。

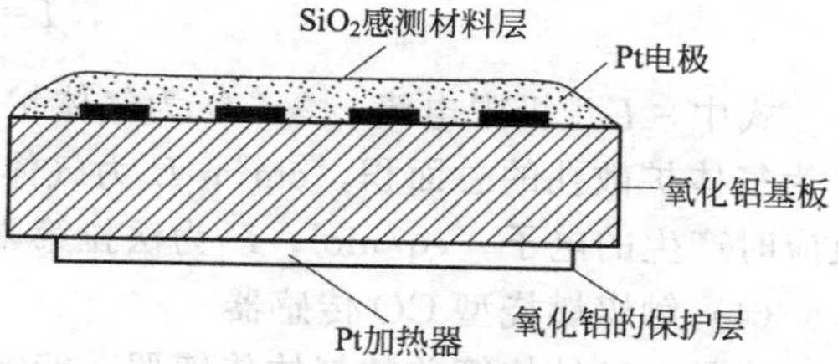

图 10-1　金属氧化物半导体型一氧化碳传感器的结构

该结构包括陶瓷基体、敏感材料层、加热器及测量电极等。其中，敏感材料采用金属氧化物（如 SnO_2、Fe_2O_3、In_2O_3、W_2O_3、Ag_2O 等）粉体构成。金属氧化物半导体型传感器已广泛应用于一氧化碳的探测，并主要以 SiO_2 材料为主。其工作原理是当加热器将感测材料升到高温时，氧气会被吸附在感测材料表面，然后从感测材料的导带捕获电子而形成氧离子，造成感测材料的电阻值上升；若还原性气体，如 CO 吸附在感测材料的导带，便造成电阻值下降，再根据电阻值的变化与气体体积分数的函数关系即可对气体体积分数进行有效检测。

这种类型的传感器易受其他还原性气体，如 H_2、NO 以及挥发性有机物等的干扰。为了提高选择性，常采取掺入金属如铑、钌或氧化物（如氧化钍、氧化锑及氧化铋）等方法，或利用薄膜技术制备 SiO_2 敏感层等。另外，也有学者采用氧化钼为敏感材料，再掺杂其他金属触媒来提高对 CO 的选择性。

（2）电化学固体电解质型 CO 传感器

有关资料调查表明，目前在石化生产系统中使用最普遍的一氧化碳传感器是电化学传感器。在 CO 自动监测系统中，有 2/3 为电化学传感器，而便携式检测仪则几乎全部为电化学式。传统的电化学式 CO 传感器使用液态电解液，其感测原理与固体电解质型、固态高分子电解液型类似，但容易造成电解液漏液而需进行补充，且电解液常为强酸，漏液后造成的后果十分严重，因此正研究以固体电解质取代液体电解液。

固体电解质型传感器主要以无机盐类如 ZrO_2、Y_2O_3、KAg_4I_5、K_2CO_3、LaF_3 等为固体电解质，加上阴、阳极材料组合而成。纯的固体电解质可以传导离子，但却无法传导电子，且纯的固体电解质在室温下电导率极低，因此常需要高温工作环境，这可采用内建加热器来实现。固体电解质 ZrO_2 主要用于氧传感器，但也可将其用于 CO 的检测，其工作原理仍为电化学电位式。

（3）电化学固态高分子电解质型 CO 传感器

电化学固态高分子电解质型 CO 传感器的感测原理与固体电解质型类似，但是以高分子中的官能基来传导离子，且在室温下工作。由于高分子可按照设计需要，通过化学反应的方法（如枝接、嵌入、交联、聚合等）进行改性，加工性好、与其他技术（如微电子芯片、晶体管、石英晶体等）兼容性好，且可常温工作等，因此该类传感器是目前受关注研究的重点之一。该类传感器可分为电位式与电流式两种，目前研究重点以后者为主。

电化学电流式 CO 传感器的工作原理是在电极表面加上一多孔性材料，限制气体扩散到电极表面的速率，使反应易于得到传质控制，并在两电极之间施加电压，使扩散到电极表面的气体反应而形成电流。当所施加的电压增大到使气体在电极上的反应速率受限于气体扩散到电极表面的速率时，气体在电极表面的浓度为零，即使再增加电压，也不能增加气体反应速率，此时的电流称为极限电流或界限电流（limiting current），此极限电流的大小与被测气体体积分数有如下关系存在。

$$I=\frac{nFDCA}{L} \tag{10-3}$$

式中，I 为极限电流，A；D 为气体扩散系数，cm^2/s；C 为待测气体浓度，mol/cm^3；A 为气体扩散孔的总面积，cm^2；L 为气体扩散孔的有效长度，cm；n 为反应物分子或离子反应时产生的电子，eq/mol；F 为法拉第常数，$F=96500C/mol$。

(4) 触媒燃烧型 CO 传感器

这是一种结构简单的气体传感器，能检测爆炸点下高体积分数的可燃性气体，且输出信号与气体体积分数成线性关系，是一种非常适合于可燃性气体检测（如氢气、天然气、液化石油气、酒精等可燃且挥发的有机溶剂）的传感器。其结构主要由两部分组成，一为感测元件，另一为温度补偿元件。

在感测元件的两端施加电压，并以 200～400mA 的电流使传感器保持使气体能在催化剂表面燃烧的工作温度（300～400℃），通入可燃性气体，气体接触传感器表面的触媒层而产生氧化反应放出热量。可燃性物质的氧化反应在触媒的催化作用下反应速率激增，使 Pt 丝的温度增加，即引起电阻升高，电流下降，使元件电桥的输出端电压上升，且电压的大小与感测气体的浓度成正比。利用此关系可达到检测 CO 气体浓度的目的。

(5) 场效应晶体管型 CO 传感器

场效应晶体管型 CO 传感器可分为结型场效应晶体管（J-FET）、绝缘栅极晶体管（FET）和金属-氧化物-硅场效应晶体管（MOS-FET）。这三者都可制成 P 或 N 通路，但 J-FET 仅有空穴型，MOS-FET 则有增强型与空穴型。其工作原理为在半导体（如 SiO_2）层上淀积一层绝缘物质（常用高分子材料），当外加一电场在栅极时，则可控制通路中所通过的电流大小。根据以上原理，若有气体吸附在绝缘层上，并且在绝缘层下附近的半导体产生一电子堆集成空穴区时，则会影响到电子通路中的阻力。在适当电路设计下，如果维持电流不变，则栅极电压的变化与气体浓度成函数关系，便可达到检测气体体积分数的目的。

10.2.2.2 二氧化碳气体传感器

人们已经研究开发出了红外线吸收法、电化学式、热传导式、电容式及固体电介质 CO_2 传感器及检测仪，其中，红外线吸收法和色谱法方法与一氧化碳检测方法基本相似。固体电解质 CO_2 气体传感器是由 Gauthier 提出的。初期用 K_2CO_3 固体电解质制备的电位型 CO_2 气体传感器受共存水蒸气影响很大，难以实用。后来有人利用稳定化锆酸盐 ZrO_2-MgO 设计一种 CO_2 敏感传感器，LaF_3 单晶与金属碳酸盐相结合制成的 CO_2 气体传感器具有良好的气敏特性，在此基础上有人提出利用稳定化锆酸盐/碳酸盐相结合制成传感器。1990 年，日本有人采用 NASICON（Na^+ 超导体）固体电解质和二元碳酸盐（$BaCO_3$、Na_2CO_3）电极，使传感器响应特性有了大的改进。但是，这类电位型的固态 CO_2 气体传感器需要在高温（400～600℃）下工作，且只适宜于检测低浓度 CO_2，应用范围受到限制。

现有采用聚丙烯腈（PAN）、二甲亚砜（DMSO）和高氯酸四丁基铵（TBAP）制备了一种新型固体聚合物电解质。以恰当用量配比 $PAN(DMSO)_2(TBAP)_2$ 聚合物电解质使其有高达 $10^{-4}S/cm$ 的室温离子电导率和好的空间网状多孔结构，由其在金属电极上成膜构成的全固态电化学体系，在常温下对 CO_2 气体有良好的电流响应特性，消除了传统电化学传感器因电解液渗漏或干涸带来的弊端，又具有体积小、使用方便的独到优点。

电容式传感器利用金属氧化物一般比其碳酸盐的介电常数要大，通过电容的变化来检测

CO_2。有报道采用溶胶-凝胶法，以醋酸钡和钛酸丁酯为原材料，乙醇和醋酸为溶剂制备了 $BaTiO_3$ 纳米晶材料，可以采用这种纳米晶材料为基体，制备电容式 CO_2 气体传感器。

光纤 CO_2 气体传感器的原理是利用环糊精对叶琳的荧光增强效应，且该荧光能被溶液中二氧化碳淬灭，该膜响应速度快、重现性好、抗干扰能力强，测定碳酸的范围达到了 $4.75\times10^{-7}\sim3.90\times10^{-5}$ mol/L，这对化学传感器来说是一个较好的性能指标。该方法克服了化学发光传感器消耗试剂的不足，不必连续不断地在反应区加送试剂。

10.2.2.3 甲烷气体传感器

(1) 氧化物半导体甲烷传感器

氧化物半导体甲烷传感器主要是以氧化物半导体为基本材料，使气体吸附于该氧化物表面，利用由此而产生的电导率变化测量气体的成分和浓度。氧化物半导体甲烷传感器由于具有灵敏度高、响应速度快、生产成本低等优点，其产品发展非常迅速，基本材料主要有氧化锡、氧化锌、氧化钛、氧化钴、氧化镁、γ-氧化铁等，其工作原理模型主要有以下三种。

① 表面吸附原理。由于半导体与吸附分子间的能量差，半导体表面吸附气体分子后，在半导体表面和吸附分子之间将发生电荷重排。对于 SnO_2、TiO_2 等 N 型半导体，如果吸附的是还原性的甲烷气体，这时，电子由甲烷向半导体表面转移，使半导体表面的电子密度增加，从而电阻率下降。

② 晶界势垒模型。晶界势垒模型认为，氧化物粒子之间的接触势垒是引起气敏效应的根源。通常情况下，晶界吸附着氧，形成高势垒，电子不能通过它而移动，故电阻较大。如果与甲烷气体接触，由于氧的减少，势垒降低，电子移动变得容易，电导率增加，电阻率下降。

③ 吸附氧理论。吸附氧理论是表面吸附原理和晶界势垒模型两者的结合。当半导体表面吸附了氧这类电负性大的气体后，半导体表面就会丢失电子，这些电子被吸附的氧俘获，其结果是 N 型半导体阻值减小。

(2) 光纤甲烷传感器

光纤甲烷传感器主要工作原理根据朗伯-比尔定理，实际应用时要解决参数过多的问题，所以有差分吸收法、透射法和利用二次谐波检测的方法。其中，差分法根据波长分布相近的两个单色光，采用双光路方法提高检测强度，最终得到式(10-4)。

$$c=\frac{1}{\alpha(\lambda_1-\lambda_2)}\times\frac{I(\lambda_2)-I(\lambda_1)}{I(\lambda_2)} \tag{10-4}$$

式中，c 为气体浓度；α 为一定波长下的单位浓度、单位长度介质的吸收系数；λ_1、λ_2 为相隔极近的两个波长；$I(\lambda_1)$、$I(\lambda_2)$ 为两种波长的透射光强。

而透射法对同一束光进行斩波调制，达到与差分一样的效果。基于二次谐波检测技术，采用分布反馈式半导体激光器作为光源，通过光源调制实现气体浓度的谐波检测，利用二次谐波与一次谐波的比值来消除由光源的不稳定和变化所引起的检测误差。

光纤光栅是光纤芯区折射率受永久性、周期性调制的一种特种光纤，光纤光栅甲烷传感器以光纤光栅传感器对传感信息采用波长编码，因此它不受电磁噪声和光强波动的干扰，并且便于利用复用（波分、时分、空分）技术实现对多种传感量的准分布多点测量。满足 $\lambda_B=2n_{eff}\Lambda$（式中，$\lambda_B$ 为 Bragg 波长，即光栅反射对应于自由空间中的中心波长；Λ 为光栅周期；n_{eff} 为纤芯的有效折射率）的波长才能被反射出来，其他的光线具有很好的透射率，从而提高检测的精度。

10.2.2.4 氢气气体传感器

（1）半导体型氢气传感器

① 金属氧化物半导体氢气传感器。当环境中有氧气时，金属氧化物产生氧化学吸附。该吸附层具有较高的电阻率，当还原性气体把化学吸附层中的氧气移出时，化学吸附层的电阻率降低，且电阻率的下降值随还原性气体浓度的增加而增加。金属氧化物半导体氢气传感器根据这一原理来检测环境中的氢气浓度。

② 肖特基（金属半导体）二极管氢气传感器。当肖特基（金属半导体）二极管氢气传感器与氢气接触时，氢气被吸附在催化金属表面，在金属的催化作用下分解为氢，氢从金属表面经晶格间隙扩散到金属/半导体界面，传感器加一定的偏置电压后，氢被极化形成偶极层。由于氢的存在，界面电荷增加，势垒降低，二极管特性曲线（*I-V*）发生漂移。传感器就是通过检测恒电流作用下电压的漂移来确定环境中的氢气浓度的。

氧化锡等金属氧化物半导体氢气传感器需在有氧环境中运行，因而适用范围有限。而肖特基二极管氢气传感器只需简单的电子电路即可运行，故肖特基二极管氢气传感器引起了广泛的关注。

（2）热电型氢气传感器

在基片上沉积一层热电材料，然后在热电材料表面的某一部分沉积一层催化金属，如Pt、Pd等，最后，分别在催化金属层、热电薄膜层（表面上无催化金属）引出电极，即获得最为简单的热电型氢气敏感元件。

当热电型氢气传感器暴露在含氢的空气中时，在铂等催化金属的催化作用下，氢气与氧气反应生成水蒸气，并放出热量，使覆盖有催化金属的膜面升温，与无催化金属覆盖的另一半膜面形成温差，热电材料将温差转换为电信号进行检测。热电材料直接将温差转换为电信号，不需要外加电力，所以热电型氢气传感器能耗低，适于与硅基体集成。

热电型氢气传感器具有两大优点：一是热电材料直接将温差转换为电信号，不需要外加辅助电源，是一种典型的有源器件，故能耗低，且适于与硅基体集成；二是其氢敏材料采用的是Pt、Pd等对氢气具有非常优良选择性的催化金属，故其选择性较好。催化剂和热电材料是热电型氢气传感器的核心材料，催化剂的催化活性和热电材料的性能决定了其性能。

（3）光学型氢气传感器

在光学型氢气传感器中，一般用钯层作为活性层。活性钯层与氢气接触时，H_2在钯/气体界面上被钯吸收离解为氢，并与钯形成PdH_2。与H结合前，钯以α相存在，随着吸收的氢气量的增加，钯由α相经过一个α、β相共存的过渡相后转变为β相。钯发生相变后，其光学性质发生变化，且变化值是氢气浓度的函数，从而实现对氢气的光检测。

光学氢气传感器是最有前景的氧气传感器之一。在一些特殊的环境中，如氢气浓度可能达到爆炸限的环境中，光学氢气传感器具有其他传感器不可比拟的优点。光学氢气传感器用光信号进行检测，不需要加热或加外电信号，避免爆炸的可能，因此，与其他传感器相比，它更安全；由于光学氢气传感器在常温下就有良好的敏感性，故在常温下适用，而其他传感器常需在几百度的高温下才能正常运行；使用适当波长的光和光纤就可以实现远距离监测，因此它更方便、实用。

（4）电化学氢气传感器

虽然电化学氢气传感器的寿命不尽如人意，但由于它产生的电势与传感器尺寸无关，容易微型化，因此得到了应用。特别是固态电解质的发展，引起了人们对电化学传感器更多的关注。

固态电解质电化学传感器是一种自身能产生电流的电流型电池。产生的电流与消耗的氢气的量成正比，电路中的电阻产生电压信号输出。这类传感器的优点在于它产生的电流或电压的检测都很方便，且准确度较高。

(5) 光纤氢气传感器

由于多种固态氢气气体传感器使用的都是电信号，一个共同的弊端就是可能产生电火花，对于氢气体积分数较高的环境来说，存在极大的安全隐患。而光纤传感器使用的是光信号，所以，适用于易爆炸的危险环境。

光纤氢气传感器大多采用金属 Pd 及其合金作为敏感材料，对氢气具有良好的选择性。光纤氢气传感技术通过光纤技术测量薄膜的透射率、反射率等物理参数的改变，实现对氢气体积分数的检测。到目前为止，发展最好、研究最为广泛的是微镜型传感器和 FBG 型传感器。

在光纤具有光栅的部分镀上一层金属Pd膜即可得到FBG 氢气敏感元件。当此元件放置在氢氛围中时，Pd 吸收氢气后形成 Pd 的氢化物，于是 Pd 膜发生形变，引起光栅波长的变化，通过测量光栅波长的变化即可检测氢气的体积分数。

在光纤的尾端镀上一层 Pd 或者 Pd 合金膜即得到微反射镜型（即微镜型）传感器。入射光经耦合器到达敏感元件，经敏感元件反射后再经耦合器进入光检测器。Pd 膜吸氢后，薄膜的反射率发生变化，于是引起光检测信号的变化，通过检测接收端的光信号实现对氢气体积分数的检测。这类传感器原理简单，发展比较成熟。

10.2.2.5 二氧化硫气体传感器

用于 SO_2 气体浓度/体积分数测量方法很多，这里简要介绍叉指电容法、光学检测法、声表面波法、电解质法。

SO_2 叉指电容法根据 SO_2 化学电子层特性，其与有机物结合，会导致介电常数的变化。根据电容的变化，测量气体的浓度。

光学检测比较常用的是红外线吸收法和光干涉法。其中，红外线吸收式传感器包括两个构造形式完全相同的光学系统，一束红外光入射到密封着某种气体的比较槽内，另一束红外光入射到通有被测气体的槽内。两个光学系统的光源同时以固定周期开闭。由于不同种类的气体对波长相同的红外光具有不同的吸收特性，同时，不同浓度的同种气体对红外光的吸收量也彼此相异。通过测量槽和比较槽的改变量来检测出是哪种气体。

SO_2 声表面波传感器通常采用双通道法来压制共膜比，气体敏感膜可采用 CdS 膜，此传感器测量精度高，测量分辨率为 $10^{-6}/Hz$。

结合光纤传感器和光声理论研制出的高灵敏度光声光纤 SO_2 传感器在常温下可测出浓度为 10^{-6} 的 SO_2。电解质早期的有液态 Li_2SO_4-K_2SO_4-Na_2SO_4，固体电解质有 NASICON 和 LaF_3。固态电解质 SO_2 气体传感器分为全固态、半固态两种，现工作电极采用较多的是 Nafion 膜，也有采用 V_2O_5 的，研制的传感器均优于全液态控制 SO_2 气体传感器，而固态控制型响应时间、结构性能更好，但响应灵敏度不如液态和半固态。

10.2.3 气体传感器的应用实例

10.2.3.1 红外甲烷传感器在二次测爆装置中应用

井下待测气中可燃气主要成分是甲烷，因此选用测量精度较高的红外传感器 IR12BD

型。$IR_{12}BD$ 采用非分散性红外（NDIR）技术来检测气体，这种非毒化的传感器技术依赖于目标气体特有的明确的吸收光谱，以此分辨目标气体和气体的浓度。使用一个合适的红外光源，通过目标气体对光线的吸收来检测目标气体的存在和浓度。

向四周扩散的气体通过传感器顶端的颗粒过滤膜进入传感器的光学房间。传感器感测元件表面的光线能量发生变化，其内部的锂钽探测器输出信号。在传感器中使用一个长寿命钨白炽灯作为宽频红外线的来源。灯的电压必须是脉冲电压，最适合的工作脉冲电压为4Hz，50%占空比。通过脉冲电压来减少或消除光线的背景干涉作用。探测器信号包括了直流电压叠加的谐波。

使用两个红外探测器，过滤器与活跃的探测器是相匹配的，这些探测器的探头对具有绝对强吸收光线的特殊气体是透明的。当需要设计一个满意的解决方案和要求一个紧凑结构的传感器时，可以使用这种只需短距离测量的光学传感器。当光学辐射穿过稀薄的气体时，来自活跃探测器的纹波峰-峰值将减小。第二个参考探测器因为使用不同的过滤器而对峰值变化不敏感。通过获取第二个峰-峰探测器信号的比率，能够分辨出目标气体由于周围环境的变化而引起的信号的变化。

吸收分数（Fa）关系式为：$Fa=1-[s_1/(R\times s_2)]$。这里，s_1 和 s_2 分别是活跃探测器和参考探测器的峰-峰值，而 R 的定义为：$R=s_1'/s_2'$。这里，s_1' 和 s_2' 分别是 s_1 和 s_2 在没有特定气体下的数值。

10.2.3.2 TGS2440一氧化碳传感器在火灾探测方面的应用

TGS2440传感器对一氧化碳气体的测量范围是30～1000ppm❶，正常环境中，一氧化碳含量小于10ppm；在厨房等位置，一氧化碳含量小于20ppm；烟雾中一氧化碳的含量都在50ppm以上。若一氧化碳浓度在100ppm以内时，传感器变化幅度会超过满幅度的一半以上，所以非常适合于火灾探测。

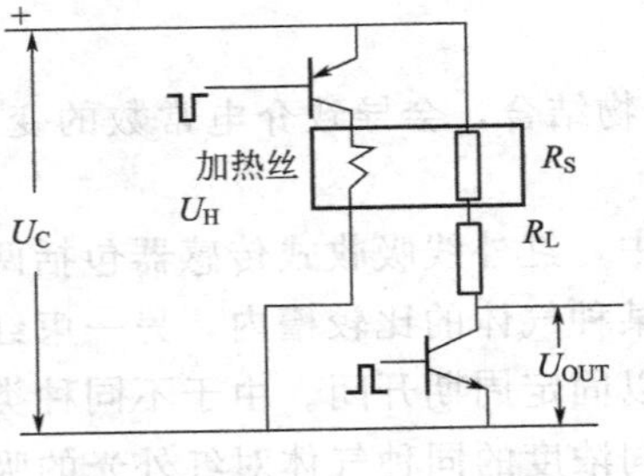

图 10-2　TGS2440传感器测量电路

传感器测量电路如图10-2所示。传感器的加热丝供电电压为 $U_H=(4.8\pm0.2)$V，加热周期为1s，其中，5V脉冲持续14ms，0V脉冲持续986ms；采样电路脉冲为5V，超前加热脉冲5ms，0V脉冲995ms，整个周期也是1s。传感器应该对一氧化碳有较好的一致性，TGS2440的阻抗 R_S 在一氧化碳浓度为100ppm时为1.62～16.2kΩ，灵敏度 β 为0.26～0.52。

在正常环境下，传感器阻抗都在数百千欧以上，为了更精确得到所测气体浓度值，TGS2440传感器又按灵敏度分了六挡，从A到F，从而保证浓度测量的准确性。

利用TGS2440对烟雾中一氧化碳成分的分析，并结合光电传感器对烟雾的响应，可以实现准确报警。TGS2440传感器的工作过程为：探测器上电后，TGS2440首先有一个稳定过程，需要经过3～5min时间。在此期间，程序对火灾信息不进行处理。TGS2440稳定工作后，光电传感器开始接收外部信号，当外部信号（由烟雾、水雾、灰尘等引起）发生变化时，其变化幅度超过光电传感器阈值，这时，TGS2440首先会判断一氧化碳浓度是否超出设定值，从而决定是否报警（像水雾不会产生一氧化碳，火灾探测器就会认为是误报，加以

❶ 1ppm$=10^{-6}$。

滤除）。

现在，用于火灾探测的探测器种类非常多，如离子感烟探测器、光电感烟探测器和感温感烟探测器等。但每种探测器都有一些缺陷，只能在一些特定的场合使用，如光电探测器对烟雾的响应度较低，即只有烟雾浓度一定后才能报警，并且对一些有机物质燃烧产生的黑烟灵敏度很低，有时会无法报警，即使能报出火灾信息，火灾已造成一定危险，带来了一定的损失。而过高的火灾探测灵敏度也往往使误报率上升，因此，如何早期准确报出火警已是消防行业必须研究的课题。

10.2.3.3 氧气传感器在火电厂的应用

火电厂使用的氧气传感器主要有热磁式氧气传感器和氧化锆氧气传感器两种。

热磁式氧气传感器是利用烟气组分中氧气的磁化率特别高这一物理特性来测定烟气中的氧气含量的。氧气为顺磁性气体，在不均匀磁场中，氧气能被磁场所吸引而流向磁场较强处。在该处设有加热丝，使此处氧的温度升高而磁化率下降。因而磁场吸引力减小，受后面磁化率较高的未被加热的氧气分子被推挤而排出磁场，由此造成热磁对流或磁风现象。在一定的气样压力、温度和流量下，通过测量磁风大小就可测得气样中氧气含量。热敏元件（铂丝）既作为不平衡电桥的两个桥臂电阻，又作为加热电阻丝。在磁风的作用下出现温度梯度，即进气侧桥臂的温度低于出气侧桥臂的温度。不平衡电桥将随着气样中氧气含量的不同输出相应的电压值。当气样中无氧气存在时，磁风消失，两桥臂温度相同，电桥处于平衡状态，输出为零。

氧化锆氧气传感器在氧化锆电解质的两面各烧结一个铂电极，当氧化锆两侧的氧分压不同时，分压高的一侧的氧以离子形式向分压低的一侧迁移，结果使分压高的一侧铂电极推动电子显正电，而分压低的一侧铂电极得到电子显负电，因而在两铂电极之间产生氧浓差电势。此电势在温度一定时只与两侧气体中氧气含量的差（氧浓差）有关。若一侧氧气含量已知（如空气中氧气含量为常数），则另一侧氧气含量（如烟气中氧气含量）就可用氧浓差电势表示。测出氧浓差电势，便可知道烟气中氧气含量。当温度改变时，即使烟气中氧气含量不变，输出的氧浓差电势也要改变。所以，现在使用的氧化锆氧气传感器均装有恒温装置，使氧化锆氧气传感器工作在恒定温度下，以保证测量的准确度。

火电厂对锅炉烟气含氧量的监测和控制都要求氧气传感器具有准确、稳定、响应迅速和经久耐用等基本性能。热磁式氧气传感器虽然具有结构简单、便于制造和调整等优点，但由于其反应速度慢、测量误差大、容易发生测量环室堵塞和热敏元件腐蚀严重等缺点，热磁式氧气传感器在火电厂的应用日渐减少，逐渐被氧化锆氧气传感器所取代。

10.2.4 气体传感器的发展趋势与展望

随着物联网、可穿戴设备、人工智能技术的进一步发展，气体传感器有着巨大的需求，例如：①移动终端与可穿戴设备方面。目前的移动终端（例如手机）中，已经集成了视觉、听觉、触觉等感知器件，若进一步在移动终端中集成气体/嗅觉感知器件，可以使得移动终端器件具备环境气氛感知的功能，可以用于室内外污染气体的监测、香水香味检测、食物变质与假冒伪劣产品检测、口气检测等。②微型环境监测站方面。基于微型气体传感阵列构建微型环境监测站，缩小体积、降低成本，并与路灯、移动网络基站集成，使之能应用于社区网格化监测，采用大数据挖掘获得区域内污染物扩散方式，追踪污染物种类、浓度的变化趋势，为污染源头溯源、污染物治理提供决策依据。③微型机器人方面。在微型机器人或无人机上集成气体/嗅觉感知器件，可以用于化工区危险物质泄漏溯源，工业园区污染排放监控与定位，也可用于天然气等化工物质运输管道巡检，定位泄漏源。④智慧医疗方面。目前，在医学中已经有数据证明人体呼出气与自身疾病之间有一定关联性，例如糖尿病患者的呼出气中丙酮含量较高，采用嗅觉感知器件可以更精确地识别目标气体，提供可靠的医学判据。一方面可以作为居家检测方式，进行长期健康状况的监测，另一方面也可以作为医院中一些疾病的无创初筛检测。

与此同时，当前气体检测仪器行业处于产业高速增长期。稳定性强、灵敏度高、寿命长、痕量气体检测是气体传感器技术发展的目标，物联网化更是当前社会发展的需要。

（1）开发新型气体敏感材料

气体敏感材料是气体传感器的核心和研究热点。金属氧化物半导体材料是最早被运用于气体传感器的敏感材料之一。目前商用金属氧化物半导体传感器材料大多以 SnO_2 为主体材料。此外，氧化锌（ZnO）、氧化钨（WO_3）、氧化铟（In_2O_3）、氧化铜（CuO）、氧化镍（NiO）、氧化铁（Fe_2O_3）等金属氧化物也由于各自的特性被用于气体敏感材料。此外，一些三元氧化物如钙钛矿类型材料也被用于气敏响应中。但金属氧化物半导体大多需要在较高的温度（300～500℃）才能与气体分子进行响应，在一定程度上限制了该类气体传感器技术的发展。

新型气体敏感材料是传感器技术得以进一步发展的重要物质前提。我国对于新型气体敏感材料的研究更注重于对半导体材料、陶瓷材料以及有机高分子材料的研究。其中对半导体材料的研究侧重于金属氧化物和复合金属氧化物以及金属氧化物。改善半导体气敏元件的性能主要是利用掺杂的办法来调整性能，例如在半导体材料中添加一些化学气体物质来提升传感器的灵敏度，还有的方法是在传感器中加入催化剂，这种方式也能调整气敏元件的整体选择性，调整反应实践。

目前在气体传感器研究中，由于敏感材料的特性决定了其主要性能，因此敏感材料的研究是气体传感器的主要研究方向，也是本领域国内外研究的热点方向，主要研究方向为开发低工作温度、高敏感度、高选择性的纳米气敏材料。

（2）气体传感器协同设计与集成制造

采用 MEMS 与 CMOS 技术进一步缩小传感器尺寸，实现传感器晶圆级制造，将多个传感器集成在一起形成传感器阵列，并融合数据处理等模块，实现芯片级封装制造。国外有公司已经完成四种金属氧化物半导体传感器的集成，同时还集成了温湿度传感器。另一方面，非分光红外（NDIR）传感器也借助微纳加工技术实现了小型化制备，将整体尺寸缩小到毫米级别。为了真正实现人工嗅觉，需要借助微纳加工方法将不同种类的气体传感器尽量多地集成在一起形成大型气体传感器阵列，就如视觉感知器件所需的像元阵列一样。

（3）结合深度学习的智能气体传感

真实环境中的气氛非常复杂，同时发展基于嗅觉识别的深度学习技术，并融合至 AI 芯片中，形成智能嗅觉感知系统时环境温湿度也一直在变化，为了精确识别气体的种类与浓度需要更加智能的嗅觉感知系统。基于深度学习的模式识别技术已经在其他领域中得到广泛应用并展现了强大的识别能力，但针对于嗅觉的深度学习技术还处于初级阶段。要配合传感器阵列，实现复杂环境中的气体精确识别。

（4）气体敏感机理模型化

气体感知过程本质上是化学反应，与视觉、听觉、触觉是物理反应不同，其本身的反应较为复杂，对于气敏材料的响应机理目前仍处于宏观上的认识，其中具体的反应过程、制约反应的根本因素等还未解释得非常清晰，包括对于人类嗅觉的感知过程也暂未理清。深入研究气敏反应包括人类嗅觉感知过程可以进一步指导对气敏材料的开发，有助于提高传感器性能，解决传感器选择性、稳定性等问题。

（5）气体传感器的小型化、智能化、多功能

随着我国科技的不断发展，传感器生产工艺水平大幅度提升。因此，气体传感器集成度越来越高，再加上国内微机械以及微电子水平的提升，传感器的体积越来越小。MEMS 技术使集成电路与传感器结合在一起，这就是使得气体传感器具备了以下优势：重量减轻、体积缩小、准确度高、功耗低、互换性好等。尤其是实现全自动化之后生产效率大大提升，同时还降低了生产成本。

智能化发展主要体现在气体传感器中嵌入了微处理器和智能算法，这样就使得气体传感器具备了故障显示与自动校准等功能。另外，在软件设计中运用神经元网络与模糊理论使得气体传感能够识别气体种类与浓度推断，如新型多路可燃气体检测电子鼻是根据红外气流显示的气体分布图像，使用二氧化碳激光器可检测 9～11m 范围内的 70 多种气体。随着气体传感器的小型化、阵列化与集成化的发展，采用微型气体传感器阵列配合人工智能算法，可实现对于哺乳动物生物嗅觉模拟的过程，即采用气体传感器模拟嗅觉受体与环境气氛响应产生响应信号，采用人工智能领域中模式识别算法模拟大脑，处理收集的信号进行分析并输出识别结果。可以看到，在人工嗅觉系统中，模式识别算法决定了识别精度，一直是研究的重点。

多功能化发展是指气体传感器检测仪能够实现多参数测试，实现多种气体的检测与识别。例如在一块芯片上嵌入不同的处理器，实现对多种气体温度、湿度、压力以及流速等方面的检测，从而将被测气体在特定环境中表现出的特性更全面地呈现出来。

（6）气体传感器的通用化、物联网化

未来气体检测仪的发展趋势就是以一种仪器检测出多种气体，如光离子化检测仪器可以检测出多种挥发性有机物；某便携式多种气体检测仪可以检测出近百种气体成分。另外，近年来，国内各级城市都在大力建设智慧城市。气体传感器作为物联网应用中的关键技术，是构成物联网的核心基础之一，为智慧城市，智慧环保、智慧安全、智慧消防、智慧医疗、智慧公用和健康家居的建设，提供了有力支持。

随着科学技术的迅猛发展，对各类材料和性能进行详细的研究，气体传感器会稳定性更强、灵敏度更高、寿命更长，这些气体传感器被广泛应用于环境检测、气体泄漏检测、生产过程监控、气体成分分析等领域，为我国的各行业发展、为万物互联提供了有力支持。

10.3 湿敏传感器

湿度传感器的功能是将外界环境湿度变化的大小转换成各种方便监测和记录存储的电学信号，湿度传感器主要包括基板和湿度敏感材料两大部分，其中湿敏材料附着于基板表面。当使用湿度传感器检测外界湿度环境时，湿敏材料会开始吸附待测气体中的水分子，材料自身的导电性产生变化，进而引起湿敏传感器的电阻值或是电容值改变，这一改变可以通过电路或配置的监测设备测得，以此反推出环境湿度的变化。

人们早就发现了人的头发随大气湿度变化而伸长或缩短的现象，因而制成了毛发湿度计。这类早期的湿度计的响应速度、灵敏度、准确性等指标都不高。20 世纪 50 年代以后，

人们研制出了电阻湿度计，近年来又出了半导体湿敏、金属陶瓷湿敏等器件。金属陶瓷湿敏的基本原理为：当水分子在陶瓷晶粒间吸附时，可离解出大量的导电离子，这些离子担负着电荷输运的任务，导致材料电阻下降。大多数半导体陶瓷属于负湿敏特性的材料，其阻值随环境湿度的增加而减小。

10.3.1 湿度的定义及其表示方法

所谓湿度，是指大气中水蒸气的含量。它通常有如下三种表示方法。

(1) 绝对湿度

绝对湿度（H_a）是指单位体积空气（V）内所含水蒸气的质量（m_V），其数学表达式为

$$H_a = \frac{m_V}{V} \tag{10-5}$$

绝对湿度给出了水分在空气中的具体含量。

(2) 相对湿度

相对湿度（H_T）是指待测空气中实际所含的水蒸气分压（P_V）与相同温度下饱和水蒸气分压（P_W）比值的百分数，其数学表达式为

$$H_T = \frac{P_V}{P_W} \times 100\% \tag{10-6}$$

相对湿度给出了大气的潮湿程度，实际中常用。

(3) 露点（温度）

在一定大气压下，将含有水蒸气的空气冷却，当温度下降到某一特定值时，空气中的水蒸气达到饱和状态，开始从气态变成液态而凝结成露珠，这种现象称为结露，这一特定温度就称为露点温度。

10.3.2 湿敏传感器的定义、性能参数及特性

湿敏传感器是一种能将被测环境湿度转换成电信号的装置。主要由两个部分组成：湿敏元件和转换电路，除此之外还包括一些辅助元件，如辅助电源、温度补偿、输出显示设备等。

(1) 理想的湿敏传感器应具备的性能

① 使用寿命长，稳定性好。

② 灵敏度高，线性度好，温度系数小。

③ 使用范围宽，测量精度高。

④ 响应迅速。

⑤ 湿滞回差小，重现性好。

⑥ 能在恶劣环境中使用，抗腐蚀、耐低温和高温等特性好。

⑦ 器件的一致性和互换性好，易于批量生产，成本低。

⑧ 器件感湿特征量应在易测范围内。

(2) 湿敏传感器的主要参数及特性

① 感湿特性。

② 湿度量程。

③ 灵敏度。

④ 湿滞特性。

⑤ 响应时间。

⑥ 感湿温度系数。

⑦ 老化特性。

感湿特性和湿滞特性分别如图 10-3 和图 10-4 所示。

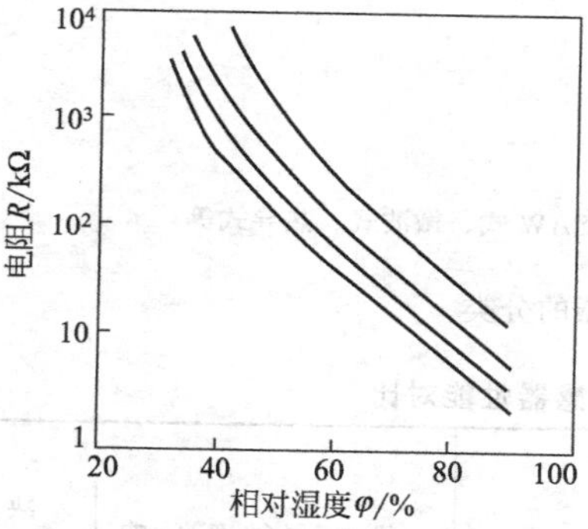

图 10-3 感湿特性

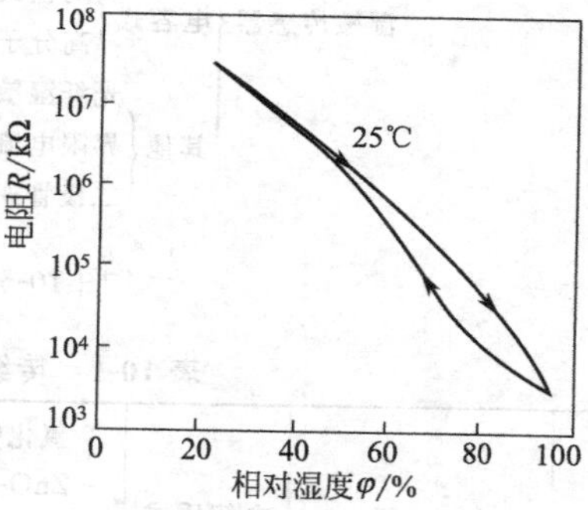

图 10-4 湿滞特性

10.3.3 湿敏传感器的分类与性能对比

湿度传感器种类繁多，按照湿度传感器工作原理的不同分为伸缩式、蒸发式、露点式及声学式、光学式、电学式等。其中电学式是一种现代意义的湿度传感器，它利用材料的电特性与空气中湿度变化呈现一定的关系确定气体湿度，这类湿度传感器特别适用于自动控制领域。

除按照工作原理和湿敏材料的不同来分类以外，湿度传感器还可以按照感湿材料响应机理来分类，主要包括电学式、光学式以及压电谐振式湿度传感器等。目前湿度传感器中研究最深最透彻且市场占比最大的传感器应当是电学式湿度传感器，电学式湿度传感器还可以进一步根据传感器电学参数分为电容式和电阻式两类。电容式湿度传感器因灵敏度高、功耗低、温漂小等优良的性能受到了人们的普遍关注。现在市面上出售的湿度传感器大部分都是电容型的。

光学式湿度传感器又可按测量原理进一步细分为：光敏薄膜式、光纤式、光纤光栅式、波导式和微光机电系统式湿度传感器等。光学式湿度传感器主要是根据感湿材料在不同湿度环境下的光传导特性的不同实现检测的，与电学式湿度传感器相比，其测试精度更高，但器件本身存在需要产生某种特殊的光源和配置特殊检测设备的局限性，因此想要进一步集成和产业化光学式湿度传感器还有一段距离。

压电谐振式湿度传感器的工作原理是根据湿敏材料的黏弹性、导电性还有质量差异在不同的待测气氛中有不同程度的响应。这种湿敏传感器在检测湿度时拥有测量量程大、灵敏度高以及功耗低等多个优势。此外，压电谐振器以监测谐振频率的测试设备输出测试信号，而这种谐振频率可以作为一种精确的数字信号被检测到。这一测试结果的准确性需要依赖于这种传感器的微感应平台是否灵敏，能否将微小的谐振频率的差异检测出来。

这三种湿度传感器相比较而言，电学式的湿度传感器在不同的湿度测试环境下的导电性优异，其组成结构比起压电谐振式来说相对简单，易于大规模加工和产业化发展。

湿敏（度）传感器的分类如图 10-5 所示。传统电学湿度传感器性能对比如表 10-1 所示。

- 湿敏传感器
  - 电阻式
    - 电解质式
    - 陶瓷式
    - 高分子式
  - 电容式
    - 陶瓷式
    - 高分子式
  - 其他
    - 光纤湿敏传感器
    - 界限电流式湿敏传感器
    - 二极管式、石英振子、SAW 式、微波式、热导式等

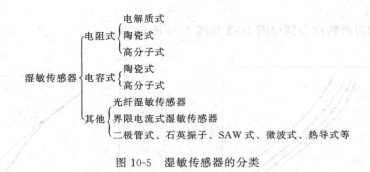

图 10-5　湿敏传感器的分类

表 10-1　传统电学湿度传感器性能对比

湿度传感器	电阻式(根据感湿材料不同)	电解质式 陶瓷式 高分子式	氯化锂湿敏元件 $ZnO-LiO_2-V_2O_5$ 系 $Si-Na_2O-V_2O_5$ 系 $TiO_2-V_2O_5$ 系 高氯酸钾-聚氯化乙烯四乙基硅烷的等离子共聚膜	优点：灵敏度高，响应速度快，体积小，较稳定	缺点：线性度和产品互换性差，低湿灵敏度不够
	电容式	陶瓷式 高分子式	多孔 Al_2O_3 湿敏电容 醋酸丁酸纤维系 聚苯乙烯 聚甲基丙烯酸甲酯	优点：灵敏度高，产品互换性好，响应速度快，湿度的滞后量小，线性度好，易实现小型化、集成化	缺点：精度偏低，抗腐蚀能力稍差，难以测出高湿度范围（80%～99%RH）

可以看出，电学湿度传感器的主要优点是设计简单和价格低，不足是：需要定期校准、测试＜5%RH 的湿度困难、不好的线性和相对长的响应时间，而且不易在极端环境、遥远地区、有电磁干扰区域中使用。

10.3.4　常用湿敏传感器的基本原理

10.3.4.1　电阻式湿敏传感器

电阻式湿敏传感器是利用器件电阻值随湿度变化的基本原理来进行工作的，其感湿特征量为电阻。根据使用的感湿材料的不同，电阻式湿敏传感器可分为电解质式、陶瓷式和高分子式。

（1）电解质式（氯化锂）电阻湿敏传感器

氯化锂湿敏电阻是利用吸湿性盐类潮解，离子电导率发生变化而制成的测湿元件（如图 10-6和图 10-7 所示）。它由引线、基片、感湿层与电极组成。氯化锂通常与聚乙烯醇组成混合体，在氯化锂（LiCl）溶液中，Li 和 Cl 以正负离子的形式存在，而 Li^+ 对水分子的吸引力强，离子水合程度高，其溶液的离子导电能力与浓度成正比。当溶液置于一定温湿场中，若环境相对湿度高，溶液将吸收水分，使浓度降低，因此，其溶液电阻率增高；反之，环境相对湿度变低时，则溶液浓度升高，其电阻率下降，从而实现对湿度的测量。

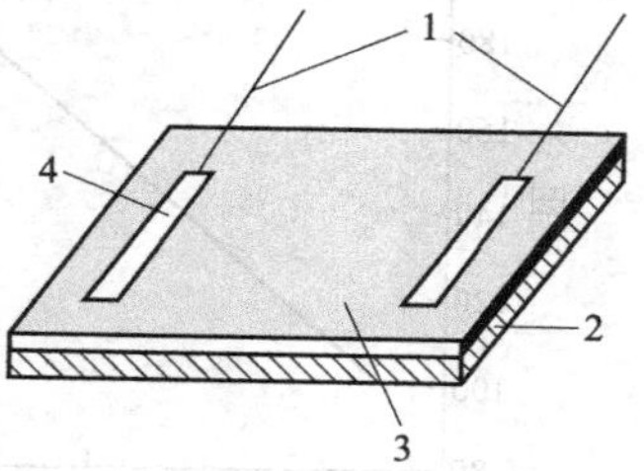

图 10-6 湿敏电阻结构示意图

1—引线；2—基片；3—感湿层；4—金电极

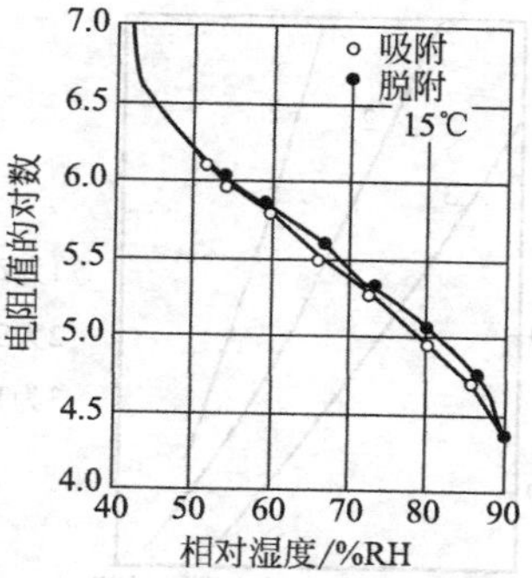

图 10-7 氯化锂湿度-电阻特性曲线

氯化锂湿敏元件的优点是滞后小，不受测试环境风速影响，检测精度高达±5%。缺点是耐热性差，不能用于露点以下测量，器件性能（重复性）不理想，使用寿命短。

（2）陶瓷式电阻湿敏传感器

通常用两种以上的金属氧化物半导体材料混合烧结成为多孔陶瓷，这些材料有 $ZnO\text{-}LiO_2\text{-}V_2O_5$ 系、$Si\text{-}Na_2O\text{-}V_2O_5$ 系、$TiO_2\text{-}MgO\text{-}Cr_2O_3$ 系、Fe_3O_4 等，前三种材料的电阻率随湿度增加而下降，故称为负湿敏特性半导体陶瓷，最后一种的电阻率随湿度增加而增大，故称为正湿敏特性半导体陶瓷。

① 负湿敏特性半导体陶瓷的导电原理。由于水分子中的氢原子具有很强的正电场，当水在半导体陶瓷表面吸附时，就有可能从半导体陶瓷表面俘获电子，使半导体陶瓷表面带负电。如果该半导体陶瓷是P型半导体，则由于水分子吸附，表面电势下降，将吸引更多的空穴到达其表面，其表面层的电阻下降；若该半导体陶瓷为N型，则由于水分子的附着，表面电势下降，如果表面电势下降较多，不仅使表面层的电子耗尽，而且吸引更多的空穴达到表面层，有可能使到达表面层的空穴浓度大于电子浓度，出现所谓的表面反型层，这些空穴称为反型载流子。它们同样可以在表面迁移而表现出电导特性，使N型半导体陶瓷材料的表面电阻下降。

不论是N型还是P型半导体陶瓷，其电阻率都随湿度的增加而下降。三种负湿敏特性半导体陶瓷式湿敏传感器感湿特性如图 10-8 所示。

② 湿敏半导体陶瓷的导电原理。根据正特性湿敏半导体陶瓷的导电原理，可以认为这类材料的结构、电子能量状态与负湿敏特性材料有所不同。当水分子附着半导体陶瓷的表面，使电势变负时，其表面层电子浓度下降，但这还不足以使表面层的空穴浓度增加到出现反型的程度，此时仍以电子导电为主。于是，表面电阻将由于电子浓度下降而加大，这类半导体陶瓷材料的表面电阻将随湿度的增加而加大。通常，湿敏半导体陶瓷材料都是多孔的，表面电导占的比例很大，故表面层电阻的升高必将引起总电阻值的明显升高。

Fe_3O_4 半导体陶瓷的正湿敏特性如图 10-9 所示。

典型陶瓷湿敏传感器：

① $MgCr_2O_4\text{-}TiO_2$ 湿敏元件。氧化镁复合氧化物-二氧化钛湿敏材料通常制成多孔陶瓷型湿-电转换器件，它是负湿敏特性半导体陶瓷，$MgCr_2O_4$ 为P型半导体，它的电阻率低、阻值温度特性好。$MgCr_2O_4\text{-}TiO_2$ 陶瓷结构如图 10-10 所示，$MgCr_2O_4\text{-}TiO_2$ 陶瓷湿敏传感器湿敏特性如图 10-11 所示。

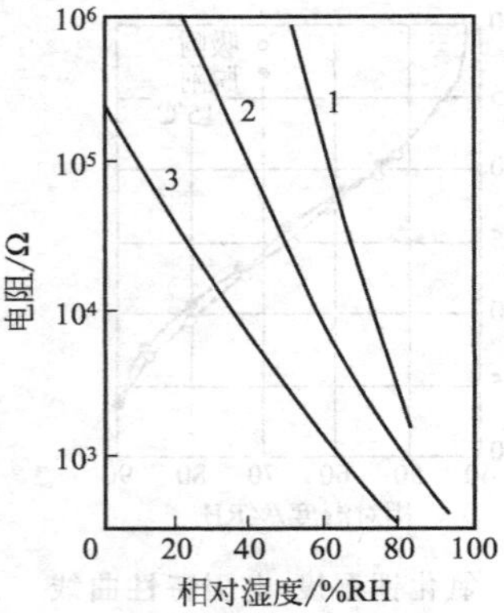

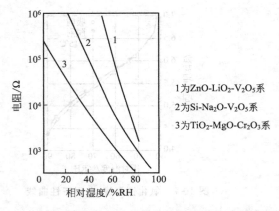

图 10-8 三种负湿敏特性半导体陶瓷式湿敏传感器感湿特性

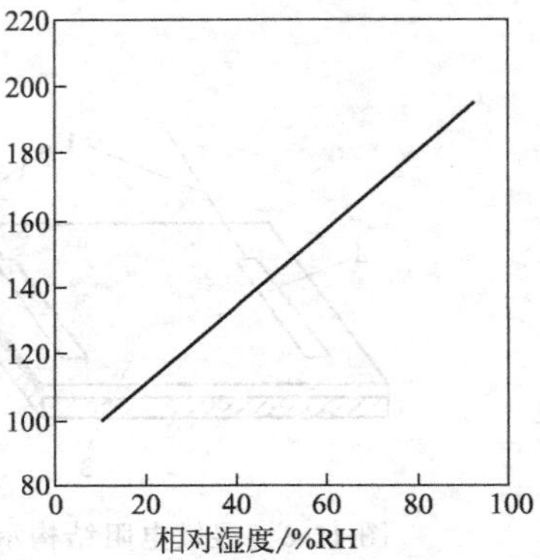

图 10-9 Fe_3O_4 半导体陶瓷的正湿敏特性

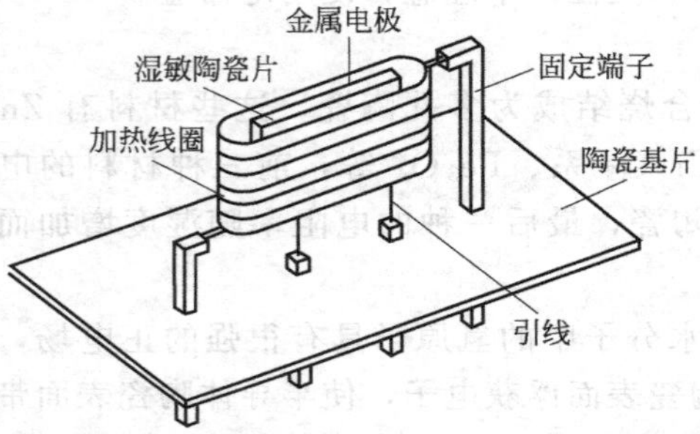

图 10-10 $MgCr_2O_4$-TiO_2 陶瓷结构

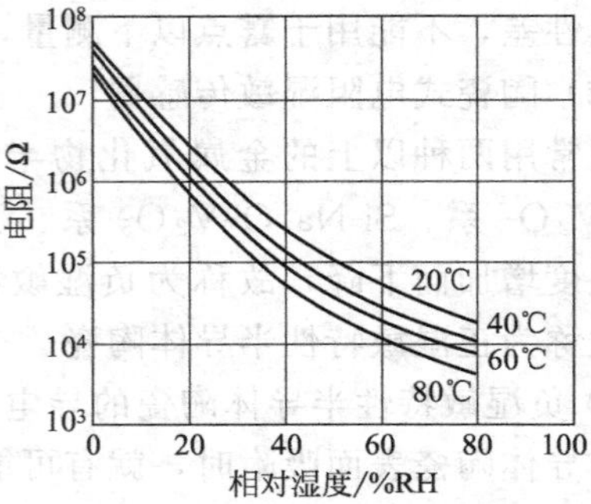

图 10-11 $MgCr_2O_4$-TiO_2 陶瓷湿敏传感器湿敏特性

② ZnO-Cr_2O_3 陶瓷湿敏元件。ZnO-Cr_2O_3 湿敏元件将多孔材料的金电极烧结在多孔陶瓷圆片的两表面上，并焊上铂引线，然后将敏感元件装入有网眼过滤的方形塑料盒中，用树脂固定。ZnO-Cr_2O_3 陶瓷湿敏传感器结构如图 10-12 所示。

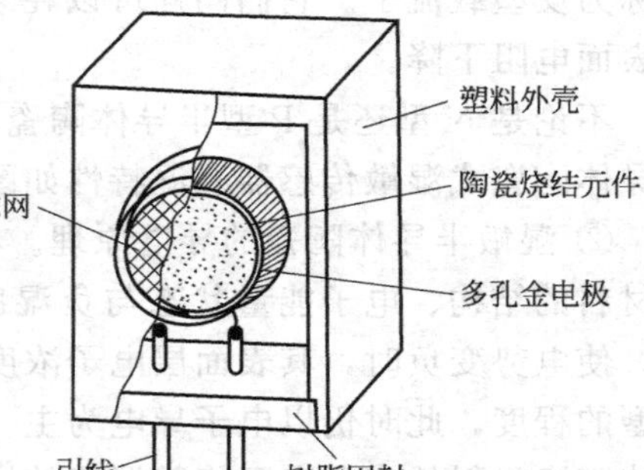

图 10-12 ZnO-Cr_2O_3 陶瓷湿敏传感器结构

陶瓷式电阻湿敏传感器的特点如下：

① 传感器表面与水蒸气的接触面积大，易于水蒸气的吸收与脱去。

② 陶瓷烧结体能耐高温，物理、化学性质稳定，适合采用加热去污的方法恢复材料的湿敏特性。

③ 可以通过调整烧结体表面晶粒、晶粒界和细微气孔的构造改善传感器湿敏特性。

(3) 高分子式电阻湿敏传感器

利用高分子电解质吸湿而导致电阻率发生变化的基本原理来进行测量的。

当水吸附在强极性基高分子上时，随着湿度的增加吸附量增大，吸附水之间凝聚化呈液态水状态。在低湿吸附量少的情况下，由于没有荷电离子产生，电阻值很高。当相对湿度增加时，凝聚化的吸附水就成为导电通道，高分子电解质的成对离子主要起载流子作用。此外，由吸附水自身离解出来的质子（H^{+}）及水和氢离子（H_3O^{+}）也起电荷载流子作用，这就使得载流子数目急剧增加，传感器的电阻急剧下降。利用高分子电解质在不同湿度条件下电离产生的导电离子数量不等使阻值发生变化，就可以测定环境中的湿度。

高分子式电阻湿敏传感器测量湿度范围大，工作温度在 0～50℃，响应时间短（<30s），可作为湿度检测和控制用。

10.3.4.2 电容式湿敏传感器

电容式湿敏传感器是利用湿敏元件电容量随湿度变化的特性来进行测量的，通过检测其电容量的变化值，从而间接获得被测湿度的大小。电容式湿敏传感器结构如图 10-13 所示，电容式湿敏传感器湿敏特性如图 10-14 所示。

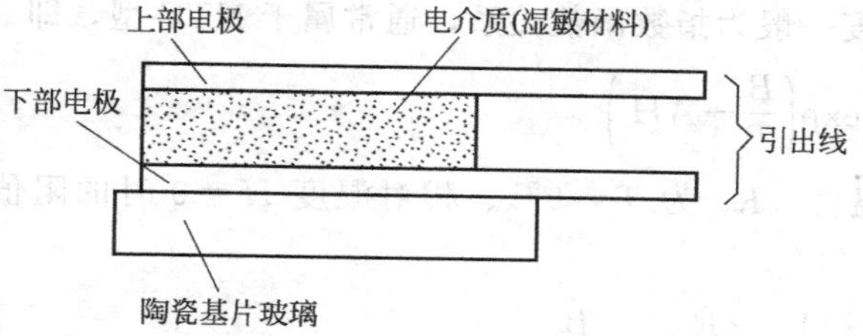

图 10-13 电容式湿敏传感器结构

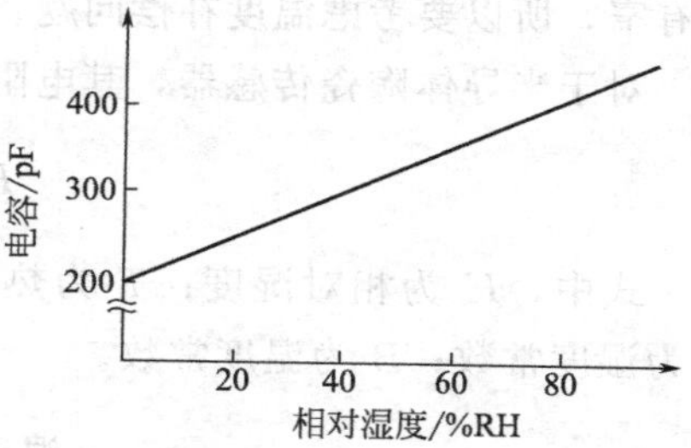

图 10-14 电容式湿敏传感器湿敏特性

电容式湿敏传感器检测范围宽，线性好，因此在实际中得到了广泛的应用。

10.3.4.3 荧光湿度传感器

荧光湿度传感器具有灵敏度高、选择性好、体积小、响应快、抗电磁干扰（EMI）、动态范围大、信号稳定等许多优点。荧光湿度传感器的测量原理是，当不同温度的含湿气体与荧光传感膜接触后，传感膜的荧光参数（荧光强度、荧光寿命及发射波长等）发生改变，通过对荧光参数的测量实现对气体湿度的检测。因此，在湿度测量中，分子荧光探针的选择、传感膜的设计和制备是荧光湿度传感器研究的核心。

通常湿敏材料按材料属性可分为电解质材料、半导体陶瓷材料和有机高分子聚合物材料。荧光湿度传感器多以荧光高分子材料为湿敏材料制成荧光传感薄膜实现对气体湿度的检测。

荧光湿度传感器可分为荧光寿命型、荧光强度型、荧光波长移动型湿度传感器。

① 荧光寿命型湿度传感器：其原理是基于荧光湿敏材料在对水分和湿度变化的传感过程中，荧光薄膜的荧光寿命参数发生变化，以此为检测信号实现对微水和气体湿度的检测。

② 荧光强度型湿度传感器：其原理是基于湿敏材料在对水分和湿度变化的传感过程中，荧光薄膜的荧光强度参数发生变化，以此为检测信号实现对微水和气体湿度的检测。

③ 荧光波长移动型湿度传感器：其原理是基于此类湿敏材料制成的荧光薄膜其发射的荧光波长或频率会受到水分或者环境湿度的影响，而发生红移或蓝移现象，因此，波长移动的程度反映出环境湿度或水分含量的变化。

10.3.5 湿敏传感器的测量电路

以电阻式湿敏传感器测量电路为例进行介绍。

(1) 检测电路的选择

① 电源选择。一切电阻式湿敏传感器都必须使用交流电源，否则性能会劣化甚至失效。

电解质式电阻湿敏传感器的电导是靠离子的移动实现的，在直流电源作用下，正、负离子必然向电源两极运动，产生电解作用，使感湿层变薄甚至被破坏；在交流电源作用下，正负离子往返运动，不会产生电解作用，感湿层不会被破坏。

交流电源的频率选择是，在不产生正、负离子定向积累情况下尽可能低一些。在高频情况下，测试引线的容抗明显下降，会把湿敏电阻短路。另外，感湿层在高频下也会产生集肤效应，阻值发生变化，影响到灵敏度和准确性。

② 温度补偿。湿敏传感器具有正或负的温度系数，其温度系数大小不一，工作温区有宽有窄，所以要考虑温度补偿问题。

对于半导体陶瓷传感器，其电阻与温度一般为指数函数关系，通常属于 NTC 型，即

$$R=R_0\exp\left(\frac{B}{T}-AH\right)$$

式中，H 为相对湿度；T 为热力学温度；R_0 为 $T=0$℃、相对湿度 $H=0$ 时的阻值；A 为湿度常数；B 为温度常数。

$$温度系数=\frac{1}{R}\times\frac{\partial R}{\partial T}=-\frac{B}{T^2}$$

$$湿度系数=\frac{1}{R}\times\frac{\partial R}{\partial H}=-A$$

$$湿度温度系数=\left|\frac{温度系数}{湿度系数}\right|=\left|\frac{\partial H}{\partial T}\right|=\frac{B}{AT^2}$$

若传感器的湿度温度系数为 0.07%RH/℃，工作温度差为 30℃，测量误差为 0.21%RH/℃，则不必考虑温度补偿；若湿度温度系数为 0.4%RH/℃，引起 12%RH/℃的误差，则必须进行温度补偿。

③ 线性化。湿敏传感器的湿敏特征量与相对湿度之间的关系不是线性的，这给湿度的测量、控制和补偿带来了困难。需要通过一种变换使湿敏特征量与相对湿度之间的关系线性化。图 10-15 为湿敏传感器测量电路原理框图。

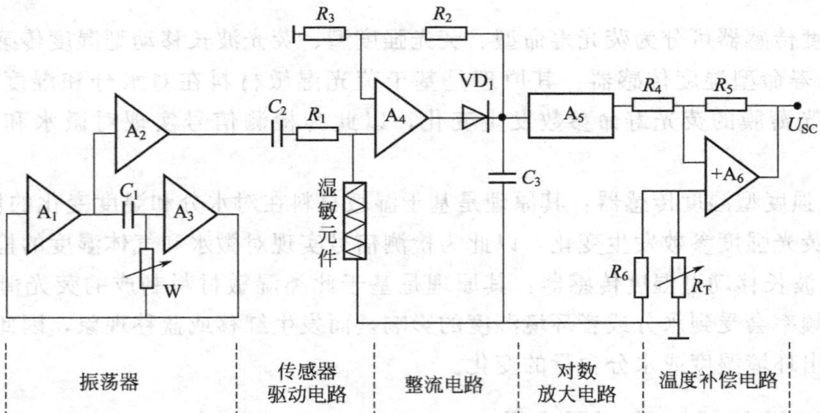

图 10-15　湿敏传感器测量电路原理框图

（2）典型电路

电阻式湿敏传感器，其测量电路主要有三种形式。

① 电桥电路。振荡器给电路提供交流电源。电桥的一臂为湿敏传感器，湿度变化使湿敏传感器的阻值发生变化，于是电桥失去平衡，产生信号输出，放大器可把不平衡信号加以放大，整流器将交流信号变成直流信号，由直流毫安表显示。振荡器和放大器都由 9V 直流电源供电。电桥电路适合于氯化锂电阻湿敏传感器，如图 10-16 所示。

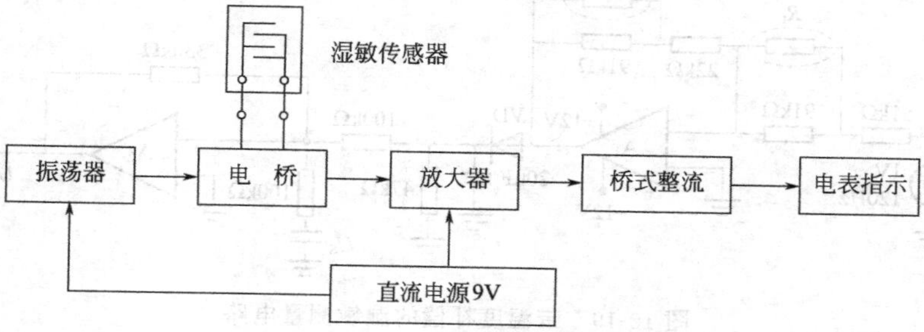

图 10-16　电桥测湿电路框图

便携式湿度计的实际电路如图 10-17 所示。

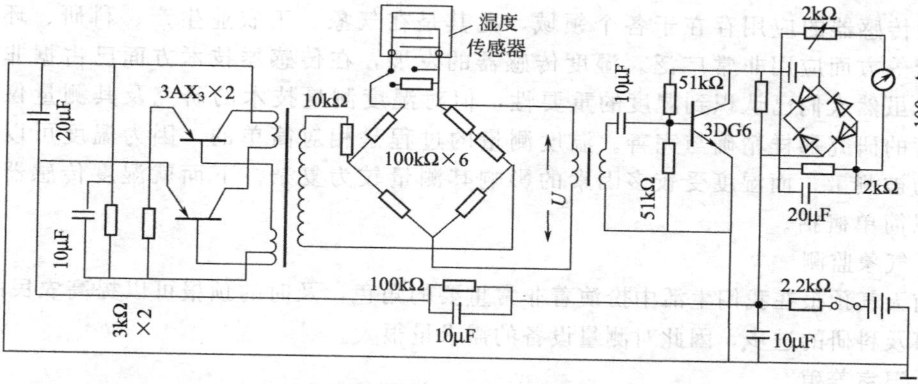

图 10-17　便携式湿度计的实际电路

② 欧姆定律电路。该电路适用于可流经较大电流的陶瓷式电阻湿敏传感器。由于测湿电路可以获得较强信号，故可省去电桥和放大器，可用市电作为电源，只要用降压变压器即可，其电路图如图 10-18 所示。

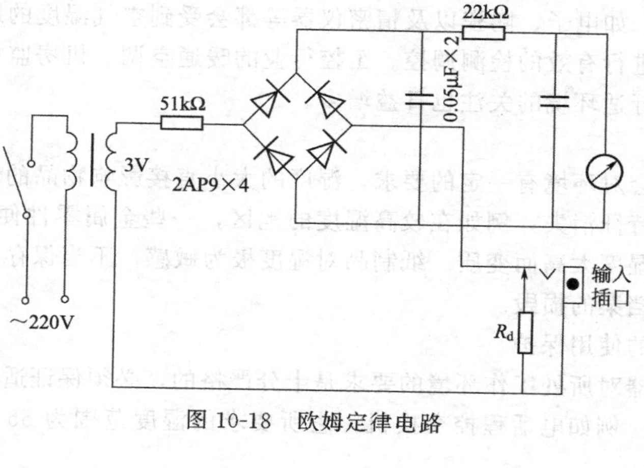

图 10-18　欧姆定律电路

③ 带温度补偿的湿敏测量电路。在实际应用中，需要考虑湿敏传感器的线性处理和温度补偿，通常采用运算放大器构成湿度测量电路。图 10-19 中，R_t 是热敏电阻器；R_H 为湿敏传感器；运算放大器型号为 LM2904。该电路的湿度-电压特性及温度特性表明：在（30%～90%）RH、15～35℃范围内，输出电压表示的湿度误差不超过 3%RH。

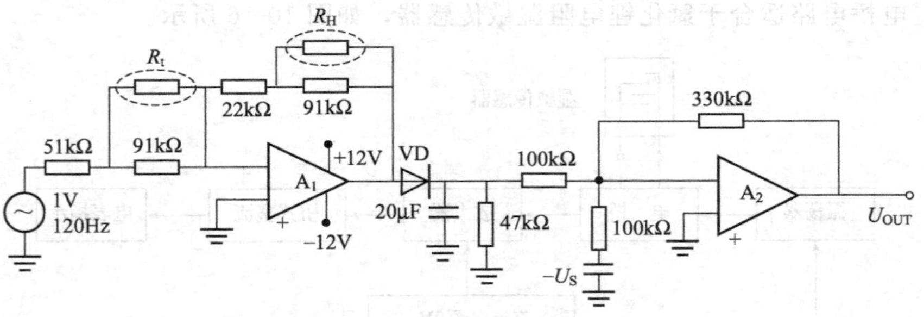

图 10-19 带温度补偿的湿敏测量电路

10.3.6 湿度传感器的应用

湿度传感器的应用存在于各个领域，尤其是在气象、工农业生产、科研、环保、国防、航天等方面应用非常广泛。湿度传感器的发展，在传感器技术方面已占据非常重要的地位。虽然人们已认识到湿度的重要性，但对湿度测量技术的研究及其测量仪器远不如对温度的研究那样精确与完善。温度测量的过程是相对简单的，因为温度可以看做相对独立的被测量，而湿度受较多因素的影响其测量较为复杂。下面就湿度传感器的广泛应用加以简单概括。

（1）气象监测

目前天气预报在我们生活中扮演着非常重要的角色，及时的预报可以提高农民的生产，促进军事及科研的进步，因此对测量设备的需求量很大。

（2）温室养殖

目前温室技术在养殖、农牧林等各项产业中都较为普遍。其中，对湿度和温度的控制是必不可少的，对湿度的要求也极为严格。适宜的湿度大小可以促进家畜以及农作物的生长，使产量得到相应的提高，还能减轻病虫害的危害。

（3）工业生产

在工业生产中，如电子、陶瓷以及精密仪器等都会受到空气湿度的影响，进而造成减产及质量降低。必须进行有效的检测调控。工控行业的暖通空调、机房监控等，人们对于通过湿度控制达到最佳舒适环境的关注也日益增多。

（4）物品储藏

物品在储藏时会对环境有一定的要求，湿度的大小直接影响物品的储藏时限，它会导致物品所具有的原有特征消失，例如在较高湿度的地区，一些金属零件便会生锈而受到腐蚀，而非金属零件会因湿度太高而变质。纸制品对湿度极为敏感，不当保存会严重降低档案保存年限，造成书籍、档案的损毁。

（5）精密仪器的使用保护

较为精密的仪器对所处工作环境的要求是十分严格的，必须保证适宜的环境湿度，以保证仪器的正常运转。例如电话程控交换机，它所要求的湿度范围为 55%±10%，过低的湿度会导致静电的产生，而过高的湿度会使绝缘性能降低。

(6) 食品、烟草业

烟草行业的生产过程环境复杂，需要调控好湿度以避免发生虫害，造成原料损失；湿度的变化对食品行业的影响也不容小觑，湿度的变化会引起食物变质，引发食品安全等危害人民健康的各种问题。

(7) 日常生活

日常生活中的空调、干燥器、汽车防霜装置等需要湿度传感器。而空气湿度对人类的健康也尤为重要，房间在一定温度条件下，空气相对湿度越小，人体汗液蒸发越快，人的感觉越凉快，因此湿度控制在40%～70%相对湿度（RH）才令人舒适。因此可以看出，适宜的空气湿度不仅可以提高工作学习效率，还能促进身心健康。

正因为湿度传感器在众多传感器中的地位与众不同，在社会各行各业及人们的日常生活中应用广泛，现在大多数的工业生产过程中，较为普遍的湿度检测方法为干湿球检测法，该方法凭借人工经验对环境湿度进行调整，较为传统，影响测量的准确性，降低了工作效率。因此，湿度传感器的研制开发才更加急迫。

针对以上需求，精确检测和控制湿度的要求日益强烈，对此，许多学者专家对湿度传感器的研究更加活跃，而随着研究的深入，开发适用范围广、灵敏度高的新型湿度敏感元件是科研重点，也是实现湿度传感器技术突破的前提。

10.3.7 湿度传感器的发展趋势与展望

国际上湿度传感器的发展有两个方向：一个是湿敏元件及制造工艺的发展，另一个是向集成化、智能化、网络化及微型化等方向发展。其中，电容式湿度传感器的发展脉络具体在于从电极、湿敏膜、结构工艺，到测量误差补偿及微型多功能化五个方面。

荧光强度型湿度传感器的研究与应用相对较为广泛，因为强度测量易于实现，且比其他方法具有更高的灵敏度，而荧光波长移动型湿度传感器，研究较少。国内对荧光湿度传感器的研究总体上说还比较少，且多集中在国外。荧光湿度传感器的研究主要可以从荧光湿敏功能材料的设计合成、薄膜的制备等方面着手。在材料方面，现阶段比较有代表性的荧光湿敏传感材料有：水杨酸、罗丹明6G、丹磺酰类、钌配合物类和Nafion碱类及共轭高分子聚合物等；在薄膜制备工艺方面，目前以旋涂法、溶胶—凝胶法等为主，而静电纺丝技术和化学自组装技术将会为荧光湿度传感器的研究制备提供一个更为广阔的发展空间。

新型传感器的发展有赖于利用新型敏感材料开发敏感元件。敏感元件作为基础元器件，在国内外一直得到了高度重视，很多发达国家投入了大量的人力、物力和财力来发展。

湿度传感器已不局限于简单的湿敏元件，而是采用系统集成技术向智能化、网络化方向发展。许多公司生产的新型湿度传感器，不仅采用了智能测试技术，还发挥数字化、网络化的特点，定义了通信协议，并得到了广泛的应用。

例如，美国DALLAS公司的一线总线（1-wire-bus），最初是针对温度传感器，对于湿度的测量，公司并未提供相应的传感器。但受其启发，一些公司定义了类似总线，如长英科技的ITU总线（Inteligence Transfer Unit Bus），并提供相应的温湿度ITU模块，与1-wire-bus兼容，不仅输出为数字信号，而且具有精度高、体积小、互换性好、使用寿命长等优点。由于每个模块都有一个独立地址，仅使用单片机一条口线与ITU通信，所以可以方便地实现智能单元扩展，组成多点多种传感器信号采集系统。这些新型现场总线所配备的相应总线模块具有明显的联网特性，在温湿度测控网络化方面得到了快速的发展。

在过去十多年研究中，电学类湿度器件的性能已有了很大提高，特别是在开发一些与Si技术兼容的传感器方面有了很大进步，这有望实现其与温度及其他传感器的集成。在不同类型湿度传感器中，通过厚膜和薄膜沉积技术制备的半导体金属氧化物和金属氧化物/聚合物基传感器是引人关注的。与聚合物基薄膜或厚膜湿度传感器比较，陶瓷的合成过程简单，并且它们具有响应时间短的特性，但与聚合物材料相比较，由其制备的湿度传感器成本较高。近年来的研究结果显示通过纳米技术获得的湿度传感器在精度、重复性和经济效益等方面都具有优势，然而将其应用在实际环境下，如何提高传感器性能仍具有挑战。纵观湿度传感器的设计过程，纳米复合陶瓷和陶瓷/聚合物将是最有前途的材料之一，并且在愈来愈多的应用场合下，由光子晶体制作的湿度传感器将取代或补充电子湿度传感器。

10.4 生物传感器

生物传感器由分子识别元件和信号转换器构成。分子识别元件由生物活性物质构成，用分子识别元件识别目标检测物，然后产生某种物理或化学变化，分子识别元件是生物传感器选择性检测的基础；信号转换器即换能器，可以将生物识别反应产生的信号转换为可以被检测到的信号。当分子识别元件与被检测物特异性结合后，产生的信号经过信号转换器转变成光信号或电信号等，产生的信号经过检测、分析。在设计生物传感器时，选择适合于待测物的敏感元件，是非常重要的前提，依据敏感元件所引起的物理或化学变化来选择换能器，是设计生物传感器的另一重要环节。

生物传感器是利用生物活性物质选择性来识别和测定生物化学物质的传感器，是分子生物学与微电子学、电化学、光学相结合的产物，是在基础传感器上耦合一个生物敏感膜而形成的新型器件，将成为生命科学与信息科学之间的桥梁。

生物传感器是以生物活性物质为敏感材料所组成的，降低噪声、提高灵敏度是传感器研制开发中所面临的关键技术。在生物化学领域，降低噪声实质上是提高传感器的选择性。在化学传感器的研制中，把提高选择性作为关键措施进行长时间的多方面的探索，终于领悟到向生物体借鉴是解决这一难题的重要途径。

生物体是各种传感器汇集之处，其传感器无论是选择性或灵敏度，都远非人工传感器所能比拟。因此，借鉴生物传感器发展人工传感器是顺理成章的。采用生物活性物质（酶、抗体等）作为敏感材料是向生物体传感器借鉴的第一步。目前的生物传感器是化学传感器的深化和延伸。

生物传感器主要应用了生物信息学、生物芯片、生物计算机、生物控制学及材料学等多学科的最新前沿知识，微型化、智能化及集成化是生物传感器未来的发展方向。随着科学技术的快速发展及应用，生物传感器技术的不断进步，未来的生物传感器能够实现全自动化检测，使用更加方便、灵敏度更高，可进一步拓宽生物传感器的应用空间。

10.4.1 生物传感器组成及工作原理

10.4.1.1 生物传感器组成

将生物体的成分（酶、抗原、抗体、DNA、激素）或生物体本身（细胞、细胞器、组织）固定在一器件上作为敏感元件的传感器称为生物传感器。迄今大量研究的生物传感器其基本组成如图10-20所示。生物传感器性能的好坏主要取决于分子识别部分的生物敏感膜和信号转换部分的转换器，尤其前者是生物传感器的关键部位，它通常呈膜状，又由于是待测物的感受器，所以又将其称为生物敏感膜。可以认为，生物敏感膜是基于伴有物理和化学变化的生化反应分子识别膜元件。研究生物传感器，其首要任务就是研究这种膜元件。

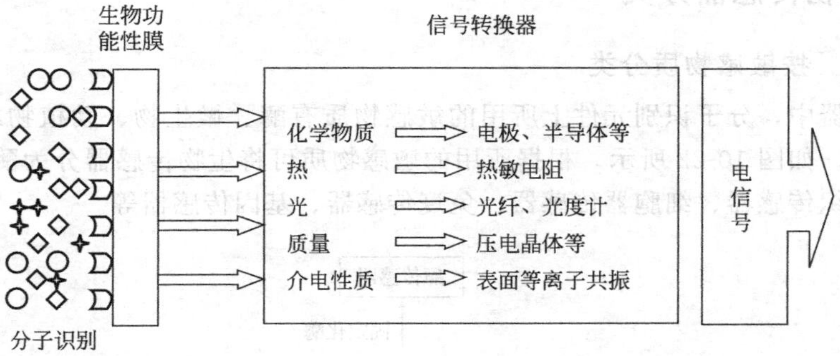

图 10-20　生物传感器的基本组成

生物传感器的基本组成也可简化为敏感元件（分子识别元件）和信号转换器件，如图 10-21 所示。敏感元件有酶、抗体、核酸、细胞等。信号转换器件有电化学电极、光学检测元件、场效应晶体管、压电石英晶体、表面等离子共振。

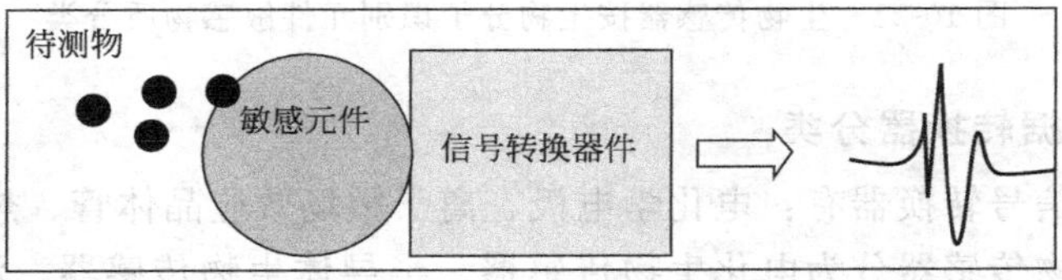

图 10-21　生物传感器的传感过程

生物敏感膜由敏感材料与膜基质组成。

（1）敏感材料

① 组织。

a. 动物组织，猪肾、肌肉等。

b. 植物组织，香蕉、番茄等。

② 细胞。

a. 细菌，大肠杆菌、枯草杆菌及某些霉菌等。

b. 细胞、细胞器及细胞膜等。

③ 生物大分子。

a. 酶、单克隆抗体。

b. 受体、激素。

（2）基质材料

常用的基质材料有乙酸纤维素、凝胶、海藻酸、聚氯乙烯、硅橡胶等。

10.4.1.2　工作原理

① 将化学信号转变成电信号。已经研究的大部分生物传感器的工作原理均属这种类型，例如酶传感器，酶催化特定底物发生反应，从而产生一种新的可供测量的物质，用能把这种

物质的量转变为电信号的装置和固定化的酶相耦合，即称为酶传感器。

② 将热能变化转换为电信号。

③ 将光效应转换为电信号。

④ 直接产生电信号。

10.4.2 生物传感器分类

10.4.2.1 按敏感物质分类

生物传感器中，分子识别元件上所用的敏感物质有酶、微生物、动植物组织、细胞器、抗原和抗体等。如图 10-22 所示，根据所用的敏感物质可将生物传感器分为酶传感器、微生物传感器、组织传感器、细胞器传感器、免疫传感器、基因传感器等。

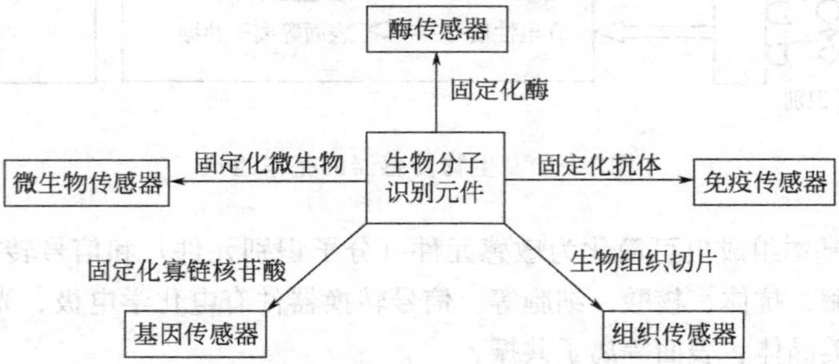

图 10-22 生物传感器按生物分子识别元件敏感物质分类

10.4.2.2 根据转换器分类

生物传感器的信号转换器有：电化学电极、离子敏场效应晶体管、热敏电阻、光电转换器等。据此又将生物传感器分为电化生物传感器、半导体生物传感器、测热型生物传感器、测光型生物传感器、测声型生物传感器等。

以上后两种分类方法还可互相交叉，因而生物传感器的类别就更加繁多，例如酶传感器又分为酶电极、酶热敏电阻、酶 FET、酶光极等。

10.4.2.3 按生物传感器的输出分类

(1) 生物亲和型传感器

被测物质与分子识别元件上的敏感物质具有生物亲和作用，即两者能特异地相结合，同时引起敏感材料的分子结构或固定介质发生变化，例如电荷温度光学性质等的变化，反应式可表示为

$$S(\text{底物})+R(\text{受体})==SR$$

(2) 代谢型或催化型传感器

另一类是底物（被测物）与分子识别元件上的敏感物质相作用并生成产物，信号转换器将底物的消耗或产物的增加转变为输出信号，这类传感器称为代谢型或催化型传感器，其反应式可表示为

$$S(\text{底物})+R(\text{受体})==SR\rightarrow P(\text{生成物})$$

上面介绍的都是类别的名称，每一类又都包含许多种具体的生物传感器，例如，反酶电极一类，根据所用酶的不同就有几十种，如葡萄糖电极、尿素电极、尿酸电极、胆固醇电极、乳酸电极、丙酮酸电极等。就是葡萄糖电极也并非只有一种，有用 pH 电极或碘离子电

极作为转换器的电位型葡萄糖电极；有用氧电极或过氧化氢电极作为转换器的电流型葡萄糖电极等，实际上还可再细分。总之，生物传感器是传感器中类别较多、内容较广的一大类传感器，随着科学技术的不断发展，它所包含的内容也必将更为丰富。为醒目起见，现将生物传感器的分类示于图 10-23 中。

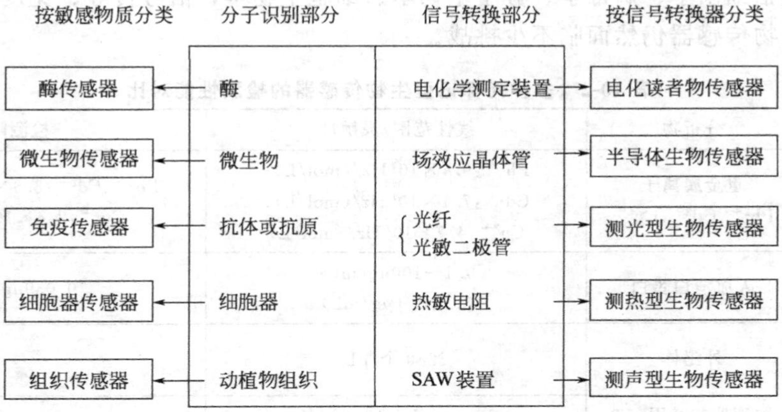

图 10-23　生物传感器的分类

10.4.2.4　按生物传感器的检测技术分类

生物传感器的分类方法很多，根据检测技术可以分为无标记型和标记型检测，如图 10-24 所示。标记型检测技术使用“标签”来检测特定分析物。常用的标记型检测技术有荧光、化学发光和放射性 3 种。荧光可以看作一种短时发光（<1μs），是目前首选和使用最广泛的检测方法，其原理是将带有标记的目标分子装载在固定探针分子（如抗体）表面。荧光标记检测技术在标记和纯化过程中会导致样品损失，偶尔还会导致功能丧失，且大多数荧光团在光照下会很快变白，对溶液的 pH 值同样非常敏感。化学发光是一种光辐射现象，由化学反应而产生，化学发光标记检测技术具有灵敏度高、分析速度快等优点，广泛应用于各大分析领域。其缺点主要在于有限的特征分辨力和动态范围，且只能检测一次。放射性检测是利用放射性同位素进行标记，适用于要求高灵敏度和分辨力的检测。然而，出于对放射性物质安全性处理的考虑，很难实现自动化操作，因此局限于低吞吐量的应用。

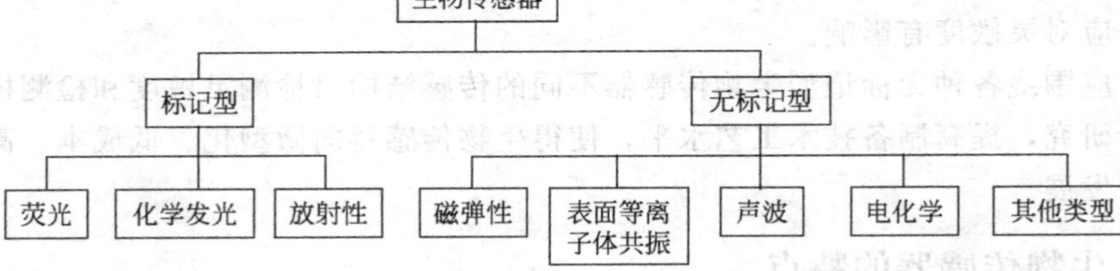

图 10-24　基于检测技术的生物传感器分类

无标记型检测技术是另一种越来越受到关注的新技术，不需要对适配体或受体进行标记，却可以筛选出具有生物活性的分子相互作用和进行细胞反应，提供选择性、亲和性乃至动力学和热力学的相关详细信息，该技术近年来取得了巨大的进展。常见的无标记型生物传感器，包括磁弹性、表面等离子体共振、声波、电化学以及其他类型的生物传感器。

无标记型检测是对传统的标记型检测方法的一种替代和补充。表10-2列举了多种无标记型生物传感器的检测性能对比。与标记型检测相比，无标记型检测的灵敏度高、检测限低、分析质量高、操作简单、成本低，更适用于未标记的目标分子或不易标记的分析物筛选。无标记型生物传感器具有响应快速、灵敏度高和稳定性好等特点，在生物检测领域得到广泛应用，包括细菌学、病毒学、分子生物学、细胞生物学，信号传导、免疫调节和酶机制等。但此类生物传感器仍然面临不少挑战。

表 10-2 多种无标记型生物传感器的检测性能对比

传感器类型	分析物	线性范围/灵敏度	检测限
磁弹性	重金属离子 Pb^{2+}、Cd^{2+}、Cu^{2+}	Pb^{2+}：9.4×10^7 Hz/(mol/L)；Cd^{2+}：7.1×10^7 Hz/(mol/L)；Cu^{2+}：4.7×10^7 Hz/(mol/L)	Pb^{2+}、Cd^{2+}：3.3×10^{-7} mol/L；Cu^{2+}：2.4×10^{-7} mol/L
	人血清白蛋白	0.1～100μg/mL；8.7Hz/(μg/mL)	0.039μg/mL
表面等离子体共振	外泌体	8280个/μL	—
声波	肿瘤抑制基因p53	10nmol/L～10μmol/L	10nmol/L
	肿瘤细胞MCF7、MDA-MB-231、SKBR3、JJ012	—	MCF7：(2.413±0.028)GPa；MDA-MB-231：(2.516±0.054)GPa；SKBR3：(2.425±0.011)GPa；JJ012：(2.449±0.038)GPa
电化学	心肌肌钙蛋白	—	24.3pg/mL
	循环肿瘤DNA	0.01fmol/L～1pmol/L	2.4amol/L
光电化学	肿瘤标志物PARP-1	0.01～2U	0.007U
金纳米颗料	塞卡病毒	1.0×10^{-12}～1.0×10^{-6}mol/L	0.82pmol/L
硅纳米线	γ-氨基丁酸	970fmol/L～9.7μmol/L	—

① 磁弹性生物传感器需在磁致伸缩材料方面进一步开发和研究。

② 表面等离子体共振生物传感器的检测特异性依赖于生物分子识别能力和捕获分析物的能力。

③ 声波生物传感器在一些情况下不适用于在液体中操作。

④ 电化学生物传感器的稳定性和可靠性有待提高，表面电活性杂质与样品之间发生的非特异性反应对灵敏度有影响。

未来，应围绕各种无标记型生物传感器不同的传感结构对检测灵敏度和检测极限的影响开展进一步研究，提高制备技术工艺水平，使得生物传感器向微型化、低成本、高通量和多元化等方向发展。

10.4.3 生物传感器的特点

① 生物传感器由选择性好的主体材料构成分子识别元件，因此，一般不需进行样品的预处理，它利用优异的选择性把样品中被测组分的分离和检测统一为一体。测定时一般不需另加其他试剂。

② 体积小，可以实现连续在位监测。

③ 响应快、样品用量少，且由于敏感材料是固定化的，所以可以反复多次使用。

④ 传感器连同测定仪的成本远低于大型的分析仪器，因而便于推广普及。

10.4.4 主要生物传感器介绍

10.4.4.1 酶传感器

（1）简介

酶传感器是以酶为敏感材料构成的生物传感器。酶传感器是最先开发的生物传感器。酶是生物催化剂，作为敏感材料，它具有两方面的特点。

① 基于分子识别，酶对相应的底物有良好的选择性，从而使酶传感器的本底噪声低。

② 酶具有化学放大作用，酶量或其活性改变甚微，其催化产物却产生较大的增益，因而酶传感器的灵敏度高。

除传统的电极外，酶膜还可同其他的换能器结合形成多品种的酶传感器，如酶热敏电阻、酶场效应晶体管等。除了单酶传感器外，还开发了多酶传感器。除了利用纯酶作为敏感材料外，还可利用携带了酶的生物组织或细胞作为酶源。所有这些促使酶传感器的研制出现了万紫千红的局面。

酶传感器的使用寿命受酶活性的保存时间的限制，由于来源于动植物体的酶在酶传感器中的工作环境与原来是不一样的，这样，天然酶在人工条件下容易失活。通过采取多种措施，如纯化、注意保存条件（温度、pH、离子强度等）、采用温和反应条件等，可以延长酶传感器的寿命。从发展的观点看，设计、合成、组装或修饰人工酶应当是发展方向，人工酶既保存了分子识别的优点，又消除了某些不稳定的因素。

（2）酶传感器的基本组成

酶传感器的基本组成见图 10-20 和图 10-21。

（3）酶传感器的响应

① 催化反应速率与底物浓度关系。酶催化的历程可用式(10-7) 表示。

$$E+S \underset{K_1}{\overset{K_2}{\rightleftharpoons}} ES \xrightarrow{K_3} E+P \tag{10-7}$$

式中，E 为游离酶；ES 为酶-底物复合物；S 为底物；P 为产物；K_1 为 ES 生成的速率常数；K_2 为 ES 解离为 E 和 S 的速率常数；K_3 为 ES 分解为 E 与 P 的速率常数。

设 V 为 P 的生成速率，则 Y 可作酶活性的一种量度。

$$V=K_3[ES]=\frac{K_1K_3[E_t][S]}{K_1[S]+K_2+K_3}=\frac{K_3[E_t]}{1+\dfrac{K_2+K_3}{K_1[S]}} \tag{10-8}$$

取

$$\frac{K_2+K_3}{K_1}=K_m$$

式中，K_m 为米氏常数。

则

$$V=\frac{K_3[E_t]}{1+\dfrac{K_m}{[S]}}$$

若［S］足够大，$[E_t]=[ES]$，$\frac{K_m}{[S]}\rightarrow 0$。

可得

$$V=V_{max}=K_3[E_t] \tag{10-9}$$

式中，V_{max}为最大速率；$[E_t]$ 为 t 时酶的浓度。

这样可得

$$V=\frac{V_{max}}{1+\frac{K_m}{[S]}}=\frac{V_{max}[S]}{[S]+K_m}=\frac{V_{max}}{K_m}[S]=常数\cdot[S]\quad([S]\ll K_m)\tag{10-10}$$

② 根据初速（V_0）求被测底物 $[S_0]$。由式(10-10) 可知，给出酶传感器 V_0，即可据以算出 $[S_0]$。

10.4.4.2 微生物传感器

微生物（细胞）传感器是以微生物（细胞）作为生物敏感元件，能够快速监测环境中的各种污染物的分析装置，其特点是特异性强、检测速度快、操作简单，在极低的浓度下，可以检测空气、土壤及环境中的毒性物质。微生物传感器的敏感元件是微生物，可以经过遗传工程重构，形成对环境中某种特殊物质产生生化反应，从而产生被检测到的信号。随着分子生物学的发展，微生物传感器从利用菌类表达发光到导入荧光蛋白基因使微生物发光，报告基因表达后可以产生被检测到的光信号，通过信号转换器将检测到的光信号放大、分析，通过对光信号的分析就可以定量检测目标物的浓度。目前，我国的环境污染情况不容乐观，出现了许多新的污染物，因此，对污染物的精准检测要求也越来越高，结合微生物传感器的自身特点，对环境中各类污染物的检测方面具有广阔的应用前景。

(1) 简介

微生物传感器是以微生物为敏感材料所制成的生物传感器。微生物作敏感材料有两类：一类是死微生物，此时是把它当成酶源来看待，例如以大肠杆菌粉为酶源做成的谷氨酸电极即属于此类；另一类是活微生物，即能进行代谢的微生物，例如能测污水中生化需氧量的微生物传感器即属此类。

作为酶源，微生物易得、廉价，同时由于没有完全破坏酶的工作环境，其稳定性与寿命均较纯酶传感器好，抗御恶劣环境的能力也较强。作为活的微生物，它可以代谢，其代谢产物（O_2、CO_2、NH_3 等）可用基本传感器（FET 传感器、光导纤维传感器和声表面波装置）测量，特别适用于毒物与环境清洁度的监测。这种传感器还有一个突出的优点，即在使用后可放在适宜的培养液中再生，从而延长了此传感器的寿命。

微生物的固相化方法也与酶不同，通常只能采用包埋、夹持与吸附等机械物理方法。

(2) 微生物传感器的结构

当微生物用作酶源时所组成的生物传感器，其实质与酶传感器一致。当利用微生物的代谢来设计生物传感器时，实质上是利用需氧微生物的呼吸来进行检测的，即监测微生物所消耗的氧或所排除的二氧化碳。电流型的微生物传感器通常是以 P_{O_2} 传感器为基体传感器的。

利用微生物传感器的框架，也可以用活性污泥、线粒体、动植物组织等取代微生物组成生物传感器。

(3) 响应

当微生物用作酶源时，其响应与酶传感器一致，例如谷氨酸微生物传感器的响应为

$$谷氨酸+H_2O\xrightarrow{谷氨酸酶}谷氨酸盐+NH_3$$

NH_3 传感器可以对此反应产生响应，又例如利用亚硝化毛杆菌做成微生物传感器测定污水中的氨。

$$2NH_3 + 3O_2 \xrightarrow{\text{亚硝化毛杆菌}} 2NHO_2 + 2H_2O$$

氧传感器即可对此反应产生响应。

10.4.4.3 免疫传感器

免疫传感器是基于抗原抗体特异性识别功能的原理研制成的，将抗原或抗体固定在载体上，用于检测待测物及其浓度的生物传感器。由于免疫传感器技术具有特异性强、灵敏度高、使用简便及成本低等优点，已广泛应用到临床医学与生物监测技术、食品工业、环境监测与处理等领域。电化学免疫传感器是一种新型免疫传感器，能够对抗原或抗体进行动态定量测定。Hao Chen 研制出用于白血病细胞 K562A 的压电免疫传感器，可以定量检测白血病细胞 K562A 的浓度范围，并能动态监测免疫化学反应过程，Yao C 等研制出用于乙肝病毒的压电石英免疫传感器，具有检测速度快、抗干扰能力较强、特异性高等特点。

(1) 简介

免疫传感器是根据生物体内抗原-抗体特异性结合并导致化学变化而设计的生物传感器，其主要由感受器、转换器和放大器组成。免疫传感器是多学科边缘交叉的产物，其研究涉及电化学、物理、生物、免疫学和计算机等领域的相关知识。

抗原-抗体间的特异性分子识别机制（见图 10-25）是免疫传感器工作原理的核心，抗原（抗体）可以识别并结合与之相对应的抗体（抗原）。蛋白质（抗原或者抗体）携带有大量电荷、发色基因，抗原、抗体反应时会产生电学、光学方发面的变化，将其转化为合适的检测参数，从而构成相应的免疫传感器。

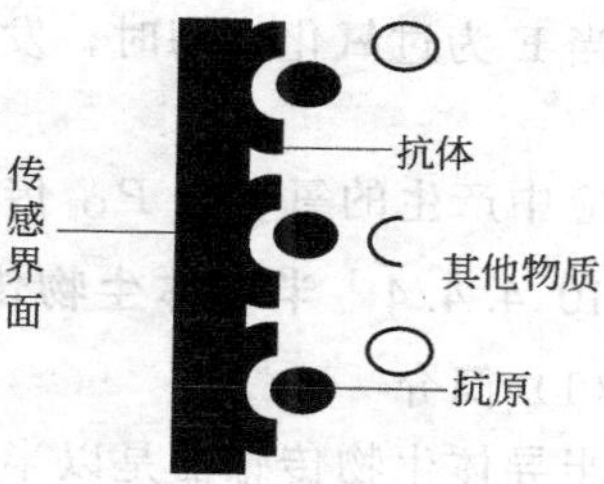

图 10-25　抗原-抗体间特异性结合

酶标免疫技术在抗体上标记酶，把抗体的选择性同酶的放大作用组合起来，是当前应用较多的新技术。据此，免疫传感器可分为两大类。

① 非标记免疫传感器。非标记方免疫传感器是使抗原抗体复合物在探测器的表面上形成，并把此时产生的变化直接转换为电信号的装置，主要有两类。

a. 把抗体（或抗原）固定在膜的表面上，作为探测器，测定抗体抗原反应前后的膜电位。

b. 把抗体（或抗原）固定在金属电极表面上，作为探测器，测定随抗原抗体反应发生所引起的电极电位变化。

前者称为膜免疫传感器，后者称为化学修饰免疫传感器。

② 标记免疫传感器。

a. 标记免疫测定法。标记免疫测定法是用放射性同位素、酶、荧光物质、稳定的自由基、金属、红细胞、脂质体及噬菌体等作为标记物的灵敏度很高的免疫测定法。

已有的标记免疫测定法有放射免疫法（RIA）、酶免疫法（EIA）等。这两种方法的灵敏度都很高，应用范围也较大。只是前者需要放射性同位素作为标记剂，而后者测定酶的活性需要较长的时间。为了克服这些不足，研制了用酶免疫传感器的电化学测定法。

b. 酶免疫传感器。这里介绍一种人血清白蛋白（HAS）酶免疫传感器。HAS 的酶免疫传感器用抗体膜为探测器，氧电极为转换器，标记酶为过氧化氢酶，测定对象为人血清白蛋白。向含有 HAS 的待测液体中加入一定量的过氧化氢，在含有 HAS 和酶标 HAS 的抗体膜表面上将争相与抗体结合，形成抗原抗体复合物。将抗原膜洗净，以除去未形成复合物的游离抗原。然后把酶免疫传感器浸于 H_2O_2 溶液中，结合在抗体膜上的过氧化氢酶将催化 H_2O_2 的分解反应，过程如下。

$$H_2O_2 \xrightarrow{\text{过氧化氢酶 } r} H_2O + \frac{1}{2}O_2$$

测出的电流值与生成的氧的量相当，因而能从电流值求出结合在膜上的标记酶的量。若最初所取酶标抗原为一定，则随着未标记抗原量的增大，结合在膜上的酶标抗原量将减少，从而氧的还原电流也将减小。利用这种关系，则可从氧的还原电流值求出待测的未标记抗原的量。

(2) 免疫传感器的核心结构

免疫传感器的核心结构见图 10-25。

(3) 免疫传感器的响应

上面介绍的 HAS 的酶免疫传感器所发生的免疫反应为

$$Ag + Ab \longrightarrow AgAb$$

$$EAg + Ab \longrightarrow EAgAb$$

式中，Ag 为抗原；Ab 为抗体；E 为酶标抗体。

当 E 为过氧化氢酶时，发生下述反应。

$$2H_2O_2 \longrightarrow 2H_2O + O_2$$

此反应中产生的氧可由 P_{O_2} 传感器测出。

10.4.4.4 半导体生物传感器

(1) 简介

半导体生物传感器是以半导体器件为转换器的一类生物传感器，其主要特点是容易微型化、集成化、多参数与易于批量生产。这类生物传感器主要有如下三类。

① 酶热敏电阻。

② 生物敏感效应管（BioFET）。

③ 光寻址电位传感器（LAPS）。

(2) 半导体生物传感器结构

① 酶热敏电阻。由敏感膜包覆于热敏电阻上构成。反应产生的热信号由热敏感电阻传出。

② 生物敏场效应晶体管。通常是由敏感膜涂覆于 ISFET（离子敏场效应晶体管）的栅区构成，例如把青霉素酶涂覆于 ISFET，可以做成青霉素 FET（场效应晶体管），酶与青霉素作用生成的 H^+ 由 H^+-ISFET 传感，对青霉素进行定量测试，此传感器的响应时间约 25s，寿命可达数月。

③ LAPS。LAPS 是场效应传感器家族中的一员，它是一种功能类似于 ChemFET（化学敏场效应晶体管），而结构比较简单的半导体器件，其基本原理是基于电场效应器件对绝缘层与电解质溶液间界面电位变化敏感，LAPS 采用调制光束照射，使器件对该电位变化的响应由光电流所调制（换言之，没有直流电流经过 LAPS），并采用锁相检测技术。

10.4.4.5 光纤生物传感器

(1) 简介

光纤生物传感器是以光导纤维为转换及传感器件的一类生物传感器。光纤生物传感器结构主要有光源、光纤、生物敏感元件及信号检测系统等，其中的生物敏感元件是传感器的关键部位，常用的生物敏感器件主要有抗原抗体、酶及核酸等。被测物与待定的生物敏感元件选择性作用（即抗原抗体或受体配体特异性结合、核酸分子碱基互补配对、酶对底物作用专一性等），产生的生物化学信息调制光纤中传输光的物理特性，如光强、光振幅、相位等。因此这种传感器有较强的选择性和很高的灵敏度，而且在分析过程中可省去对测试物分离、提纯等烦琐工作，但上述形成的复合物或产生物产生的光谱行为相似，单靠光纤本身无法区别，常需使用指示剂或标记物，如：酶、荧光物质、酸碱指示剂和镧系螯合物等。

同其他生物传感器相比，光纤生物传感器结合了光纤传感器的特点，具体体现在如下四点。

① 由于光纤本身良好的绝缘屏蔽作用，其抗干扰能力强，不受周围电磁场的扰动。

② 不需要参考电极，探头可以小型化，操作方便。

③ 可实现遥测，并能进行实时、在线和动态检测。

④ 响应速度快，灵敏度高。

(2) 光纤生物传感器的结构

根据敏感元件的不同，光纤生物传感器可大致分为光纤免疫传感器、光纤酶生物传感器和光纤核酸传感器等。

① 光纤免疫传感器。这是一种应用较多的光纤生物传感器。光纤探头多位于轴向近端面，需去除保护层和包层，裸露纤芯，再对纤芯进行硅烷化处理，然后抗体借助双功能交叉连接剂共价连接在硅烷化纤芯表面。抗体的固定方式是影响传感器检测灵敏度的重要因素。大量的光纤免疫传感器都是基于消逝波原理的。常见的光纤免疫传感器的结构有三种：荧光方式、酶发光方式和电化学发光方式。

② 光纤酶生物传感器。光纤酶生物传感器用酶作分子识别器，与光纤结合起来，对测试物进行分析，常用的酶有氧化还原酶（如乳酸脱氢酶、葡萄糖氧化酶等）和水解酶（如碱性磷酸酶、乙酰胆碱酶等）。根据换能器的能量转换方式可以分为化学发光型、荧光型、生物发光型、光吸收型、指示剂型等。

③ 光纤核酸传感器。基因探针可以用于免疫分析和生物活性物质的识别，比特异性蛋白质结合为基础的免疫分析更易控制，尤其结合聚合酶链式反应技术 PCR 扩增目标物可获得更高的灵敏度。

(3) 光纤生物传感器的响应

就光纤免疫传感器的三种结构来说，有以下的三种响应方式。

① 荧光方式是利用了光纤的光波导型，从薄膜泄光的损耗波，把抗体（或抗原）固定在外漏的光纤芯部分，在这个表面上抗体与抗原起反应，这时有荧光标记的抗原与非标记抗原（测定对象）相竞争，在固体的抗体膜上结合，受损耗波的激发，检测发出的荧光。

② 酶发光方式的光纤免疫传感器是利用过氧化酶的催化性质而发光。把抗体固定在光纤的端部，以 B/F（结合体/游离体）分离后再加 Luminal/H_2O_2（发光物质），这时有标记的酶便发光，然后对光进行检测。

③ 电化学发光光纤免疫传感器是利用电化学反应，Luminal 作标识剂发光，其方法是

在光纤一端镀一透明 Pt 电极，在电极上生成活性分子，使标识剂发光检测。近年来有一点改进，在端电极上也加镀一个 Pt 的对电极，两极之间加可变电位控制，使发光活度达到最大，这时检测出 Luminal 的最高灵敏度为 10^{-8} mol/L，进一步研究还发现 Luminal 的检出极限可达 10^{-11} mol/L，可称超灵敏度。

10.4.5 生物传感器应用举例

1962 年，Clark 和 Lyons 通过葡萄糖氧化酶催化葡萄糖氧化反应的原理制成了第一个酶传感器，早期的生物传感器主要是以酶传感器为主，由于酶的价格高、活性不稳定，影响了酶传感器的发展和应用。随着微生物固定化技术的不断发展，产生了各类新型微生物电极传感器，微生物电极以微生物活体作为敏感元件，具有成本低、灵敏度高、对目标检测物具有高度选择性等优点，在食品工业、环境监测、发酵工业和生物医学等领域有着广泛的应用前景。

10.4.5.1 生物传感器在食品工业中的应用

生物传感器已经广泛应用于食品工业领域，比如用酶传感器检测苹果汁和蜂蜜中的葡萄糖成分等。近几年，人们对食品安全重视程度越来越高，特别是食品中的农药残留以及致病性微生物的检测。民以食为天，食品中致病性微生物会对消费者的身体健康产生严重的影响，轻者，胃肠道不适、恶心、呕吐，严重者，会引起食物中毒，要送医院进行抢救等。因此，必须要加强对食品中致病性微生物的检测工作，Gossett 等研制了可用于检测葡萄球菌肠毒素 B（SEB）的免疫传感器，当样品溶液流速为 1mL/min 时，其检测范围为 12.5～50pg/mL。

（1）乳酸传感器在发酵上的应用

微生物传感器具有成本低、设备简单等特点，非常适合发酵工业的应用。微生物传感器可应用于乙酸、头孢霉素、谷氨酸、醇类、青霉素、乳酸等的测定。工作原理是用微生物电极与氧电极组成，通过测量氧电极电流的变化来监测耗氧量，从而测量出待测物浓度。在各种原材料中葡萄糖的测定是发酵工业的重要指标之一，用葡萄糖氧化酶的氧化作用，催化葡萄糖的同时消耗氧，通过传感器监测氧含量，从而计算出葡萄糖的浓度。目前，葡萄糖酶电极传感器，尤其是乳酸传感器已经使用十分广泛。

乳酸测定是生物传感器出现后新增加的控制参数。实践中发现它的控制是获得发酵高产的关键。乳酸是需氧发酵产物转化过程中的中间产物，是过程控制的敏感参数，与生物素的加入量、补糖、活菌数、菌活力、空气补给等控制直接相关。发酵旺盛期，乳酸必然产生，适度的乳酸浓度是高产罐的重要指示。此时单纯地通过通风是达不到乳酸下降的目的，反而引起能源的浪费及减产。发酵后期、放罐前应控制乳酸下降，才能达到高产。乳酸传感器的应用现状如下。

① 作为体育上耐力项目科学训练的常用设备。

② 已在抗疲劳保健食品检测中普及应用，许多省级卫生防疫站成功地用这项新技术实现了在同一小实验动物体内多次采血检测，简化了分析化验工作量。

③ 发酵控制有效指标的检测仪器。

④ 检测新型可降解塑料聚 L-乳酸前体生产过程控制的主控参数。

（2）乙酰胆碱酯酶类传感器在农药残留检测上的应用

随着人们对食品安全的日益重视，食品中农药残留的问题也引起了人们的极大关注。人们就生物传感器在该领域的应用进行了大量的研究。研究较多的一类传感器为乙酰胆碱酯酶类传感器。乙酰胆碱是高等动物中神经信号的重要传递中介，但同时又必须迅速将其除去，否则连续的刺激会造成兴奋，最后导致传递阻断而引起机体死亡。乙酰胆碱的除去依赖于胆碱酯酶（AChE），在胆碱酯酶的催化下，乙酰胆碱水解为乙酸和胆碱。有机磷和氨基甲酸酯类农药与乙酰胆碱类似，能与酶酯基的活性部位发生不可逆的键合，从而抑制酶活性，酶反应产生的 pH 值变化可由电位型生物传感器测出。

（3）免疫生物传感器在病毒、细菌和真菌检测中的应用

对微生物进行检测的基础是它的外膜上存在能够引起免疫反应的蛋白质，因此可以用 ELISA 等的免疫试验检测。用光寻址电位传感器（LAPS），对脑膜炎球菌和鼠疫杆菌进行检测，结果 20min 内可以检测出至少 1000 个细胞的脑膜炎球菌，而用 ELISA 在 2.5h 内才能检测出 60000 个细胞。Lee 和 Thompson 用一种基于荧光夹心免疫检测试验装置检测 NDV（Newcastle Disease Virus），可检测出最低限 5ng。Starodub 等人设计了一种简单的光学免疫传感器，使用酶标产生化学荧光信号。硝酸纤维素膜用 O4 受体包被，然后过滤将 1mL伤寒杆菌菌液捕获到膜上，膜浸在含有 HRP 标记抗体的溶液中反应 15min 后，固定在光纤光滑端，生成的光线探子伸到底物反应液中 3min 可检测出荧光强度，检测极限为 10^5 个细胞/mL。

10.4.5.2 生物传感器在环境监测中的应用

生物传感器已广泛应用于各种环境污染物的监测领域，比如用微生物传感器对生物耗氧量（BOD）的监测，其工作原理是用微生物的菌群作为电极，水中生物耗氧量（BOD）的变化会引起水中微生物呼吸的变化，最终导致电极电流信号的变化，通过转换器将电信号放大，从而检测出生物耗氧量。生物传感器在大气监测领域也得到较好的应用，比如马莉等制成了安培型生物传感器，利用肝微粒体氧化亚硫酸盐，同时，降低氧电极周围的氧浓度，产生电流信号变化，监测出亚硫酸盐的浓度，从而分析样品中 SO_2 的浓度。

（1）酶生物传感器的应用

酶生物传感器在环境监测中应用广泛，它在检测环境中有机磷酸酯（organophosphate OP，一种杀虫剂），通过输出设备同步显示结果的研究中得到很大发展。该分析方法基于酶位置附近的 pH 值变化，通过共价键固定在酶上的荧光素异硫氰酸盐（fluorescein isothiocyanate，FITC）来检测 pH 值的改变。采用吸附有 FITC 标识的酶的聚甲基丙烯酸甲酯珠粒，使用微粒子荧光分析器进行分析检测。被分析的动态浓度范围为 25～40mmol/L。目前，该方面研究包括两个体系：有机磷水解酶（Organophosphorus Hydrolase，OPH）和乙酰胆碱酯酶（acetylcholinesterase）。有机磷水解酶对大部分有机磷酸酯杀虫剂具有催化水解作用，遗传工程使得这种酶在混合生物体内具有高效率的表达。该课题主要的发展方向在于快速获得各种不同种类的有机磷水解酶，来检测环境中的多种有机磷酸酯杀虫剂。有机磷水解酶技术依靠测量乙酰胆碱酯酶的抑制作用作为检测有机磷酸酯的有力补充。目前对有机磷酸酯及氨基甲酸酯类杀虫剂的最低检测极限已达到 10^{-10} 的浓度水平。用此技术还可检测其他种类的有机磷酸酯类杀虫剂，如乙基对硫磷、甲基对硫磷、砜线磷、丁烯磷、二嗪磷、速灭磷、敌敌畏及蝇毒磷杀虫剂等，此法由于多用途性和潜在的自动化性而得到高度重视。

此外，酶传感器还可监测环境中多种污染物，如用酚氧化酶作生物元件的酶传感器可以测定环境中的对甲酚。络氨酸酶电极在检测水环境和有机介质中的羟基类化合物有很好的灵敏度和持久性，但此类传感器在酶的固定、重污染地区酶电极对各种羟基类化合物的判断能

力及最小识别量检测在进一步的研究中。

(2) 免疫传感器的应用

一种连续流动的免疫传感器（Continuous Flow Immunosensor，CFI）FAST 2000，为便携式手提仪器，只需 30min 左右就可检测环境中的三硝基甲苯（TNT）、三次甲基三硝基胺（RDX）等有毒污染物，且检测费用是其他传统检测方法的 2%～4%。它是一种基于抗体作为检测手段的置换分析方法。在分析过程中，将能特异识别污染物的抗体固定在支持物上，并用荧光标识的信号分子与其完全作用达到饱和，形成抗体-信号分子复合体。若分析样品中含有待测污染物，就会取代一部分的信号分子，使其被下游荧光计检测出来。CFI 的置换分析已经应用在更宽领域的小分子化合物检测，如药物、爆炸物及杀虫剂等。随着设备的不断完善，用来自同一个克隆细胞的单克隆抗体来检测环境中致癌物质三嗪（triazines）的流动注射分析（Flow Injection Analysis，FIA）系统已经得到一定程度的应用。FIA 装置的核心点在于一个亲和色谱柱，其上附有固定着蛋白质基质的抗体，样品、酶示踪剂、酶底物通过该色谱柱注入。在被检测的一些化合物中，添加环糊精和牛血清白蛋白能提高溶液的可分析性。该装置不仅能检测各种来源的污水，而且可以分析检测环境中另一个重要污染物敌草隆。

针对环境中的微生物污染，可应用多克隆抗体免疫传感器，其前期制备省时、简单且价格较低，但在特异性及数量性等方面有一定局限性。由于杂交瘤技术的发展及抗体噬菌体重组显示技术的出现，微生物污染的免疫检测已变得越来越灵敏、专一、可再生。对于大量的微生物及其产物的检测，免疫传感器的可靠性相对于以前有很大增强。

(3) DNA 生物传感器

用于环境监测的 DNA 生物传感器主要是 DNA 电化生物传感器。利用电化学体系来检测环境中致癌物、芳族胺、多氯联苯等一些 DNA 分子已标定的样品。通常采用计时电位分析法，通过固定在电极表面的 DNA 杂交后出现的鸟嘌呤（guanine）峰值的氧化信号来检测污染物。

利用 DNA 探针来设计的新一代生物传感器——生物芯片已成为一个新的研究热点。DNA 生物芯片是基于核酸探针生物接收器所设计的一个完整的微芯片循环系统，用于一些针对环境监测的特定基因生物指示器。例如利用微芯片电极上所俘获的 DNA 序列，来判断和列举一些致病的微生物及环境加合物。另外，近年来聚合酶链反应（PCR）技术用于细菌、病毒检测的报道日益增多，PCR 技术是由引物指导的依赖于模板和 DNA 聚合酶的一种酶促合反应，只有介于两引物之间的特异的 DNA 片段才能得到扩增，PCR 技术适用于尚不能培养的微生物检测，可用于土壤、沉积物、水样等环境标本的细胞检测，随着技术的完善及成本的降低，DNA 探针技术和 PCR 技术可能发展成为一种快速、可靠并能代替常规微生物检测水质的方法。

10.4.5.3 生物传感器在医学领域的应用

酶传感器、免疫传感器及微生物传感器在生物医学领域起着非常重要的作用。其中 DNA 传感器是近几年发展的热点，是以已知核苷酸序列的 DNA 固化在载体上，通过 DNA 分子杂交，对另一条含有互补序列的 DNA 识别，形成稳定的双链 DNA 结构，通过转换器对声、光及电信号放大、分析，用于检测目标 DNA。DNA 生物传感器已经广泛应用于生物医学、疾病诊断及生物医药等领域。

(1) 用于临床诊断的生物传感器

生物传感器可以广泛应用于对体液中的微量蛋白（如肿瘤标志物、特异性抗体、神经递质）、小分子有机物（如葡萄糖、乳酸及各种药物的体内浓度）、核酸（如病原微生物、异常基因）等多种物质的检测。便携式生物传感器由于可用于床边检测，近年来受到青睐，如现在已有的便携式电流型免疫传感器用于检测甲胎蛋白、检测血清中总 IgE 水平的置换式安培型免疫传感器，检测神经递质、血糖、尿酸、乳酸、胆固醇浓度等的传感器以及扫描电化学检测技术利用阵列式微电极检测血液中变态反应性炎症介质的传感器，只需 20μL 全血即可测知患者的变应原。

（2）用于基因诊断的检测

生物传感器在基因诊断领域具有极大优势，可望广泛应用于基因分析和肿瘤的早期诊断。据报道，构建的石英晶体 DNA 传感器，用于遗传性地中海贫血的突变基因诊断。

（3）用于生化指标的测定

糖类、氨基酸、抗生素、大环分子、乙醇、BOD、谷胱氨酸、乳酸及甘油的生物传感器。

（4）用于遗传物质的测定

如用于测定 DNA 和 RNA 的光纤生物传感器，可对 DNA 和 RNA 定量。在法医学中，生物传感器可用于 DNA 鉴定和亲子认证等。

（5）用于药物分析

用于药物分析的生物传感器主要有电化学及光生物传感器。如利用胆碱酯酶测定盐酸苯海拉明的电流型生物传感器，用于单克隆抗体、α-干扰素及 2,4-二氧苯氧乙酸的电流型免疫传感器，这 2 种传感器的灵敏度都能满足生物反应器控制的要求；光生物传感器应用于药物分析的不多，但从文献量的增长来看，发展相当地迅速。如测定可卡因的流体免疫光学传感器、测定青霉素 G 的光生物传感器等。

10.4.5.4 生物传感器在军事上的应用

现代战争，往往是在核武器、化学武器、生物武器威胁下进行的战争。侦检、鉴定和检测是整个“三防”医学中的重要环节，是进行有效化学战和生物战防护的前提。由于具有高度特异性、灵敏性和能快速地探测化学战剂和生物战剂（包括病毒、细菌和毒素等）的特性，生物传感器将是最重要的一类化学战剂和生物战剂侦检器材。如 Taylor 等于 1981 年成功地发展了两种受体生物传感器：烟碱乙酰胆碱受体生物传感器和某种麻醉剂受体生物传感器，它们能在 10s 内侦查出 10^{-9}（十亿分之一）浓度级的生化战剂，包括委内瑞拉马脑炎病毒、黄热病毒、炭疽杆菌、流感病毒等。近年来，美国陆军医学研究和发展部研制的酶免疫生物传感器具有初步鉴定多达 22 种不同生物战剂的能力。美国海军研究出 DNA 探针生物传感器，在海湾沙漠风暴作战中用于检测生物战剂。

10.4.6 生物传感器的发展趋势与展望

尽管经过近 40 年的发展历程，已发展了许多种生物传感器，但由于生物活性单元具有不稳定性和易变性等缺点，使生物传感器的稳定性和重现性还较差，所以，生物传感技术尚处于起步阶段。21 世纪是生物经济时代，随着生物学、信息学、材料学和微电子学的飞速发展，生物传感器则作为生物技术支撑和关键设备之一，也必然会得到极大的发展，可以预见，未来生物传感器将具有以下特点。

① 功能多样化。未来的生物传感器将进一步涉及医疗保健、疾病诊断、食品检测、环境监测、发酵工业等各个领域。

② 小型化。随着微电子机械系统技术和纳米技术不断深入到传感技术领域，生物传感

器将趋于微型化，各种便携式生物传感器的出现使人们可在家中进行疾病诊断，在市场上直接检测食品成为可能。

③ 智能化与集成化。未来的生物传感器与计算机结合更紧密，实现检测的自动化系统，随着芯片技术越来越多地进入生物传感器领域，以芯片化为结构特征的生物芯片系统将实现检测过程的集成化、一体化。

④ 低成本、高灵敏度、高稳定性和高寿命。生物传感器技术的不断进步，必然要求不断降低产品成本，提高灵敏度、稳定性和延长寿命。这些特性的改善也会加速生物传感器市场化、商品化的进程。

⑤ 生物传感器将不断与其他分析技术联用，如色谱等，互相取长补短。

10.5 本章小结

① 化学传感器，按传感方式可分为接触式与非接触式化学传感器，按检测对象可分为气体传感器、湿度（湿敏）传感器、离子传感器。结构形式有两种：一种是分离型传感器，另一种是组装一体化传感器。

② 气体传感器有多种类型，主要有半导体传感器、绝缘体传感器、电化学式传感器，此外还有红外吸收型、石英振荡型、光纤型、热传导型、声表面波型等。

③ 接触燃烧式气体传感器利用与被测气体进行的化学反应中产生的热量与气体浓度的关系进行检测。如果 C 表示气体浓度，ΔT 表示元件升高的温度，则元件阻值改变 $\Delta R=\rho\Delta T=\rho aCq/h$。

④ 对于红外吸收型传感器，当红外光通过待测气体时，这些气体分子对特定波长的红外光有吸收，其吸收关系服从朗伯-比尔（Lambert-Beer）吸收定律，通过光强的变化测出气体的浓度 $I=I_0\exp[(-\alpha_m LC+\beta+\gamma L+\delta)]$。

⑤ 湿敏传感器是一种能将被测环境湿度转换成电信号的装置。主要由两个部分组成：湿敏元件和转换电路，除此之外还包括一些辅助部件，如辅助电源、温度补偿、输出显示设备等。

⑥ 湿度传感器的测量电路设计至少包括电源选择、温度补偿、线性化。电阻式湿度传感器，其测量电路主要有三种形式：电桥电路、欧姆定律电路、带温度补偿的湿度测量电路。

⑦ 生物传感器是利用生物活性物质选择性来识别和测定生物化学物质的传感器，是分子生物学与微电子学、电化学、光学相结合的产物，是在基础传感器上耦合一个生物敏感膜而形成的新型器件。

⑧ 降低噪声、提高灵敏度是传感器研制开发中所面临的关键技术。生物传感器的基本组成可简化为敏感元件（分子识别元件）和信号转换器件。

⑨ 化学传感器与生物传感器发展迅速、应用广泛，具有广阔的前景。

习 题

1. 什么是化学传感器？从不同的角度分类，化学传感器可分为哪些类别？
2. 什么是生物传感器？从不同的角度分类，生物传感器可分为哪些类别？

3. 化学传感器与生物传感器有什么联系？为什么说目前生物传感器是化学传感器的深化和延伸？

4. 简述朗伯-比尔定律，并予以理论推导，说明该定律在工程应用时应注意的问题。

5. 举例并分析湿度测量电路，说明其特点。

6. 试设计一具体的气体（如 CO）传感器检测报警电路，包括组成、工作原理、技术指标、计算分析。

第11章 智能化、网络化传感器技术

知识要点

从传感器技术发展的趋势说明智能传感器是未来传感器技术的发展方向。介绍智能传感器的分类方法、结构特点及其功能。网络化技术是智能传感器的一个重要特点，而无线网络技术是目前发展最快传感器网络技术。ZigBee协议是目前影响较大的无线传感器技术之一，让读者了解该协议的特点和实现方法。最后给出一种无线传感器的应用实例。

本章知识结构

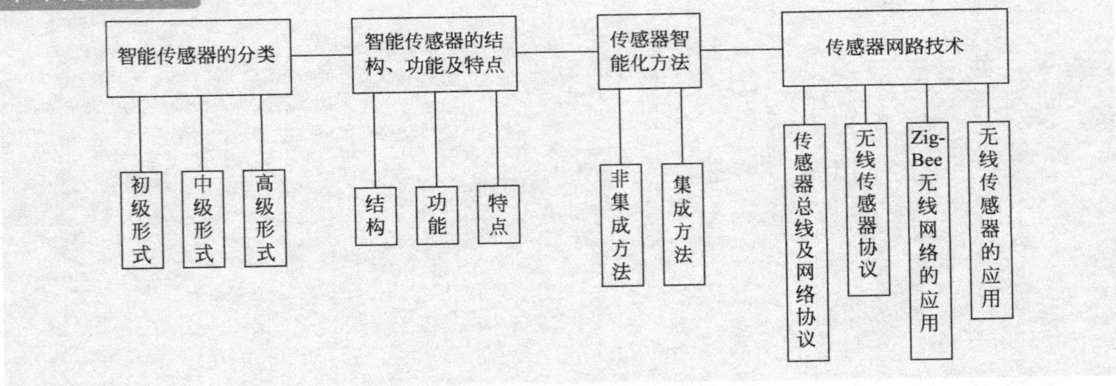

传感器是信息技术的源头，近百年来，传感器的发展大致经历了以下三个阶段。

① 传统的分立式传感器（含敏感元件）。

② 模拟集成传感器。

③ 智能传感器。目前，国际上新型传感器正从模拟式向数字式、由集成化向智能化、网络化的方向发展。

传统的分立式传感器是用非集成化工艺制造的，仅具有获取信号的功能。模拟集成化传感器、集成传感器是采用硅半导体集成工艺而制成的，因此也称硅传感器或单片集成传感器。

模拟集成传感器是在20世纪80年代问世的，它是将传感器集成在一个芯片上、可完成测量及模拟信号输出功能的专用IC。模拟集成传感器的主要特点是功能单一（仅测量某一物理量）、测量误差小、价格低、响应速度快、传输距离远、体积小、微功耗等，适合远距离测量、控制，不需要进行非线性校准，外围电路简单。

智能传感器（也称数字传感器）是在20世纪90年代中期问世的。它是微电子技术、计算机技术和自动测试技术（ATE）的结晶。目前，国际上已开发出多种智能传感器系列产品。智能传感器内部都包含传感器、A/D转换器、信号处理器、存储器（或寄存器）和接口电路。有的产品还带多路选择器、中央控制器（CPU）、随机存取存储器（RAM）和只读存储器（ROM）。智能传感器的特点是能输出测量数据及相关的控制量，适配各种微控制器（MCU），并且它是在硬件的基础上通过软件来实现测试功能的，其智能化程度也取决于软件的开发水平。

11.1 智能传感器的分类

如果传感器按智能化程度及其实现方式划分，智能传感器有三种形式。

（1）初级形式

初级形式的智能传感器是智能传感器最早出现的商品化形式，它不包括微处理单元，只有敏感元件与（智能）信号调理电路，两者被封装在一个外壳里。它只有简单的自动校零、非线性的自动校正、温度自动补偿功能，这些简单的智能化功能是由硬件来实现的，所以称为智能信号调理电路。

（2）中级形式

中级形式的智能传感器也称为非集成智能传感器，是指采用微处理器或微型计算机系统以强化和提高传统传感器的功能，即传感器与微处理器为两个独立部分，将敏感元件、信号调理电路和微处理器单元封装在一个外壳里，形成一个完整的传感器系统，传感器的输出信号经处理和转化后由接口送至微处理器部分进行运算处理。它由强大的软件支撑，具有完善的智能化功能。

（3）高级形式

高级形式的智能传感器也称集成智能传感器，是指借助于半导体技术把传感器部分与信号预处理电路、输入输出接口、微处理器等制作在同一块芯片上，从而形成大规模集成电路智能传感器。这类传感器具有完善的智能化功能，而且还具有更高级的传感器阵列信息融合等功能，从而使其集成度更高、功能更强大。集成智能传感器具有多功能、一体化、精度高、适宜于大批量生产、体积小和便于使用等优点，是传感器发展的必然趋势，但其实现将取决于半导体集成化工艺水平的提高与发展。

11.2 智能传感器的构成、功能与特点

11.2.1 智能传感器的构成

智能传感器系统的一般组成如图11-1所示，其中，作为系统大脑的计算机可以是单片机、单板机，也可以是微型计算机系统。

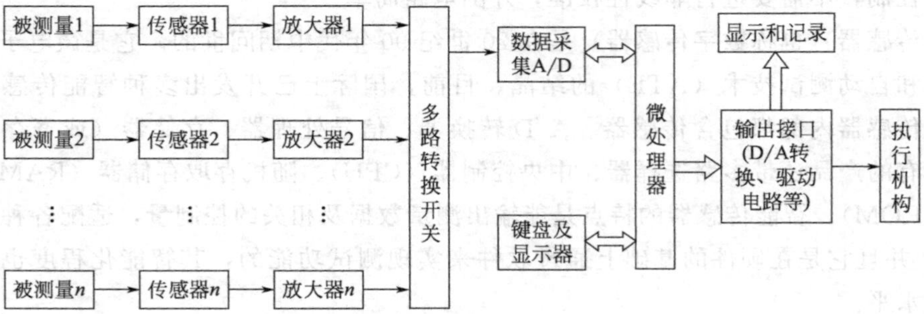

图 11-1　智能传感器的组成框图

11.2.2　智能传感器的功能

智能传感器引入了微处理器，兼具信息检测和信息处理功能。智能式传感器的精度、稳定度、可靠性、分辨力和信噪比等都比传统传感器要高，而其价格却更低，这主要得益于廉价的集成电路工艺和芯片以及强大的计算机软件在智能传感器中的应用。智能式传感器可通过这种软件对信息检测过程进行管理和调节，使之工作在最佳状态，从而增强了传感器的功能，提升了传感器的性能。利用计算机软件还能实现硬件难以实现的功能，可降低传感器的制作难度。智能传感器一般都有下列全部或部分功能。

① 具有自校零、自标定、自校正。

② 具有自动补偿功能。

③ 能够自动采集数据，并对数据进行预处理。

④ 能够自行进行检验、自选量程、自寻故障。

⑤ 具有数字存储、记忆与信息处理功能。

⑥ 具有双向通信、标准化数字输出或符号输出功能。

⑦ 具有判断、决策处理能力。

11.2.3　智能传感器的特点

和传统传感器相比，智能传感器具有以下特点。

① 高精度。智能传感器的高精度主要得益于它在功能方面的多种改善，如通过自动校正功能来实现自动调零；自动进行系统的非线性系统误差的校正；通过对采集的大量数据进行统计处理以消除偶然误差的影响。

② 宽量程。智能传感器的测量范围很宽，具有很强的过载能力。

③ 多功能。能进行多参数、多功能综合测量，扩大测量与使用范围，而且其输出可以多种形式，如 RS-232 串口输出、SPI 串口输出、I^2C 串口输出以及模拟量输出等，这些都是智能传感器的特色。

④ 高可靠性和高稳定性。智能传感器能够自动补偿因工作条件或环境参数的变化而引起的系统特性的漂移，如温度变化引起的零点漂移和灵敏度漂移，能够根据被测参数的变化自动选择和更换量程；能够实时自动进行系统的自我检验，分析、判断所采集到的数据的合理性，并在异常情况下做出适当的紧急处理（如报警或故障提示）。所有这些都提高了传感器的可靠性和稳定性。

⑤ 高分辨力。智能传感器具有数据存储、记忆和处理能力，通过软件进行数字滤波和

数据融合、神经网络技术等相关分析可以消除多参数状态下交叉灵敏度的影响，保证对特定参数测量的分辨能力。

⑥ 高信噪比。智能传感器具有信号放大与信号调理功能，通过软件进行数字滤波和相关分析处理，可以去除输入数据中的噪声，将有用数据提取出来，从而大大提高传感器的信噪比。

⑦ 高性价比。智能传感器的高性价比来源于传感技术与计算机技术的有机结合，采用廉价的集成电路工艺、芯片以及软件来实现其高性能，因此，与传统的传感器相比，在相同精度条件下，可以取得较高的性能价格比。

⑧ 自适应性强。智能传感器的判断、分析与处理功能使其具备根据系统工作环境和内容决定各部分的最佳工作状态，如确定与上位机的数据传输速率、最低功耗状态、测量量程选择等。

⑨ 超小型化、微型化。随着微电子技术的迅速推广，智能传感器正朝着短、小、轻、薄的方向发展，以满足航空、航天及国防尖端技术领域的需要，并且为开发便携式、袖珍式检测系统创造了有利条件。

⑩ 微功率。降低功耗对智能传感器具有重要意义，这不仅可简化系统电源和散热电路的设计，延长智能传感器的使用寿命，还为进一步提高智能传感器的集成度创造了条件。

11.3 传感器智能化方法

目前实现传感器智能有几种方法，一种是将普通传感器与带数字总线接口的微处理器再加上信号调理电路一起组合成为一个整体，构成一个智能传感器系统，这种非集成化智能传感器是在现场总线控制系统发展形势的推动下迅速发展起来的。还有一种就是集成化的智能传感器，这种智能传感器系统是将敏感元件、信号调理电路以及微处理器单元集成在一块芯片上构成的。此外，也有人采取半集成化的方式，将几种元件集成到几块芯片上，形成便于使用的智能传感器。从使用角度来说，智能传感器在保障信息通信时的准确性、稳定性和可靠性是最重要的。

11.3.1 非集成智能传感器的实现方法

非集成智能传感器就是将传统的经典传感器、信号调理电路、带数字总线接口的微处理器组合为一个整体而构成，如图 11-2 所示。

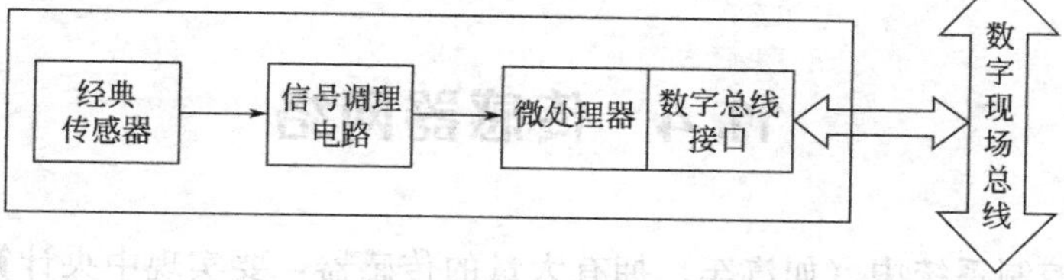

图 11-2　非集成智能传感器组成框图

非集成智能传感器是在现场总线控制系统发展形势下迅速发展起来的，因为这种控制系统要求所使用的传感器是智能型的，对于自动化仪表生产厂家来说，这种实现方式可使其原有的一整套生产工艺设备基本不变，因此，是一种最经济、便捷的实现方式。

在这种实现方式中，传感器与微处理器可分为两个独立部分，传感器将被测的物理量转换成相应的电信号，送到信号调理电路中，进行滤波、放大、模数转换后，送到微处理器中。微处理器是智能传感器的核心，它不但可以对传感器测量数据进行计算、存储、数据处理，还可以通过反馈回路对传感器进行调节。由于微处理器可根据其内存中驻留的软件实现对测量过程的各种控制、逻辑判断和数据处理以及信息输送等功能，从而使传感器获得智能，完成硬件难以完成的任务，从而大大降低了传感器制造的难度，提高了传感器的性能，降低了成本。

11.3.2 集成智能传感器的实现方法

集成智能传感器的实现，依赖于大规模集成电路和微机械加工工艺，利用硅作为基本材料来制作敏感元件、信号调理电路、微处理器单元，并将它们集成在一块芯片上，实际上，这是将多个功能相同或不同的敏感器件制作在同一个芯片上构成传感器阵列。

传感器的集成化主要有三种情况。

① 将多个功能完全相同的敏感单元集成在同一个芯片上，用来测量被测量的空间分布信息，例如压力传感器阵列或CCD器件。

② 对多个结构相同，功能相近的敏感单元进行集成，例如将不同气敏传感元集成在一起组成电子鼻，利用各种敏感单元对不同气体的交叉敏感效应，采用神经网络模式识别等先进数据处理技术，可以对组成混合气体的各种成分同时监测，得到混合气体的组成信息，同时提高气敏传感器的测量精度。这层含义上的集成还有一种情况是将不同量程的传感元集成在一起，可以根据待测量的大小在各个传感元之间切换，在保证测量精度的同时，扩大传感器的测量范围。

③ 对不同类型的传感器进行集成，例如集成有压力、温度、湿度、流量、加速度、化学等敏感单元的传感器，能同时测到环境中的物理特性或化学参量，用来对环境进行监测。

集成电路和各种传感器的特征尺寸已达到亚微米和深亚微米量级，由于非电子元件接口能做到同等尺寸而限制了其体积、重量、价格等的减小。智能化是将传感器（或传感器阵列）与信号处理电路和控制电路集成在同一芯片上。系统能够通过电路进行信号提取和信号处理，根据具体情况自主地对整个传感器系统进行自检、自校准和自诊断，并能根据待测物理量的大小及变化情况自动选择量程和测量工作方式。和经典的传感器相比，集成智能传感器具有微型化、结构一体化、阵列式、测量精度高、多功能、全数字化等特点，能够减小传感器系统的体积、降低制造成本，且使用方便、操作简单，是目前国际上传感器研究的热点，也是未来传感器发展的主流。

11.4 传感器网络

在大型测量控制系统中（如汽车）拥有大量的传感器，要实现中央计算机与这些分布广泛的智能传感器之间的通信是非常困难的。这些传感器很可能由不同的制造商生产，并且具有不同的输出格式。为了设计高效的传感系统，数据传输的组织方式必须完美、有序、可靠。这种系统被称为总线系统或网络。一般而言，总线系统由中央计算机和大量传感器组成，传感器通过大量信号线连接到中央计算机。当一个传感器被激活向中央计算机发送信息时，这个传感器的地址便被选中，传感器切换到数字数据线路。中央计算机能够对不同种类的测试进行初始化和重新校准，每个传感器都和同一数据总线连接。而专用传输协议可以保证灵活的不受干扰的数据流传输。

在存在的许多不同协议中，每种都有其自己的接口要求。这些要求规定了诸如标题、数据字长和类型、比特率、循环冗余码校验（CRC）等许多参数。表 11-1 给出了智能传感器独特的网络协议。

表 11-1 传感器网络协议

传感器网络协议		开发商
汽车	J-1850，J-1939(CAN)	SAE
	J1567 C^2D	SAE(Chysler)
	J2058 CSC SAE	Chrysler
	J2106 Token Slot	SAE(General Motors)
	CAN	Robert Bosch GmbH
	VAN	ISO
	A-Bus	Volkswagen AG
	D^2B	Philips
	MI-Bus	Motorola
工业	Hart	Rosemount
	DeviceNet，Remote I/O	Allen-Bradley
	Smart Distributed Systems	Honeywell
	SP50 Fieldbus	ISP＋World FIP＝Fieldbus Fieldbus Foundation
	Lon Talk /Lon Works	Echelon Corp
	Profibus DP/PA	DIN(Germany)，Siemens
	ASI Bus	ASI Association
	InterBus-S	InterBus-S Club，Phoenix
	Seriplex	Automated Process Control(API Inc)
	SERCOS	VDW(German tool manufacturers assoc)
	IPCA	Pitney Bowes Inc
	HP-IB(IEEE-488)	Hewlett-Packard
	Arenet	Datapoint
	WorldFIP	WorldFIP
	Filbus	Gespac
建筑及办公自动化	BACnet	Building Automation Industry
	IBIbus	Intellegent Building Institute
	Batibus	Merlin Gerin(France)
	EIbus	Germany
家庭自动化	Smart House	Smart House LP
	CEBus	EIA
	I^2C	Philips
大学开发的网络协议	Michigan Parallel Standard(MPS)	University of Michigan
	Michigan Serial Standard(MSS)	University of Michigan
	Integrated Smart-Sensor Bus(IS^2)	Delft University of Technology University of Wien，Austria

所有的这些接口都与其应用领域密切相关。最近一项对现有总线的调查显示总线的设计都需满足一系列特定的需求，如家庭环境、工业领域、汽车应用领域和测量系统等条件，如表 11-1 所示。智能传感器是一种全新的应用，因此，要想保持最优性能，现存的大多数数字总线系统不能直接采用。

从智能传感器的观点来看，I^2C 总线非常令人感兴趣。与 D^2B 总线相比，它的布局相当简单，对硬件的要求最低。但当硬件规格允许简单的接口时，通信协议却异常严格。这推动了一种新的集成智能传感器总线 IS^2 的设计，IS^2 与 I^2C 总线类似，但其协议却高度简化。为了使所需电子电路的复杂性降到最低，只有将最基本的功能放到总线中执行。如 I^2C 一样，IS^2 总线要求双路通信，即时钟线和数据线。IS^2 总线的一个重要特点是没有定义数据域长度。数据传输可由数据控制器结束，也可由数据传感器结束。

从智能传感器的观点来看，另一个令人感兴趣的总线是控制器局域网（CAN），也得到了广泛应用。它是汽车网络的高级串行通信协议，高效支持分布式实时控制，具有非常高的可靠性。在 20 世纪 80 年代由 Bosch 开发出来，最初的目的是简化汽车配线，此后其应用扩展到机器和工厂自动化生产领域。它也适合于工业应用、建筑自动化、铁路车辆和轮船。CAN 总线为过程数据、服务数据、网络管理、同步、定时标记和紧急呼叫信号提供了标准化的通信对象。它是几种传感器总线的基础，如在汽车领域基于 CAN 总线的 DeviceNet（Allen-Bradley）、HoneywellSDS 或 CAN 应用层（CAL），拥有一群国际用户和超过 300 个的制造商。CANopen 协议集是 CAN 总线为自动化领域开发的应用环境。SDS 由 Bosch 开发，用于汽车中大多数的分布式电器联网，其初衷是去除奔驰汽车中大规模的昂贵的成行导线。

基于 CANopen 总线的其他传感器包括 COP 系列压力传感器，其满刻度精度可达 0.15%，以及 Madur Electronics（奥地利）公司基于红外光吸收的微处理器控制的 CO_2 传感器。Madur Electronics 的 CO_2 传感器也可采用 M 总线接口。Dynisco Europe GmbH、STW 和 Bdsensors 公司也上市了一些集成 CAN 接口的新型压力传感器。

11.5 无线传感器网络

在某些应用场合，利用现有的有线网络技术可以简单构造传感器网络。但在很多情况下，将所有的传感器连接起来是一个非常困难的事情，例如配线价格昂贵，尤其是设备数量很大时；配线存在维护问题；利用配线组网是不可移植的；配线会对传感器造成障碍等。因此，在许多应用中，传感器间的无线通信成为一个必然选择。

因而，一种新型的网络出现了，它被称为无线传感器网络（Wireless Sensor Network，WSN）。这种网络有多个单节点组成，各节点通过传感或控制参数实现与环境的交互；节点的关联性是通过无线通信来实现的。传感器网络节点的组成和功能包括如下四个基本单元：传感单元（由传感器和模数转换功能模块组成）、处理单元（由嵌入式系统构成，包括 CPU、存储器、嵌入式操作系统等）、通信单元（由无线通信模块组成）以及电源部分。此外，可以选择的其他功能单元包括：定位系统、运动系统以及发电装置等。

无线传感器网络功能强大，因而它们可以为很多应用提供支持；同时，由于可移植性，构建无线传感器网络本身也是一项富有挑战性的工作。目前，尚没有一套准则可以将所有无线传感器网络清楚地分类，也没有一种技术可以解决全部设计问题。

虽然无线传感器网络的大规模商业应用，由于技术等方面的制约还有待时日，但是最近几年，随着计算成本的下降以及微处理器体积越来越小，已经为数不少的无线传感器网络开始投入使用。目前无线传感器网络的应用主要集中在以下领域：

（1）环境的监测和保护

随着人们对于环境问题的关注程度越来越高，需要采集的环境数据也越来越多，无线传感器网络的出现为随机性的研究数据获取提供了便利，并且还可以避免传统数据收集方式给环境带来的侵入式破坏。比如，英特尔研究实验室研究人员曾经将 32 个小型传感器连进互联网，以读出缅因州“大鸭岛”上的气候，用来评价一种海燕巢的条件。无线传感器网络还可以跟踪候鸟和昆虫的迁移，研究环境变化对农作物的影响，监测海洋、大气和土壤的成分等。此外，它也可以应用在精细农业中，来监测农作物中的害虫、土壤的酸碱度和施肥状况等。

（2）医疗护理

无线传感器网络在医疗研究、护理领域也可以大展身手。罗彻斯特大学的科学家使用无线传感器创建了一个智能医疗房间，使用微尘来测量居住者的重要征兆（血压、脉搏和呼吸）、睡觉姿势以及每天 24 小时的活动状况。英特尔公司也推出了无线传感器网络的家庭护理技术。该技术是作为探讨应对老龄化社会的技术项目（Center for Aging Services Technologies，CAST）的一个环节开发的。该系统通过在鞋、家具以家用电器等家中道具和设备中嵌入半导体传感器，帮助老龄人士、阿尔茨海默氏病患者以及残障人士的家庭生活。利用无线通信将各传感器联网可高效传递必要的信息从而方便接受护理。而且还可以减轻护理人员的负担。英特尔主管预防性健康保险研究的董事 Eric Dishman 称“在开发家庭用护理技术方面，无线传感器网络是非常有前途的领域”。

（3）军事领域

由于无线传感器网络具有密集型、随机分布的特点，使其非常适合应用于恶劣的战场环境中，包括侦察敌情、监控兵力、装备和物资，判断生物化学攻击等多方面用途。美国国防部远景计划研究局已投资几千万美元，帮助大学进行智能尘埃传感器技术的研发。哈伯研究公司总裁阿尔门丁格预测：智能尘埃式传感器及有关的技术销售将从 2004 年的 1000 万美元增加到 2010 年的几十亿美元。

（4）其他用途

无线传感器网络还被应用于其他一些领域，比如一些危险的工业环境如井矿、核电厂等，工作人员可以通过它来实施安全监测。也可以用在交通领域作为车辆监控的有力工具。此外和还可以在工业自动化生产线等诸多领域，英特尔正在对工厂中的一个无线网络进行测试，该网络由 40 台机器上的 210 个传感器组成，这样组成的监控系统将可以大大改善工厂的运作条件。它可以大幅降低检查设备的成本，同时由于可以提前发现问题，因此将能够缩短停机时间，提高效率，并延长设备的使用时间。尽管无线传感器技术目前仍处于初步应用阶段，但已经展示出了非凡的应用价值，相信随着相关技术的发展和推进，一定会得到更大的应用。

11.5.1 无线传感器网络(WSN)的特点

WSN 具有如下六个显著特点。

（1）大规模网络

传感器网络的大规模性包括两方面的含义：一方面是传感器节点分布在很大的地理区域内（原始大森林防火和环境监测），需要部署大量的传感器节点；另一方面，传感器节点部署很密集，在一个面积不是很大的空间内，密集部署了大量的传感器节点。

（2）自组织网络

在传感器网络应用中，传感器节点被放置在没有基础结构的地方。传感器节点的位置不能预先精确设定，节点之间的相互邻居关系预先也不知道（通过飞机播撒大量传感器节点到面积广阔的原始森林中，或随意放置到人不可到达或危险的区域）。这样就要求传感器节点具有自组织的能力，能够自动进行配置和管理，通过拓扑控制机制和网络协议自动形成转发监测数据的多跳无线网络系统。

(3) 动态性网络

传感器网络的拓扑结构可能因为下列因素而改变。

① 环境因素或电能耗尽造成的传感器节点出现故障或失效。

② 环境条件变化可能造成无线通信链路带宽变化，甚至时断时通。

③ 传感器网络的传感器、感知对象和观察者这三要素都可能具有移动性。

④ 新节点的加入。这就要求传感器网络系统要能够适应这种变化，具有动态的系统可重构性。

(4) 可靠的网络

由于监测区域环境的限制以及传感器节点数目巨大，不可能人工“照顾”每个传感器节点，网络的维护十分困难甚至不可维护。传感器网络的通信保密性和安全性也十分重要，要防止监测数据被盗取和获取伪造的监测信息。因此，传感器网络的软硬件必须具有鲁棒性和容错性。

(5) 应用相关的网络

传感器网络用来感知客观世界多种多样的物理量，不同的应用背景对传感器网络的要求不同，其硬件平台、软件系统和网络协议必然会有很大差别。所以传感器网络不能像互联网一样，有统一的通信协议平台。对于不同的传感器，网络应用虽然存在一些共性问题，但针对每一个具体应用来研究传感器网络技术，这是传感器网络设计不同于传统网络的显著特征。

(6) 以数据为中心的网络

在互联网中，网络设备用网络中唯一的 IP 地址标识。传感器网络中的节点采用节点编号标识，由于传感器节点随机部署，节点编号与节点位置没有必然联系。用户使用传感器网络查询事件时，直接将所关心的事件通告给网络，网络在获得指定事件的信息后汇报给用户。这种以数据本身作为查询或传输线索的思想更接近于自然语言交流的习惯（如在目标跟踪的传感器网络中，跟踪目标可能出现在任何地方，对目标感兴趣的用户只关心目标出现的位置和时间，并不关心哪个节点监测到目标）。

11.5.2 WSN 的网络结构

WSN 的网络结构如图 11-3 所示，通常包括传感器节点（sensor node）、汇聚节点（sink node）和管理站（manager station）。大量传感器节点部署在监测区域（sensor field）附近，通过自组织方式构成网络。传感器节点获取的数据沿着其他传感器节点进行传输，在传输过程中数据可能被多个节点处理，经过多跳变路由到汇聚节点。最后通过互联网或卫星到达管理站。管理站对传感器网络和节点进行管理和配置。传感器节点处理能力、存储能力、通信能力有限，由电池供电。而汇聚节点处理能力、存储能力、通信能力较强，连接传感器网络与 Internet 等外部网，实现两种协议栈之间的通信协议转换，同时发布管理节点的监测任务，把收集的数据发送到外部网。

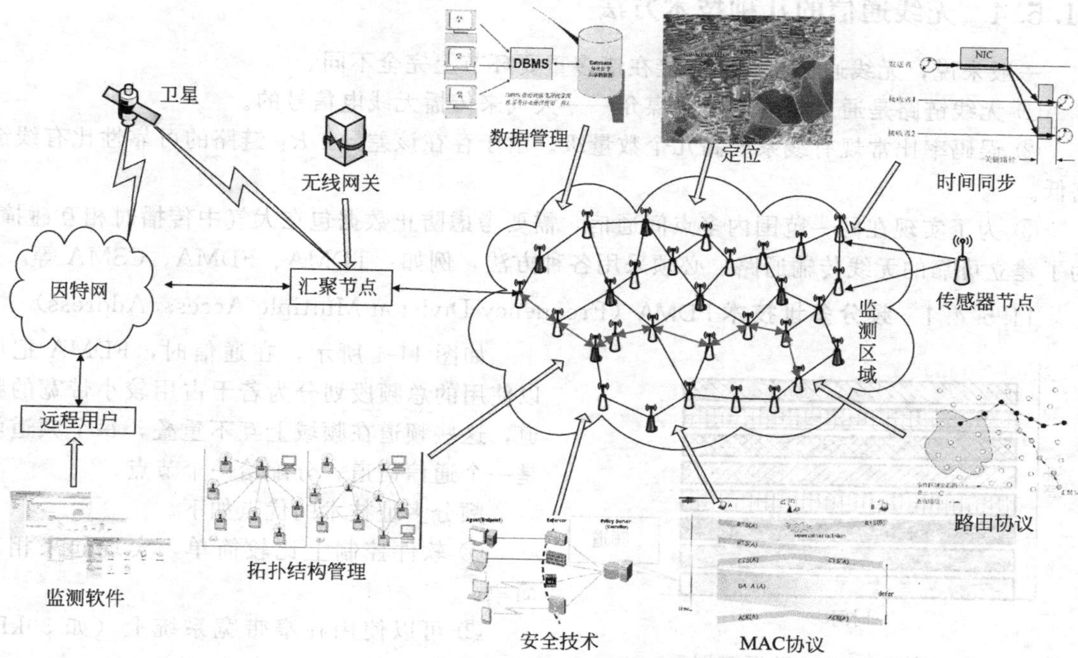

图 11-3　WSN 的网络结构

11.5.3　无线传感器节点

节点是无线传感器网络的基本组成部分。节点的设计必须满足具体应用的特殊要求，例如小型化、低成本、低功耗等，并为节点配备合适的传感器、必要的计算功能、内存资源以及适当的通信设备。

一个传感器节点一般由五个主要部分组成。

(1) 控制器

控制器处理所有的相关数据，可以执行任意代码。两种低功耗的微控制器是较好的选择：TI 公司的 MSP430 系列和 Silicon labs 公司的 C8051F9××系列单片机，除了具有必需的计算功能和通信功能外，它们还具有丰富的电源管理功能，这对节点的功耗控制是重要的。

(2) 存储器

有的存储器存储数据和中间节点。通常，程序和数据使用不同类型的存储器。

(3) 传感器和执行器

它们是与外围设备的真正接口：该设备可以观测和控制环境的物理参数。

(4) 通信

为了将节点联网，需要一个可以在无线信道上发送和接收消息的设备。通常采用的是将收发功能合为一体的无线收发机，目前市场上许多低成本的无线收发机集成了发送和接收的所有电路-调制器、解调器、放大器、滤波器和混频器等。

(5) 电源

通常情况下，直接供电不太现实，所以通常采用的是电池供电的方式。有时通过提取环境能源实现电池的自充电（例如太阳能）。

11.5.4 无线通信的几种技术方法

一般来说，无线通信与有线连接在诸多重要环节上完全不同。

① 无线链路是通过相同的传输媒介——大气来传播无线电信号的。

② 误码率比常规有线系统高几个数量级。由于存在该差异，R_F 链路的可靠性比有线链路低。

③ 为了实现在同一范围内多点间通信，需要考虑防止数据包在大气中传播时相互碰撞。为了建立可靠的无线传输通路，必须采用各种方法，例如：TDMA、FDMA、CSMA 等。

11.5.4.1 频分多址技术 FDMA（Frequency Division Multiple Access/Address）

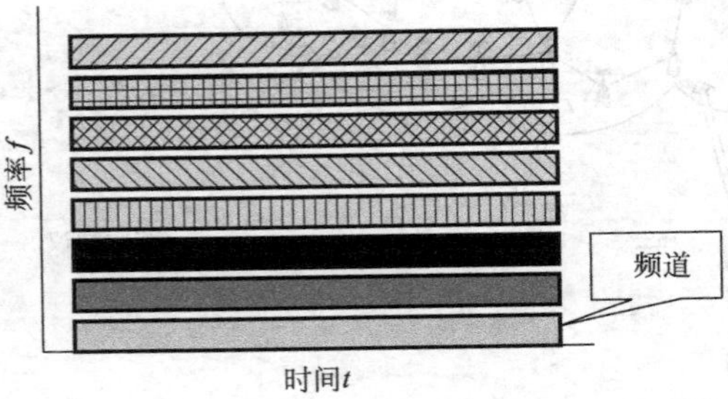

图 11-4 FDMA 示意图

如图 11-4 所示，在通信时，FDMA 把可以使用的总频段划分为若干占用较小带宽的频道，这些频道在频域上互不重叠，每个频道就是一个通信信道，分配给一个节点。

频分多址技术的优点如下。

① 软件控制上比较简单，实现起来相对简单。

② 可以使用在窄带宽系统上（如 30kHz 的系统）。

③ 非常低的系统通信同步要求，因为系统有自己的专门频道。这样可以减少系统过载的可能性。

频分多址技术的缺点如下。

① 子信道之间必须间隔一定的距离以防止干扰，故频带利用率不高。

② 当用户处于空闲状态时，会导致带宽的浪费。

③ 所采用的功率放大器和功率合成器是非线性的，容易产生交调频率，导致交调失真。

④ 为了使交调失真产生的影响最小，需要用严格的 RF 滤波器抑制交调失真。RF 滤波器通常笨重且价格高。

在 FDMA 的典型应用中，分配给用户一个信道，即一对频谱；一个频谱用作前向信道即基站向移动台方向的信道，另一个则用作反向信道即移动台向基站方向的信道。这种通信系统的基站必须同时发射和接收多个不同频率的信号；任意两个移动用户之间进行通信都必须经过基站的中转，因而必须同时占用两个信道（两对频谱）才能实现双工通信。

它们的频谱分割如图 11-5 所示。在频率轴上，前向信道占有较高的频带，反向信道占有较低的频带，中间为保护频带。在用户频道之间，设有保护频带 F_g，以免因系统的频率漂移造成频道间的重叠。

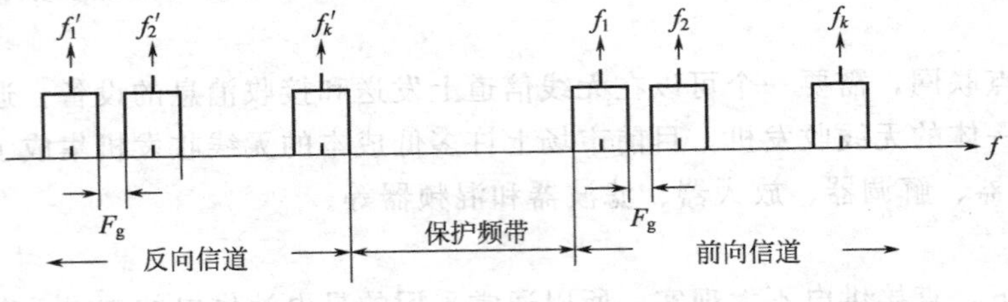

图 11-5 FDMA 系统频谱分割示意图

前向与反向信道的频带分割，是实现频分双工通信的要求；频道间隔（例如为 25kHz）是保证频道之间不重叠的条件。

NRF2401/NRF9E5 及 CC1100 无线收发模块都可以在 ISM 频率允许范围的频带范围内将无线数据通信划分为不同的通信频道，从而实现频分多址技术。

11.5.4.2 时分多址技术 TDMA(Time Division Multiple Access)

如图 11-6 所示，TDMA 是把时间分成周期性的帧，每一帧再分割成若干时隙（无论帧或时隙都是互不重叠的），每一个时隙就是一个通信信道。TDMA 中，给每个用户分配一个时隙，即根据一定的时隙分配原则，使各个移动台在每帧内只能按指定的时隙向基站发射信号。在满足定时和同步的条件下，基站可以在各时隙中接收到各移动台的信号而互不干扰。同时，基站发向各个移动台的信号都按顺序安排在预定的时隙中传输，各移动台只要在指定的时隙内接收，就能在合路的信号中把发给它的信号区分出来。这样，同一个频道就可以供几个用户同时进行通信，相互没有干扰。TDMA 的特点如下。

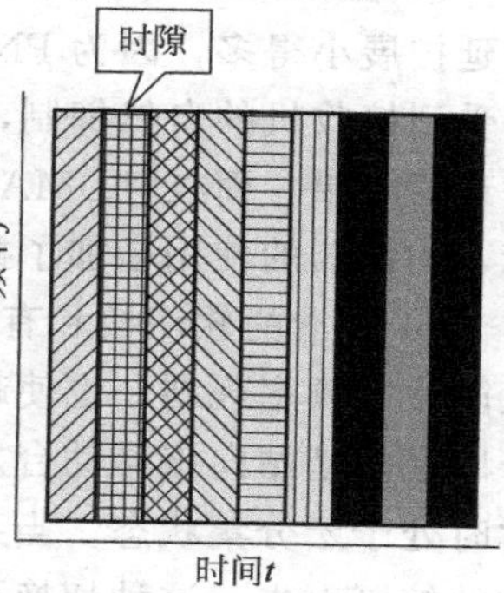

图 11-6 TDMA示意图

① 突发传输的速率高，远大于语音编码速率，每路编码速率设为 R(bps)，共 N 个时隙，则在这个载波上传输的速率将大于 NR（bps）。这是因为 TDMA 系统中需要较高的同步开销。同步技术是 TDMA 系统正常工作的重要保证。

② 发射信号速率随 N 的增大而提高，如果达到 100Kbps 以上，码间串扰就将加大，必须采用自适应均衡，用以补偿传输失真。

TDMA 用不同的时隙来发射和接收，因此不需双工器。即使使用 FDD 技术，在用户单元内部的切换器，就能满足 TDMA 在接收机和发射机间的切换，而不使用双工器。

③ 基站复杂性减小。N 个时分信道共用一个载波，占据相同带宽，只需一部收发信机。互调干扰小。

④ 抗干扰能力强，频率利用率高，系统容量大。

⑤ 越区切换简单。由于在 TDMA 中移动台是不连续地突发式传输，所以切换处理对一个用户单元来说是很简单的，因为它可以利用空闲时隙监测其他基站，这样越区切换可在无信息传输是进行。因而没有必要中断信息的传输，即使传输数据也不会因越区切换而丢失。

11.5.4.3 码分多址技术 CDMA(Code Division Multiple Access)

码分多址系统为每个用户分配了各自特定的地址码，利用公共信道来传输信息。CDMA 系统的地址码相互具有准正交性，以区别地址，而在频率、时间和空间上都可能重叠。系统的接收端必须有完全一致的本地地址码，用来对接收的信号进行相关检测。其他使用不同码型的信号因为和接收机本地产生的码型不同而不能被解调。它们的存在类似于在信道中引入了噪声或干扰，通常称为多址干扰。CDMA 系统的特点如下。

① CDMA 系统的许多用户共享同一频率。不管使用的是 TDD 还是 FDD 技术。

② 通信容量大。理论上讲，信道容量完全由信道特性决定，但实际的系统很难达到理想的情况，因而不同的多址方式可能有不同的通信容量。CDMA 是干扰限制性系统，任何干扰的减少都直接转化为系统容量的提高。因此一些能降低干扰功率的技术，如话音激活

(voice activity) 技术等，可以自然地用于提高系统容量。

③ 容量的软特性。TDMA 系统中同时可接入的用户数是固定的，无法再多接入任何一个用户，而 DS-CDMA 系统中，多增加一个用户只会使通信质量略有下降，不会出现硬阻塞现象。

④ 由于信号被扩展在一较宽频谱上而可以减小多径衰落。如果频谱带宽比信道的相关带宽大，那么固有的频率分集将具有减少小尺度衰落的作用。

⑤ 在 CDMA 系统中，信道数据速率很高。因此码片（chip）时长很短，通常比信道的时延扩展小得多，因为 PN 序列有低的自相关性，所以大于一个码片宽度的时延扩展部分，可受到接收机的自然抑制，另一方面，如采用分集接收最大合并比技术，可获得最佳的抗多径衰落效果。而在 TDMA 系统中，为克服多径造成的码间干扰，需要用复杂的自适应均衡，均衡器的使用增加了接收机的复杂度，同时影响到越区切换的平滑性。

⑥ 平滑的软切换和有效的宏分集。DS-CDMA 系统中所有小区使用相同的频率，这不仅简化了频率规划，也使越区切换得以完成。每当移动台处于小区边缘时，同时有两个或两个以上的基站向该移动台发送相同的信号，移动台的分集接收机能同时接收合并这些信号，此时处于宏分集状态。当某一基站的信号强于当前基站信号且稳定后，移动台才切换到该基站的控制上去，这种切换可以在通信的过程中平滑完成，称为软切换。

⑦ 低信号功率谱密度。在 DS-CDMA 系统中，信号功率被扩展到比自身频带宽度宽百倍以上的频带范围内，因而其功率谱密度大大降低。由此可得到两方面的好处，其一，具有较强的抗窄带干扰能力。其二，对窄带系统的干扰很小，有可能与其他系统共用频段，使有限的频谱资源得到更充分的使用。

CDMA 系统存在着两个重要的问题，一个是来自非同步 CDMA 网中不同用户的扩频序列不完全是正交的，这一点与 FDMA 和 TDMA 是不同的，FDMA 和 TDMA 具有合理的频率保护带或保护时间，接收信号近似保持正交性，而 CDMA 对这种正交性是不能保证的。这种扩频码集的非零互相关系数会引起各用户间的相互干扰，即多址干扰，在异步传输信道以及多径传播环境中多址干扰将更为严重。

另一问题是远-近效应。许多移动用户共享同一信道就会发生“远-近”效应问题。由于移动用户所在的位置处于动态的变化中，基站接收到的各用户信号功率可能相差很大，即使各用户到基站距离相等，深衰落的存在也会使到达基站信号各不相同，强信号对弱信号有着明显的抑制作用，会使弱信号的接收性能很差甚至无法通信。这种现象被称为“远-近”效应。为了解决“远-近”效应问题，在大多数 CDMA 实际系统中使用功率控制。蜂窝系统中由基站来提供功率控制，以保证在基站覆盖区内的每一个用户给基站提供相同功率的信号。这就解决了由于一个邻近用户的信号过大而覆盖了远处用户信号的问题。基站的功率控制是通过快速抽样每一个移动终端的无线信号强度指示（Radio Signal Strength Indication, RSSI）来实现的。尽管在每一个小区内使用功率控制，但小区外的移动终端还会产生不在接收基站控制内的干扰。

11.5.5 无线传感器网络标准

用于传感和控制应用的无线产品和技术正迅速变为现实。无线技术的大规模普及只是时间早晚的问题，但标准化组织和技术供应商在解决竞争方案和技术混乱等方面的工作尚未做到位。具体地讲，就是许多方案和技术对其适用范围语焉不详，从而造成了整个无序的局面。

蓝牙、Wi-Fi 和 ZigBee 在无线通信领域都有一席之地。但基于不同原因，上述几种技术都不太适合无线传感器网络应用。

上述三种技术定位于不同应用。Wi-Fi 被认为是有线以太网 PC 通信的替代技术，即中心有个基站、PC 就在中心附近的高数据速率网络（也即星型网络结构）。为了实现局部区域的高数据速率，Wi-Fi 的功耗相当大，一般需要采用笔记本电脑的电池供电。

蓝牙的功耗低，通常采用手机电池供电。一般来说，蓝牙的通信距离也比 Wi-Fi 短，当然，它也反映了手机一般就与耳机、笔记本电脑和 GPS 设备一起使用这个事实。

传感器应用有截然不同的需求，特别是在功耗方面：在采用纽扣电池或太阳能电池及振动发电采集器等环境能源的场合，传感器一般必须要工作几年，而传感器所用的电池无法像笔记本电脑或手机电池那样充电。

其他一些传感器特有的要求是由以下因素决定的，如可靠性、通信距离、在单一网络中所需支持的最大节点数以及自动网络组织需求等。不过较低的数据速率一般即可满足传感器网络要求，因为大多传感器产生的数据量并不大，而且一般并非连续输出。

ZigBee 联盟是由众多技术供应商和 OEM 支持的独立标准组织。该组织最近里程碑式的工作是 2007 年底完成了对两个网络堆栈规范的定稿，这两个网络栈是 ZigBee 和 ZigBee PRO。从使用角度看，ZigBee 堆栈很适合一般包含十到几百个设备的住宅“家庭”网络。ZigBee PRO 是 ZigBee 的超集，它增加了一些功能，可对网络进行扩展并更好地应对来自其他技术的无线干扰。

这些特性使 ZigBee PRO 很适合诸如商用建筑等大规模应用。目前来说，该功能需要越来越大的程序存储器空间，从而增加了成本，进而限制了 ZigBee PRO 在许多消费市场的应用。但归功于芯片成本的不断下降，我们预计，ZigBee 和 ZigBee PRO 间的成本差异不久就会变得微不足道，届时，许多应用将采用 ZigBee PRO。

ZigBee 联盟并没明确要把工业应用排除在外。但若干大的工业自动化企业已经确认需要一些额外功能，而这些功能并不在 ZigBee 联盟考虑的要事之列。两个最主要的“工业”特性是确定的延时和确定的可靠性。

延时是信息从源到目的地所需时间。如果源是 PLC、目的地是机器，则严谨地控制延时就很重要。这就是为什么明确以工业自动化为目标的那些标准在研发一种称为“保证时隙”的 IEEE802.15.4 特性，这一特性可以确保最坏情况下的信息延时。目前，ZigBee 并没有使用保证时隙功能。确定的可靠性指的是在两个无线节点间提供有保证的通信信道的能力。

(1) ZigBee 无线网络的应用情况

ZigBee 是一种新兴的无线网络技术标准，主要用于近距离无线网络连接。它的字面意思为“嗡嗡（zig）的蜜蜂（bee）”，来源于蜜蜂用于传递信息的舞蹈，蜜蜂通过“嗡嗡”地抖动翅膀飞翔出“八字舞”来与同伴传递花粉的方位信息，这样的方式构成了蜜蜂群体中的通信网络。该技术的主要特色有低速、低功耗、低成本、支援大量网络节点、支援多种网络拓扑、低复杂度、快速、可靠、安全。它工作于 2.4GHz（全球）、868MHz（欧洲）及 915MHz（美国）的 ISM 频段，其基础是 IEEE802.15.4，这是 IEEE 无线个人区域网工作组的一项标准，被称作 IEEE802.15.4（ZigBee）技术标准。

2001 年 8 月 ZigBee 联盟成立，主要负责制定相关的无线网络协定。2002 年下半年，英国 Invensys 公司、日本三菱电气公司、美国摩托罗拉公司以及荷兰飞利浦半导体公司四大巨头共同宣布，它们将加盟 ZigBee 联盟，共同研发下一代无线通信标准，这一事件成为该项技术发展过程中的里程碑。目前已经包括 2004、2006 及 2007/Pro 版本。到目前为止，该联盟已有 200 多家成员企业。

(2) ZigBee 协议栈概述

ZigBee 协议栈有一组子层构成。每层为其上层提供一组特定的服务：一个数据实体提供数据传输服务，一个管理实体提供全部其他服务。每个服务实体通过一个服务接入点（SAP）为其上层提供服务接口，并且每个 SAP 提供了一系列的基本服务指令来完成相应的功能。

如图 11-7 所示。IEEE802.15.4-2003 标准定义了最下面的两层：物理层（PHY）和介质接入控制层（MAC）。ZigBee 联盟提供了网络层和应用层（APL）框架的设计。其中，应用层的框架包括了应用支持层（APS）、ZigBee 设备对象（ZDO）及由制造商制定的应用对象。

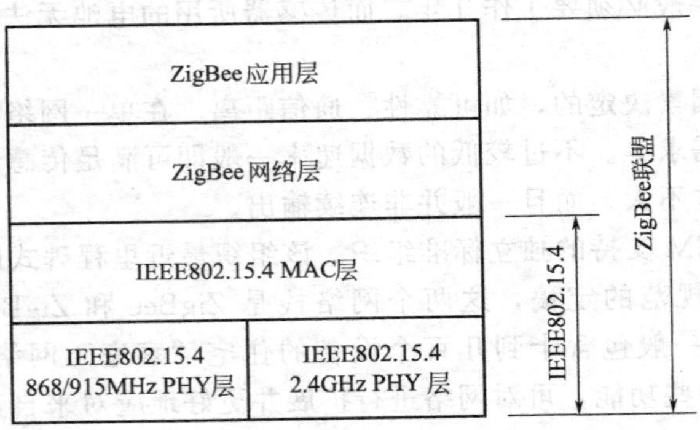

图 11-7　Zigbee 协议结构

相比于常见的无线通信标准，ZigBee 协议套件紧凑而简单，具体实现的要求很低。以下是 ZigBee 协议套件的最低要求：硬件需要 8 位处理器，如 80C51；软件需要 32KB 的 ROM，最小软件需要 4KB 的 ROM，如 CC2430 芯片是具有 8051 内核的、内存从 32KB 到 128KB 的 ZigBee 无线单片机；网络主节点需要更多的 RAM 以容纳网络内所有的设备信息、数据包转发表、设备关联表以及与安全有关的密匙存储等。

IEEE802.15.4 工作在工业、科学、医疗频段，定义了两个工作频段，即 2.4GHz 频段和 868/915MHz 频段。

在 IEEE802.15.4 中总共分配了 27 个具有 3 种速率的信道：2.4GHz 频段有 16 个速率为 250Kbps 的信道；915MHz 频段 10 个 40Kbps 的信道；868MHz 频段 1 个 20Kbps 的信道。

(3) ZigBee2006 的简单应用

在本应用中，采用 TI 公司的 CC2430 芯片，该芯片整合了 ZigBee 射频前段、内存和微控制器。它使用一个 8 位 MCU（8051），具有 128KB 可编程闪存和 8KB 的 RAM，还包括 ADC、TIMER、AES128 协同处理器、21 个可编程 I/O 口等资源。CC2430 具有 ZigBee/802.15.4 全兼容的硬件层和物理层。

传感器节点采集温度和电池电压，并发送这些数据到中心收集节点进行处理。中心节点将处理后的数据通过串口送到计算机。

首先，传感器节点和中心节点配置相应的参数，中心节点作为协调器或路由器启动，传感器节点作为终端设备启动。加入网络后，传感器节点将试图发现和绑定自己到一个中心收集设备。如果发现多个收集节点，它将挑选第一个响应的收集设备建立绑定；如果没有发现收集节点，它将周期性地继续搜索。

网络启动建立成功后，中心收集设备必须进入允许绑定模式，才能对传感器发送的绑定请求作出响应。绑定建立成功之后，传感器设备将根据定义的时间间隔周期地采集温度传感器和电池电压值，分别通过报告命令发送给收集设备。该报告命令要求收集设备应答，如果传感器设备有一个应答没有接收到，则传感器设备将移除它存在的绑定，然后重新发现和绑定。

11.5.6 无线传感器节点的应用介绍

目前无线传感器网络应用发展得十分迅速，各种传感器节点的种类较多，结构各有差异，但从总体结构上是相似的。下面简单介绍具有代表性的武汉益控科技有限公司的RPX型无线压力智能仪表和RG5型无线示功仪，见图11-8和图11-9。

图11-8 RPX型无线压力智能仪表

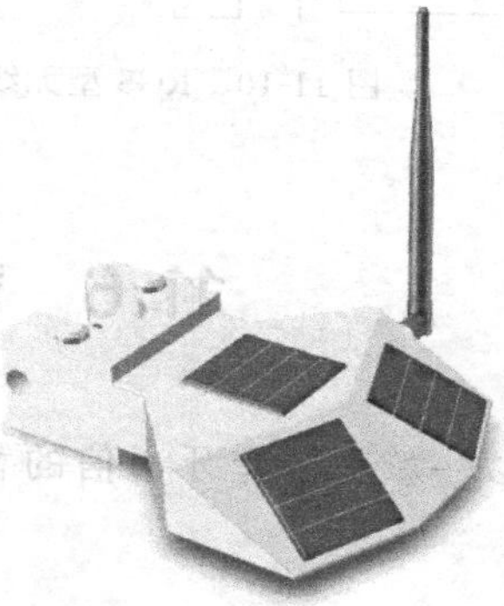

图11-9 RG5型无线示功仪

(1) RPX型无线压力智能仪表的功能

① 测量温度和压力信号。

② 采用太阳能或锂电池供电。

③ 可选择433MHz无线MODEBUS网络、工业标准无线传感器网络WIA或WIFI-802.11b/g通信方式。

④ 能够对油井联网，为油井自动化管理创造条件。

(2) RG5型无线示功仪的功能

① 记录地面示功图。

② 记录抽油机工作状态及时间。

③ 采用太阳能或锂电池供电。

④ 可选择433MHz无线MODEBUS网络、工业标准无线传感器网络WIA或WIFI-802.11b/g通信方式。

⑤ 能够对油井联网，为油井自动化管理创造条件。

两种仪器都采用了一体化的设计，结构紧凑、重量轻、安装方便，能够适应恶劣的室外工作环境；采用低功耗器件和技术，具有仪器休眠和唤醒功能，可联系工作三年以上，从而实现“零维护”工作目标；采用无线通信方式，适用于沙漠、沼泽等野外环境；能够和手持仪表或笔记本电脑通过无线方式通信，对仪器工作参数进行设置及读出。

RPX型无线压力智能仪表和RG5型无线示功仪仪器的原理如图11-10所示，传感器数据经过A/D转换后送入微处理器。微处理器从FLASH1中取出在仪器出厂时已经设置好的各种补偿参数，对输入数据进行处理，然后经过无线收发模块转化为射频信号输出。

仪器中的FLASH2起后备存储器作用，仪表工作时，FLASH2中存储着与RAM中同样的数据；当仪表因故障停电后恢复供电时，FLASH2中的数据会自动传递到RAM中。因此，仪器在更换电池或检修等状况时不需要后备电池。FLASH3为程序存储区。

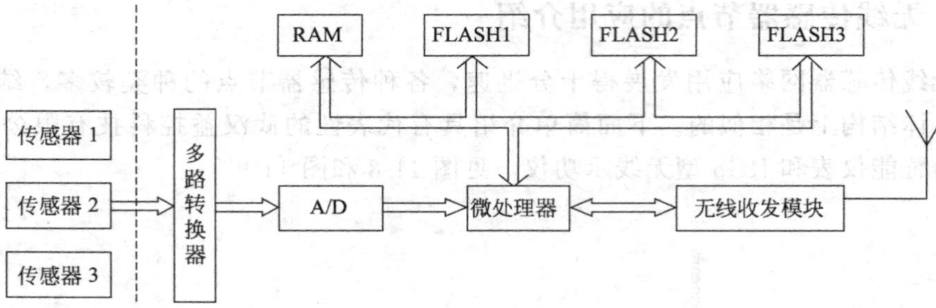

图 11-10　RG5 型无线示功仪和 RPX 型无线压力智能仪表的工作原理

11.6　智能传感器的应用实例

本节以一款基于蓝牙通信的智能跑步机控制系统设计为实例介绍智能传感器系统的应用。

11.6.1　系统硬件电路设计

（1）总体设计

智能跑步机是健身跑步机与智能传感器的结合体，其控制系统主要由两部分组成：其一是移动端，佩戴在手上；其二是主控端，安装在跑步机上。移动端利用 MAX30102 进行心率和血氧检测，然后将心率和血氧值实时显示在 LCD 液晶屏上，并且通过 WH_BH103 蓝牙模块将心率数据或相关指令传输到跑步机主控端，主控端的单片机控制着电机启停和速度，并负责监听接收来自移动端的心率数据和相关命令，然后分析数据或指令进一步控制电机的速度，比如心率过快则减慢跑步机的速度。系统模块流程图如图 11-11 所示。

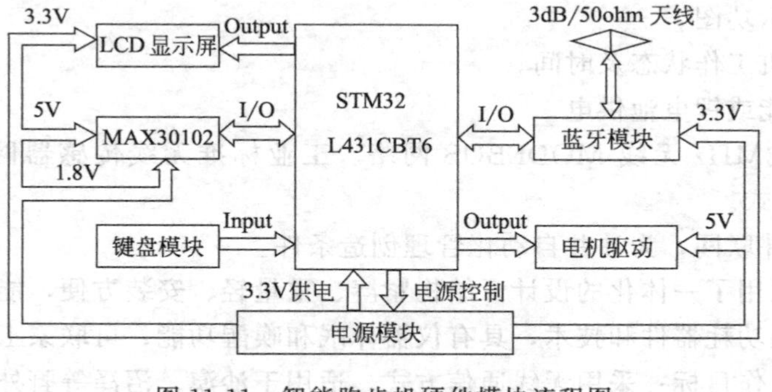

图 11-11　智能跑步机硬件模块流程图

（2）电源电路设计

本设计各个模块的供电电压有所差异，具体供电类型有三个，分别是 1.8V、3.3V 和 5V 直流供电，所以整体电源模块采用外部 5V 直流供电，利用线性低压芯片产生各种需要的电压。此电源模块具有过流过压保护，防接反电路和单片机控制外设供电以达到待机低功耗电路。电源电路设计原理图如图 11-12 所示。

SMD0805-035 的 PTC 自恢复保险丝可以起到过流保护的作用，SMBJ12CA 的 TVS 瞬

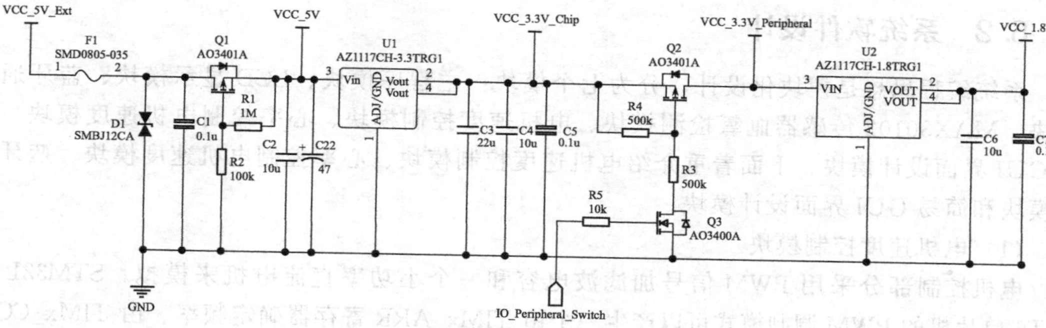

图 11-12　电源设计原理图

态抑制二极管，因为它的响应时间极快，可以达到亚纳秒级，所以用它来抑制雷电产生的浪涌或者电路中产生的浪涌。

（3）蓝牙模块电路

蓝牙模块外围电路设计主要参考 WH_BLE103 模块的硬件说明手册，大致分为供电、天线和控制端口这三个部分，如图 11-13 所示。

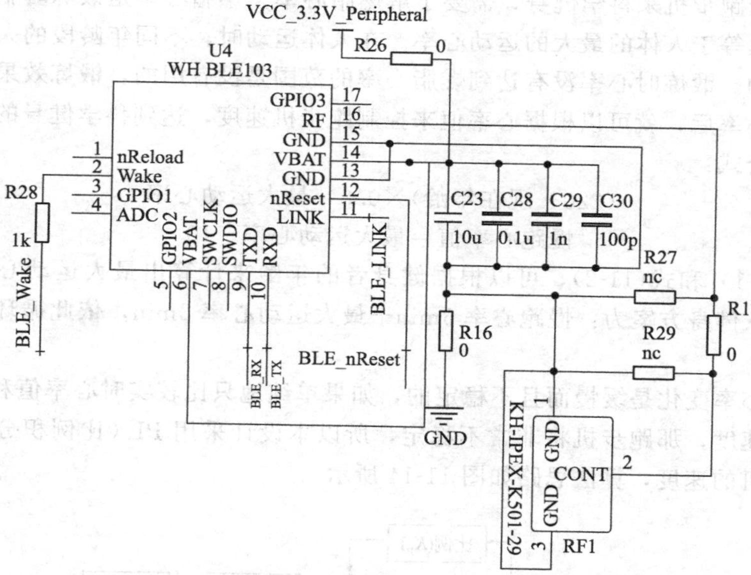

图 11-13　蓝牙模块电路图

通信电路对电源质量要求较高，通信模块发射信号的瞬间电流可达 1～2A，对电源的脉冲干扰比较大，所以这里将蓝牙模块的 VBAT 端口串接 R26 电阻再接到 VCC_3.3V_Peripheral 外设供电端，同时，在接 GND 之前也串接一个电阻 R16；并且通过 10μF、0.1μF、1nF、100pF 四个电容并联滤除电源纹波并吸收模块的瞬间大电流，这样能有效保证蓝牙模块供电的稳定和消除蓝牙模块对外部电源的干扰。图 11-13 中的 KH-IPEX-K501-29 为 RF1 同轴连接器，它通过 R17、R27、R29 组成的 π 型阻抗匹配电路连接到蓝牙模块的 RF 端口。

除以上主要硬件电路外，本系统设计采用 MAX30102 传感器进行心率和血氧检测，检测值显示在 LCD 显示屏上。电机转速控制（即跑步机速度控制）通过编程实现。

11.6.2 系统软件设计

系统编程思想是模块化设计，分为七个模块：主程序模块、LCD 显示模块、蓝牙通信模块、MAX30102 传感器血氧检测模块、电机速度控制模块、心率控制电机速度模块、简易 GUI 界面设计模块。下面着重介绍电机速度控制模块、心率控制电机速度模块、蓝牙通信模块和简易 GUI 界面设计模块。

（1）电机速度控制模块

电机控制部分采用 PWM 信号加滤波电容和一个小功率直流电机来模拟。STM32L431CBT6 单片机的 PWM 调制模式可以产生一个由 TIMx_ARR 寄存器确定频率、由 TIMx_CCRx 寄存器确定占空比的信号。跑步机的启停控制对应着 PWM 信号输出与否，电机的速度由 PWM 信号的频率和占空比来调节。需要考虑的是，如果 PWM 信号频率设置得过高，那么 PWM 信号的占空比可控制的空间就会变得非常小。但是如果 PWM 信号频率过低的话，电机会形成停滞感，所以这里取默认固定频率为 1kHz，速度调节主要调节的是 PWM 占空比。一共用四个函数来控制电机：Start_machinery()、Stop_machinery()、Speed_up()、Speed_down()。

（2）心率控制电机速度模块

要通过智能跑步机来科学健身，需要了解燃脂心率。燃脂心率是锻炼时脂肪开始燃烧的心率，同时它也等于人体的最大的运动心率。在人体运动时，不同年龄段的人体其燃脂是有固定心率范围的。锻炼时心率没有达到燃脂心率的范围是没有用的，锻炼效果也会变得非常差。了解燃脂心率后，就可以根据心率值来控制跑步机速度，达到科学健身的目的。

燃脂心率公式：

$$(220-\text{现在年龄})\times 0.8=\text{最大运动心率} \tag{11-1}$$

$$\text{慢跑心率值}=\text{最大运动心率}-10 \tag{11-2}$$

通过式(11-1) 和式(11-2)，可以根据健身者的年龄来计算出最大运动心率和慢跑心率值。跑步机默认健身方案为：慢跑心率 5min+最大运动心率 2min，依此循环，直到退出此模式。

因为人体心率变化是缓慢而且不稳定的，如果单纯地只比较实时心率值和预设心率值去控制跑步机的速度，那跑步机将非常不稳定，所以本设计采用 PI（比例积分）闭环控制算法来控制跑步机的速度，算法思路如图 11-14 所示。

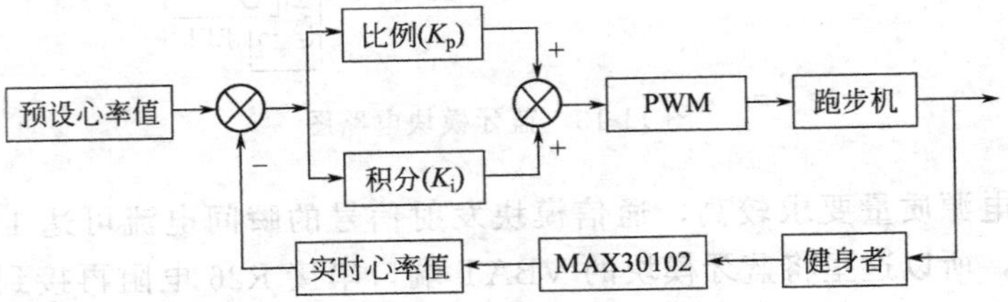

图 11-14 PI 闭环控制算法

（3）蓝牙通信模块

WH_BLE103 蓝牙模块预留了一个 UART 接口，通过此接口再加上 AT 指令可以对模块进行配置。模块数据通过 UART 进行传输。WH-BLE103 蓝牙模块共有四种工作模式：从设备模式、主设备模式、广播模式和 Mesh 组网模式。AT 指令是指在命令模式下用户通过 UART 与模块进行命令传递的指令集。上电启动成功后，可以通过 UART 对蓝牙模块进行设置。模块的缺省 UART 口参数为：波特率 57600、无校验、8 位数据位、1 位停止位。

WH-BLE103 蓝牙模块有多种工作模式，模块复位启动时首先进入的是设置模式，在这个模式下使用者能通过 UART 命令把模块切换到 AT 指令模式。模块工作期间也可以同过"+++a"命令切换到 AT 指令模式，具体操作第一步：在串口上输入"+++a"，然后模块在收到此命令后会返回一个确认信息"a+ok"，如果在蓝牙模块主控芯片端或者 PC 端收到了此确认信息那么模块就进入了 AT 指令模式。

所有操作 WH_BLE103 蓝牙的驱动函数如下：

void MX_USART2_UART_Init(void)//设置串口波特率、奇偶校验位等信息

void HAL_UART_MspInit(UART_HandleTypeDef * uartHandle)//初始化异步串口

void WH_BLE103_Transmit(uint8_t * data);//蓝牙传输函数

void USART2_IRQHandler(void);//蓝牙接收中断函数

(4) 简易 GUI 界面设计模块

针对智能跑步机控制系统，本设计实现了一个简易的 GUI 操作界面。这个操作界面分为两级界面，一级界面为主界面（复位后的界面），二级界面为具体功能界面。在一级界面可以进行以下操作，开/关机、左键、返回、右键、确认。在程序开始并完成相关初始化后进入此界面，在这个界面，可以通过左键、右键选择需要进入的二级界面，可选择的二级界面有五个，分别对应时间（时间设置）、速度（电机速度控制）、蓝牙（蓝牙状态显示）、心率（心率检测与心率控制电机）和背景（背景设置）这五个子功能。

11.6.3 测试结果

LCD 显示测试：通过主机控制 LCD 输出字符串"LCD Display YES"，能在屏幕任何位置输出想要的信息。

蓝牙通信测试：两个蓝牙模块开机自动建立透传连接，用主机发送 BLE Connection successful，从机接收到信息并通过 LCD 显示 Bluetooth _ receive _ data：BLE Connection successful。蓝牙配置成透传模式后，传输稳定，速度较快，能满足本设计的要求。蓝牙从机可通过无线配置 AT 指令进行无线配置。

传感器测试：用手指按压 MAX30102 传感器，心率值通过蓝牙主机发送到从机，从机接收到信息并通过 LCD 显示数值 Heart Rata：75times per second，心率值和实际值偶尔会有误差，可能是电路产生了干扰。

11.7 本章小结

本章介绍了传感器技术的发展过程，指出智能化传感器是传感器的发展方向。简单说明了智能传感器的功能、结构及分类方法。对传感器智能化方法进行了介绍。

网络化技术是智能传感器的重要特征之一，而无线传感器网络技术是发展最为迅速的传感器网络之一。书中介绍了传感器总线和网络协议，无线传感器网络的六个显著特点，WSN 网络结构及各部分功能组成。另外本章对无线传感器网络节点的特点及组成、无线通信的几种实现方法作了简介。本章重点介绍了在无线传感器网络领域得到广泛应用的 ZigBee 网络协议，并介绍了一个实际的无线传感器网络节点例子。

习 题

1. 什么是智能传感器？
2. 智能传感器如何分类？
3. 智能传感器的主要功能是什么？
4. 智能传感器主要由哪些部分组成？
5. 与有线网络相比无线传感器网络有哪些特点？
6. 无线传感器网络节点一般由哪些部分组成？
7. 无线通信有哪些技术方法？它们各有什么特点？
8. 无线传感器网络的技术标准有哪些？各有什么特点？
9. IEEE802.15.4 使用哪些频段？有几个信道？

参考文献

[1] 栾桂冬，张金铎，金欢阳等．传感器及其应用．第2版．西安：西安电子科技大学出版社，2012.
[2] 强锡富．传感器．北京：机械工业出版社，2004.
[3] 何金田，张斌．传感器原理与应用课程设计指南．哈尔滨：哈尔滨工业大学出版社，2009.
[4] 林玉池，曾周末．现代传感技术与系统．北京：机械工业出版社，2009.
[5] 徐宏飞，测控专业概论．北京：机械工业出版社，2009.
[6] 王化祥．传感器原理与应用技术．北京：化学工业出版社，2018.
[7] 贺良华，杨帆．现代检测技术．武汉：华中科技大学出版社，2008.
[8] 刘迎春，叶湘滨．传感器原理设计与应用．长沙：国防科技大学出版社，1997.
[9] 单成祥．传感器的理论与设计基础及其应用．北京：国防工业出版社，1999.
[10] 赵玉刚，邱东．传感器基础．北京：中国林业出版社与北京大学出版社，2006.
[11] 何希才．传感器技术及应用．北京：北京航空航天大学出版社，2005.
[12] 杨帆．传感器技术．西安：西安电子科技大学出版社，2008.
[13] Ramon Pallas-Areney，John G. Webster．传感器和信号调节．第2版．张伦，译．北京：清华大学出版社，2003.
[14] 李科杰．新编传感器技术手册．北京：国防工业出版社，2002.
[15] 叶嘉雄，常大定，陈汝钧．光电系统与信号处理．北京：科学出版社，1997.
[16] 吴晗平．光电系统设计基础．北京：科学出版社，2010.
[17] 程开富．新型紫外摄像器件及应用．国外电子元器件，2001（2）：4-10.
[18] 安毓英，曾晓东．光电探测原理．西安：西安电子科技大学出版社，2004.
[19] 谷云彪，王文富，熊元娇等．干涉型光纤陀螺的工作方式及其关键技术．天津：天津大学学报，2000，33.
[20] 李仲文，段朝玉等．ZigBee2006无线网络与无线定位实战．北京：北京航空航天大学出版社，2008.
[21] 陶艳红，于成波．传感器与现代检测技术．北京：清华大学出版社，2009.
[22] 李华等．MCS-51系列单片机实用接口技术．北京：北京航空航天大学出版社，1993.
[23] 刘君华．智能传感器系统．西安：西安电子科技大学出版社，1999.
[24] 周明，田彦文，王常珍．固体电解质 SO_2 气体传感器件．仪表技术与传感器，2006（11）.
[25] 刘志欣．新型一氧化碳传感器在火灾探测方面的应用．传感器世界，2006（6）.
[26] 陈国平，寿文德．光纤生物传感器．中国医疗器械传感器，2002，26（2）.
[27] 邢丰峰，赵广英．免疫传感器在食品检测中的应用及相关思考．食品研究与开发，2006，27（3）.
[28] 马丽萍，毛斌，刘斌等．生物传感器的应用现状与发展趋势．传感器与微系统，2009，28（4）.
[29] 武宝利，张国梅，高春光等．生物传感器的应用研究进展．中国生物工程杂志，2004，24（7）.
[30] 刘国艳，柴春彦．生物传感器技术及其在检测动物性产品中药物残留的应用前景．中国兽医学报，2004，24（6）.
[31] 韩梅梅，董国君，孙哲等．生物传感器在环境监测中的应用．环境污染治理技术与设备，2004，5（8）.
[32] 许牡丹，张嫱．生物传感器在食品安全检测中的应用．食品研究与发展，2004，25（4）.
[33] Cai C M，Mohri K，Honkura Y，et al. Improved pulse carrier MI effect by flash anneal of amorphous wiresand FM wireless CMOS IC torque sensor. IEEE Trans Magn，2001，37（4）：2038-2041.
[34] Mohri K，Kohsawa T，Kawashima K，et al. Magneto-inductive effect（MI effect）in amorphous wires. IEEE Trans Magn，1992，28（5）：3150-3152.
[35] Kawajiri N，Nakabayashi M，Cai C M，et al. Highly stable MI micro sensor using CMOS IC multivibrator with synchronous rectification [for automobile control application]. IEEE Trans Magn，1999，35（5 Part 2）：3667-3669.
[36] Reininger T，Kronmüller H，Gomez-Polo C，et al. Magnetic domain observation in amorphous wires. Journal of Applied Physics，1993，73：5357.
[37] Noda M，Panina L V，Mohri K. Pulse response bistable magneto-impedance effect in amorphous wires. IEEE Trans Magn，1995，31（6）：3167-3169.
[38] Takagi M，Katoh M，Mohri K，et al. Magnet displacement sensor using MI elements for eyelid movement sensing. IEEE Trans Magn，1993，29（6）：3340-3342.
[39] Gómez-Polo C，Vázquez M，Chen D X. Directionally alternating domain wall propagation in bistable amorphous wires. Applied Physics Letters，1993，62：108.

[40] Mohri K, Kawashima K, Kohzawa T, et al. Magneto-inductive element. IEEE Trans Magn. 1993, 29 (2): 1245-1248.
[41] Machado F L A, da Silva B L, Rezende S M, et al. Giant ac magnetoresistance in the soft ferromagnet Co70. 4Fe4. 6Si15B10. Journal of Applied Physics, 1994, 75 (10): 6563-6565.
[42] Tiberto P, Vinai F, Rampado O, et al. Giant magnetoimpedance effect in melt-spun Co-based amorphous ribbons and wires with induced magnetic anisotropy. Journal of Magnetism and Magnetic Materials, 1999, 196 (1-3): 388-390.
[43] Uchiyama T, Mohri K, Panina L V, et al. Magneto-impedance in sputtered amorphous films for micro magnetic sensor. IEEE Trans Magn, 1995, 31 (6): 3182-3184.
[44] Hika K, Panina L V, Mohri K. Magneto-impedance in sandwich film for magnetic sensor heads. IEEE Trans Magn, 1996, 32 (5): 4594-4596.
[45] Ueno K, Hiramoto H, Mohri K, et al. Sensitive asymmetrical MI effect in crossed anisotropy sputteredfilms. IEEE Trans Magn, 2000, 36 (5): 3448-3450.
[46] Nishibe Y, Ohta N, Tsukada K, et al. Sensing of passing vehicles using a lane marker on a road with built-in thin-film MI sensor and power source. Vehicular Technology, IEEE Trans Magn, 2004, 53 (6): 1827-1834.
[47] Garcia C, Gonzalez J, Chizhik A, et al. Asymmetrical magneto-impedance effect in Fe-rich amorphous wires. Journal of Applied Physics, 2004, 95: 6756.
[48] Phan M H, Peng H X, Wisnom M R, et al. Giant magnetoimpedance effect in ultrasoft FeAlSiBCuNb nanocomposites for sensor applications. Journal of Applied Physics, 2005, 98: 014316.
[49] 刘华瑞．自旋阀结构及GMR传感器研究．中国博士学位论文全文数据库，2006，(02)．
[50] 吴晗平．光电系统设计——方法、实用技术及应用．北京：清华大学出版社，2019.
[51] 林金梅，潘锋，李茂东，等．光纤传感器研究．自动化仪表，2020，41 (1)：37-40.
[52] 张克辉，曹燕燕，田野，等．无标记型生物传感器的研究进展．医疗卫生装备，2020，41 (8)：89-95.
[53] 周锋，张淑娟，刘太宏，等．荧光湿度传感器的研究进展．传感器与微系统，2012，31 (9)：5-9.
[54] 喻晓莉，杨健，倪彦．湿度传感器的选用及发展趋势．自动化技术与应用，2009，28 (2)：107-109.
[55] 杨斌，文震．气体传感器技术研究与应用．科技中国，2020，(6)：12-17.
[56] 冯帅博，胡博，李博，等．气体传感器发展现状与展望．化工管理，2020，(1)：14-15.